U0230640

"十四五"时期国家重点出版物
出版专项规划项目

磷科学前沿与技术丛书

黑磷、白磷基础及应用

Foundation and Applications
of Black Phosphorus and White Phosphorus

喻学锋

张文雄

王佳宏

李忠曙　编著

化学工业出版社

·北京·

内容简介

本书为"磷科学前沿与技术丛书"分册之一。本书系统、全面地总结了磷单质科学在基础与研究领域取得的新成果，内容包括：白磷的活化与应用，红磷的应用，黑磷的制备及表面改性，黑磷在微中子与光电子、能源催化、生物医药、生化检测等领域的应用等。本书适合高分子材料学、高分子物理与化学、精细化工、安全科学与工程等专业的大专院校师生及相关科技人员阅读。

图书在版编目（CIP）数据

黑磷、白磷基础及应用 / 喻学锋等编著 . — 北京：
化学工业出版社，2023.5
（磷科学前沿与技术丛书）
ISBN 978-7-122-42554-6

Ⅰ.①黑… Ⅱ.①喻… Ⅲ.①磷-研究 Ⅳ.
①O613.62

中国版本图书馆 CIP 数据核字（2022）第 216182 号

责任编辑：曾照华
文字编辑：向　东
责任校对：宋　夏
装帧设计：王晓宇

出版发行：化学工业出版社
　　　　　（北京市东城区青年湖南街 13 号　邮政编码 100011）
印　　装：中煤（北京）印务有限公司
710mm×1000mm　1/16　印张 25　彩插 1　字数 347 千字
2023 年 8 月北京第 1 版第 1 次印刷

购书咨询：010-64518888
售后服务：010-64518899
网　　址：http://www.cip.com.cn
凡购买本书，如有缺损质量问题，本社销售中心负责调换。

定　　价：198.00元　　　　　　　版权所有　违者必究

磷科学前沿与技术丛书
编委会

磷是构成生命体的基本元素，是地球上不可再生的战略资源。磷科学发展至今，早已超出了生命科学的范畴，成为一门涵盖化学、生物学、物理学、材料学、医学、药学和海洋学等学科的综合性科学研究门类，在发展国民经济、促进物质文明、提升国防安全等诸多方面都具有不可替代的作用。本丛书希望通过"磷科学"这一科学桥梁，促进化学、化工、生物、医学、环境、材料等多学科更高效地交叉融合，进一步全面推动"磷科学"自身的创新与发展。

国家对磷资源的可持续及高效利用高度重视，国土资源部于 2016 年发布《全国矿产资源规划（2016—2020 年）》，明确将磷矿列为 24 种国家战略性矿产资源之一，并出台多项政策，严格限制磷矿石新增产能和磷矿石出口。本丛书重点介绍了磷化工节能与资源化利用。

针对与农业相关的磷化工突显的问题，如肥料、农药施用过量、结构失衡等，国家也已出台政策，推动肥料和农药减施增效，为实现化肥农药零增长"对症下药"。本丛书对有机磷农药合成与应用方面的进展及磷在农业中的应用与管理进行了系统总结。

相较于磷化工在能源及农业领域所获得的关注度及取得的成果，我们对精细有机磷化工的重视还远远不够。白磷活化、黑磷在催化新能源及生物医学方面的应用、新型无毒高效磷系阻燃剂、手性膦配体的设计与开发、磷手性药物的绿色经济合成新方法、从生命原始化学进化过程到现代生命体系中系统化的磷调控机制研究、生命起源之同手性起源与密码子起源等方面的研究都是今后值得关注的磷科学战略发展要点，亟需我国的科研工作者深入研究，取得突破。

本丛书以这些研究热点和难点为切入点，重点介绍了磷元素在生命起源过程和当今生命体系中发挥的重要催化与调控作用；有机磷化合物的合成、非手性膦配体及手性膦配体的合成与应用；计算磷化学领域的重要理论与新进展；磷元素在新材料领域应用的进展；含磷药物合成与应用。

本丛书可以作为国内从事磷科学基础研究与工程技术开发及相关交叉学科的科研工作者的常备参考书，也可作为研究生及高年级本科生等学习磷科学与技术的教材。书中列出大量原始文献，方便读者对感兴趣的内容进行深入研究。期望本丛书的出版更能吸引并培养一批青年科学家加入磷科学基础研究这一重要领域，为国家新世纪磷战略资源的循环与有效利用发挥促进作用。

最后，对参与本套丛书编写工作的所有作者表示由衷的感谢！丛书中内容的设置与选取未能面面俱到，不足与疏漏之处请读者批评指正。

赵玉芬

2023 年 1 月

　　磷是一种难以再生的重要非金属矿资源，也是生命物质的重要成分，磷矿资源的保护、开发、利用有着重要战略意义。实现磷资源的高附加值应用，推动磷科学可持续发展，将有力地支撑我国先进制造 2030 和碳中和事业。从 1669 年发现白磷至今，多种不同结构的磷单质逐渐被发现。其中白磷、红磷和黑磷是主要的同素异形体，在军事、化工、微电子、能源、生物医药等众多领域均有所应用。例如，由于白磷燃点较低，曾被用于燃烧弹、烟罐和烟幕弹等武器的核心原料；红磷常作为阻燃剂添加于无机物或高分子材料当中；黑磷是热力学稳定性最好的一种磷单质，剥离得到的黑磷纳米片、量子点呈现出独特的理化特性，有望应用于光电器件、能源催化、生物医药、生化检测等诸多领域。黑磷的发现不仅拓展了单质磷材料的应用边界，丰富了无机磷功能材料的研究意义，也进一步提升了磷资源的应用价值。随着单质磷材料相关研究的进一步系统化、完整化，无机磷材料对于人类社会的发展将产生更为深广的影响。

　　本书共 10 章，总结了磷单质科学在基础与应用领域所取得的新成果。主要内容为：白磷的活化与应用；红磷的应用；黑磷的制备；黑磷的表面改性；

黑磷在微电子与光电子领域、能源催化领域、生物医药领域的应用；磷单质研究展望。

　　本书的编写参考了国内外的有关科技著作、相关教材和研究论文等资料，每章均列出了参考文献，在此向原著及出版机构表示衷心的感谢。

　　编写过程中也得到了相关科技人员的指导，在此表示衷心的感谢！也诚恳地希望读者给予斧正。

编著者

2023 年 2 月

目录
CONTENTS

8　黑磷的应用Ⅱ：能源催化领域　　237

PH⬡SPHORUS 磷科学前沿与技术丛书

黑磷、白磷基础及应用

1

绪论

Foundation and Applications of Black Phosphorus and White Phosphorus

1.1

引言

  磷元素位于元素周期表第三周期第VA族，在1669年由德国化学家 Hennig Brand从人类尿液提取物中发现，因其与微量氧气接触时可以发出荧光，故被取名为"phosphorus"，出自希腊语中的"phosphoros"（原指"启明星"，意为"光亮"）。

  磷单质有多种同素异形体，包括白磷、红磷、紫磷和黑磷。标准状态下，黑磷最稳定，其次是紫磷和红磷，白磷最活泼。各同素异形体在一定条件下可以互相转化，但是该转化过程非常缓慢。室温下，各同素异形体均可稳定存在并予以储存。

  因磷元素与碳元素处于元素周期表中对角线的位置，因此很多以碳元素为主体骨架的有机化合物均有相应的磷取代类似物，即P与CH可以互相替换[1]，例如，烯烃的C==C双键可以被磷烯的P==P双键替换，六磷杂苯可以看作是苯的类似物（图1.1）。虽然理论计算表明P—P键的键能（200kJ/mol）比C—C键的键能（350kJ/mol）小，P—P键的稳定性比C—C键的差，但目前多种不同类型的含有P—P键的磷簇化合物（如多磷烷、多磷负离子、多磷正离子等）均有所合成报道，这表明以磷元素为主体骨架的磷簇化合物相比于以碳元素为主体骨架的化合物也具有一定的稳定性。另外，相比于以碳元素为主体骨架的有机化合物，部分以

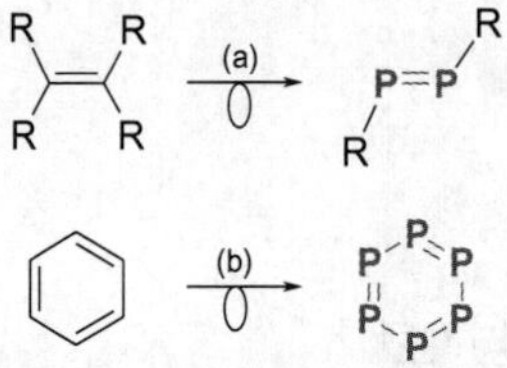

图1.1 磷烯与烯烃及六磷杂苯与苯的相似性

磷元素为主体骨架的有机磷化合物或磷簇化合物具有优异的超导性、磁性、耐腐蚀性和光学性能，其也在均相催化、非均相催化、分子磁体、能量储存、功能材料等方面具有很好的应用[2]。

1.2

白磷基本结构与性质

白磷是磷化工的基本原料，全球年需求量约在 50 万吨以上。工业上，磷灰石与石墨及石英砂在电弧炉下于 1200℃下反应可以生成气态的 P_4，经冷却收集后得到白磷(式 1.1)[3, 4]。

$$2\ Ca_3(PO_4)_2\ +\ 6\ SiO_2\ +\ 10\ C\ \xrightarrow{1200\ ℃}\ 6\ CaSiO_3\ +\ P_4\ +\ 10\ CO$$

式 1.1　白磷的工业制备

白磷为四个磷原子组成的正四面体结构，用 P_4 来表示。室温下，白磷为无色透明蜡状固体，遇光逐渐变成黄色，所以又叫黄磷。白磷熔点 44.1℃，沸点 280℃，密度 1.83g/cm³。白磷不溶于水，可溶于 CS_2、苯、乙醚、THF(四氢呋喃)等常见的有机溶剂中。白磷为剧毒物质，人吸入 0.1g 白磷就会中毒死亡。此外，白磷对人体皮肤的危害极大，因此，在使用时应格外注意安全。

白磷非常活泼，是磷单质中最活泼的同素异形体，在空气中会被缓慢氧化，当热量聚集到一定程度后发生自燃，产生磷光，因此，白磷需在水中储存。在惰性气体保护下，白磷加热至 800℃也不会分解，当高于 800℃时，部分白磷则会分解为 P_2 碎片并逐步转化为红磷。计算表明，白磷与该 P_2 碎片之间存在一个平衡，但该 P_2 碎片比 P_4 在能量上高约 49kcal/mol[5-8]（1cal=4.2J）。另外，在 1200MPa 下白磷加热至 200℃可转变为黑磷，白磷在 γ 射线或者紫外线照射下也会缓慢转变为红磷或黑磷[7]。

有研究表明，白磷同样存在三种相变体[2]。通常我们接触到的是 α-P_4，α-P_4 为无定形的蜡状固体，P_4 四面体是围绕其重心不断旋转的。当温度低于 -76℃时，白磷以 β-P_4 的形式存在，而当温度低于 -113℃时，白磷则以 γ-P_4 的形式存在。其中 β-P_4 和 γ-P_4 均为晶状固体，分别可以通过 X 射线单晶衍射和 X 射线粉末衍射进行表征分析。

确定白磷中 P—P 单键的标准键长数值是一个基础却又十分重要的科学问题，不同的表征测试方法所得的键长数值略微不同。量子计算所得 P—P 单键的键长为 2.194Å（1Å=10^{-10}m），拉曼光谱测试所得 P—P 单键的键长为 2.2228(5)Å，而 470K 下的电子衍射实验所得 P—P 单键的键长为 2.21(2)Å。一般建议 P_4 中 P—P 单键的键长为理论计算值（2.194Å），但目前的文献报道中仍习惯以 2.21Å 作为键长参考[9-11]。关于 P_4 中 P—P 键之间的键角，有研究表明，此键角并非通常所认为的 60°，每根 P—P 键均向外有所弯曲，可以理解为"香蕉键"。分子内原子(AIM)理论对 P_4 的键临界点(BCP)计算表明，该弯曲的角度约为 5°，白磷的四面体分子中的环张力也因此得以缓和[12]。另外，计算所得的 P_4 中心的核独立化学位移(NICS)值为 -52.9，表明该四面体分子具有一定的球芳香性[13,14]，而分子轨道计算所得的闭壳层电子排布及其 T_d 点群与该芳香性结论相辅相成。

白磷的 20 个价电子排布方式如图 1.2 所示[7,12,15]，HOMO 为二重简并，主要沿着 P—P σ 单键的方向；LUMO 为三重简并，主要沿着垂直于孤对电子的磷原子的 p 轨道方向，HOMO-1 和 HOMO-2 则是其孤对电子所占轨道的组合。因此，白磷主要有三种反应方式（图 1.3）[16]：①沿着垂直于 P—P σ 单键的方向与亲电试剂反应；②沿着垂直于孤对电子的方向与亲核试剂反应；③沿着孤对电子的方向与亲电试剂反应。

进一步的计算研究表明，白磷被氧化失去一个电子所生成 P_4^+ 的能量比 P_4 本身高 1138.1kJ/mol ［式 1.2(a)］，白磷被还原得到一个电子所生成 P_4^- 的能量比 P_4 本身高 119.7kJ/mol ［式 1.2(b)］[17]。这些计算表明白磷的亲核性比其亲电性弱。而事实上，主族元素的亲电试剂与 P_4 进行反应的研究报道很少[16]，其原因正是 P_4 的亲核性较弱，P_4 的亲核性主要体现在其与金属的配位。

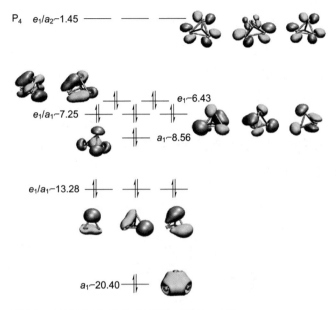

图1.2　白磷的分子轨道与电子排布（单位：eV）

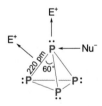

图1.3　白磷的主要反应方式

P₄ 图示反应

$\Delta H = 1138.1$ kJ/mol

$\Delta H = 119.7$ kJ/mol

式1.2　白磷的氧化还原能力

白磷与同时具有亲核性和亲电性的两性试剂进行反应时，其反应通常是连续的两步，有如图 1.4 所示的两种[2]。当以亲电性为主的两性试剂（例如 ${}^tBu_3Ga$、一价铝化合物、硅卡宾、鏻正离子等）与白磷反应时，首先发生的是 P_4 的孤对电子向两性底物所具有空轨道的方向转移（亲电步），随后则是两性底物的孤对电子向 P_4 的空轨道转移（亲核步），净反应结果为底物中心原子对 P_4 中一根 P—P 键的插入反应 [图 1.4(a)]。当以亲核性为主的两性试剂（例如碳卡宾）与白磷反应时，其首先发生的是两性试剂的孤对电子向 P_4 的空轨道转移（亲核步），随后则是通过磷负离子的异构发生向两性试剂所具有空轨道的电子转移（亲电步），反应净结果为 P_4 的碎片化 [图 1.4(b)]。

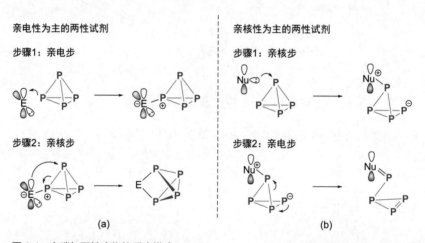

图 1.4　白磷与两性底物的反应模式

　　白磷的逐步转化有多种途径。在反应过程中，能够以不同的磷原子参与反应，断裂不同的 P—P 键，得到不同的磷簇化合物（图 1.5）[18,19]。另外，若反应过程中的某一磷簇中间体不能被稳定，其极容易通过 P—P 键偶联生成聚集度更高的磷簇化合物[20]，增加了控制选择性的难度。此外，配体上取代基的略微改变也可导致产物的不同（式 1.3）[21]。因此，白磷的反应特点是：①反应形式多样，产物类型多样，可以用于合成结构新颖的磷簇化合物；②反应选择性低，可控性差，极易受到金属、配体、取代基、溶剂、温度等因素的影响。

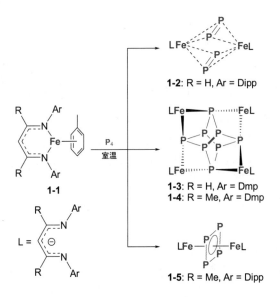

图 1.5　白磷的逐步转化模式

式 1.3　配体上取代基对反应的影响

图中标注：

1-2: R = H, Ar = Dipp

1-3: R = H, Ar = Dmp
1-4: R = Me, Ar = Dmp

1-5: R = Me, Ar = Dipp

1-1

P_4
室温

　　另外，将金属含磷配合物 $[M_xP_y]_n$ 转化为有机磷化合物的过程依然存在选择性低、可控性差、产率低的问题[22,23]。原因是：①在 $[M_xP_y]_n$ 配合物中，磷原子通常是以磷负离子的形式存在，具有一定的亲核性，而多个磷负离子的存在就直接导致了合成有机磷化合物时选择性的难以控制；②在 $[M_xP_y]_n$ 配合物中，磷原子通常是以磷簇化合物的形式存在，在后续转化中又可能发生 P—P 键的断裂反应，而多根 P—P 键的区别相对较小，这进一步增加了调控选择性的难度。

1.3

红磷基本结构与性质

　　相较于白磷的 P_4 分子组成，红磷的组成要复杂许多，一般都被认为是由磷原子组成的多聚体，而这些多磷聚合物的结构可能是无定形或者是结晶型，通常它们都大概呈现出红色（图1.6）。1947年，W. L. Roth 等人通过蒸发红磷再缓慢降温结晶，通过分析提出红磷至少有4种甚至5种独特的异形结构，也就是I型～V型[24,25]。迄今为止只有V和IV型的晶体结构相继被明确定义，V型为片层状结晶，晶体结构复杂，由两层管道相互穿插、纵横交错形成二维网状平面结构（图1.6）[26,27]。而IV型为针状结晶，晶体结构则是一维链状平行堆叠，比V型更有序，但是稳定性不如V型结构[28,29]。红磷的其余三种构型由于组成复杂至今未见明确的结构定义。

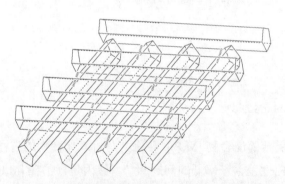

图1.6　V型红磷的结构示意图（晶体结构图详见图4.2）

　　首先被发现的磷单质是白磷，白磷在隔绝空气的玻璃容器中经过加热或者光照处理可转化为红磷。以不同的温度（300 ~ 610℃）加热白磷将获得不同颜色的红磷，从深红到橙红，这些颜色的不同主要是由于红磷的粒径大小不同，浅一点的颜色因为粒径较小有一定的反应活性；而相对较大粒径的会呈紫红色，稳定性较高仅次于最稳定的磷单质——黑磷[30]。同时相较白磷，红磷几乎无毒，作为工业生产原料或添加剂更为生物友好。

目前，红磷主要应用在防火材料中，高纯度的红磷还可应用到电子器件上。而直到20世纪末红磷工业还主要集中在火柴的生产中，最初人们将白磷用到火柴头中，由白磷引发的中毒事件频繁发生，因此从红磷被发现后，便开始尝试用红磷替代白磷生产出了安全火柴。同时红磷的稳定、便携及安全性让它成了烟幕弹的主要成分及理想的助燃剂。这些产品都是利用了强氧化剂和红磷反应放出大量热量的特点，而当材料中没有强氧化剂存在时，红磷便是性能优异的阻燃剂。红磷的阻燃机制与大部分的含磷阻燃剂类似，促进了可燃物煤焦化的进程，同时磷氧自由基的形成也清除了空气中的三线态氧及其他助燃的含氧自由基[31]。当然红磷单质的直接添加效果并不理想，尤其是在湿润环境下，因此对红磷进行微胶囊化，用有机聚合物或者无机盐或者复合材料将其包裹，大大增加了红磷在高温湿润环境下的稳定性，从而增强了它的阻燃效率[32]。除了助燃阻燃的应用，红磷亦可作为合成助剂，在麻黄碱的制备中，红磷的还原性实现了苯环上 α- 羟基的还原[33]。

红磷除了在传统工业生产中应用，还有在现代工业材料生产中的应用探索，如在锂离子/钠离子电池中负极材料的应用研究。碱金属电池中，红磷负极材料是目前市场上主流的石墨烯负极材料理论容量的7倍多，不过由于其电导率低[34]，并不能直接应用，而是负载在碳基材料上，目前报道的有红磷-碳纳米管、红磷-石墨、红磷-石墨烯等材料，实验室的测试结果都表明这些复合材料作为负极材料的电容量远高于单独的碳基材料，且多次充放电循环后仍然能保持较高的电容量。同时，在钠离子电池的负极材料研究中，由于石墨烯和硅基材料的不适用性，因此更多的关注集中到了其他负极材料的开发，红磷便是研发方向之一。随着合成技术的进步，各类形貌的红磷纳米颗粒材料被报道出来，如红磷多孔纳米空心球，被报道能成功地抵抗充放电过程中电极体积的变化，增加了电极的稳定性[35]。因此有理由相信红磷-碳基复合材料将会成为下一代锂/钠离子电池负极材料的理想选择。

材料科学中的应用，让红磷的工业地位不倒。而在合成实验室，有机磷化合物的制备中，科学家们试图改变卤化磷作为磷源的合成路径，研发从磷单质直接转化制备有机磷化合物的策略，磷单质活化便成了有机磷化学工作者需攻克的难点之一。红磷的反应活性远低于白磷，因此在磷单质活化的研究报道中红磷活化相对较少。目前红磷活化的报道主要集中在强碱 KOH-DMSO/HMPA 环境中［图 1.7(a)］，实现磷单质转化为多磷负离子及多磷氧负离子，与亲电底物进行反应，制备叔膦及氧化叔膦类有机磷化合物的过程[36,37]。例如三(1-萘基)膦的产物的制备[38]，该报道表明以红磷单质为磷源制备这一叔膦产物的产率几乎等同于目前工业上采用 PCl_3 为磷源的产率。

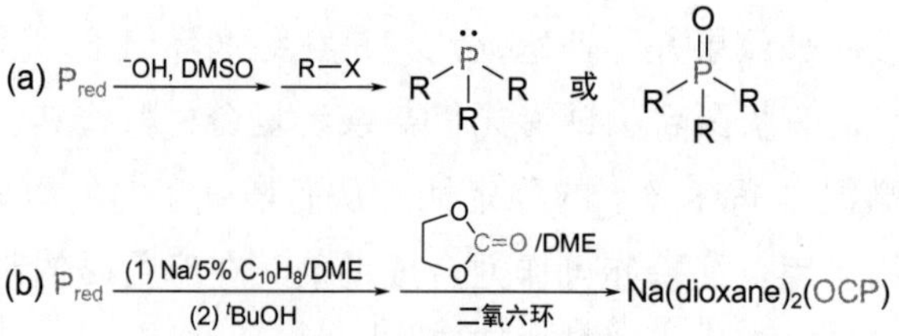

图 1.7 红磷在合成化学中的应用

除了强碱环境下实现红磷活化，碱金属亦能与红磷在液氨溶液中实现多磷阴离子的转化，尤其是引入叔丁醇将多磷阴离子转变为负一价的 PH_2^- 或者负二价的 PH^{2-} 阴离子，增加了制备伯膦或者仲膦的反应选择性。由于液氨溶液反应条件苛刻，该方法并没有得到广泛应用，直到 2009 年，H.Grützmacher 课题组[39] 开发了在有机溶剂中用红磷单质制备 $NaPH_2$ 的方法，并且第一次展示了包含 PH_2^- 的晶体结构。PH_2^- 的成功制备推进了不饱和有机磷合成的发展，尤其是氧膦炔阴离子(OCP^-)的合成［图 1.7(b)］，从 PH_3 和 CO 等有毒气体作为合成原料，到安全经济的红磷作为磷源及碳酸乙烯酯作为羰基来源在常见有机溶剂中，制备出 $Na(dioxane)_x(OCP)$ $(x = 2.5 \sim 4)$ 化合物，该过程产率高，氧膦炔阴离子稳定性强[40]。在此基础上，后续一系列新颖的含磷官能团的成功合成得以实现，如含磷杂环、膦基尿素、膦烯酮、二膦化二碳芳香环等[41]。因此经过有机磷化学工作者们的不断努力，从无毒稳定的红磷出发，也能实现新颖的含磷官能团的构筑。

1.4
黑磷基本结构与性质

1.4.1 黑磷的结构

二维黑磷是具有层堆叠蜂窝状结构的无机半导体材料，其层状结构如图 1.8 所示。在单原子层中，每个磷原子与相邻的三个磷原子共价相连，如图 1.8(c) 和 (d) 所示，形成褶皱的蜂窝状结构。层间为范德瓦耳斯力，层与层之间的距离为 3.21 ~ 3.73Å，如图 1.8(a) 和 (b)。锯齿型 (zigzag, ZZ) 方向和扶手椅型 (armchair, AC) 方向存在明显差异，沿 ZZ 方向每两个 P 原子之间的距离为 0.33nm，沿 AC 方向每两个 P 原子之间的距离为 0.45nm；二维黑磷沿 z 轴方向的俯视图结构是键角为 94.1° 和 103.3° 的六方结构，如图 1.8(c) 和 (d) 二维黑磷属正交晶系，其初基原胞中有 4 个 P 原子，惯用原胞中有 8 个 P 原子，惯用原胞的体积是初基原胞体积的两倍，且每个 P 原子在 3p 轨道有 5 个价电子，与周围 3 个原子形成共价键达到饱和，导致 sp 轨道杂化。单层黑磷中有两个 P 原子层和两种 P—P 键，一种是磷原子与同一平面内最邻近的磷原子所形成的键长为 0.2224nm 的键，另一种是连接单层黑磷顶部与底部磷原子的键长为 0.2244nm 的键。

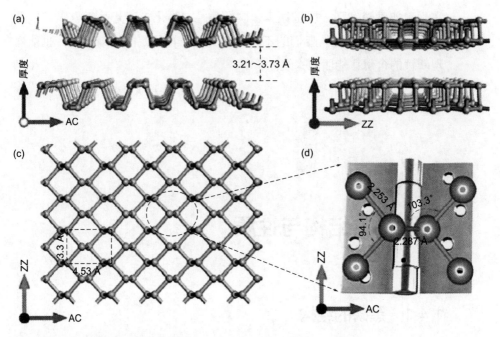

图 1.8　黑磷的二维层状结构示意图[42]
（a）锯齿型（zigzag；ZZ）方向侧视图；（b）扶手椅型（armchair；AC）方向侧视图；（c）俯视图；
（d）层间磷原子共价相连放大图

1.4.2　黑磷的物理性质

二维黑磷(BP)结构的各向异性决定了其性质的各向异性，沿 ZZ 方向和 AC 方向的电子输运、光学性质、拉压应变条件下的力学性质和热导率等都明显不同。

1.4.2.1　电学性质

块体黑磷的理论带隙值在 0.33 ~ 0.39eV 之间，实验带隙值在 0.31 ~ 0.35eV 之间[43-45]。单层黑磷拥有直接带隙，测得的单层带隙为在 1.5eV[46]，其导带底与价带顶在同一个 K 点，并且其带隙可通过层数调节，能吸收从可见光到通信用红外线范围波长的光[47]。第一性原理表明，层状二维黑磷的能隙随着层数的增加而减小，单层黑磷具有最大的能隙，10 层黑磷的能隙非常接近于体材料，层与层之间的相互作用导致的能带劈裂是能隙减小的直接原因[48]。总之，二维黑磷具有合适的层控直接带隙，覆盖了从可见光部分到中红外的光谱[49]（图 1.9）。

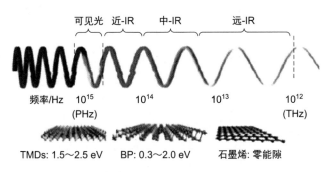

图 1.9　常见二维材料的电磁波频谱图[49]
TMDs—过渡金属硫化物

采用密度泛函理论（DFT）研究应变对二维黑磷带隙的影响，研究表明，在二维黑磷面内施加压力，当面内压缩达到 5% 时，可导致二维黑磷从直接带隙半导体向间接带隙半导体转变[50]，沿磷烯法向的应变可减小其带隙宽度，实现半导体到金属的物性转变[51]。当拉伸量达到 5% 时，带隙增加，施加的应力方向对带隙的改变情况基本相似；当拉伸应变达到 13% 时，带隙消失[52]。外加电场对单层黑磷的带隙影响较小，而对少层黑磷的带隙影响明显。单层黑磷在无外加电场条件下的带隙是 0.86eV，当外加电场达到 0.5V/Å 时，带隙减小为 0.78eV[53]；双层黑磷在无外加电场条件下的带隙是 0.78eV，当外加电场达到 0.5V/Å 时，带隙减小为 0.56eV[54]；少层黑磷在外加电场作用下会向拓扑绝缘体转变，最终转变成金属[55]。

1.4.2.2　光学性质

二维黑磷的光学性质存在明显的各向异性，通过测量和分析少层黑磷的光吸收谱，发现其饱和吸收特性优于石墨烯[56]，且其沿 AC 方向和

ZZ 方向表现出强烈的线性二色性，少层黑磷吸收沿 AC 方向的偏振光，透过沿 ZZ 方向的偏振光，是一种天然的光学线性偏振器[44,57]。Sahin 等[58]通过第一性原理研究发现应力可以调控黑磷的光学性质，单层黑磷在压缩应变为 8% 时吸收大部分红外光，而在拉伸应变为 5.5% 时可吸收整个可见光区域沿 AC 方向的偏振光，黑磷的光学吸收带边缘在施加拉伸应力和压缩应力的区域之间有 0.7eV 的显著变动。少层黑磷具有厚度依赖的光致发光性质，虽然层数越少黑磷的体积越小，但光致发光的强度随层数的减少以指数形式增加，双层黑磷的光致发光强度比 5 层黑磷的大一个数量级[47]。

1.4.2.3 力学性质

二维黑磷独特的堆叠结构使其表现出优异的力学韧性。Jiang 等[59]通过计算得到单层黑磷的杨氏模量在垂直于褶皱方向上为 44GPa，在平行于褶皱方向上为 92.7GPa，比许多常规材料的杨氏模量大。单层黑磷可承受沿 ZZ 方向 27% 的拉伸应变和沿 AC 方向 30% 的拉伸应变，双层和多层黑磷可以承受沿 ZZ 方向 24% 的拉伸应变和沿 AC 方向 32% 的拉伸应变（图 1.10），沿不同方向的拉伸主要归因于褶皱的展开而非键的拉伸[60]。

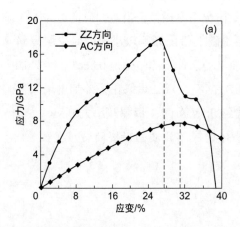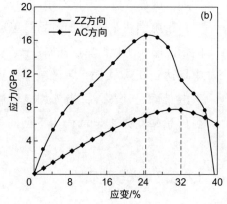

图 1.10　二维黑磷的应力 - 应变曲线[60]
（a）单层；（b）双层

一般认为几乎所有材料都具有正的泊松比，即当材料沿轴向拉伸时会发生横向收缩。但采用 DFT 研究发现单层黑磷具有沿法向方向的负泊松比，王佳瑛通过扫描探针显微镜的力学模块也发现黑磷存在负泊松比[61]，这也受到物理学家的重视。由于二维黑磷的褶皱层状结构，与石墨烯(杨氏模量 1100GPa)、MoS 相比，其杨氏模量小更容易变形，ac 面的杨氏模量最大，b 方向杨氏模量最小，二维黑磷的应力 - 应变显示各向异性[62]。

1.4.2.4　热学性质

与方向有关的声子色散和声子间散射导致二维黑磷的平面热导性具有各向异性[63]。Sangwook Lee 等[63] 测量了不同温度下黑磷纳米带沿 ZZ 方向和 AC 方向的热导率，结果显示 ZZ 方向的热导率大于 AC 方向的热导率。当 30K<T<100K 时，二者相差不多；当 T>100K 时，两者差别较大；当 T=300K 时，热导率随黑磷纳米带的厚度减小(从 300nm 减小到 50nm)而降低，但 ZZ 方向与 AC 方向的热导率比值始终保持在 2 左右。R. Gusmão 等[64] 通过第一性原理计算得到单层黑磷在室温时热电优值 >1，且在 500K 时热电优值可以达到 2.5，块体黑磷的最高热电优值在 800K 时能达到 0.72，通过施加应力可达到 0.87。具有锯齿峰结构的黑磷纳米带经过优化，在室温下的热电优值可达到 6.4，具有很好的热电性能。

1.4.3　黑磷的化学性质

1.4.3.1　化学稳定性

常温常压下，黑磷易与氧气和水发生反应进而降解，并且黑磷的层数越少，稳定性越差。其降解机理主要为：在光的诱导下，氧分子在黑磷表面生成超氧根离子(O_2^-)，O_2^- 和黑磷进行结合，将黑磷片层的表面氧化成氧化磷[65]，而在有水存在的情况下，氧化磷会迅速与水反应，降解成磷酸根离子和亚磷酸根离子，暴露出来的黑磷又会继续被氧化进而降解，降解后黑磷的结构和性能迅速消失[66]。

为了提高黑磷的化学稳定性，目前常用的钝化方法是电子封装法，将惰性物质覆盖在黑磷的表面，从而增强黑磷器件对环境的适应能力。张远波等[67]利用聚二甲苯对黑磷器件进行封装，制备了高性能的黑磷场效应晶体管。Junhong Na等[68]利用原子层沉积（ALD）技术合成了Al_2O_3，将其覆盖在黑磷表面，制备了在近红外光（波长为1550nm）下稳定工作的少层黑磷光电晶体管，该晶体管经进一步化学处理可在大气环境中保存6个月以上。黑磷（BP）表面覆盖二维材料h-BN（六方氮化硼）或石墨烯也会降低黑磷的退化速率[69-71]。

1.4.3.2 黑磷与金属配位作用

由于黑磷独特的层状蜂窝结构，吸附在黑磷表面/边缘的金属离子可有效提高材料的迁移率、提高分离效率、促进光吸收、增加甚至提供反应位点来大幅调节催化性能[72]。由于多种金属原子，如铂、钴、镍等具有接近于零的合适的吉布斯自由能。这些金属原子结合到黑磷的暴露表面将有助于氢的吸附和解吸[73]，对光/电催化析氢来说确实有意义。此外，黑磷所独有的三配位蜂窝状结构使得其具有暴露的孤对电子，这些孤对电子对金属原子具有负吸附能，表明黑磷与金属原子具有较强的成键能力，甚至可以激活金属催化剂[73]。此外，金、银等等离子体金属纳米颗粒与黑磷结合，可以增强太阳能吸收并引导界面热电子注入[74-76]，从而在光催化领域实现更高的量子效率。喻学锋等[77]开发了BP纳米片上原位生长铂纳米颗粒以抑制电子-空穴对的快速复合，从而延长激发载流子的寿命［图1.11(a)～(c)］。

最近研究表明，不仅铂配位可以改善黑磷的催化性能，黑磷还可以作为助催化剂进一步激活金属铂[73]。利用黑磷和铂之间独特的负结合能，铂催化剂上能自发形成铂磷键，并产生强烈的配体协同效应［图1.11(d)、(e)］。值得注意的是，此类铂磷键不能在磷的另一同素异形体红磷上形成。除铂外，黑磷已被用作银、金等多种金属的助催化剂，并成功地调控了这些负载金属纳米粒子的电子性质，从而获得了更好的电催化氧还原性能[78]。此外，黑磷纳米片与原位生长的 CoP/Co$_2$P 之间构建异质结构，也可以产生优异的光催化分解水和电催化析氢反应(HER)性能[79,80]。

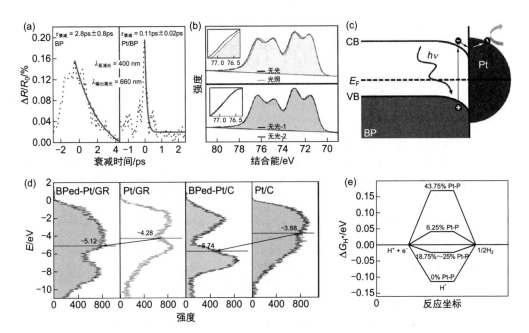

图1.11 （a）在 660nm 处探测了 BP 和 Pt/BP 的超快瞬态吸收动力学;（b）在 521nm 光照下，Pt/BP 的 Pt 4f 核心能级的 XPS 光谱;（c）Pt/BP 界面的能带结构和电荷转移示意图;（d）Pt 相对于费米能级的高分辨率价带 XPS 光谱，模拟态密度，黑线表示各种样品的 d 带中心;（e）计算了不同 Pt 含量样品的 HER 自由能

参考文献

[1] Greenwood N N, Earnshaw A. Chemistry of the elements. 2nd ed. Oxford: Butterword-Heinemann, 1997.

[2] Weigand J J, Burford N. Catenated phosphorus compounds//Comprehensive inorganic chemistry II. Second Edition. Amsterdam: Elsevier, 2013: 119-149.

[3] Cossairt B M, Piro N A, Cummins C C. Early-transition-metal-mediated activation and transformation of white phosphorus. Chemical Reviews, 2010, 110 (7): 4164-4177.

[4] Montchamp J-L. Organophosphorus synthesis without phosphorus trichloride: The case for the hypophosphorous pathway. Phosphorus, Sulfur, and Silicon and the Related Elements, 2013, 188 (1-3): 66-75.

[5] Atkins P, Overton T, Rourke J, Weller M, Armstrong F. Shriver and atkins' inorganic chemistry. 5th ed. Oxford: Oxford University Press, 2011: 375-397.

[6] Bock H, Mueller H. Gas-phase reactions. 44. The phosphorus P_4-$2P_2$ equilibrium visualized. Inorganic Chemistry, 1984: 23 (25): 4365-4368.

[7] Wang L-P, Tofan D, Chen J, Van Voorhis T, Cummins C C. A pathway to diphosphorus from the dissociation of photoexcited tetraphosphorus. RSC Advances, 2013, 3 (45): 23166-23171.

[8] Rathenau G. Optische und photochemische versuche mit phosphor. Physica, 1937, 4 (6): 503-514.

[9] Borger J E, Ehlers A W, Slootweg J C, et al. Functionalization of P_4 through direct P—C bond formation. Chemistry-A European Journal, 2017, 23 (49): 11738-11746.

[10] Brassington N J, Edwards H G M, Long D A. The vibration-rotation Raman spectrum of P_4. Journal of Raman Spectroscopy, 1981, 11 (5): 346-348.

[11] Simon A, Borrmann H, Horakh J. On the polymorphism of white phosphorus. Chemische Berichte, 1997, 130 (9): 1235-1240.

[12] Tsirelson V G, Tarasova N P, Bobrov M F, et al. Quantitative analysis of bonding in P_4 clusters. Heteroatom Chemistry, 2006, 17 (6): 572-578.

[13] Hirsch A, Chen Z, Jiao H. Spherical aromaticity of inorganic cage molecules. Angewandte Chemie International Edition, 2001, 40 (15): 2834-2838.

[14] Schleyer P V, Maerker C, Dransfeld A, et al. Nucleus-independent chemical shifts: A simple and efficient aromaticity probe. Journal of the American Chemical Society, 1996, 118 (26): 6317-6318.

[15] Wiesner A, Steinhauer S, Beckers H, et al. $[P_4H]^+[Al(OTeF_5)_4]^-$: Protonation of white phosphorus with the Brønsted superacid $H[Al(OTeF_5)_4]_{(solv)}$. Chemical Science, 2018, 9 (36): 7169-7173.

[16] Scheer M, Balázs G, Seitz A. P_4 activation by main group elements and compounds. Chemical Reviews, 2010, 110 (7): 4236-4256.

[17] Schoeller W W. Autocatalytic degradation of white phosphorus with silylenes. Physical Chemistry Chemical Physics, 2009, 11 (26): 5273-5280.

[18] Durr S, Ertler D, Radius U. Symmetrical P_4 cleavage at cobalt: Characterization of intermediates on the way from P_4 to coordinated P_2 units. Inorganic Chemistry, 2012, 51 (6): 3904-3909.

[19] Zarzycki B, Bickelhaupt F M, Radius U. Symmetrical P_4 cleavage at cobalt half sandwich complexes $[(\eta^5\text{-}C_5H_5)Co(L)]$ (L = CO, NHC) - a computational case study on the mechanism of symmetrical P_4 degradation to P_2 ligands. Dalton Transactions, 2013, 42 (20): 7468-7481.

[20] Lerner H-W. Silicon derivatives of group 1, 2, 11 and 12 elements. Coordination Chemistry Reviews, 2005, 249 (7-8): 781-798.

[21] Spitzer F, Graßl C, Balázs G, et al. Influence of the nacnac ligand in iron(I)-mediated P_4 transformations. Angewandte Chemie International Edition, 2016, 55 (13): 4340-4344.

[22] Caporali M, Gonsalvi L, Kagirov R, et al. The first water-soluble tetraphosphorus ruthenium complex. Synthesis, characterization and kinetic study of its hydrolysis. Journal of Organometallic Chemistry, 2012, 714 (1): 67-73.

[23] Pelties S, Ehlers A W, Wolf R. Insertion of phenyl isothiocyanate into a P—P bond of a nickel-substituted bicyclo[1.1.0]tetraphosphabutane. Chemical Communications, 2016, 52 (39): 6601-6604.

[24] Roth W L, DeWitt T W, Smith A J. Polymorphism of red phosphorus. Journal of the American Chemical Society, 1947, 69 (11): 2881-2885.

[25] 曹宝月, 崔孝炜, 乔成芳, 等. 再谈磷的同素异形体 (1) ——块体磷的同素异形体. 化学教育 (中英文), 2019, 40 (16): 19-30.

[26] Thurn H, Krebs H. Crystal structure of violet phosphorus. Angewandte Chemie International Edition, 1966, 5 (12): 1047-1048.

[27] Thurn H, Krebs H. Über struktur und eigenschaften der halbmetalle. ⅩⅫ. Die kristallstruktur des hittorfschen phosphors. Acta Crystallographica Section, 1969, B 25 (1): 125-135.

[28] Ruck M, Hoppe D, Wahl B, et al. Fibrous red phosphorus. Angewandte Chemie International Edition, 2005, 44 (46): 7616-7619.

[29] Schusteritsch G, Uhrin M, Pickard C J. Single-layered Hittorf's phosphorus: A wide-bandgap high mobility 2D material. Nano Letters, 2016, 16 (5): 2975-2980.

[30] Corbridge D E C. Phosphorus: Chemistry, biochemistry and technology. Sixth Ed. Boca Raton: CRC Press, 2013.

[31] Laoutid F, Bonnaud L, Alexandre M, et al. New prospects in flame retardant polymer materials: From fundamentals to nanocomposites. Materials Science & Engineering R-Reports, 2009, 63 (3): 100-125.

[32] Wu Q, Lü J, Qu B. Preparation and characterization of microcapsulated red phosphorus and its flame-retardant mechanism in halogen-free flame retardant polyolefins. Polymer International, 2003, 52(8): 1326-1331.

[33] Pichon M M, Hazelard D, Compain P. Metal-free deoxygenation of α-hydroxy carbonyl compounds and beyond. European Journal of Organic Chemistry, 2019, 2019 (37): 6320-6332.

[34] Extance P, Elliott S R. Pressure dependence of the electrical conductivity of amorphous red phosphorus. Philosophical Magazine B, 1981, 43 (3): 469-483.

[35] Zhou J, Liu X, Cai W, et al. Wet-chemical synthesis of hollow red-phosphorus nanospheres with porous shells as anodes for high-performance lithium-ion and sodium-ion batteries. Advanced Materials, 2017, 29 (29): 1700214.

[36] Gusarova N K, Trofimov B A. Organophosphorus chemistry based on elemental phosphorus: advances and horizons. Russian Chemical Reviews, 2020, 89 (2): 225-249 .

[37] Trofimov B A, Rakhmatulina T N, Gusarova N K, et al. Superbase-induced generation of phosphide and phosphinite ions as applied in organic synthesis. Phosphorus, Sulfur, and Silicon and the Related Elements, 1991, 55 (1-4): 271-274.

[38] Kuimov V A, Malysheva S F, Gusarova N K, et al. The reaction of red phosphorus with 1-bromonaphthalene in the KOH-DMSO system: Synthesis of tri(1-naphthyl)phosphane. Heteroatom Chemistry, 2011, 22 (2): 198-203.

[39] Stein D, Ott T, Grützmacher H. Phosphorus heterocycles from sodium dihydrogen phosphide: Simple synthesis and structure of 3,5-diphenyl-2,4-diazaphospholide. Zeitschrift fur Anorganische und Allgemeine Chemie, 2009, 635 (4-5): 682-686.

[40] Puschmann F F, Stein D, Heift D, et al. Phosphination of carbon monoxide: A simple synthesis of sodium phosphaethynolate (NaOCP). Angewandte Chemie International Edition, 2011, 50 (36): 8420-8423.

[41] Goicoechea J M, Grützmacher H. The chemistry of the 2-phosphaethynolate anion. Angewandte Chemie International Edition, 2018, 57 (52): 16968-16994.

[42] 赵岳涛, 王怀雨, 喻学锋. 二维黑磷的制备及表面修饰技术研究进展. 科学通报, 2017, 62(20) : 2252-2261.

[43] Liu H, Neal A T, Zhu Z, et al. Phosphorene: An unexplored 2D semiconductor with a high hole mobility. ACS Nano, 2014, 8 (4): 4033.

[44] Qiao J S, Kong X H, Hu Z X, et al. High-mobility transport anisotropy and linear dichroism in few-layer black phosphorus. Nature Communications, 2014, 5: 4475.

[45] Du Y L, Ouyang C Y, Shi S Q, et al. Ab initio studies on atomic and electronic structures of black phosphorus. Journal of Applied Physics, 2010, 107 (9): 093718.

[46] Ling X, Wang H, Huang S X, et al. The renaissance of black phosphorus. Proceedings of the National Academy of Sciences, 2015, 112 (15): 4523.

[47] Zhang S, Yang J, Xu R J, et al. Extraordinary photoluminescence and strong temperature/angle-dependent Raman responses in few-layer phosphorene. ACS Nano, 2014, 8 (9): 9590.

[48] Ju W W, Li T W, Yong Y L, et al. Band gap of few-layer black phosphorus modulated by thickness and

strain. Journal of Atomic and Molecular Physics, 2015, 32 (2): 329.

[49] Xia F N, Wang H, Jia Y C. Rediscovering black phosphorus as an anisotropic layered material for optoelectronics and electronics. Nature Communication, 2014, 5: 4458.

[50] Carvalho A, Rodin A S, Neto A H C. Phosphorene nanoribbons. Europhysics Letters, 2014, 108 (4): 47005.

[51] Rodin A S, Carvalho A, Neto A H C. Strain-induced gap modification in black phosphorus. Physical Review Letters, 2014, 112 (17): 176801.

[52] Peng X H, Wei Q, Copple A. Strain engineered direct-indirect band gap transition and its mechanism in two-dimensional phosphorene. Physical Review B, 2014, 90 (8): 085402.

[53] Jing Y, Tang Q, He P, et al. Small molecules make big differences: Molecular doping effects on electronic and optical properties of phosphorene. Nanotechnology, 2015, 26 (9): 095201.

[54] Dai J, Zeng X C. Bilayer phosphorene: Effect of stacking order on bandgap and its potential applications in thin-film solar cells. Journal of Physical Chemistry Letters, 2014, 5 (7): 1289.

[55] Liu Q H, Zhang X W, Abdalla L B, et al. Switching a normal insulator into a topological insulator via electric field with application to phosphorene. Nano Letter, 2015, 15 (2): 1222.

[56] Hanlon D, Backes C, Doherty E, et al. Liquid exfoliation of solventstabilized few-layer black phosphorus for applications beyond electronics. Nature Communications, 2015, 6: 8536.

[57] Tran V, Soklaski R, Liang Y, et al. Layer-controlled band gap and anisotropic excitons in few-layer black phosphorus. Physical Review B, 2014, 89 (23): 817.

[58] Cakir D, Sahin H, Peeters F M. Tuning of the electronic and optical properties of single layer black phosphorus by strain. Physical Review B, 2014, 90 (20): 205421.

[59] Jiang J W, Park H S. Mechanical properties of single-layer black phosphorus. Journal of Physics D Applied Physics, 2014, 47 (38): 385304.

[60] Wei Q, Peng X H. Superior mechanical flexibility of phosphorene and few-layer black phosphorus. Applied Physics Letters, 2014, 104 (25): 372 .

[61] Jiang J W, Park H S. Negative Poisson's ratio in single-layer black phosphorus. Nature Communication, 2014, 5: 4727.

[62] Pan D X. Anisotropic bending behaviors and bending induced buckling in single-layered black phosphorus. Chinese Science Bulletin, 2015, 8: 764.

[63] Lee S, Yang F, Suh J, et al. Anisotropic in-plane thermal conductivity of black phosphorus nanoribbons at temperatures higher than 100 K. Nature Communications, 2015, 6: 8573.

[64] Gusmão R, Sofer Z, Pumera M. Black phosphorus rediscovered: From bulk to monolayer. Angewandte Chemie International Edition, 2017, 129 (28): 8164.

[65] Zhou Q H, Chen Q, Tong Y L, et al. Light-induced ambient degradation of few-layer black phosphorus: Mechanism and protection. Angewandte Chemie, 2016, 128: 11609-11613.

[66] Huang Y, Qiao J S, He K, et al. Interaction of black phosphorus with oxygen and water. Chemistry of Materials, 2016, 28: 8330-8339.

[67] Li L K, Yu Y J, Ye G J, et al. Black phosphorus field-effect transistors. Nature Nanotechnology, 2014, 9 (35): 372.

[68] Na J H, Park K, Kim J T, et al. Air-stable few-layer black phosphorus phototransistor for near-infrared detection. Nanotechnology, 2017, 28: 085201.

[69] Doganov R A, O' Farrell E C T, Koenig S P, et al. Transport properties of pristine few-layer black phosphorus by van der Waals passivation in an inert atmosphere. Nature Communications, 2015, 6: 6647.

[70] Cai Y Q, Zhang G, Zhang Y W. Electronic properties of phosphorene/graphene and phosphorene/hexagonal boron nitride heterostructures. Journal of Physical Chemistry C, 2015, 119: 13929.

[71] Chen X L, Wu Y Y, Wu Z F, et al. High-quality sandwiched black phosphorus heterostructure and its

quantum oscillations. Nature Communication, 2015, 6: 7315.

[72] Ou P F, Zhou X, Meng F C, et al. Single molybdenum center supported on N-doped black phosphorus as an efficient electrocatalyst for nitrogen fixation. Nanoscale, 2019, 11: 13600.

[73] Wang X, Bai L, Lu J, et al. Rapid activation of platinum with black phosphorus for efficient hydrogen evolution. Angewandte Chemie International Edition, 2019, 58: 19060.

[74] Lei W Y, Zhang T T, Liu P, et al. Bandgap-and local field-dependent photoactivity of Ag/black phosphorus nanohybrids. ACS Catalysis, 2016, 6: 8009.

[75] Trang T N Q, Phan T B, Nam N D, et al. In situ charg transfer at the Ag@ZnO photoelectrochemical interface toward the high photocatalytic performance of H_2 evolution and RhB degradation. ACS Applied Materials and Interfaces, 2020, 12: 12195.

[76] Dunklin J R, Rose A H, Zhang H Y, et al. Plasmonic hot hole transfer in gold nanoparticle-decorated transition metal dichalcogenide nanosheets. ACS Photonics, 2020, 7: 197.

[77] Bai L, Wang X, Tang S B, et al. Black phosphorus/platinum heterostructure: A highly efficient photocatalyst for solar-driven chemical reactions. Advanced Materials, 2018, 30: 1803641.

[78] Peng Y, Lu B Z, Wang N, et al. Oxygen reduction reaction catalyzed by black-phosphorus-supported metal nanoparticles: Impacts of interfacial charge transfer. ACS Applied Materials and Interfaces, 2019, 11: 24707.

[79] Wang J H, Liu D N, Huang H, et al. In-plane black phosphorus/dicobalt phosphide heterostructure for efficient electrocatalysis. Angewandte Chemie International Edition, 2018, 57: 2600.

[80] Liang Q S, Shi F B, Xiao X F, et al. In situ growth of CoP nanoparticles anchored on black phosphorus nanosheets for enhanced photocatalytic hydrogen production. ChemCatChem, 2018, 10: 2179.

2

白磷
的活化与应用Ⅰ

Foundation and Applications of Black Phosphorus and White Phosphorus

2.1

引言

　　有机磷化合物在我们的日常生活中有着十分重要的应用。一方面，有机磷化合物在核酸、辅酶、神经毒气、杀虫剂、除草剂、抗氧化剂、表面活性剂、萃取剂、增塑剂、浮选剂和阻燃剂等方面应用广泛[1,2]；另一方面，有机磷化合物是基础科学研究中最为常见的一类配体，其不仅可以用于稳定金属配合物，在配位化学中有着十分重要的应用，而且可以用于有机催化反应，对当前有机合成化学的发展有着极大的推动作用。

　　目前，有机磷化合物的合成方法是，利用基本工业原料白磷，通过氯化为 PCl_3、PCl_5 等工业中间体后，再与有机底物或有机金属化合物经过盐消除等一系列后续反应进行合成（图 2.1）[3-7]。例如，三苯基膦是由氯苯在金属钠的作用下与 PCl_3 在回流条件下反应进行制备（式 2.1）[7]。二苯基氯化膦是由苯在 $AlCl_3$ 的作用下与 PCl_3 连续反应进行制备（式 2.2）[7]。此类合成方法在实际工业生产时，不仅操作烦琐而且选择性差，副产物相对较多，并且分离相对困难，增加了工业合成的成本。此外，诸如 PCl_3、PCl_5 等物质均是剧毒的腐蚀性化合物，在储存、运输及使用时均不方便并且危险。因此，由白磷直接一步合成膦化合物就具有极大的科学意义与应用价值，而该过程就被称作白磷活化[8-12]。

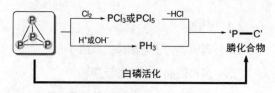

图 2.1　膦化合物的合成途径

式 2.1　三苯基膦的工业合成方法

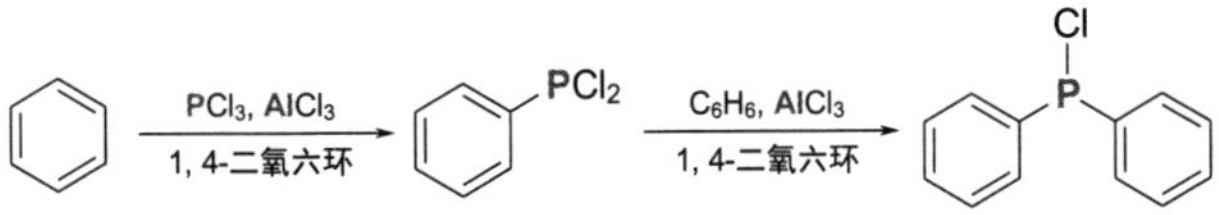

式 2.2　二苯基氯化膦的工业合成方法

白磷活化的研究主要包括三个阶段：①合成 $[M_xP_y]_n$ 配合物；②将 $[M_xP_y]_n$ 配合物转化为有机磷化合物；③实现金属催化的由白磷直接合成有机磷化合物的目标 [3-12]。

第一阶段的研究始于20世纪70年代。在1970～1990年间，Sacconi、Scherer 等化学家将简便易得的金属卤化物、金属羰基化合物等与白磷在较苛刻的条件下进行反应，制备了一系列十分经典的 $[M_xP_y]_n$ 配合物，例如五磷杂二茂铁类配合物(式 2.3)、六磷杂苯类配合物等，奠定了金属配合物与白磷反应的研究基础 [13-16]；在 1990～2010 年间，随着配位化学和金属有机化学的发展，不同种类的金属有机化合物得以合成并被应用于白磷的反应性研究中，由 Bertrand、Scheer、Cummins、Peruzzini 等为代表的化学家合成了数量庞大、种类多样的 $[M_xP_y]_n$ 配合物(图 2.2)，同时也使人们深入了解了白磷参与的反应的特点 [17-22]；自 2010 年后，人们对 $[M_xP_y]_n$ 配合物的合成研究主要集中在尚未得到的新种类的 $[M_xP_y]_n$ 配合物，而研究报道也逐渐变少 [23-26]。

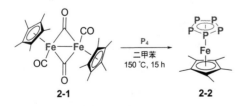

式 2.3　羰基化合物与 P_4 的反应举例

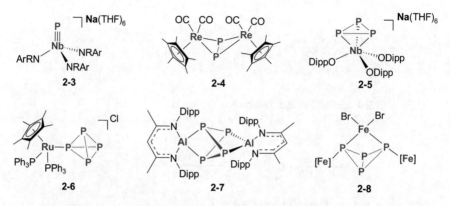

图2.2　种类多样的 $[M_xP_y]_n$ 配合物举例

　　第二阶段的研究始于2010年，人们逐渐把目光由配合物的合成转向了有机磷化合物的合成上。目前，将所合成的 $[M_xP_y]_n$ 配合物转化为有机磷化合物的选择性及收率仍然较低[27]。值得一提的是，人们在自由基或光化学活化白磷合成有机磷的研究上取得了一定的进展，但所得的有机磷化合物的类别依然较少[28,29]。

　　第三阶段的研究报道目前仅有两例（式2.4与式2.5）。2013年，Liddle利用三价铀的配合物（**2-9**）还原活化白磷后，再将得到的 $[U_3P_7]$ 配合物（**2-10**）与亲电试剂TMSCl（三甲基氯硅烷）、还原剂 KC_8 先后

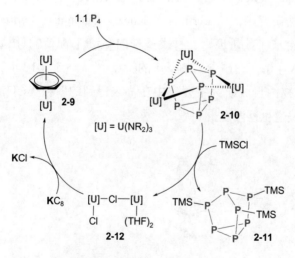

式2.4　金属铀催化的白磷转化（TON = 2）

反应，完成了合成循环[30]。进一步的实验表明，该反应体系对白磷的转化存在 TON 为 2 的催化作用。该工作为白磷的催化转化研究提供了一种思路，但是其催化效率很低，仍然需要进行改善。2019 年，Wolf 利用 [Ir(dtbbpy)(ppy)₂] PF₆ [简称为 [1] PF₆，dtbbpy=4,4′- 二叔丁基 -2,2′-联吡啶，ppy = 2-(2- 吡啶基) 苯基] 作光催化剂，在蓝光 LED 照射下，以三乙胺作为电子供体，由芳基碘化物生成芳基自由基，随后对白磷芳基化生成最终产物，实现了可见光催化的直接将白磷高效转化为三芳基膦或相应四芳基鏻盐的反应[31]。

式2.5　光催化白磷直接转化为三芳基膦或相应四芳基鏻盐

白磷活化可以根据底物中金属中心的类别分为：① s 区金属促进的白磷活化；② p 区金属促进的白磷活化；③前过渡金属促进的白磷活化；④后过渡金属促进的白磷活化；⑤ f 区金属促进的白磷活化。不同类别的白磷活化具有各自不同的优缺点。主族金属促进的白磷活化研究相对较为滞后，但近年来也取得了很大的进展。近年来的主族金属促进的白磷活化研究主要可以分为三类：①亲核试剂与 P_4 的反应，采用亲核性反应机理，得到的大多是 P_4 碎片化的产物；②低价金属类化合物与 P_4 的反应，得到的常常是低价金属插入 P—P 键中的产物；③碳卡宾类化合物与 P_4 的反应，亲核性反应机理为主，得到的是含有 P—C 键的产物。前过渡金属促进的白磷活化通常会得到 P_4 降解的产物，典型的有 terminal-P^{3-}、bridging-P_2^{4-}、cyclo-P_3^{3-} 等。其中，terminal-P^{3-} 和 cyclo-P_3^{3-} 通常与金属形成单核配合物，而 bridging-P_2^{4-} 则更倾向于以双核配合物的形式存在。前过渡金属活化白磷大多都属于低价金属配合物还原活化白磷的类型，常用方法有三种：①大位阻取代基保护的低价金属配合物还原活化白磷；

②金属羰基化合物与 P_4 的光解或热解反应；③原位还原金属卤化物后活化白磷。另外，由于前过渡金属的亲氧性，前过渡金属磷簇配合物可能与含氧底物发生配体交换从而释放磷簇配体并将其转化为膦化合物，这一特性则为金属催化的白磷活化与转化提供了可能性。后过渡金属促进的白磷活化所得产物的种类多样，其中金属铁、钴、钌、铑促进的白磷活化的研究相对较多，第 7 族和第 10 族金属活化白磷的研究相对较少。目前就研究数量而言，过渡金属促进的白磷活化研究最为充分，主族金属次之，f 区金属促进的白磷活化研究最少，这可能是因为磷原子与 f 区金属的软硬不匹配所致。

白磷活化也可以根据产物中磷簇的磷原子数目分为三大类：①磷原子聚集的产物 $P_n (n > 4)$，常见的有 P_5、P_6、P_7、P_8、P_{10}、P_{14} 等；②磷原子数不变的产物 $P_n (n = 4)$；③磷原子降解的产物 $P_n (n < 4)$，包括 P_1、P_2、P_3。此外，由于异构体的存在，各类别又可以进一步分为多种形式，例如 P_4 配体有 *intact*-P_4、*butterfly*-P_4、*cyclo*-P_4、*linear*-P_4 等多种形式，P_6 配体有 *cyclo*-P_6^{n-} [32-36]、*bicyclo*[2.1.1]-P_6^{4-} [37]、*bicyclo*[3.1.0]-P_6^{4-} [38]、$^c P_3$-$^c P_3^{4-}$ [39]、*linear*-P_6^{4-} [40, 41] 等多种形式（图 2.3）。

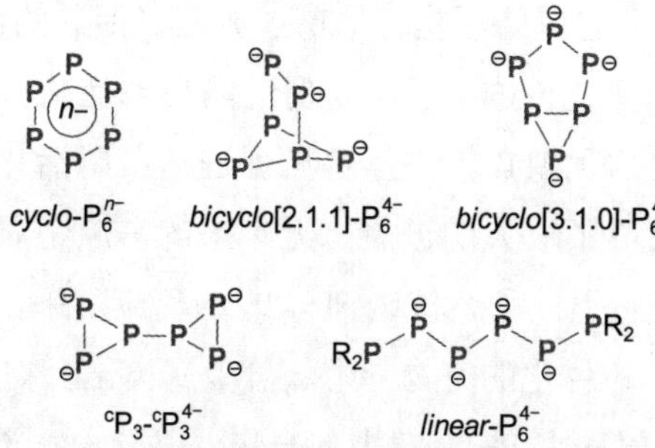

图 2.3　不同类型的 P_6 配体

白磷活化还可以根据底物的类别及其与白磷的反应机理来进行分类。目前，根据底物类别或采用方法的异同，白磷活化可以分为 10 种：①有机小分子与 P_4 的反应；②亲核试剂与 P_4 的反应；③卡宾类化合物与 P_4 的反应；④自由基类化合物与 P_4 的反应；⑤正离子类化合物与 P_4 的反应；

⑥金属单质与 P_4 的反应；⑦低价金属配合物与 P_4 的反应；⑧金属氢化物与 P_4 的反应；⑨光化学活化 P_4；⑩电化学活化 P_4。各种方法各有特点，每种方法均有代表性的反应与实例，这将在本章中详细介绍。

2.2
有机小分子与白磷的反应

在白磷活化合成有机磷化合物的起始研究中，人们尝试了许多有机小分子底物与 P_4 的反应。虽然这些反应可以直接得到有机磷化合物，但是反应的选择性不高，所得产物是复杂的混合物，并且反应条件苛刻，各产物的收率较低，难以用于实际的工业生产或实验室制备中。

1965 年，Maier 报道了第一例小分子底物直接与 P_4 的反应(式 2.6)[42]。P_4 与氨基醇在乙醇与水的混合溶液中加热至 80℃，反应 1～8h 后，得到了多种有机含磷化合物。各产物的比例取决于反应物的投料比以及所选用的溶剂，产物中仅有膦氧化合物 2-16 被完全分离，最高收率为 45%。

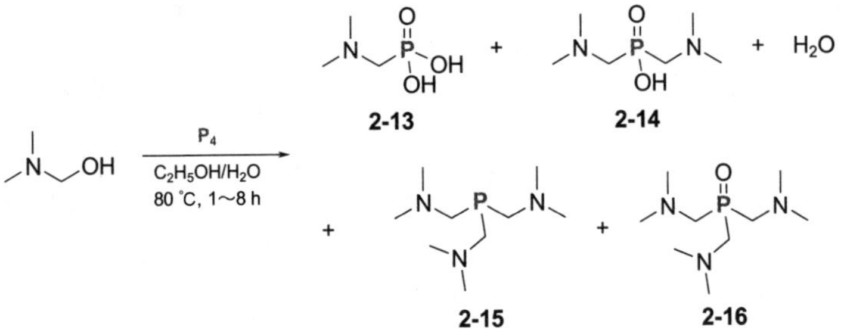

式 2.6　氨基醇与 P_4 的反应

1987 年，Fluck 报道了苯甲醛与 P_4 的反应(式 2.7)[43]。以 KI 为催化剂，二者在 H_3PO_4 溶液中加热至 150℃进行反应，得到了磷酸的有机衍生物 **2-17** 和 **2-18**。其中，仅有化合物 **2-18** 以 23% 的收率得到了分离。

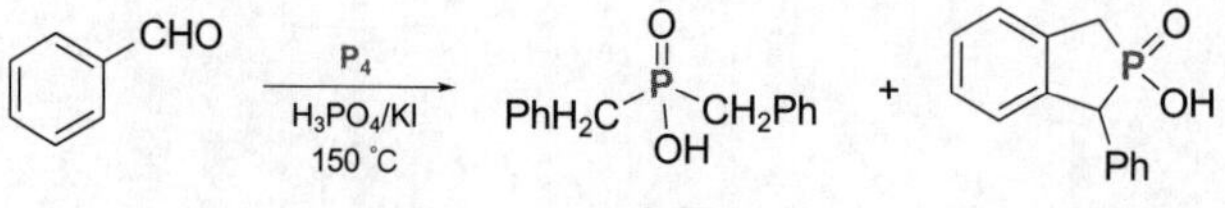

式 2.7　苯甲醛与 P_4 的反应

2003 年，Trofimov 报道了烯丙基溴与白磷的反应(式 2.8)[44]。室温下，二者以 $KOH/H_2O/$ 二氧六环为溶剂可以顺利反应得到三级膦氧化合物 **2-19**、**2-20** 和 **2-21**，比例约为 2∶1∶2，总收率为 96%。

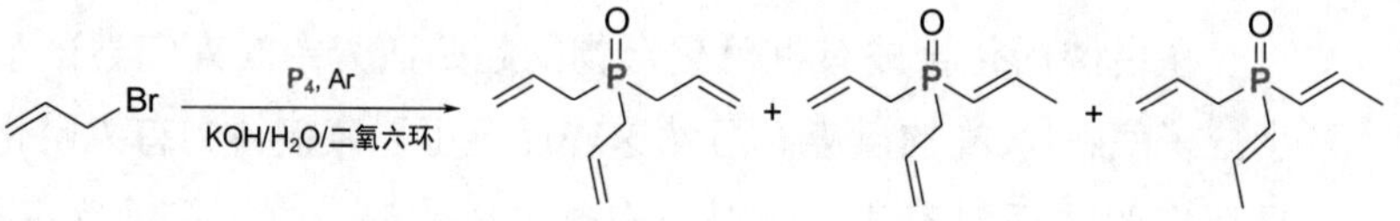

式 2.8　烯丙基溴与 P_4 的反应

2005 年，Trofimov 报道了苯乙烯与 P_4 的反应(式 2.9)[45,46]。在氩气保护下，P_4 与苯乙烯在 $KOH/DMSO/H_2O$ 的强碱体系下加热至 45 ～ 50℃

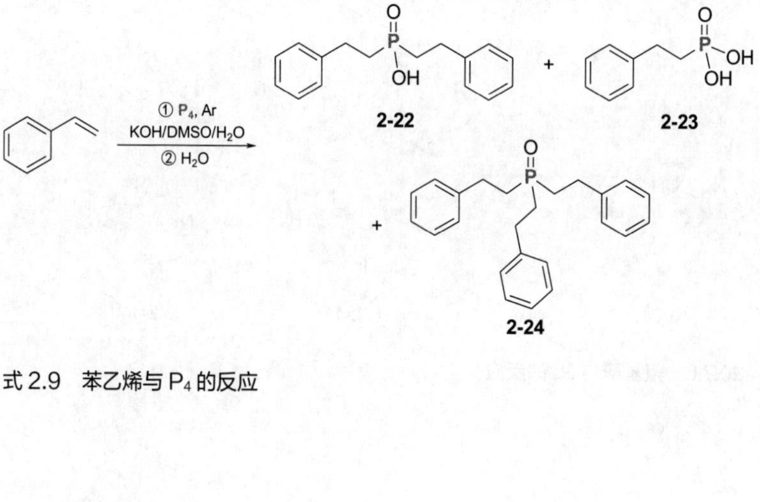

式 2.9　苯乙烯与 P_4 的反应

反应，得到了膦氧化合物 **2-22**、**2-23** 和 **2-24**，其核磁收率分别为 32%、27% 和 24%。Trofimov 认为 P_4 得以活化并与苯乙烯反应的机理如式 2.10 所示。强碱体系下，OH^- 进攻 P_4 断裂一根 P—P 键后得到中间体 **2-INT1**，经过质子转移并异构化后得到中间体 **2-INT2**。随后，**2-INT2** 中的磷负离子进攻苯乙烯形成第一根 P—C 键，之后经过类似的步骤得到最终产物。该机理与亲核试剂活化 P_4 的机理类似，但也具有独特之处。

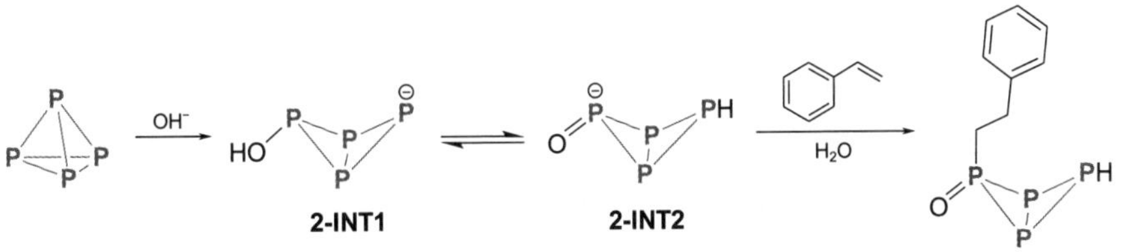

式 2.10　苯乙烯与 P_4 的反应机理

2.3

亲核试剂与白磷的反应

亲核试剂与 P_4 反应的一般机理是，亲核试剂进攻 P_4 中的一个磷原子，断裂一根 P—P 键形成一个磷负离子和一根 P—Nu 键。亲核试剂逐步活化 P_4 的模式如图 2.4 所示：①亲核试剂进攻 P_4，断裂一根 P—P 键得到单取代的 *butterfly*-P_4^- 中间体（**2-INT3**）；②亲核试剂进攻中间体 **2-INT3** 中的桥头磷原子，断裂边上的一根 P—P 键并异构化为双取代的四膦杂二丁烯双负离子中间体 **2-INT4**；③中间体 **2-INT4** 可以被第三分子亲核试剂进攻得到中间体 **2-INT5**，也可以发生自身的 [2+2] 环加成反应，二聚为含有 *cyclo*-P_4 结构的中间体；④中间体 **2-INT5** 离去 RP^{2-} 碎片降解为 $[R_2P_3]^-$

中间体（**2-INT6**）；⑤亲核试剂进攻中间体 **2-INT6** 中的中心磷原子并离去
RP^{2-} 碎片得到二膦烯化合物 **2-INT7**；⑥亲核试剂进攻二膦烯 **2-INT7** 得到
中间体 **2-INT8**；⑦亲核试剂进攻中间体 **2-INT8**，离去 RP^{2-} 碎片得三级膦
产物。一般而言，亲核试剂活化 P_4 的反应选择性通常较低，产物种类不
可控，P_4 碎片化的程度取决于亲核试剂的种类和反应条件的选择。但由
于该方法具有可以直接构建 P—C 键、P—O 键、P—Si 键的优点，因此，
该方法持续被人们所关注，并在近年来的研究过程中取得了一定的进展。

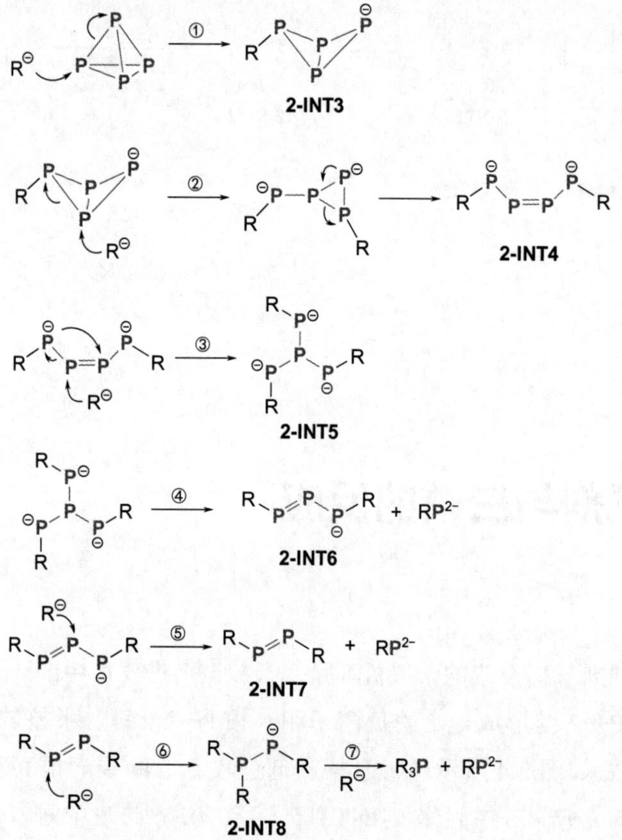

图2.4 亲核试剂逐步活化 P_4 的模式

（1）碳负离子（C—Li 键）作亲核试剂与 P_4 的反应

1963 年，Rauhut 报道了第一例有机锂试剂与 P_4 的反应（式 2.11）[47]。

苯基锂与 P_4 在乙醚中反应，经过水处理后得到了苯基膦(**2-25**)、二苯基膦(**2-26**)、三苯基膦和磷化氢等混合物，收率分别为 27%、6% 和 5%。该反应虽然能够直接构建 P—C 键，合成膦化合物，但是反应条件苛刻，产物复杂难以分离，并且收率很低，难以进一步应用。随后，人们也相继尝试了炔基锂、叔丁基锂等与 P_4 的反应，但均未取得很明显的改善[48-50]。

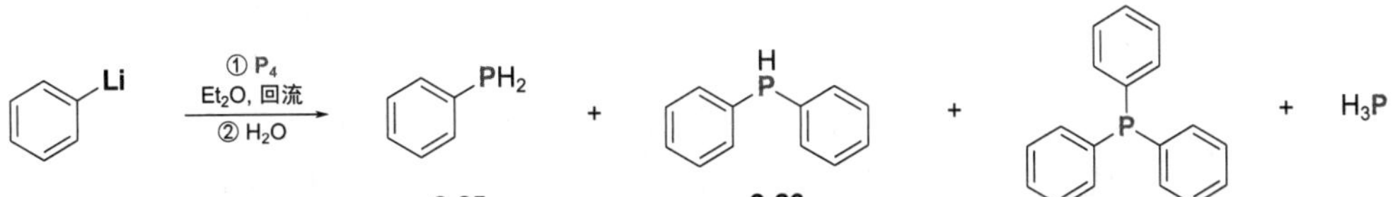

式 2.11　苯基锂与 P_4 的反应

　　1985 年，Fluck 利用 2,4,6- 三叔丁基苯基锂(Mes*Li)与 P_4 反应，在亲电试剂 Mes*Br 的存在下，得到了膦化合物 **2-27** 和 **2-28**(式 2.12)[51]。其中，化合物 **2-27** 含有一个 *butterfly*-P_4 结构，而化合物 **2-28** 是一个膦烯化合物，其 P=P 双键能够稳定存在的原因是大基团的空间位阻效应。在该反应中，大位阻的 Mes*Li 对 P_4 的碎片化程度有了一定的削弱，从而停留在断裂第一根 P—P 键生成 *butterfly*-P_4 结构的一步(图 2.4，第①步)。

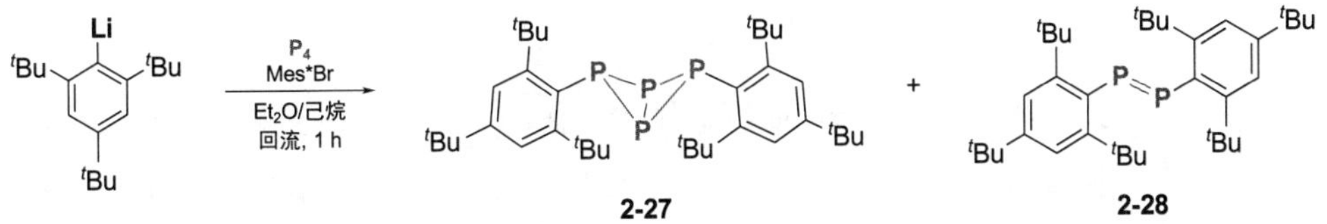

式 2.12　2,4,6- 三叔丁基苯基锂与 P_4 的反应

　　1996 年，Mathey 利用三甲基硅基取代的偶氮甲基锂 **2-29** 与 P_4 反应，得到了一例含有 *cyclo*-$P_2N_2C^-$ 五元环结构的化合物 **2-30**(式 2.13)[52]。该反应的可能机理有两种，一种是 P_4 异构化为二磷炔，随后其与偶氮甲基锂化合物 **2-29** 发生一个形式上的 [3+2] 环加成反应得到化合物 **2-30**；另一种则是偶氮甲基锂化合物 **2-29** 亲核进攻 P_4 四面体得到 *butterfly*-P_4^- 中间体，随后在 *cyclo*-$P_2N_2C^-$ 五元环的芳构化驱动力下发生后续的转化得到化

合物 **2-30**。该反应首次表明了 P_4 可以用于合成新型的芳香性环状化合物。

式 2.13   偶氮甲基锂与 P_4 的反应

2010 年，Lerner 利用均三甲基苯锂（MesLi）与 P_4 反应，得到了化合物 **2-31**（式 2.14）[53]。该反应机理可能是，锂试剂进攻 P_4 先断裂一根 P—P 键形成 *butterfly*-P_4^- 中间体，再断裂边上的一根 P—P 键，最后断裂环内的 P—P 键形成目标产物（图 2.4，第③步）。化合物 **2-31** 对水氧极其敏感，即使氘代试剂中的痕量水也会使其转化为化合物 **2-32**。

式 2.14   均三甲基苯锂与 P_4 的反应

2014 年，Lammertsma 报道了 $B(C_6F_5)_3$ 参与的大位阻的 Mes*Li 与 P_4 的反应（式 2.15）[54]。二者在甲苯中反应，经过约 4 周的时间得到了 Lewis 酸稳定的 *butterfly*-P_4^- 化合物 **2-33a**。该反应首次分离得到并直接证明了锂试剂活化 P_4 的第一步反应中间体是 *butterfly*-P_4^-（图 2.4，第①步）。2016 年，Lammertsma 报道了 BPh_3 参与的大位阻的 Mes*Li 与 P_4 的反应（式 2.15）[55]。与 $B(C_6F_5)_3$ 相比，BPh_3 具有更弱的 Lewis 酸性，其不与溶剂 THF 配位，因此该反应可以较快的速率在 THF 中进行，得到了 BPh_3 稳定的 *butterfly*-P_4^- 化合物 **2-33b**。进一步研究表明，化合物 **2-33b** 的反应活性比化合物 **2-33a** 的要高，其可以与氮杂环卡宾发生选择性的 [3+1] 碎片化并生成膦化合物 **2-34** 和 **2-35**[56]。

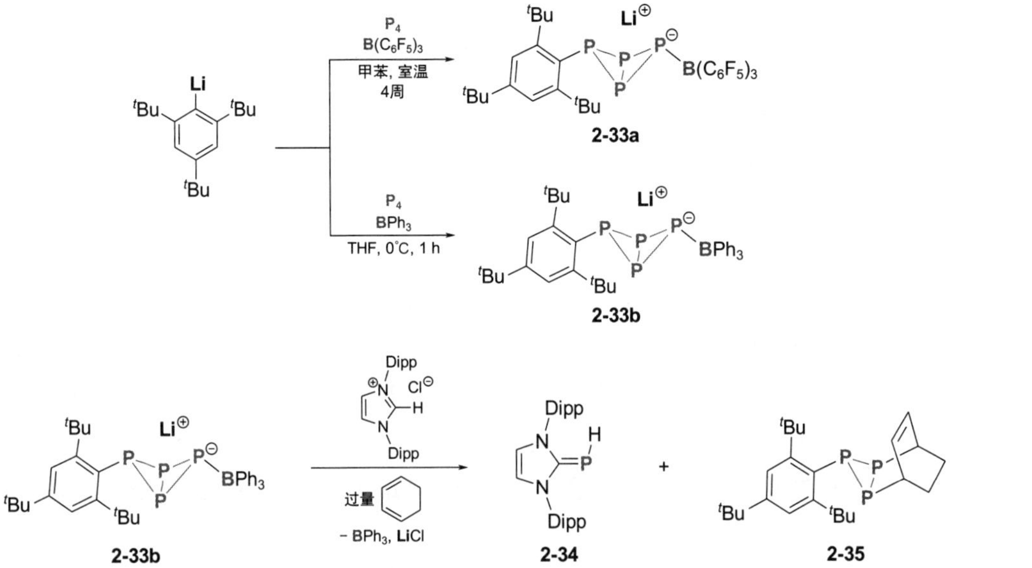

式 2.15　B(C₆F₅)₃ 及 BPh₃ 参与下的 2,4,6- 三叔丁基苯基锂与 P₄ 的反应

　　2016 年，Lammertsma 报道了金配合物促进的 MesLi 与 P₄ 的反应（式 2.16）[57]。该反应中，P₄ 首先与金配合物反应，得到了含有 intact-P₄ 结构的化合物 2-36，随后化合物 2-36 与 MesLi 反应得到了 butterfly-P₄⁻ 化合物（2-37）。虽然反应中使用的 MesLi 的位阻比 Mes*Li 的小，但是由于 P₄ 先形成了 intact-P₄ 配合物，而配体上取代基的位阻较大，并且一价金同样起到了路易斯酸的作用，因此，P₄ 的碎片化也停留在了第一步，选择性地得到了 butterfly-P₄⁻ 化合物。

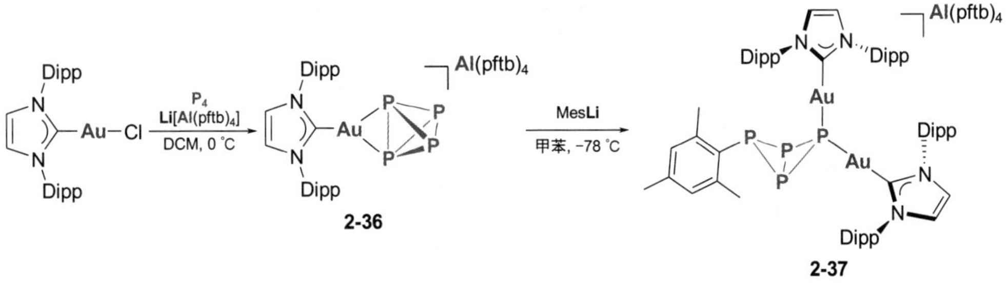

式 2.16　金配合物促进的均三甲基苯基锂与 P₄ 的反应

2016 年，张文雄教授报道了双锂试剂活化 P₄ 直接一步合成膦杂环戊二烯基锂的方法（式 2.17）[58-61]。双锂试剂 **2-38** 和 P₄ 在室温下以 THF 为溶剂反应 1h 即可生成膦杂环戊二烯基锂（**2-39**），通过简便的过滤、重结晶等手段即能以较高的收率（> 95%）得到纯的目标产物。该方法具有操作简单、条件温和、时间短、效率高的优点，是当前合成膦杂环戊二烯基锂最为高效便捷的方法。该反应的机理如图 2.5 所示，双锂试剂的双锂桥在 P₄ 的选择性活化过程中有着十分重要的作用，首先是一个锂离子与 P₄ 的 P—P 单键以 η^2 的方式进行配位，得到 *intact*-P₄ 中间体 **2-INT9**。随后，第一根 C—Li 键进攻配位的磷原子并形成了第一根 P—C 键，同时第二个锂离子用于稳定另一端的 P3 部分，经过过渡态 **2-TS I** 得到中间体 **2-INT10**，该过程的反应能垒为 9.6kcal/mol。之后，在芳构化驱动力的作

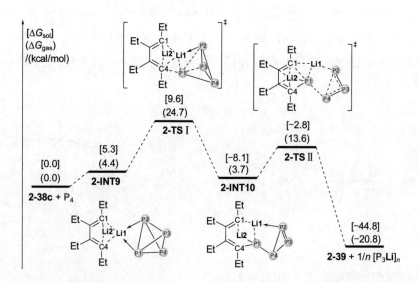

式 2.17　双锂试剂活化 P₄ 直接一步合成膦杂环戊二烯基锂

图 2.5　双锂试剂与 P₄ 的反应机理

用下，第二根 C—Li 键进攻同一个磷原子，经过环状过渡态 **2-TS II** 得到目标产物膦杂环戊二烯基锂 **2-39** 以及 $[P_3Li]_n$ 碎片。

(2)碳负离子(C—M 键，M 是除锂外的其他金属)作亲核试剂与 P_4 的反应

1963 年，Rauhut 等[62]报道了第一例格氏试剂与 P_4 的反应(式 2.18)。丁基溴化镁和 P_4 在 THF 中回流反应后，经过溴代正丁烷的处理，得到了一系列膦化合物 **2-40**、**2-41** 和 **2-42**，前两个化合物的收率分别为 42% 和 6%。与苯基锂和 P_4 的反应类似，该反应同样具有条件苛刻、产物复杂难以分离、收率低的缺陷与不足。

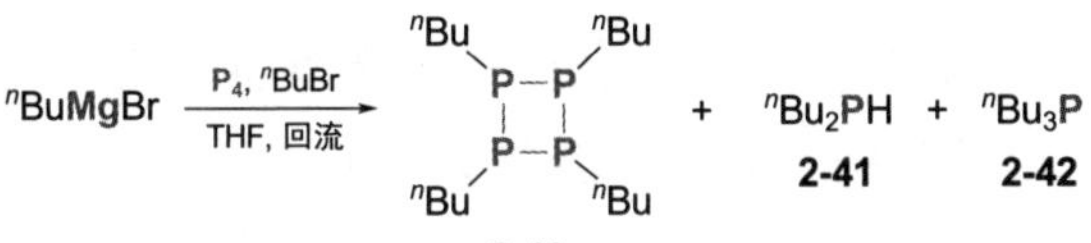

式 2.18　丁基格氏试剂与 P_4 的反应

1991 年，Barron 等[63]报道了第一例 p 区金属亲核试剂与 P_4 的反应(式 2.19)。两当量的三叔丁基镓与 P_4 在室温下反应，经过 3 ~ 4h 后可以得到 *butterfly*-P_4^- 化合物 **2-43**，收率为 84%。在该反应中，一个三叔丁基镓作路易斯酸与磷原子配位，另一个三叔丁基镓作亲核试剂进攻 P_4，而 **2-43** 可以看作是 P_4 的 P—P 键插入到 Ga—C 键中的结果。

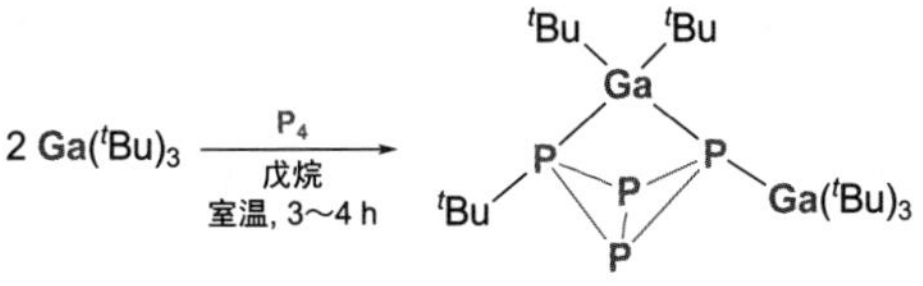

式 2.19　三叔丁基镓与 P_4 的反应

1999 年，Peruzzini 等[64]报道了第一例过渡金属亲核试剂与 P_4 的反应(式 2.20)。烷基铑或芳基铑的烯烃配合物 **2-44** 与 P_4 在室温下以 THF 为溶剂进行反应，得到了化合物 **2-45**。该反应的机理为，烷基铑或芳基

铑的烯烃配合物 **2-44** 首先解离烯烃得到一价铑中间体，随后 P_4 的一根 P—P 键氧化加成到该金属中心得到中间体 **2-INT11**，最后另一根 P—P 键迁移插入到 Rh—C 键中形成最终产物 **2-45**。

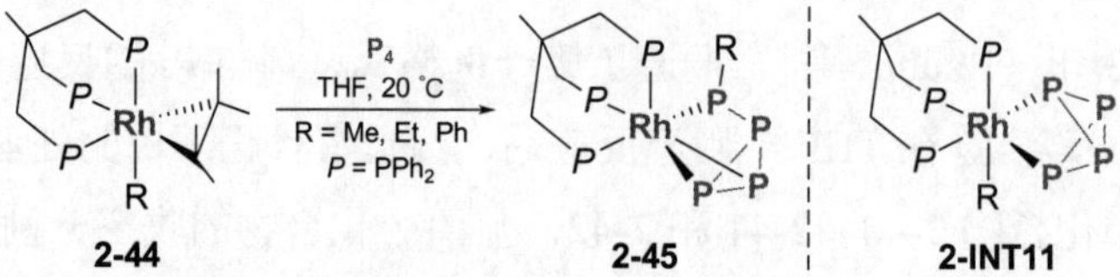

2-44 **2-45** **2-INT11**

式 2.20　烷基铑或芳基铑的烯烃配合物与 P_4 的反应

2005 年，Power 等将芳基铊化合物 **2-46** 与 P_4 在 0℃下进行反应，选择性地得到了化合物 **2-47**，其可以进一步被碘单质氧化得到膦化合物 **2-48**（式 2.21）[65]。分析结构可知，化合物 **2-47** 中的金属铊均为正一价，而磷簇部分可以看作是带两个负电荷的 *linear*-P_4^{2-} 结构。全碳骨架的丁二烯双负离子通常是以定域的结构形式存在［图 2.6(a)］，而分析化合物 **2-47** 的键长可知，该 *linear*-P_4^{2-} 结构更趋向于离域的形式［图 2.6(b)］。该反应表明了磷簇化合物具有许多不同于其碳类似物的性质，也是金属促进的 P_4 转化为有机磷化合物的代表性例子之一。

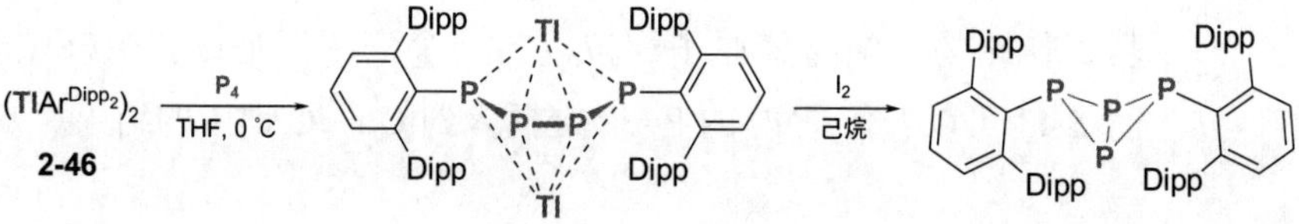

2-46 **2-47** **2-48**

式 2.21　芳基铊化合物和 P_4 的反应

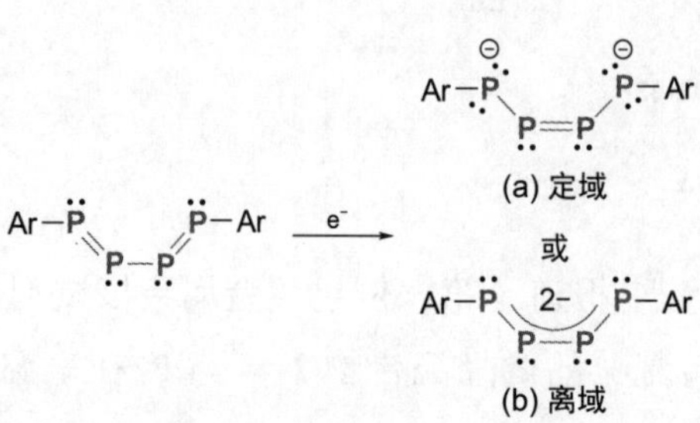

图 2.6　*linear*-P_4^{2-} 的两种形式

2015 年，Hill 等报道了 β- 二亚胺配体稳定的丁基镁试剂 **2-49** 与 P$_4$ 的反应（式 2.22），高选择性地得到了带有两个丁基的 cyclo-P$_4^{2-}$ 配合物 **2-50**，分离收率为 76%[66]。化合物 **2-50** 可以进一步与过量的 P$_4$ 反应得到两个丁基取代的 P$_8$ 化合物 **2-51**，该化合物也可以由原料 **2-49** 直接与一当量 P$_4$ 反应获得。不同于其他亲核试剂的是，在第二分子的亲核试剂进攻 butterfly-P$_4^-$ 中间体的桥头磷原子时，断裂的是中间的 P—P 键，得到的是 cyclo-P$_4^{2-}$ 化合物（式 2.23）。该反应是首次通过控制格氏试剂与 P$_4$ 的反应比例来调控产物选择性的例子，能够取得较高选择性的原因是 β- 二亚胺配体的空间位阻较大。

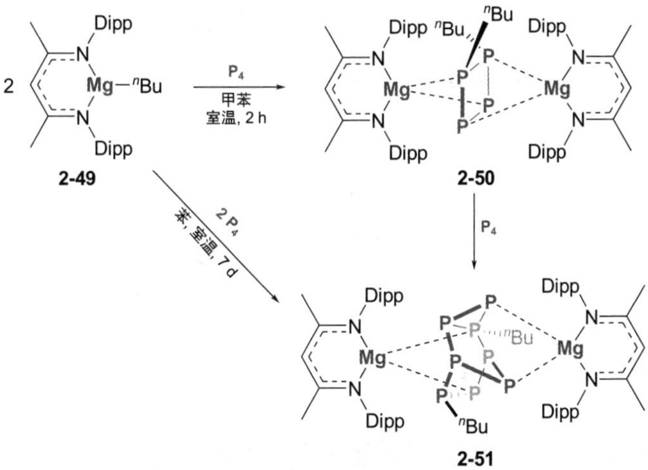

式 2.22　β－二亚胺配体稳定的丁基镁试剂与 P$_4$ 的反应

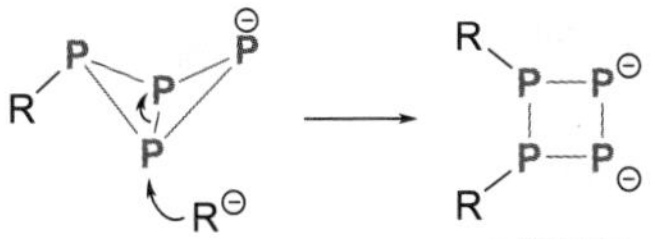

式 2.23　β－二亚胺配体稳定的丁基镁试剂与 P$_4$ 的反应模式

2017 年，张文雄教授报道了第一例稀土金属亲核试剂促进的白磷活化的反应（式 2.24）[38,67,68]。室温下，两当量的单茂稀土金属杂环戊二烯 **2-52** 与 P$_4$ 在 THF 中反应，可以同时得到首例稀土金属 cyclo-P$_3$ 化合物 **2-53**

和膦杂环戊二烯基锂 **2-39a**，并释放 [Cp*LnCl₂]₃。在该反应中，白磷发生的是 [3+1] 碎片化反应，而稀土金属杂环戊二烯有着双重作用(图 2.7)，一分子稀土金属杂环戊二烯作为双亲核试剂，协同进攻 P₄ 中的同一个磷原子并在芳构化驱动力的作用下得到膦杂环戊二烯负离子 **2-39a**，另一分子稀土金属杂环戊二烯作为双烯体，用于稳定 P₃ 部分，发生形式上的类 D-A 反应，得到稀土金属 *cyclo*-P₃ 化合物 **2-53**。

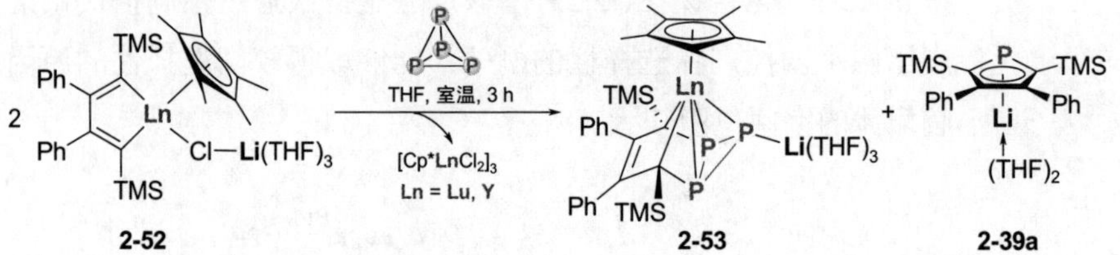

式 2.24　稀土金属杂环戊二烯与 P₄ 的反应

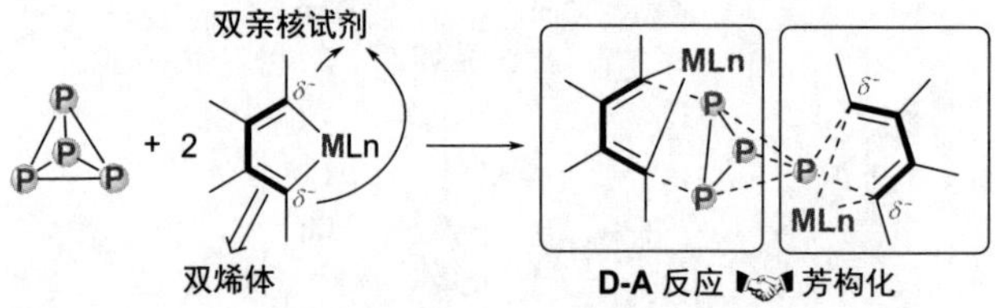

图 2.7　稀土金属杂环戊二烯与 P₄ 的反应模式

　　2019 年，张文雄教授团队将两当量铝杂环戊二烯 **2-54** 与 P₄ 在 THF 中反应得到了全有机基团取代的 *cyclo*-P₄ 化合物 **2-55**(式 2.25)[69,70]。该反应具有条件相对温和、产物选择性高、收率高的优点。此外，该反应完全不同于低价金属还原活化白磷得到金属 *cyclo*-P₄ 配合物的方法，是

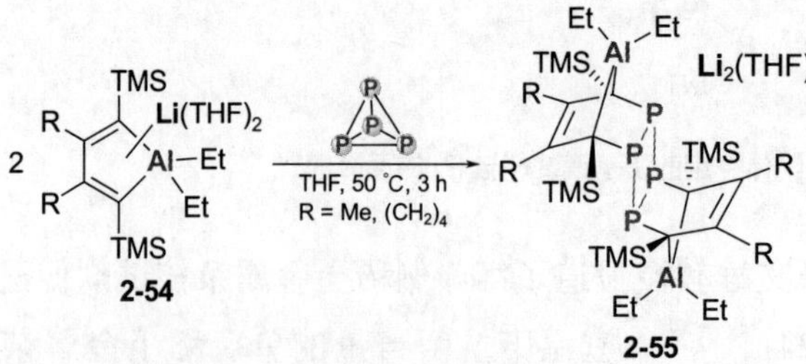

式 2.25　铝杂环戊二烯与 P₄ 的反应

白磷首次直接转化为全碳取代的四磷杂环丁烷的例子。

(3)氧负离子或硫负离子作亲核试剂与 P_4 的反应

醇类化合物和硫醇类化合物均可以与 P_4 在强碱性体系下发生反应，分别用于构建 P—O 键或者 P—S 键，得到磷酸的衍生物，但是反应选择性不高，产物类别不可控并且难以分离。例如，Wartew 等[71]于 1978 年将甲醇钠与 P_4 反应，得到了 3 种含磷化合物，收率分别为 39%、36% 和 6%(式 2.26)。反应机理如式 2.27 所示[72]，氧负离子进攻 P_4 得到 *butterfly*-P_4^- 中间体 **2-INT13**，该中间体中的磷负离子可以攫取 CCl_4 的氯原子生成中间体 **2-INT14** 并释放 CCl_3^-，而 CCl_3^- 又可以攫取甲醇的质子生成氯仿和氧负离子，随后，氧负离子继续进攻磷簇部分发生后续的 P—P 键断裂从而得到最终产物。

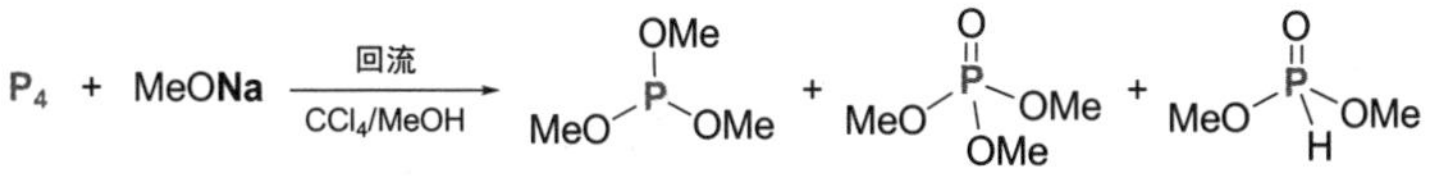

2-56 2-57 2-58

式 2.26 甲醇钠与 P_4 的反应

2-INT13 2-INT14

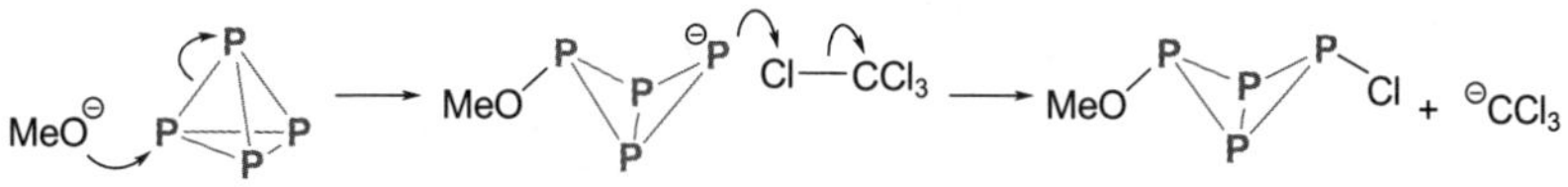

式 2.27 甲醇钠化合物与 P_4 的第一步反应机理

2009 年，Karaghiosoff 等[73]报道了 Na_2Ch_2(Ch = S，Se，Te)类化合物与 P_4 的反应(式 2.28)。以过硫化钠为例，其与 P_4 在 *N*- 甲基咪唑溶剂中进行反应，能够以较高收率且高选择性地得到 *butterfly*-P_4 化合物 **2-59**。反应可以理解为 S_2^{2-} 中的 S—S 键与 P_4 中的 P—P 键发生复分解反应形成或 P—P 键插入到 S—S 键中而形成。

2-59

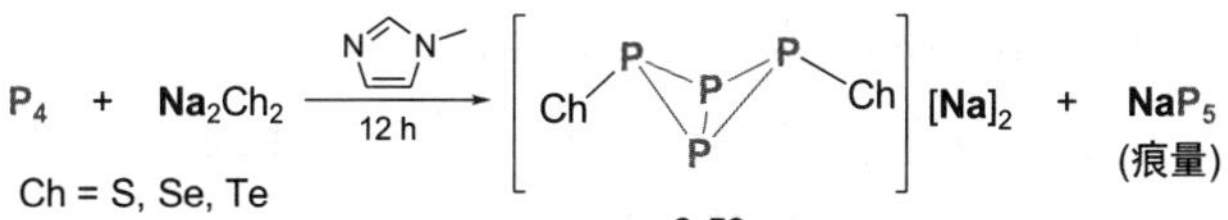

式 2.28 过硫化钠类化合物与 P_4 的反应

(4)硅负离子作亲核试剂与 P_4 的反应

1997 年，Wiberg 等 [74] 报道了第一例硅负离子与 P_4 的反应(式 2.29)。两当量 $^tBu_3SiNa$ 与 P_4 以 THF 为溶剂进行反应时得到了化合物 **2-60**，以叔丁基甲基醚(TBME)为溶剂时得到了化合物 **2-61**。化合物 **2-61** 可以看作是化合物 **2-60** 的二聚体，该转化过程通过实验得到了证明。在 Wiberg 所发展的方法基础上，自 2003 年起，Lerner 等 [75-78] 对大位阻硅负离子与 P_4 的反应体系作了详细研究。研究发现，硅负离子与 P_4 的反应选择性比碳负离子的略高，但产物的结构仍然难以预测与控制，反应条件的略微改变同样会得到不同的产物。

式 2.29　$^tBu_3SiNa$ 与 P_4 的反应

2007 年，Wright 等 [79] 将 $[(Me_3Si)_3SiK(18\text{-}C\text{-}6)]$ 与 P_4 反应，选择性地得到了一例具有 $P_8R_2^{2-}$ 结构的化合物 **2-62**(式 2.30)。反应机理如式 2.31 所示，R^- 亲核进攻 P_4 得到 *butterfly*-P_4^- 中间体 **2-INT15** 后，该中间体通过自身二聚后再经过两步异构化得到最终产物。该反应从 *butterfly*-P_4^- 二聚的角度解释了 P_4 活化中常见的 *zintl*-P_7 笼状结构的形成过程。

2007 年，Braunschweig 等 [80] 利用二茂钼的硅基化合物 **2-63** 与半当量 P_4 反应，选择性地得到了一例 Mo-P_2 化合物 **2-64**，收率为 30%(式 2.32)。通过键长分析和理论计算认为，化合物 **2-64** 中的 P—P 键具有部分 π 键的特征，而 [P_2Mo] 三元环也具有一定的电子离域。因此，该化合

物可以看作是两种结构(P═P 双键与钼配位的结构和其对钼加成的结构)
的组合体。

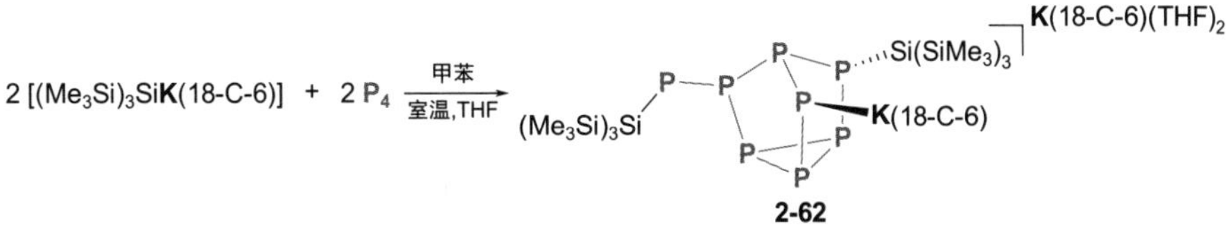

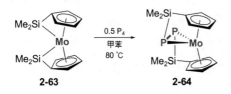

式 2.30　[(Me₃Si)₃SiK(18-C-6)] 与 P₄ 的反应

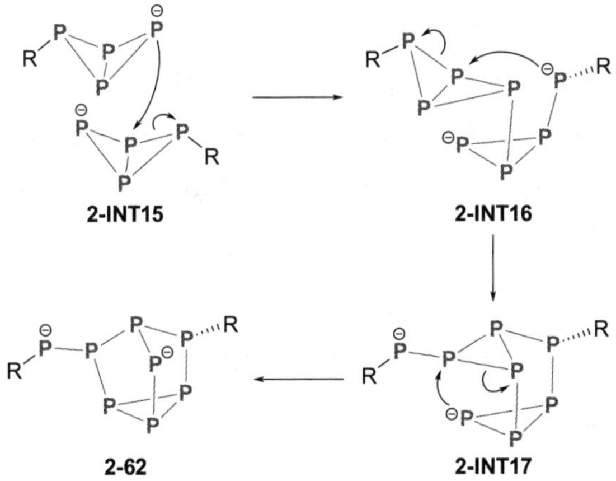

式 2.31　*butterfly*-P₄⁻ 二聚为 P₈²⁻ 的机理

式 2.32　二茂钼的硅基化合物与 P₄ 的反应

(5)锡负离子作亲核试剂与 P₄ 的反应

　　相比于碳负离子和硅负离子对 P₄ 的活化研究，锡负离子对 P₄ 的活化
研究较少。2014 年，Cummins 等 [81] 报道了 Ph₃SnNa 对 P₄ 的活化反应(式
2.33)，二者反应可以得到两种不同的产物 **2-65** 和 **2-66**，其中 **2-65** 为含有

一个磷原子的$(Ph_3Sn)_2PNa$，而 **2-66** 则为常见的 *zintl*-P_7^{3-} 化合物。这两个化合物均可以进一步与 Ph_3SnCl 反应得到相应的不带金属的含磷化合物。

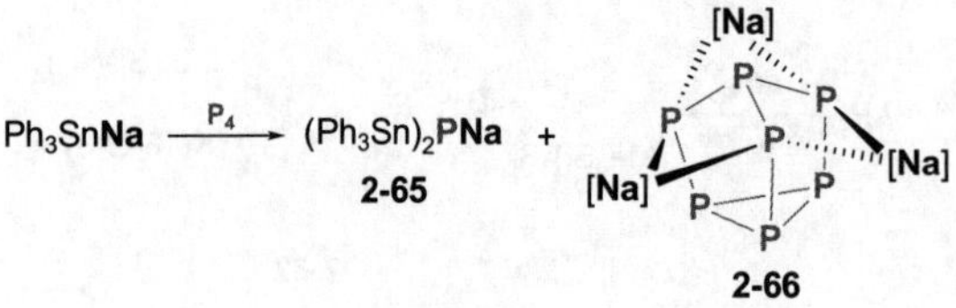

式 2.33　Ph_3SnNa 与 P_4 的反应

(6)磷负离子作亲核试剂与 P_4 的反应

1983 年，Schmidpeter 等 [82] 报道了 $MPPh_2(M = Li，Na，K)$ 促进的 P_4 活化反应(式 2.34)。二者反应可以得到 *linear*-P_3^- 化合物 **2-67**、P_2 化合物 **2-68** 和 M_3P_7 化合物，其中化合物 **2-67** 和 **2-68** 可以看作是氧化产物，而 M_3P_7 则可以看作是还原产物。

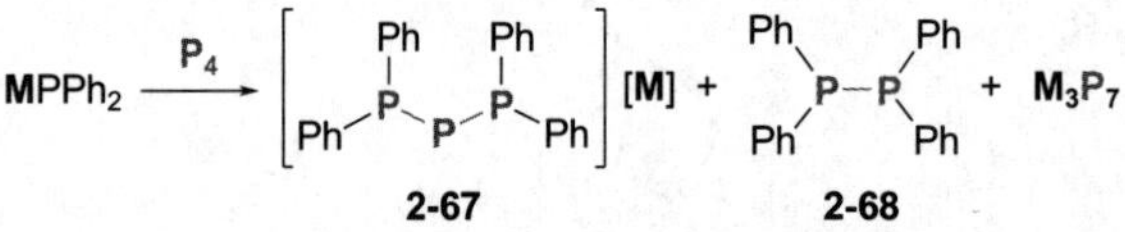

式 2.34　$MPPh_2(M = Li, Na, K)$ 与 P_4 的反应

1984 年，Schmidpeter 等 [83] 将含双膦二负离子的化合物 **2-69** 与 P_4 以 1∶1 的比例进行反应，选择性地得到一个 *linear*-P_3^- 化合物 **2-70** 和 Li_3P_7 (式 2.35)。在该反应中，双膦二负离子共同进攻 P_4 中的一个磷原子使 P_4 发生了 [1+3] 碎片化，P_4 中的一个磷原子转移到产物 **2-70** 中，而另外的 P_3 部分则与另一分子的 P_4 聚合得到 Li_3P_7。

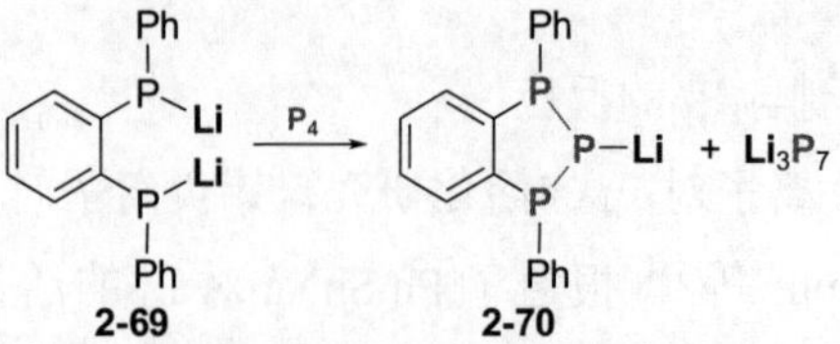

式 2.35　双膦二负离子与 P_4 的反应

2.4
卡宾类化合物与白磷的反应

　　卡宾类化合物与 P_4 的反应同样可以用于构建 P—C 键、P—Si 键等，因此，该方法也持续被人们所关注。相比于亲核试剂与 P_4 的反应，该方法所得产物的选择性较高、收率也较高，但是不同种类的卡宾、含有不同取代基的卡宾与 P_4 反应的结果差别通常较大，产物的结构同样难以预测。

　　本节主要介绍碳卡宾和硅卡宾对 P_4 的活化，它们与 P_4 的反应性具有相似而又不同的特点 [10,84-86]。碳卡宾主要体现亲核性，其促进的白磷活化主要为亲核型活化。由于硅原子的价层 3s 轨道更为惰性，因此，硅卡宾的孤对电子也常常为化学惰性，硅卡宾主要体现亲电性，其促进的白磷活化主要为亲电型活化。需要注意是，通过改变配体上的取代基，碳卡宾有时可以表现为亲电性而硅卡宾有时也可以表现为亲核性。锗卡宾和锡卡宾同样以亲电性为主，其与 P_4 的反应特性主要为插入反应，与低价金属对 P_4 的反应性类似。

　　(1) 碳卡宾类化合物与 P_4 的反应

　　碳卡宾有 cAAC 和 NHC 两种，理论计算表明 cAAC 的单线态 - 三线态能量差 (46kcal/mol) 比 NHC 的 (84kcal/mol) 小，因此 cAAC 的 HOMO 能量 (-5.0eV) 比 NHC 的 (-5.2eV) 高，故而 cAAC 与 P_4 的反应性也比 NHC 的高 [10]。

　　Bertrand 等 [87-89] 详细研究了各种亲核型碳卡宾化合物与 P_4 的反应，得到了不同结构的多膦化合物 (式 2.36)，其中，化合物 2-72 是第一例单线态碳卡宾活化 P_4 的产物。一般认为亲核型碳卡宾与 P_4 的反应过程是，碳卡宾首先亲核进攻 P_4 并形成 butterfly-P_4 中间体，随后，butterfly-P_4 异构化形成中间体 2-INT18，随后该中间体进一步与碳卡宾反应，并随碳卡宾种类的不同而产生不同的产物。在反应体系中原位加入大量的 2,3-二甲基丁二烯，成功地捕获了中间体 **2-INT18** 并对所捕获的化合物 **2-75** 进行了分离与表征。从这些反应可以看出，碳卡宾与 P_4 反应可以很便捷地构建 P—C 键，但是产物的类别随着取代基的略微改变会发生较大的变化，因此，产物的结构难以预测。

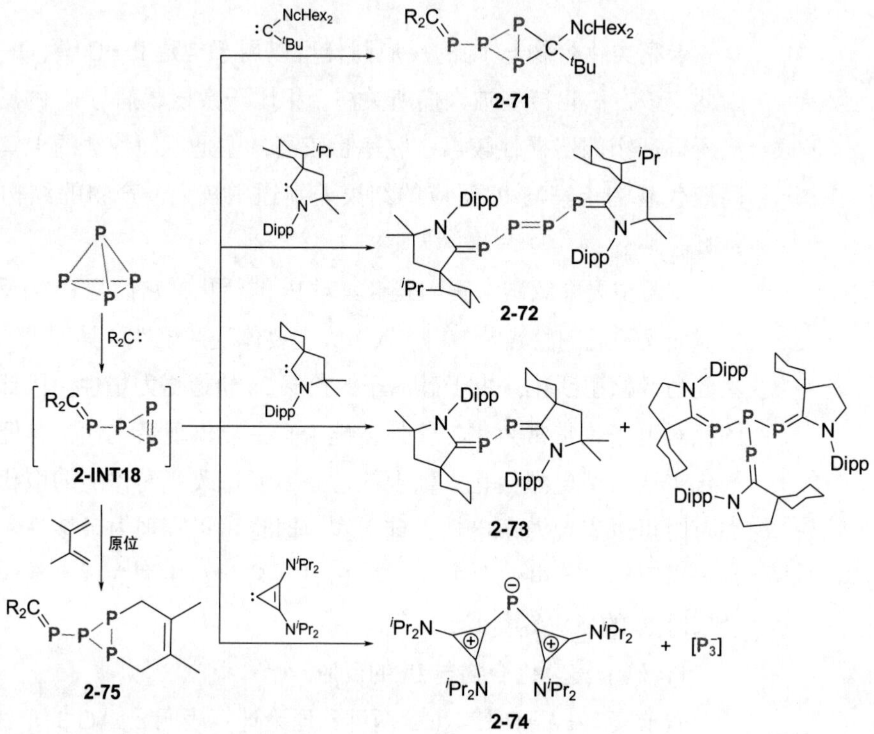

式 2.36　亲核型碳卡宾与 P_4 的反应

2010 年，Tamm 等[90] 报道了路易斯酸参与的氮杂环卡宾与 P_4 的反应（式 2.37）。二者以 FLP 的形式与 P_4 反应，可以选择性地得到具有 *butterfly*-P_4^- 结构的化合物 **2-76**。该反应利用路易斯酸来稳定产生的膦负离子，从而得到了碳卡宾亲核进攻 P_4 的第一步中间体。

2013 年，Bertrand 等[91] 利用其发展的亲电型碳卡宾 **2-77** 与 P_4 反应，得到了一例碳卡宾插入 P—P 键的产物 **2-78**（式 2.38）。需要注意的是，之

前的碳卡宾与 P_4 反应均是先得到中间体 **2-INT18** 后再经后续转化而得到产物，而在该反应中，碳卡宾首次与 P_4 发生了一步插入反应，这与其同系列卡宾及低价金属与 P_4 的反应方式类似。

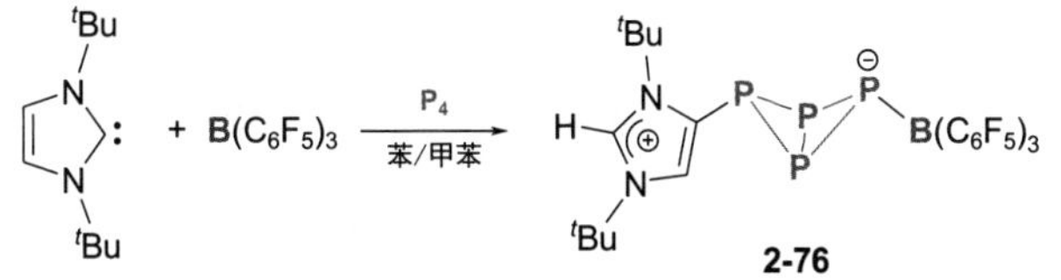

式 2.37　路易斯酸参与的氮杂环卡宾与 P_4 的反应

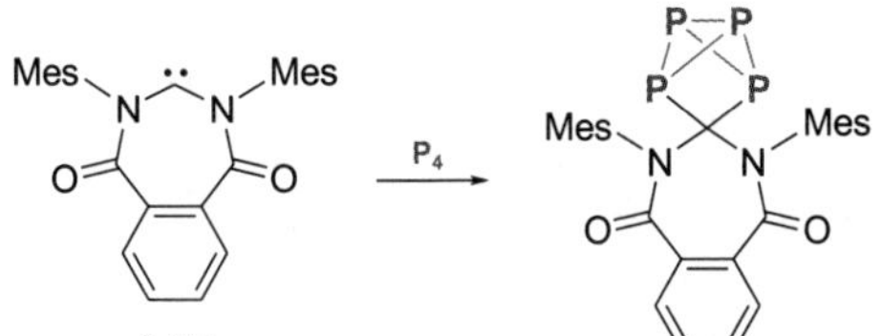

式 2.38　亲电型碳卡宾与 P_4 的反应

2016 年，Grützmacher 等[92]将咪唑鎓盐 **2-79** 和 ^{t}BuOK 的混合物与 P_4 反应，得到了磷杂烯类化合物 **2-80** 及少量的正离子化合物 **2-81**（式 2.39）。这是碳卡宾类化合物促进的 P_4 直接转化为磷杂烯类化合物的研究报道。

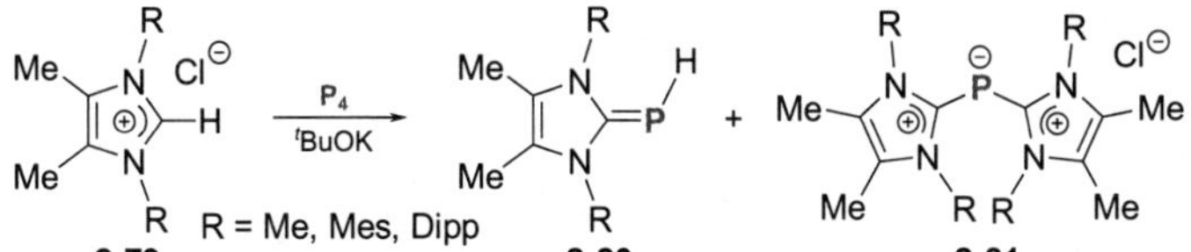

式 2.39　碳卡宾类化合物活化 P_4 生成磷杂烯类化合物的反应

2019 年，Ghadwal 等通过卡宾前体化合物 (IPr^{Ar}) Br 与不同当量的正丁基锂反应制备了阴离子双卡宾化合物 Li (ADC^{Ar}) 与介离子卡宾化合物 iMIC。将这两种卡宾化合物与 P_4 反应，均得到了含 C_2P_3 环系的并五元

环化合物 **2-82**（式 2.40），前者的产率比后者高很多。在 Li（ADC^{Ar}）与 P$_4$ 的反应中，P$_4$ 发生了 [3+1] 碎片化反应，阳离子 P$_3^+$ 物种被卡宾化合物捕获得到产物，阴离子 P$^-$ 亲核物种与额外的 P$_4$ 反应得到 Li$_3$P$_7$[93]。DFT 计算表明，产物 **2-82** 中的 C$_3$N$_2$ 环和 C$_2$P$_3$ 环均为 6π- 电子芳香体系。

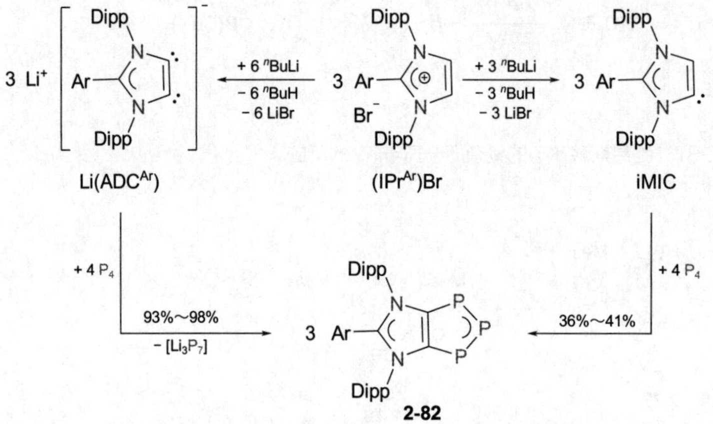

式 2.40　阴离子双卡宾化合物和介离子卡宾化合物与白磷的反应

(2) 硅卡宾类化合物与 P$_4$ 的反应

1989 年，West 等 [94] 首次将硅烯与 P$_4$ 反应，得到了一个 *butterfly*-P$_2$Si$_2$ 化合物 **2-83**（式 2.41）。该反应中，硅烯可以看作是硅卡宾的二聚体，P$_4$ 可以看作是二磷炔的二聚体，化合物 **2-83** 可以看作是两分子的硅卡宾与二磷炔的两步插入反应形成的。

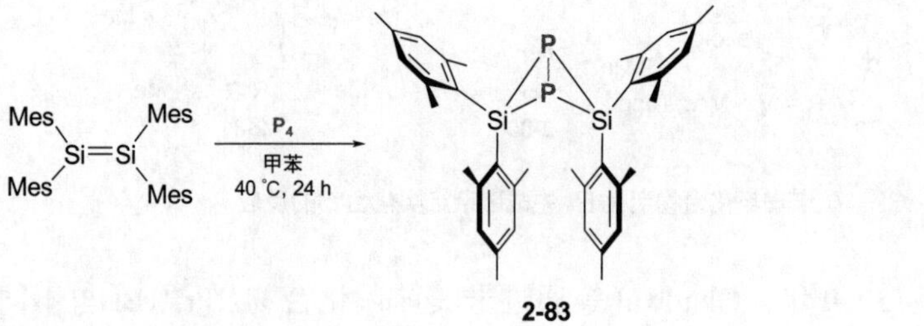

式 2.41　硅烯与 P$_4$ 的反应

2006 年，Driess 等 [95] 将其先前分离的硅卡宾单体 **2-84** 与 P_4 反应，通过控制投料比分别得到了插入一个硅卡宾的 *butterfly*-P_4^{2-} 化合物 **2-85** 和插入两个硅卡宾的 *cyclo*-P_4^{4-} 化合物 **2-86**，收率分别为 60% 和 27%（式 2.42）[96,97]。该反应中，硅卡宾对 P_4 的插入反应与低价金属对 P_4 的插入反应十分类似。需要提及的是，硅卡宾 **2-84** 的类似物锗卡宾与 P_4 在甲苯中回流也不反应，而其铝类似物及磷类似物均可以与 P_4 发生类似的插入反应，这是因为二价锗的还原性不如二价硅强 [39]。

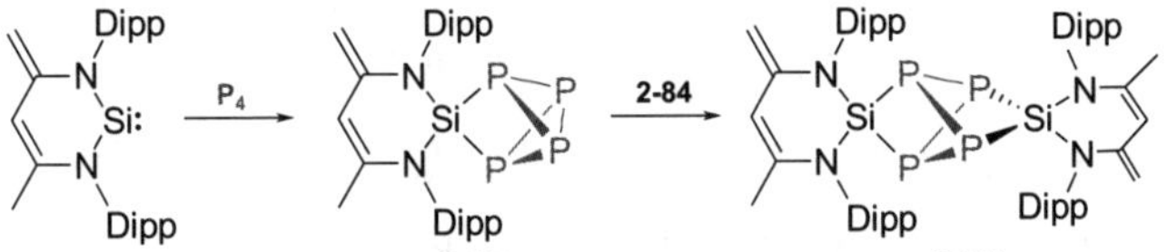

2-84 **2-85** **2-86**

式 2.42 β- 二亚胺配体稳定的硅卡宾与 P_4 的反应

2011 年，Roesky 等 [98,99] 详细研究了脒配体稳定的硅卡宾与 P_4 的反应（式 2.43）。与碳卡宾类似，该类硅卡宾与 P_4 的反应产物也随着配体上取代基的不同而不同。

2-87 **2-88**

2-89 **2-90**

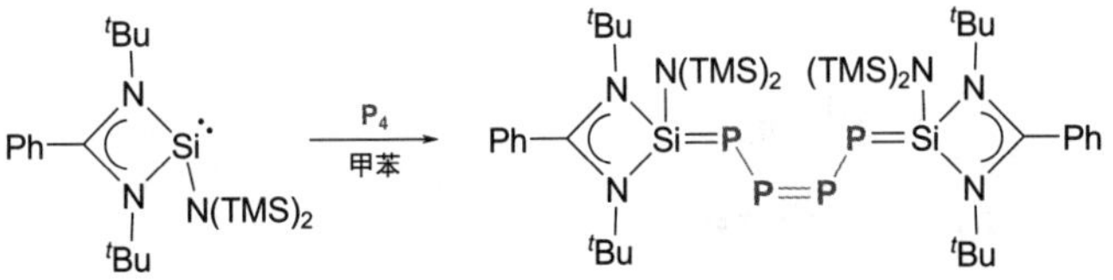

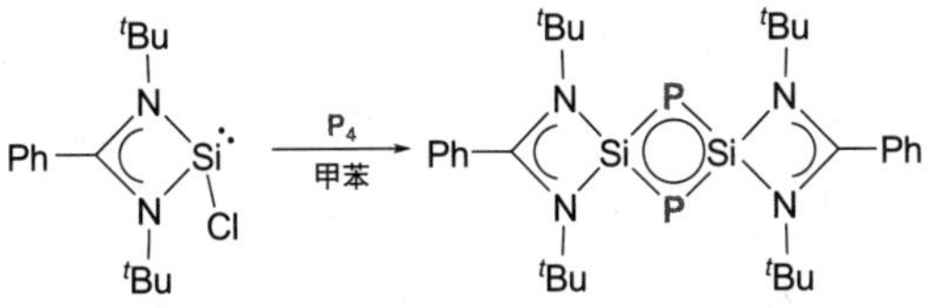

式 2.43 脒配体稳定的硅卡宾与 P_4 的反应

2.5

自由基类化合物与白磷的反应

自由基类化合物因为具有较高的反应活性，其与 P_4 的反应可以顺利进行。自由基类化合物与 P_4 反应的基本途径是自由基使 P—P 键发生均裂，基本模式如图 2.8 所示。简单的烷基类自由基与 P_4 的反应往往得到的是含有一个磷原子的产物，而近年来发展的大位阻取代基保护的自由基与 P_4 的反应可以选择性地得到 *butterfly*-P_4 产物。

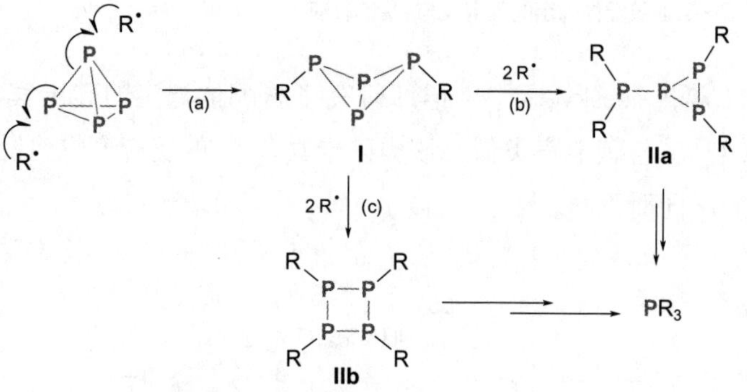

图 2.8　自由基与 P_4 反应的基本模式

1994 年，Kendall 等[100] 在研究卤素单质氧化 P_4 生成 PX_3 的过程中发现，P_4 与 Br_2 以 2∶1 的比例进行反应时，可以通过 ^{31}P NMR 短暂地观测到少量 *butterfly*-P_4 化合物 **2-91** 的生成，因此，其认为卤素单质与 P_4 反应的机理是自由基机理。Br—Br 键均裂产生两个溴自由基，随后该自由基经过式 2.44 所示的过程得到化合物 **2-91**。需要注明的是，化合物 **2-91** 不稳定，其半衰期约为 1h。

1993 年，Barton 等[101] 利用 Barton 酯作为自由基前体，在白光照射下，以 P_4 作为自由基捕获试剂在 0℃下与生成的自由基反应，并在反应

完全后经 H_2O_2 回流处理，以较高的收率制备了一系列磷酸的衍生物 **2-92**（式 2.45）。

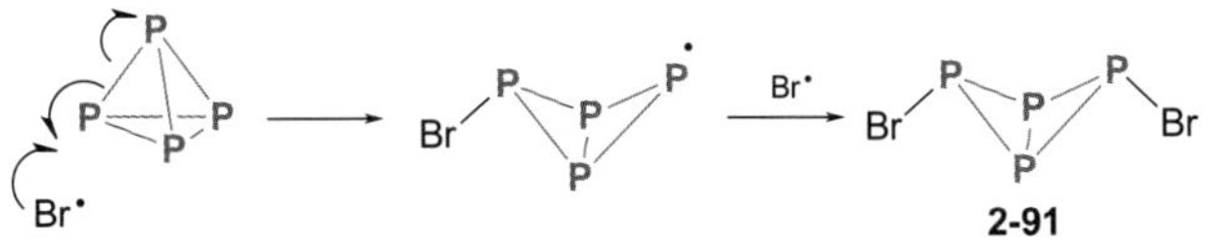

式 2.44　溴自由基与 P_4 反应的过程

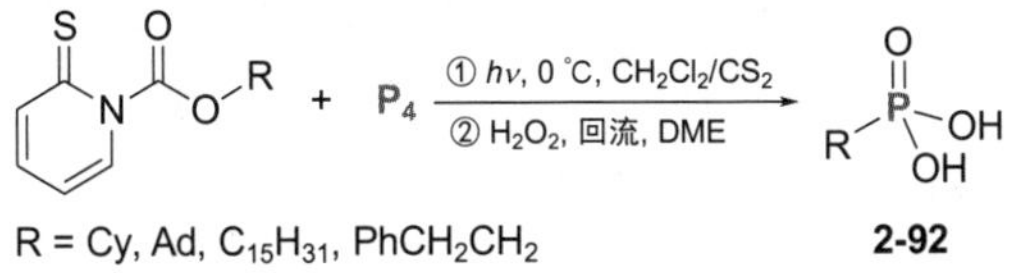

R = Cy, Ad, C$_{15}$H$_{31}$, PhCH$_2$CH$_2$　　**2-92**

式 2.45　Barton 酯与 P_4 的反应

1993 年，Wiberg 等[102]报道了硅自由基前体化合物与 P_4 的反应（式 2.46）。具有较大位阻的二硅化合物 **2-93** 可以原位产生相应的硅自由基，并与 P_4 在 THF 中加热至 100℃进行反应时，可以生成具有 *butterfly*-P_4 结构的化合物 **2-94** 和具有 *zintl*-P_7 结构的化合物 **2-95**。

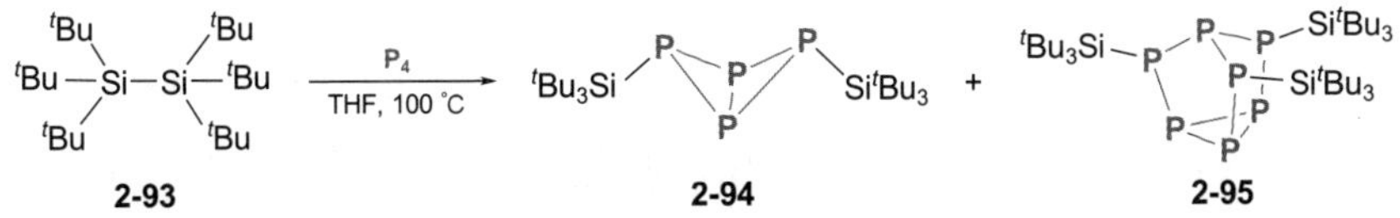

式 2.46　硅自由基与 P_4 的反应

2004 年，Lappert 等[103]成功制备了一例可以原位产生磷自由基的化合物 **2-96**，并将其与 P_4 在甲苯中回流 1.5h 进行反应，以中等的收率得到了含有 *butterfly*-P_4 结构的化合物 **2-97**（式 2.47）。

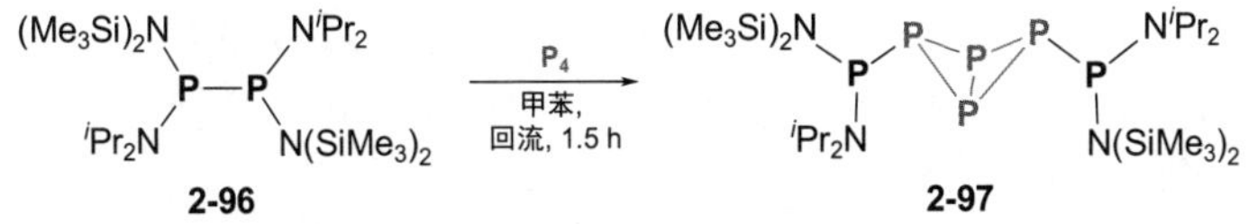

式 2.47　联磷化合物与 P_4 的反应

2010 年，Cummins 等[104]利用等当量的 $Ti[N(^tBu)Ar]_3$ 来攫取卤代烃中的卤原子，从而使卤代烃产生相应的烷基自由基或芳基自由基，随后，该自由基可以原位地与 P_4 反应，得到多种有机磷化合物［式 2.48(a)］，反应的收率较高。此外，得到的钛的卤化物又可以用钠汞齐还原，重新得到 $Ti[N(^tBu)Ar]_3$，然而，由于 P_4 自身可以与钠汞齐反应生成 Na_3P，因此，该反应未能实现催化转化。2018 年，Cummins 等[105]利用 SmX_2 还原多氟代烷基碘化物或芳基碘化物产生相应的多氟代烷基自由基或芳基自由基，随后原位与 P_4 反应得到有机磷化合物［式 2.48(b)］，反应的收率较高。

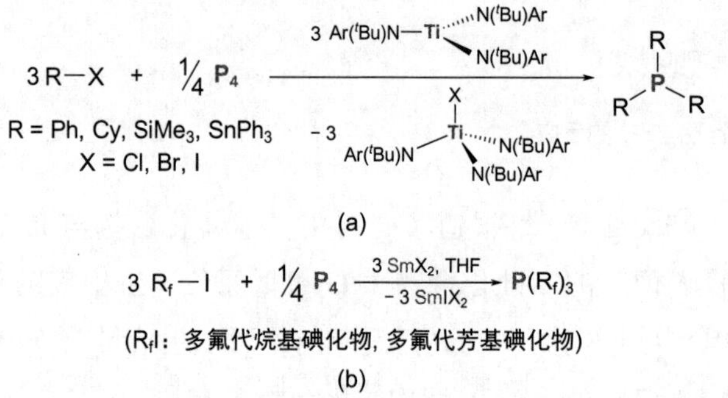

(a)

(R_f：多氟代烷基碘化物，多氟代芳基碘化物)

(b)

式 2.48　金属钛和钐促进的卤代烃与 P_4 的反应

2014 年，Scheer 等[29]报道了环戊二烯类自由基与 P_4 的反应(式 2.49)。Cp^R 负离子在 CuBr 或 $FeBr_3$ 的作用下可以产生自由基 $Cp^R\cdot$，这一类自

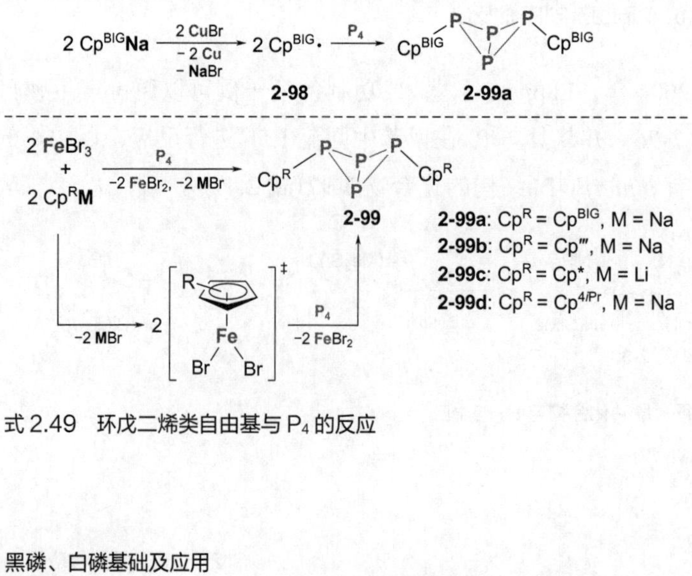

式 2.49　环戊二烯类自由基与 P_4 的反应

由基相对较为稳定，其与 P_4 反应可以选择性地得到含有 *butterfly*-P_4 结构的膦化合物 **2-99**，其中，$FeBr_3$ 作用下的收率较高。

2014 年，Scheer 等 [106] 报道了一例铁自由基与 P_4 的反应（式 2.50）。实验证明，$[Cp^{BIG}Fe(CO)_2]_2$ 具有一定的自由基性质，该化合物与 P_4 在甲苯中反应可以得到化合物 **2-100**，该化合物同样含有一个 *butterfly*-P_4^{2-} 的结构。

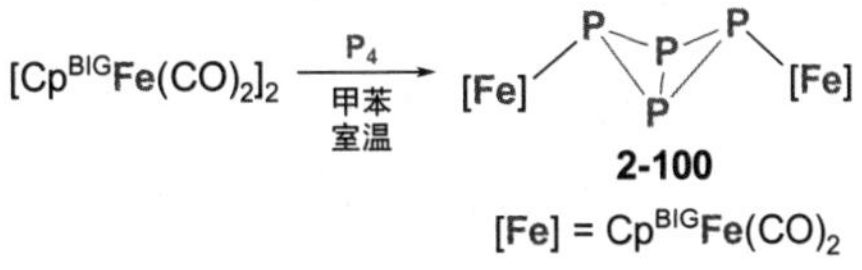

式 2.50　铁自由基与 P_4 的反应

2016 年，Coles 等 [107] 分离得到了第一例铋自由基化合物 **2-101**，并利用该自由基化合物与 P_4 反应，选择性地制备了第一例金属铋的 *butterfly*-P_4^{2-} 配合物 **2-102**（式 2.51）。

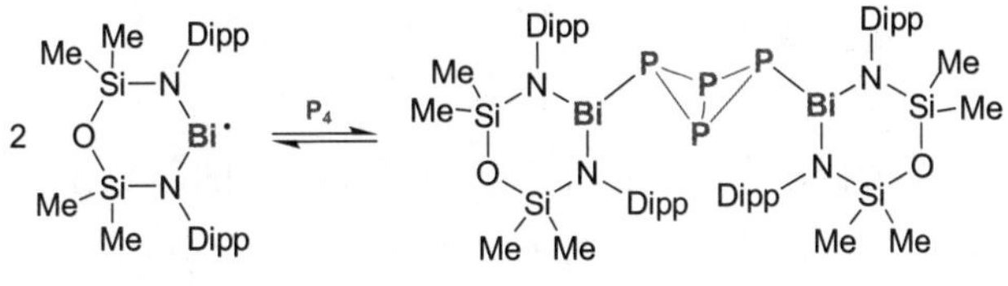

式 2.51　铋自由基与 P_4 的反应

2.6
正离子类化合物与白磷的反应

主族元素的卤化物在 Lewis 酸的作用下可以产生类似碳正离子的正

离子类化合物，其与 P_4 的反应主要为其对 P—P 键的插入反应，与低价金属对 P—P 键的插入反应类似。目前，已知的有 PR_2^+、NO^+、NO_2^+ 等正离子与 P_4 的插入反应[108-114]。

2001 年，Krossing 等[108]利用一价银盐与 PX_3（X = Br，I）的复分解反应原位制备得到了正离子 PX_2^+，其与 P_4 反应可以得到具有 C_{2v} 对称性的 $P_5X_2^+$ 化合物 **2-103**（式 2.52），该反应的方式和亲电型卡宾与 P_4 的插入反应类似，但是由于 PX_2^+ 的原位制备需要在低温下进行，因此其与 P_4 的反应需低温，故而所得产物局限于一次插入的产物。

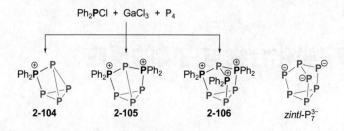

式 2.52　PX_2^+ 对 P_4 的插入反应

2009 年，Weigand 等[109]利用 Ph_2PCl 与 $GaCl_3$ 的复分解反应原位制备得到了正离子 $[Ph_2P]^+$，该正离子可以与 P_4 在不同的反应比例及不同的反应温度下分别得到一次、二次和三次插入 P_4 的产物 **2-104**、**2-105** 和 **2-106**（式 2.53）。zintl-P_7 笼通常为负离子 P_7^{3-} 类化合物，但化合物 **2-106** 所具有的 zintl-P_7 笼状为正离子 zintl-P_7^{3+} 类化合物。此外，相比于 PX_2^+ 而言，PR_2^+ 更为稳定，因此 PR_2^+ 与 P_4 的反应可以在较高的温度下进行，并得到多次插入 P_4 的产物。

式 2.53　PR_2^+ 对 P_4 的插入反应

2009 年，Weigand 等[110] 利用 GaCl₃ 与化合物 **2-107** 反应，原位生成的鏻正离子与 P₄ 在室温下反应 6h 后，即可得到 *butterfly*-P₄ 化合物 **2-108**（式 2.54）。鏻正离子可以看作是三价磷，经反应后，产物中的磷原子可以看作是正五价，因此该反应可以类比于低价金属插入到 P₄ 的反应。化合物 **2-108** 可以在 GaCl₃ 的作用下进一步与 P₄ 反应，经过类似的过程得到了双鏻正离子插入到两分子 P₄ 中的产物 **2-109**。该反应产物唯一，选择性较高，并且产物可以根据反应物比例进行调控，因此，该反应是一个相对可控的 P₄ 活化反应。

式 2.54　PN₂⁺ 对 P₄ 的插入反应

参考文献

[1] Emsley J. The 13th element: The sordid tale of murder, fire, and phosphorus. New York: John Wiley & Sons, 2000.

[2] Corbridge D E C. Phosphorus 2000. Chemistry, biochemistry & technology. Amsterdam: Elsevier, 2000.

[3] Engel R. Synthesis of carbon-phosphorus bonds. 2nd ed. Boca Raton: CRC Press, 2004.

[4] Lynam J M. New routes for the functionalization of P₄. Angewandte Chemie International Edition, 2008, 47 (5): 831-833.

[5] Montchamp J-L. Phosphinate chemistry in the 21st century: A viable alternative to the use of phosphorus trichloride in organophosphorus synthesis. Accounts of Chemical Research, 2014, 47 (1): 77-87.

[6] Slootweg J C. Sustainable phosphorus chemistry: A silylphosphide synthon for the generation of value-added phosphorus chemicals. Angewandte Chemie International Edition, 2018, 57 (22): 6386-6388.

[7] Caporali M, Gonsalvi L, Rossin A, et al. P₄ activation by late-transition metal complexes. Chemical Reviews, 2010, 110 (7): 4178-4235.

[8] Giffin N A, Masuda J D. Reactivity of white phosphorus with compounds of the p-block. Coordination Chemistry Reviews, 2011, 255 (11-12): 1342-1359.

[9] Martin D, Soleilhavoup M, Bertrand G. Stable singlet carbenes as mimics for transition metal centers. Chemical Science, 2011, 2 (3): 389-399.

[10] Khan S, Sen S S, Roesky H W. Activation of phosphorus by group 14 elements in low oxidation states. Chemical Communications, 2012, 48 (16): 2169-2178.

[11] Balázs G, Seitz A, Scheer M. Activation of white phosphorus (P₄) by main group elements and

compounds. Comprehensive Inorganic Chemistry II (Second Edition), 2013, 1 (1): 1105-1132.

[12] Holthausena M H, Weigand J J. The chemistry of cationic polyphosphorus cages-syntheses, structure and reactivity. Chemical Society Reviews, 2014, 43 (18): 6639-6657.

[13] Vaira M Di, Sacconi L. Transition metal complexes with *cyclo*-triphosphorus (η^3-P$_3$) and *tetrahedro*-tetraphosphorus (η^1-P$_4$) ligands. Angewandte Chemie International Edition in English, 1982, 21 (5): 330-342.

[14] Scherer O J. Phosphorus, arsenic, antimony, and bismuth multiply bonded systems with low coordination number—their role as complex ligands. Angewandte Chemie International Edition in English, 1985, 24 (11): 924-943.

[15] Scherer O J. Complexes with substituent-free acyclic and cyclic phosphorus, arsenic, antimony, and bismuth ligands. Angewandte Chemie International Edition in English, 1990, 29 (10): 1104-1122.

[16] Scherer O J. P$_n$ and As$_n$ ligands: A novel chapter in the chemistry of phosphorus and arsenic. Accounts of Chemical Research, 1999, 32 (9): 751-762.

[17] Figueroa J S, Cummins C C. Diorganophosphanylphosphinidenes as complexed ligands: Synthesis via an anionic terminal phosphide of niobium. Angewandte Chemie International Edition, 2004, 43 (8): 984-988.

[18] Scherer O J, Ehses M, Wolmershaüser G. P$_2$- und C$_n$Ph$_n$-Komplexe (n = 2, 4) des rheniums. Journal of Organometallic Chemistry, 1997, 531 (1-2): 217-221.

[19] Figueroa J S, Cummins C C. Triatomic EP$_2$ triangles (E = Ge, Sn, Pb) as μ_2:η^3,η^3-bridging ligands. Angewandte Chemie International Edition, 2005, 44 (29): 4592-4596.

[20] de los Rios I, Â Hamon J R, Hamon P, et al. Synthesis of exceptionally stable iron and ruthenium η^1-tetrahedro-tetraphosphorus complexes: Evidence for a strong temperature dependence of M-P$_4$ π back donation. Angewandte Chemie International Edition, 2001, 40 (20): 3910-39112.

[21] Peng Y, Fan H, Zhu H, et al. [{HC(CMeNAr)$_2$}$_2$Al$_2$P$_4$] (Ar = 2,6-*i*Pr$_2$C$_6$H$_3$): A Reduction to a formal {P$_4$}$^{4-}$ charged species. Angewandte Chemie International Edition, 2004, 43 (26): 3443-3445.

[22] Mgller J, Heinl S, Schwarzmaier C, et al. Rearrangement of a P$_4$ butterfly complex-the formation of a homoleptic phosphorus-iron sandwich complex. Angewandte Chemie International Edition, 2017, 56 (25): 7312-7317.

[23] Quintero G E, Paterson-Taylor I, Rees N H, et al. Heptaphosphide cluster anions bearing group 14 element amide functionalities. Dalton Transactions, 2016, 45 (5): 1930-1936.

[24] Reiners M, Maekawa M, Daniliuc C G, et al. Reactivity studies on [Cp′Fe(μ-I)]$_2$: nitrido-, sulfido-and diselenide iron complexes derived from pseudohalide activation. Chemical Science, 2017, 8 (5): 4108-4122.

[25] Cavaillé A, Saffon-Merceron N, Nebra N, et al. Synthesis and reactivity of an end-deck *cyclo*-P$_4$ iron complex. Angewandte Chemie International Edition, 2018, 57 (7): 1874-1878.

[26] Chakraborty U, Leitl J, Mühldorf B, et al. Mono-and dinuclear tetraphosphabutadiene ferrate anions. Dalton Transactions, 2018, 47 (11): 3693-3697.

[27] Barbaro P, Bazzicalupi C, Peruzzini M, et al. Iodine activation of coordinated white phosphorus: Formation and transformation of 1,3-dihydride-2-iodidecyclotetraphosphane. Angewandte Chemie International Edition, 2012, 51 (34): 8628-8631.

[28] Tofan D, Cummins C C. Photochemical incorporation of diphosphorus units into organic molecules. Angewandte Chemie International Edition, 2010, 49 (41): 7516-7518.

[29] Heinl S, Reisinger S, Schwarzmaier C, et al. Selective functionalization of P$_4$ by metal-mediated C—P bond formation. Angewandte Chemie International Edition, 2014, 53 (29): 7639-7642.

[30] Patel D, Tuna F, McInnes E J L, et al. An actinide zintl cluster: A tris (triamidouranium) μ_3-η^2:η^2:η^1-heptaphosphanortricyclane and its diverse synthetic utility. Angewandte Chemie International Edition, 2013, 52 (50): 13334-13337.

[31] Lennert U, Arockiam P B, Streitferdt V, et al. Direct catalytic transformation of white phosphorus into arylphosphines and phosphonium salts. Nature Catalysis, 2019, 2 (12): 1101-1106.

[32] Scherer O J, Sitzmann H, Wolmershäuser G. Hexaphosphabenzene as complex ligand. Angewandte Chemie International Edition in English, 1985, 24 (4): 351-353.

[33] Scherer O J, Swarowsky H, Wolmershäuser G, et al. [(η^5-C$_5$Me$_5$)$_2$Ti$_2$P$_6$], a distorted dimetallaphosphacubane. Angewandte Chemie International Edition in English, 1987, 26 (11): 1153-1155.

[34] Scherer O J, Vondung J, Wolmershäuser G. Tetraphosphacyclobutadiene as complex ligand. Angewandte Chemie International Edition in English, 1989, 28 (10): 1355-1357.

[35] Reddy A C, Jemmis E D, Scherer O J, et al. Electronic structure of triple-decker sandwich complexes with P$_6$ middle rings. Synthesis and X-ray structure determination of bis (η^5-1,3-di-*tert*-butylcyclopentadienyl)-(μ-η^6:η^6-hexaphosphorin) diniobium. Organometallics, 1992, 11 (11): 3894-3900.

[36] Fleischmann M, Heindl C, Seidl M, et al. Discrete and extended supersandwich structures based on weak interactions between phosphorus and mercury. Angewandte Chemie International Edition, 2012, 51 (39): 9918-9921.

[37] Scherer O J, Werner B, Heckmann G, et al. Bicyclic P$_6$ as complex ligand. Angewandte Chemie International Edition in English, 1991, 30 (5): 553-555.

[38] Du S, Chai Z, Hu J, et al. Isolation and characterization of a trinuclear rare-earth metal complex containing a bicyclo[3.1.0]-P$_6^{4-}$ ligand. Chinese Journal of Organic Chemistry, 2019, 39(8): 2338-2342.

[39] Hulley E B, Wolczanski P T, Lobkovsky E B. [(silox)$_3$M]$_2$(μ:η^1,η^1-P$_2$) (M = Nb, Ta) and [(silox)$_3$Nb]$_2$\{μ:η^2,η^2-(^{C}P$_3$-^{C}P$_3$)\} from (silox)$_3$M (M = NbPMe$_3$, Ta) and P$_4$ (silox = ^{t}Bu$_3$SiO). Chemical Communications, 2009, (42): 6412-6414.

[40] Di Vaira M, Stoppioni P. Formation of the novel P$_6$ chain ligand from two P$_3$ rings bound to metal ligand synthesis. Polyhedron, 1994, 13 (22): 3045-3051.

[41] Wiśniewska A, Łapczuk-Krygier A, Baranowska K, et al. Formation of polyphosphorus ligands mediated by zirconium and hafnium complexes. Polyhedron, 2013, 55 (1): 45-48.

[42] Maier L. α-Aminoalkylation of white phosphorus. Angewandte Chemie International Edition in English, 1965, 4 (6): 527-527.

[43] Fluck E, Riedel R, Fischer P. A facile novel access to the isophosphindoline system. Phosphorus, Sulfur, and Silicon and the Related Elements, 1987, 33 (3-4): 115-120.

[44] Malysheva S, Sukhov B, Gusarova N, et al. Phosphorylation of allyl halides with white phosphorus. Phosphorus, Sulfur, and Silicon and the Related Elements, 2003, 178 (3): 425-429.

[45] Trofimov B A, Gusarova N K, Malysheva S F, et al. Phosphorylation of arylalkenes with active modifications of elemental phosphorus. Russian Journal of General Chemistry, 2005, 75 (9): 1367-1372.

[46] Trofimov B A, Gusarova N K. Elemental phosphorus in strongly basic media as phosphorylating reagent: A dawn of halogen-free 'Green' organophosphorus chemistry. Mendeleev Communications, 2009, 19 (6): 295-302.

[47] Rauhut M M, Semsel A M. Reactions of elemental phosphorus with organometallic compounds. The Journal of Organic Chemistry, 1963, 28 (2): 471-473.

[48] Trofimov B A, Brandsma L, Arbuzova S N, et al. A new method for the synthesis of α, β-acetylenic phosphines. Russian Chemical Bulletin, 1997, 46 (4): 849-850.

[49] Fritz G, Härer J, Stoll K. Untersuchungen zur metallierung der cyclophosphane P$_4$(CMe$_3$)$_3$(SiMe$_3$), P$_4$(CMe$_3$)$_2$(SiMe$_3$)$_2$, P$_4$(SiMe$_3$)$_4$. Zeitschrift für Anorganische und Allgemeine Chemie, 1983, 504 (9): 47-54.

[50] Fritz G, Härer J. Über umsetzungen von weißem phosphor mit metallorganylen. Zeitschrift für Anorganische und Allgemeine Chemie, 1983, 504 (9): 23-37.

[51] Riedel R, Hausen H-D, Fluck E. Bis (2,4,6-tri-*tert*-butylphenyl) bicyclotetraphosphane. Angewandte Chemie International Edition in English, 1985, 24 (12): 1056-1057.

[52] Charrier C, Maigrot N, Ricard L, et al. The reaction of white phosphorus with lithium (trimethylsilyl) diazomethanide: Direct access to a new, aromatic 1,2,3,4-diazadiphosphole ring. Angewandte Chemie International Edition in English, 1996, 35 (18): 2133-2134.

[53] Hübner A, Bernert T, Sänger I, et al. Solvent-free mesityllithium: Solid-state structure and its reactivity towards white phosphorus. Dalton Transactions, 2010, 39 (32): 7528-7533.

[54] Borger J E, Ehlers A W, Lutz M, et al. Functionalization of P_4 using a lewis acid stabilized bicyclo-[1.1.0]tetraphosphabutane anion. Angewandte Chemie International Edition, 2014, 53 (47): 12836-12839.

[55] Borger J E, Ehlers A W, Lutz M, et al. Stabilization and transfer of the transient [Mes*P_4]⁻ butterfly anion using BPh_3. Angewandte Chemie International Edition, 2016, 55 (2): 613-617.

[56] Borger J E, Ehlers A W, Lutz M, et al. Selective [3+1] fragmentations of P_4 by "P" transfer from a lewis acid stabilized [RP_4]⁻ butterfly anion. Angewandte Chemie International Edition, 2017, 56 (1): 285-290.

[57] Borger J E, Bakker M S, Ehlers A W, et al. Functionalization of P_4 in the coordination sphere of coinage metal cations. Chemical Communications, 2016, 52 (16): 3284-3287.

[58] Xi Z. 1,4-Dilithio-1,3-dienes: Reaction and synthetic applications. Accounts of Chemical Research, 2010, 43 (10): 1342-1351.

[59] Xu L, Chi Y, Du S, et al. Direct synthesis of phospholyl lithium from white phosphorus. Angewandte Chemie International Edition, 2016, 55 (32): 9187-9190.

[60] Du S, Zhang W-X, Xi Z. Diversified aggregation states of phospholyl lithiums. Organometallics, 2018, 37 (13): 2018-2022.

[61] Du S, Hu J, Chai Z, et al. Isolation and characterization of four phosphorus cluster anions P_7^{3-}, P_{14}^{4-}, P_{16}^{2-} and P_{26}^{4-} from the nucleophilic functionalization of white phosphorus with 1,4-dilithio-1,3-butadienes. Chinese Journal of Chemistry, 2019, 37 (1): 71-75.

[62] Rauhut M M, Semsel A M. Reactions of elemental phosphorus with organometallic compounds and alkyl halides: The direct synthesis of tertiary phosphines and cyclotetraphosphines. The Journal of Organic Chemistry, 1963, 28 (2): 473-477.

[63] Power M B, Barron A R. The interaction of tri-*tert*-butylgallium with white phosphorus: Isolation of an unusual gallium phosphorus cluster. Angewandte Chemie International Edition in English, 1991, 30 (10): 1353-1354.

[64] Barbaro P, Peruzzini M, Ramirez J A, et al. Rhodium-mediated functionalization of white phosphorus: A novel formation of C—P bonds. Organometallics, 1999, 18 (21): 4237-4240.

[65] Fox A R, Wright R J, Rivard E, et al. Tl₂[Aryl₂P_4]: A thallium complexed diaryltetraphosphabutadienediide and its two-electron oxidation to a diaryltetraphosphabicyclobutane, Aryl₂P_4. Angewandte Chemie International Edition, 2005, 44 (47): 7729-7733.

[66] Arrowsmith M, Hill M S, Johnson A L, et al. Attenuated organomagnesium activation of white phosphorus. Angewandte Chemie International Edition, 2015, 54 (27): 7882-7885.

[67] Xu L, Wang Y-C, Wei J, et al. The first lutetacyclopentadienes: Synthesis, structure, and diversified insertion/C-H activation reactivity. Chemistry-A European Journal, 2015, 21 (18): 6686-6689.

[68] Du S, Yin J, Chi Y, et al. Dual functionalization of white phosphorus: Formation, characterization, and reactivity of rare-earth-metal cyclo-P_3 complexes. Angewandte Chemie International Edition, 2017, 56 (50): 15886-15890.

[69] Zhang Y, Wei J, Zhang W-X, et al. Lithium aluminate complexes and alumoles from 1,4-dilithio-1,3-butadienes and AlEt₂Cl. Inorganic Chemistry, 2015, 54: (22): 10695-10700.

[70] Du S, Yang J, Hu J, et al. Direct functionalization of white phosphorus to cyclotetraphosphanes:

Selective formation of four P—C bonds. Journal of the American Chemical Society, 2019, 141 (17): 6843-6847.

[71] Brown C, Hudson R F, Wartew G A, et al. Direct formation of trialkyl phosphites from elemental phosphorus. Journal of the Chemical Society, Chemical Communications, 1978 (1): 7-9.

[72] Brown C, Hudson R F, Wartew G A, et al. The preparation of trialkyl phosphites directly from the element. Phosphorus, Sulfur, and Silicon and the Related Elements, 1979, 6 (3): 481-488.

[73] Rotter C, Schuster M, Karaghiosoff K. An unusual binary phosphorus-tellurium anion and its seleno- and thio-analogues: $P_4Ch_2^{2-}$ (Ch = S, Se, Te). Inorgic Chemistry, 2009, 48 (16): 7531-7533.

[74] Wiberg N, Wörner A, Karaghiosoff K, et al. Formation and characterization of the disodium tetraphosphenediide (tBu₃Si)NaP═P═P—PNa(SitBu₃) and of its dimer. Chemische Berichte, 1997, 130 (1): 135-140.

[75] Lerner H-W, Wagner M, Bolte M. A novel type of phosphide: Synthesis and X-ray crystal structure analysis of (tBu₃Si)₃P₄Li₃. Chemical Communications, 2003 (8): 990-991.

[76] Lerner H-W, Bolte M, Karaghiosoff K, et al. Nucleophilic degradation of white phosphorus with tBu₃SiK: Synthesis and X-ray crystal structure analysis of the potassium triphosphide (tBu₃Si)₂P₃K. Organometallics, 2004, 23 (25): 6073-6076.

[77] Lerner H-W, Sänger I, Schödel F, et al. Isoelectronic caesium compounds: The triphosphenide Cs[tBu₃SiPPPSitBu₃] and the enolate Cs[OCH═CH₂]. Dalton Transactions, 2008 (6): 787-792.

[78] Lorbach A, Breitung S, Sänger I, et al. The difference regarding the reactivity of the silanides Na[SitBu₃] and Na[SiPhtBu₂] towards white phosphorus. Inorganica Chimica Acta, 2011, 378 (1): 1-9.

[79] Chan W T K, García F, Hopkins A D, et al. An unexpected pathway in the cage opening and aggregation of P₄. Angewandte Chemie International Edition, 2007, 46 (17): 3084-3086.

[80] Arnold T, Braunschweig H, Jimenez-Halla J O C, et al. Simultaneous fragmentation and activation of white phosphorus. Chemistry - A European Journal, 2013, 19 (28): 9114-9117.

[81] Cummins C C, Huang C, Miller T J, et al. The stannylphosphide anion reagent sodium bis (triphenylstannyl) phosphide: Synthesis, structural characterization, and reactions with indium, tin, and gold electrophiles. Inorganic Chemistry, 2014, 53 (7): 3678-3687.

[82] Schmidpeter A, Lochschmidt S, Burget G, et al. Phosphine and phosphinite complexes of P⁺ and P₂. Phosphorus, Sulfur, and Silicon and the Related Elements, 1983, 18 (1-3): 23-26.

[83] Schmidpeter A, Burget G, von Schnering H G, et al. P₄-degradation with and without Disproportionation. Angewandte Chemie International Edition in English, 1984, 23 (10): 816-817.

[84] Wang Y, Robinson G H. Carbene-Stabilized Main group Diatomic Allotropes. Dalton Transactions, 2012, 41 (2): 337-345.

[85] Szilvási T, Veszprémi T. Why do N-heterocyclic carbenes and silylenes activate white phosphorus differently. Structural Chemistry, 2015, 26 (5-6): 1335-1342.

[86] Schoeller W W. Autocatalytic degradation of white phosphorus with silylenes. Physical Chemistry Chemical Physics, 2009, 11 (26): 5273-5280.

[87] Masuda J D, Schoeller W W, Donnadieu B, et al. Carbene activation of P₄ and subsequent derivatization. Angewandte Chemie International Edition, 2007, 46 (37): 7052-7055.

[88] Masuda J D, Schoeller W W, Donnadieu B, et al. NHC-mediated aggregation of P₄: Isolation of a P₁₂ cluster. Journal of the American Chemical Society, 2007, 129 (46): 14180-14181.

[89] Back O, Kuchenbeiser G, Donnadieu B, et al. Nonmetal-mediated fragmentation of P₄: Isolation of P₁ and P₂ bis (carbene) adducts. Angewandte Chemie International Edition, 2009, 48 (30): 5530-5533.

[90] Holschumacher D, Bannenberg T, Ibrom K, et al. Selective heterolytic P—P bond cleavage of white phosphorus by a frustrated carbene-borane Lewis pair. Dalton Transactions, 2010, 39 (44): 10590-10592.

[91] Martin C D, Weinstein C M, Moore C E, et al. Exploring the reactivity of white phosphorus with

electrophilic carbenes: Synthesis of a P₄ cage and P₈ clusters. Chemical Communications, 2013, 49 (40): 4486-4488.

[92] Cicač-Hudi M, Bender J, Schlindwein S H, et al. Direct access to inversely polarized phosphaalkenes from elemental phosphorus or polyphosphides. European Journal of Inorganic Chemistry, 2016, 2016 (5): 649-658.

[93] Rottsch D, Blomeyer S, Neumann B, et al. Direct functionalization of white phosphorus with anionic dicarbenes and mesoionic carbenes: Facile access to 1,2,3-triphosphol-2-ides. Chemical Science, 2019, 10 (48): 11078-11085.

[94] Driess M, Fantu A D, Powell D R, et al. Synthesis, characterization, and complexation of an unusual P₂Si₂ bicyclobutane with butterfly-structure: 2,2,4,4-Tetramesityl-1,3-diphospha-2,4-disilabicyclo[1.1.0]butane. Angewandte Chemie International Edition in English, 1989, 28 (8): 1038-1039.

[95] Driess M, Yao S, Brym M, et al. A New type of N-heterocyclic silylene with ambivalent reactivity. Journal of the American Chemical Society, 2006, 128 (30): 9628-9629.

[96] Xiong Y, Yao S, Brym M, et al. Consecutive insertion of a silylene into the P₄ tetrahedron: Facile access to strained SiP₄ and Si₂P₄ cage compounds. Angewandte Chemie International Edition, 2007, 46 (24): 4511-4513.

[97] Xiong Y, Yao S, Bill E, et al. Side-on coordination of a P—P bond in heterobinuclear tetraphosphorus complexes with a [Si($\mu,\eta^{2:2}$-P₄)Ni] core and nickel (I) centers. Inorganic Chemistry, 2009, 48 (16): 7522-7524.

[98] Sen S S, Khan S, Roesky H W, et al. Zwitterionic Si-C-Si-P and Si-P-Si-P four-membered rings with two-coordinate phosphorus atoms. Angewandte Chemie International Edition, 2011, 50 (10): 2322-2355.

[99] Khan S, Michel R, Sen S S, et al. A P₄ chain and cage from silylene-activated white phosphorus. Angewandte Chemie International Edition, 2011, 50 (49): 11786-11789.

[100] Tattershall B W, Kendall N L. NMR evidence for new phosphorus halides. Polyhedron, 1994, 13 (10): 1517-1521.

[101] Barton D H R, Zhu J. Elemental white phosphorus as a radical trap: A new and general route to phosphonic acids. Journal of the American Chemical Society, 1993, 115 (5): 2071-2072.

[102] Kovács I, Baum G, Fritz G, et al. Synthese, charakterisierung und struktur von P₇(t-Bu₃Si)₃. Zeitschrift für Anorganische und Allgemeine Chemie, 1993, 619 (3): 453-460.

[103] Bezombes J-P, Hitchcock P B, Lappert M F, et al. Synthesis and P—P cleavage reactions of [P(X)X ']₂; X-ray structures of [Co{P(X)X '}(CO)₃] and P₄[P(X)X ']₂ [X = N(SiMe₃)₂, X ' = N^{i}Pr₂]. Dalton Transcations, 2004, (4): 499-501.

[104] Cossairt B M, Cummins C C. Radical synthesis of trialkyl, triaryl, trisilyl and tristannyl phosphines from P₄. New Journal of Chemistry, 2010, 34 (8): 1533-1536.

[105] Ghosh S K, Cummins C C, Gladysz J A. A direct route from white phosphorus and fluorous alkyl and aryl iodides to the corresponding trialkyl- and triarylphosphines. Organic Chemistry Frontiers, 2018, 5 (23): 3421-3429.

[106] Heinl S, Scheer M. Activation of group 15 based cage compounds by [Cp^{BIG}Fe(CO)₂] radicals. Chemical Science, 2014, 5 (8): 3221-3225.

[107] Schwamm R J, Lein M, Coles M P, et al. Bi—P bond homolysis as a route to reduced bismuth compounds and reversible activation of P₄. Angewandte Chemie International Edition, 2016, 55 (47): 14798-14801.

[108] Krossing I, Raabe I. P₅X₂⁺ (X = Br, I), a phosphorus-rich binary P—X cation with a C_{2v}-symmetric P₅ cage. Angewandte Chemie International Edition, 2001, 40 (23): 4406-4409.

[109] Weigand J J, Holthausen M, Fröhlich R. Formation of [Ph₂P₅]⁺, [Ph₄P₆]²⁺, and [Ph₆P₇]³⁺ cationic

clusters by consecutive insertions of [Ph$_2$P]$^+$ into P—P bonds of the P$_4$ tetrahedron. Angewandte Chemie International Edition, 2009, 48 (2): 295-298.

[110] Holthausen M H, Weigand J J. Preparation of the [(DippNP)$_2$(P$_4$)$_2$]$^{2+}$-dication by the reaction of [DippNPCl]$_2$ and a Lewis acid with P$_4$. Journal of the American Chemical Society, 2009, 131 (40): 14210-14211.

[111] Holthausen M H, Richter C, Hepp A, et al. Zwitterionic and cationic P$_5$-clusters from four-membered phosphorus-nitrogen-metal heterocycles. Chemical Communications, 2010, 46 (37): 6921-6923.

[112] Holthausen M H, Surmiak S K, Jerabek P, et al. [3+2] Fragmentation of an [RP$_5$Cl]$^+$ cage cation induced by an N-heterocyclic carbene. Angewandte Chemie International Edition, 2013, 52 (42): 11078-11082.

[113] Holthausen M H, Sala C, Weigand J J. Reaction of P$_4$ with in situ formed cyclo-triphosphatriazenium cation [(DmpNP)$_3$Cl$_2$]$^+$ (Dmp = 2,6-Dimethylphenyl). European Journal of Inorganic Chemistry, 2016, 2016 (5): 667-677.

[114] Köchner T, Riedel S, Lehner A J, et al. The reaction of white phosphorus with NO$^+$/NO$_2^+$[Al(OR^F)$_4$]$^-$: The [P$_4$NO]$^+$ cluster formed by an unexpected nitrosonium insertion. Angewandte Chemie International Edition, 2010, 49 (44): 8139-8143.

3

白磷
的活化与应用 II

Foundation and Applications of Black Phosphorus and White Phosphorus

3.1

金属单质与白磷的反应

金属单质与 P_4 的反应主要指碱金属或碱土金属与 P_4 的反应，其中碱土金属与 P_4 的反应研究相对较少。这些反应的条件通常比较苛刻，例如碱金属与 P_4 在溶剂中的加热回流反应等。在这些反应中，P_4 通常被还原为磷原子聚集的产物，常见的有 P_7^{3-}、P_{14}^{4-}、P_{16}^{2-}、P_{19}^{3-}、P_{21}^{3-}、P_{26}^{4-} 等（图 3.1）。产物中磷原子的聚集程度受投料比例、反应温度及所选用溶剂的影响很大，而且通常为其混合物，选择性难以控制[1-6]。这一部分的研究相对较早，并已有较为详细的综述对此进行了总结。

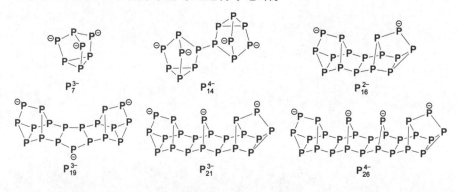

图 3.1　碱金属或碱土金属单质与 P_4 反应得到的磷簇化合物

3.2

低价金属配合物与白磷的反应

1971 年，Ginsberg 等[7] 报道了第一例 P_4 的金属配合物 $RhCl(PPh_3)_2$

(η^2-P_4)，自此之后，P_4 与低价金属配合物的反应引起了人们极大的兴趣。一方面，人们希望通过金属促进的 P_4 活化来高效、高选择性地合成有机磷化合物；另一方面，金属配合物和 P_4 的反应往往可以得到一系列结构新颖的 $[M_xP_y]_n$ 化合物，这些化合物在配位化学的领域有着十分重要的理论意义。目前，低价金属配合物活化 P_4 的研究在 P_4 活化领域内占据很大的比例，人们已经合成了大量的各式各样的 $[M_xP_y]_n$ 化合物，并对其结构进行了详细的表征与分析。但是，这些反应的选择性往往很差，反应条件的略微改变都会导致产物结构的不同。此外，由这些 $[M_xP_y]_n$ 化合物来合成有机磷化合物的研究很少，并且收率通常较低，难以用到实际的制备或生产中。

低价金属配合物与 P_4 的反应主要有两种形式：① P_4 与金属的配位；② P_4 被还原。低价金属配合物和 P_4 的配位反应得到的主要是 intact-P_4 化合物，配位模式主要有 η^1 和 η^2 两种 [8-15]。低价金属配合物对 P_4 的还原反应可以分为三类：①低价金属盐或低价金属羰基化合物与 P_4 的反应；②还原剂促进的金属卤化物与 P_4 的反应；③以芳基配体为还原剂的金属芳基配合物与 P_4 的反应。其中，低价金属与 P_4 的还原反应中有一种特殊的反应模式，即低价金属对 P—P 键的插入反应。由于已经有较为详细的综述对大多数反应或化合物进行了系统性总结 [16-25]，因此，本书仅针对比较经典的 P_4 活化例子进行介绍。

(1)低价金属配合物与 P_4 的配位反应

关于 P_4 直接以其四面体结构进行配位的报道可追溯至 1971 年 Ginsberg 所报道的配合物 $RhCl(PPh_3)_2$(η^2-P_4)，但随后的研究表明，该配合物中的磷簇配体理解为 butterfly-P_4^{2-} 更为合适。1979 年，Sacconi 等 [26] 表征了第一例金属的 intact-P_4 配合物(式 3.1)。零价镍化合物 3-1 与 P_4 在 THF 中反应，可以生成以 η^1 方式配位的 intact-P_4 配合物 3-2，收率为 70%。

2001 年，Peruzzini 等 [27] 利用茂基氯化钌化合物 3-3 与 P_4 反应，以 82% 的收率得到了钌的 intact-P_4 配合物 3-4(式 3.2)。该化合物为一个分离离子对，该反应可以认为是一个配体交换反应，金属钌的价态未变，P_4 用其孤对电子以 η^1 的方式与金属钌进行配位，而解离的氯离子以抗衡离子的形式存在。在此之后，Peruzzini 和 Stoppioni 等 [28-32] 均研究了此类 *intact*-P_4 配合物的水解反应，虽然可以构建 P—H 键，但是产物却难以用于后续的有机磷化合物的合成中。

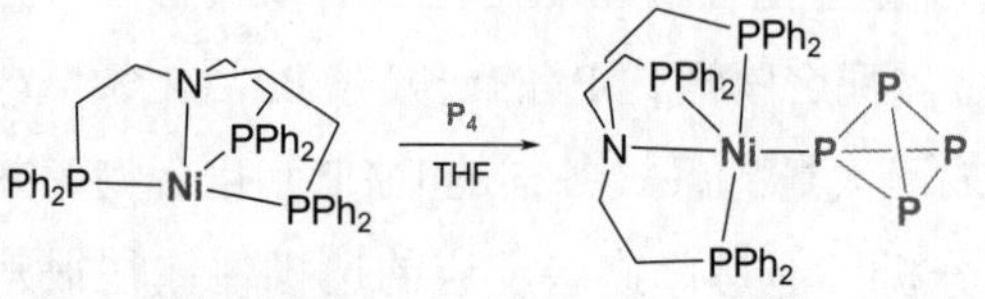

3-1 **3-2**

式 3.1 零价镍化合物与 P_4 的配位反应

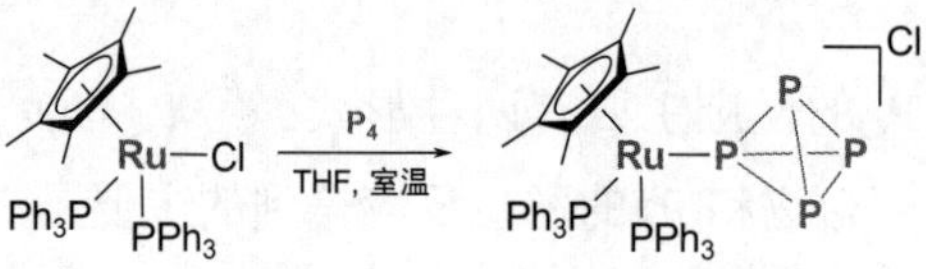

3-3 **3-4**

式 3.2 茂基氯化钌与 P_4 的配位反应

2015 年，Scheer 等 [14] 报道了 β- 二亚胺配体稳定的一价铜化合物 **3-5** 与 P_4 的反应(式 3.3)。二者在室温下以正戊烷为溶剂进行反应，可以生成 *intact*-P_4 化合物 **3-6**，其 *intact*-P_4 部分与两个一价铜均是以 η^2 的方式进行配位，并且这个配位作用相对较弱，因此，化合物 **3-6** 可以在吡啶的作用下重新解离 P_4 到反应溶剂中，从而实现了 P_4 的固定与再解离。此外，Scheer 等通过将反应温度降低至 −196℃，并在 −78℃下进行重结晶分离，得到了 P_4 与一个一价铜配位的化合物 **3-7**，并且化合物 **3-7** 可以与化合物 **3-6** 在适当的条件下互相转化。

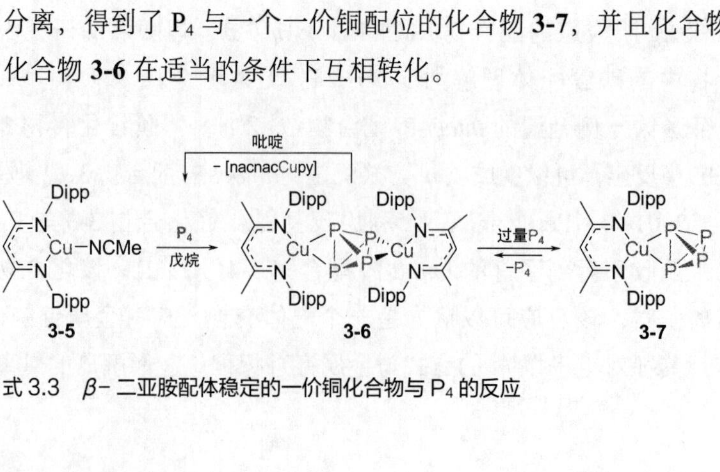

3-5 **3-6** **3-7**

式 3.3 β- 二亚胺配体稳定的一价铜化合物与 P_4 的反应

(2) 低价主族金属配合物对 P_4 的还原反应

1994 年，Schnoeckel 等[33] 报道了 (Cp*Al)₄ 与 P_4 的反应(式 3.4)。室温下，一价铝化合物的四聚体 **3-8** 与其单体 **3-9** 间存在一个平衡，其与 P_4 在甲苯中反应可以选择地得到含有 (Cp*Al)₆P_4 结构的化合物 **3-10**，收率为 87%。在化合物 **3-10** 中，每个铝原子均为正三价，每个磷原子均为负三价。该产物可以看作是 6 个一价铝物种插入到 P_4 的 6 根 P—P 键中形成的。理论计算表明化合物 **3-10** 中 4 个磷原子的 3s 孤对电子之间存在很小的离域作用，而此作用则使得整个分子采取了较为规整的结构并具有一定的稳定性[34,35]。

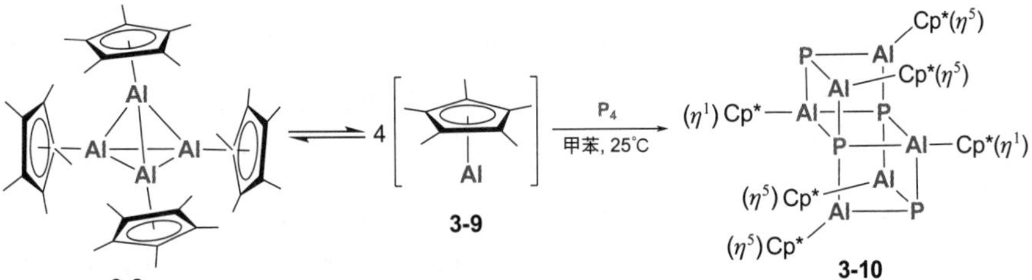

式 3.4　一价铝化合物与 P_4 的反应

2004 年，Roesky 等[36] 合成并分离得到了 β- 二亚胺配体稳定的一价铝化合物 **3-11**，该化合物与 P_4 反应得到了 cyclo-P_4^{4-} 化合物 **3-12**，其可以看作是两分子一价铝物种插入 P—P 键中形成的(式 3.5)。该反应是低价金属以插入反应的形式还原活化 P_4 的代表性例子之一[37,38]。

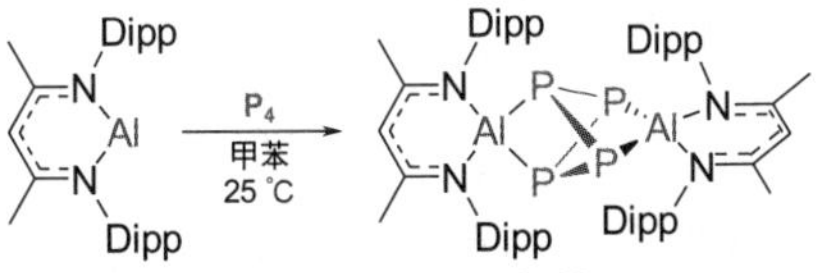

式 3.5　β- 二亚胺配体稳定的一价铝化合物与 P_4 的反应

1999 年，Uhl 等[39] 利用其先前合成的一价镓化合物 **3-13** 与 P_4 反应，选择性地得到了化合物 **3-14**(式 3.6)。化合物 **3-13** 可以看作是一价镓物种 GaC(SiMe₃)₃ 的四聚体，其同样可以解聚为单体，随后，三个 GaC(SiMe₃)₃ 物种插入到 P₄ 的三根 P—P 键中形成化合物 **3-14**。值得注意是，化合物 **3-14** 同样可以看作是 *zintl*-P₇ 笼的类似物。

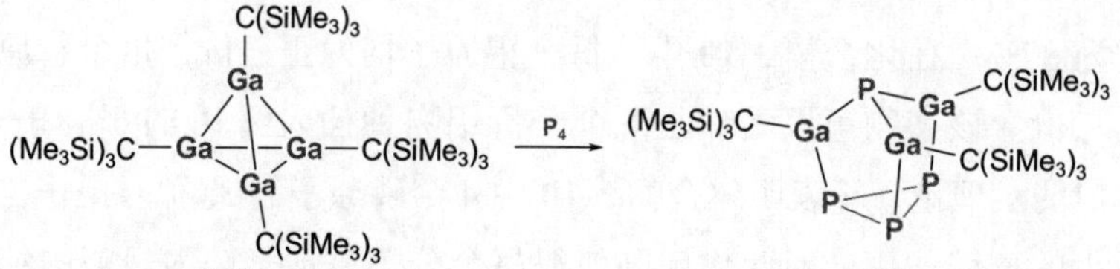

式 3.6　一价镓化合物与 P₄ 的反应

2011 年，Roesky 等[40]成功制备了一例一价锡化合物 **3-15**，该化合物中的每个锡原子均形成了一根 Sn—C 键和一根 Sn—Sn 键，但其中一个锡原子可以看作三配位，另一个锡原子则可以看作四配位。化合物 **3-15** 与 P₄ 反应可以选择性地得到一例 *butterfly*-P_4^{2-} 化合物 **3-16**（式 3.7），该化合物可以看作是经过一根 Sn—Sn 键与一根 P—P 键的复分解反应（四中心过渡态）形成的。

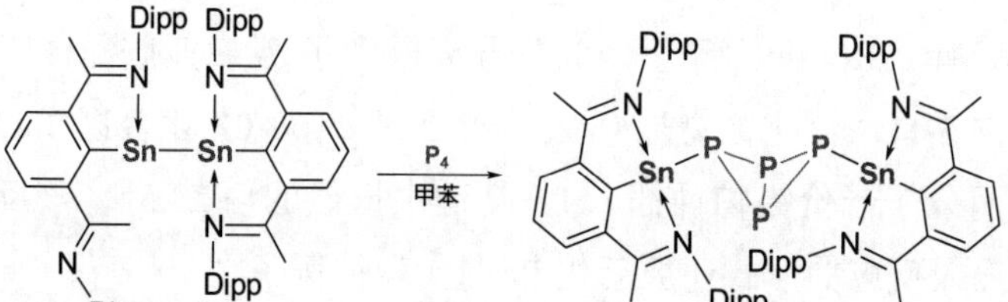

式 3.7　一价锡化合物与 P₄ 的反应

2014 年，Power 等[41,42]合成并分离得到了大位阻芳基稳定的锗卡宾化合物 **3-17**，该化合物与 P₄ 反应可以得到化合物 **3-18**（式 3.8）。在该反应中，金属锗由正二价变为了正四价，P₄ 被还原为了 *butterfly*-P_4^{2-}，该反应可以看作是锗卡宾插入到 P₄ 的 P—P 键中形成的，类似于低价金属和 P₄ 的插入反应。

式 3.8　锗卡宾化合物与 P_4 的反应

(3)低价过渡金属配合物对 P_4 的还原反应

1978 年，Sacconi 等[43] 报道了第一例 *cyclo*-P_3 配合物 **3-19** 的合成（式 3.9）。在膦配体的参与下，$Co(BF_4)_2 \cdot 6H_2O$ 与 P_4 在正丁醇和 THF 的混合溶剂中加热至 50℃反应，经过约 0.5h 后即可得到化合物 **3-19**。在该反应中，金属钴由正二价变为了正三价，P_4 被还原为了 *cyclo*-P_3^{3-}。该 *cyclo*-P_3^{3-} 配体作为一个六电子配体与金属钴以 η^3 的方式进行配位。随后，Sacconi 等采用相同的方法分别合成了第Ⅷ族所有金属的 *cyclo*-P_3^{3-} 配合物，并详细研究这些化合物的成键模式、电子结构及氧化还原性质等[44-47]，奠定了以后的金属 *cyclo*-P_3^{3-} 配合物的研究基础，因此，该反应是低价金属盐的水合物与 P_4 反应的代表性例子之一。

式 3.9　$Co(BF_4)_2 \cdot 6H_2O$ 与 P_4 的反应

1985 年，Scherer 等[48] 将茂基钼的羰基化合物 **3-20** 与 P_4 在二甲苯溶剂中加热至 140℃进行反应，得到了多种磷簇化合物（式 3.10）。其中，化合物 **3-21** 为第一例 *cyclo*-P_6 配合物，其 P—P 单键的键长处在 2.175 ～ 2.167Å（1Å=10^{-10}m）之间，因此，该 *cyclo*-P_6 结构可以看作是苯的类似物，具有芳香性并且为电中性。随后，Scherer 等采用相似方法分别合成了钛、钒、铌和钨的 *cyclo*-P_6 化合物。随着金属的不同，这些 *cyclo*-P_6 配体分别可看作是 *cyclo*-P_6^{6-}、*cyclo*-P_6^{4-}、*cyclo*-P_6^{2-} 和中性 *cyclo*-P_6。这些化合物奠定了此后金属 *cyclo*-P_6 配合物的研究基础。

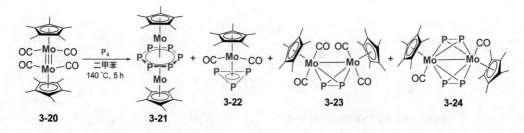

式 3.10　茂基钼的羰基化合物与 P_4 的反应

　　1995 年，Cummins 等 [49] 利用三价钼化合物与 P_4 反应得到了化合物 **3-25**，收率为 79%（式 3.11）。化合物 **3-25** 是一例经典的金属磷卡拜化合物，其中，金属钼为正六价，磷为负三价。该化合物可以与多种有机小分子发生反应，从而得到更多种类的金属磷簇化合物或其衍生物 [50-53]。例如，其可以与膦炔反应得到金属钼的 *cyclo*-P_2C^{3-} 配合物 **3-26**[53]。式 3.11 所示反应是典型的低价过渡金属配合物还原活化 P_4 的例子之一 [54-56]。

ArRN—Mo⠢NRAr
　　　　⠄NRAr
$\xrightarrow[Et_2O, 28\ ℃]{P_4}$
ArRN—Mo⠢NRAr（P）
　　　　⠄NRAr
$\xrightarrow[C_6D_6]{AdC≡P}$
ArRN—Mo⠢NRAr
　　　　⠄NRAr

Ar = 3,5-$C_6H_3Me_2$
R = C^tBu_2Me

3-25　　　　**3-26**

式 3.11　三价钼化合物与 P_4 的反应

　　2002 年，Urněžius 等 [57] 利用萘钾还原 $TiCl_4$ 并在冠醚的存在下与 P_4 原位反应，得到了十磷杂二茂钛化合物 **3-27**（式 3.12）。该反应可以理解为，萘钾首先与 $TiCl_4$ 反应得到萘基钛化合物，其萘基配体可以作还原剂活化 P_4。化合物 **3-27** 对水氧不敏感而且十分稳定，其可以看作是全磷取代的二茂钛类似物。该反应是典型的芳基配体作还原剂活化 P_4 的例子 [58-64]。

　　2009 年，Fryzuk 等 [65] 用石墨钾还原锆的氯化物 **3-28** 并与 P_4 原位反应，得到了化合物 **3-29**，其磷簇部分为 *cyclo*-P_4^{4-} 并具有一个反三明治状的夹心结构（式 3.13）。在该反应中，四价锆首先被石墨钾还原为二价锆物种，随后，该二价锆物种将 P_4 还原为 *cyclo*-P_4^{4-}。该反应是还原剂还原金属卤化物并活化 P_4 的代表性例子之一 [66-68]。

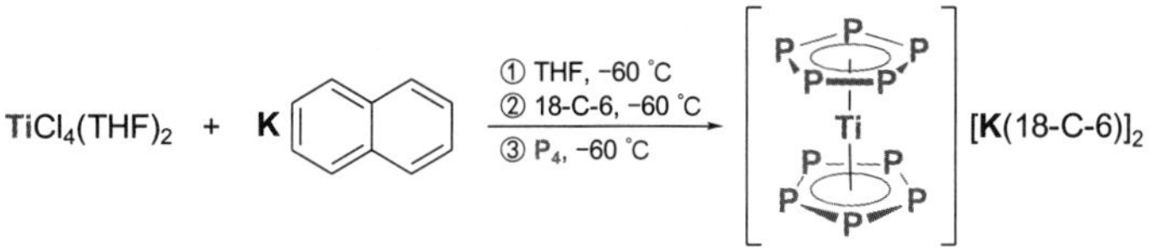

式 3.12　萘钾促进的 TiCl₄ 与 P₄ 的反应

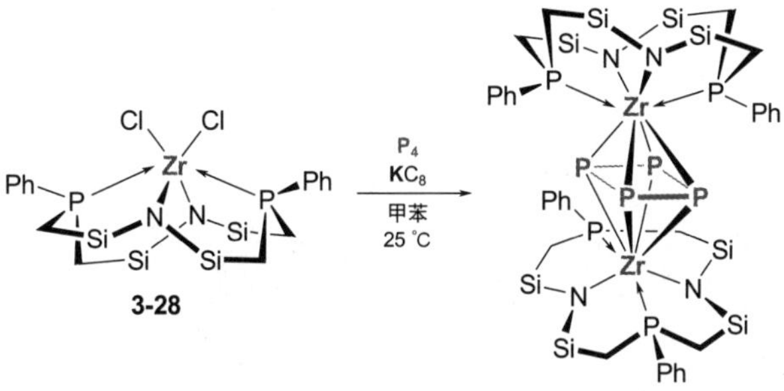

式 3.13　还原剂促进的锆的氯化物与 P₄ 的原位反应

2005 年，Cummins 等 [69] 用钠汞齐还原铌的氯化物 **3-30** 并将其与 P₄ 原位反应，得到了经典的铌的 cyclo-P₃³⁻ 化合物 **3-31**（式 3.14）。该化合物具有优良的反应性 [70-74]，例如，其与 AsCl₃ 发生复分解反应可以得到先前未合成的 AsP₃ 分子 [70]。

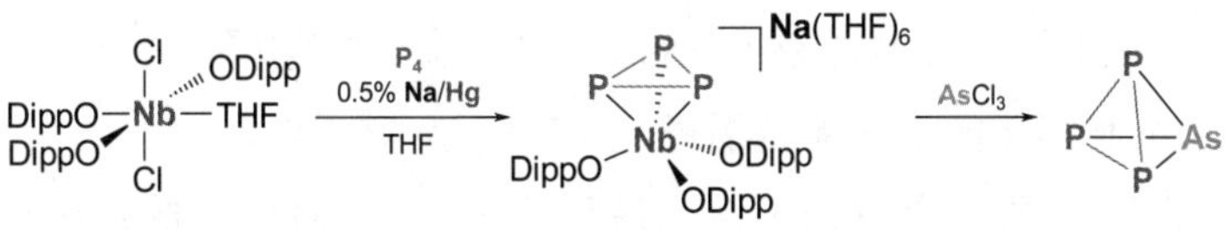

式 3.14　还原剂促进的铌氯化物与 P₄ 的原位反应及 AsP₃ 分子的合成

2010 年，Mindiola 等 [54] 用钠汞齐还原三价钒的氯化物 **3-32** 分离得到了二价钒化合物 **3-33**，产率为 54%，该化合物活性较高，与多种小分子底物均有良好的反应性。化合物 **3-33** 与 P₄ 反应可以生成第一例钒的 cyclo-P₃³⁻ 化合物 **3-34**，产率为 68%，该化合物中的钒为五价（式 3.15）。化合物 **3-34** 又可以与二茂钴发生单电子氧化还原反应生成四价钒化合物

3-35(式 3.15)[56]，产率为 68%。

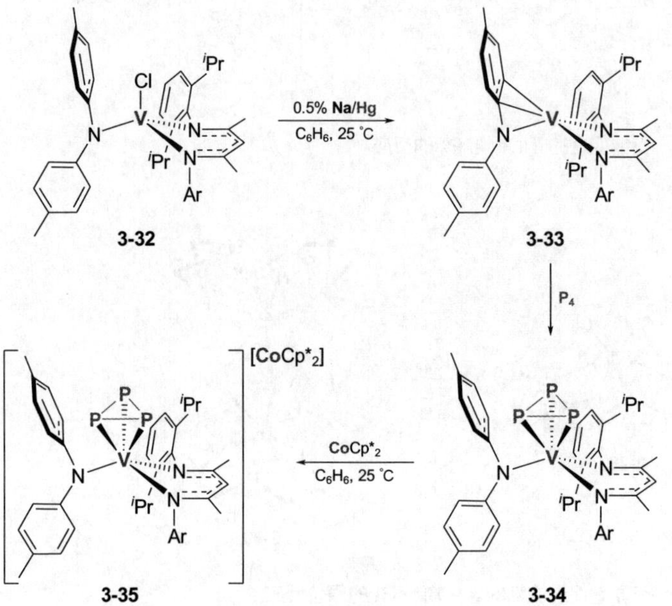

式 3.15　还原剂促进的钒的氯化物与 P_4 的反应

2010 ～ 2015 年，Driess 等系统研究了 β- 二亚胺配体稳定的第Ⅷ族金属的一价配合物 **3-36** 和 P_4 的反应(式 3.16)[75-77]。研究表明，即使对同属第Ⅷ族的铁、钴、镍，其相同结构的配合物与 P_4 的反应产物也不相同，该反应表明了金属中心是 P_4 活化产物的重要影响因素之一。

(4)低价 f 区金属配合物对 P_4 的还原反应

相比于主族金属和过渡金属而言，f 区金属促进的白磷活化研究较少，这可能是因为磷原子与 f 区金属的软硬不匹配所致。目前 f 区金属促进的白磷活化研究采用的大多是还原活化 P_4 的策略，而本书第 2.3 节介绍的稀土金属杂环戊二烯活化白磷的方法为目前仅有的 f 区金属亲核型活化 P_4 的例子 [78,79]。

1991 年，Scherer 等 [80] 将丁二烯配位的单茂一价钍化合物 **3-42** 与 P_4 在甲苯中加热至 100℃反应，当有 $MgCl_2$ 存在时，反应得到了第一例锕系金属的 cyclo-P_3^{3-} 化合物 **3-43**，产率为 80%；当无 $MgCl_2$ 存在时，反应得到了第一例锕系金属的 *bicyclo*[2.1.1]-P_6^{4-} 化合物 **3-44**，产率为 30%(式 3.17)。该反应是 f 区金属首次活化 P_4 的研究报道。

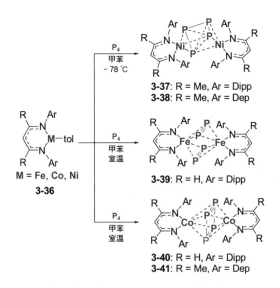

P4
甲苯
− 78 ℃
P4
甲苯
室温
P4
甲苯
室温
M = Fe, Co, Ni
3-36
3-37: R = Me, Ar = Dipp
3-38: R = Me, Ar = Dep
3-39: R = H, Ar = Dipp
3-40: R = H, Ar = Dipp
3-41: R = Me, Ar = Dep

式 3.16　β− 二亚胺配体稳定的一价金属配合物与 P_4 的反应

P4
MgCl2(OEt2)
甲苯
100 ℃, 20 h
P4
甲苯
100 ℃, 20 h
3-42
3-43
3-44

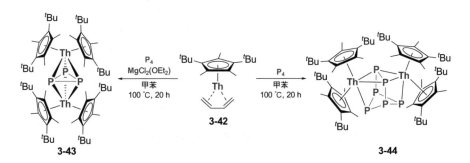

式 3.17　单茂一价钍化合物促进的 P_4 还原活化

2009 年，Roesky 等 [81] 将双茂二价钐化合物 **3-45** 与 P_4 进行反应，得到了首例稀土金属 *realgar*-P_8^{4-} 化合物 **3-46**，产率为 34%(式 3.18)，这是首例稀土金属促进的 P_4 活化研究。在该反应中，化合物 **3-45** 作单电子还原剂将白磷还原为了 *realgar*-P_8^{4-} 的结构。但是该反应是通过将白磷升华，并将其蒸气缓慢挥发至二价钐化合物的甲苯溶液中进行的，反应条件苛刻并且周期很长。

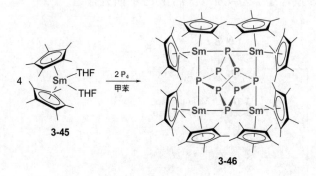

式 3.18　双茂二价钐化合物促进的 P_4 还原活化

2011 年，Green 等[82] 将环戊二烯及环辛二烯配位的三价铀化合物 **3-47** 与 P_4 反应，得到了首例锕系金属的 *cyclo*-P_4 化合物 **3-48**，产率为 50%（式 3.19）。化合物 **3-48** 中的铀为正四价，磷簇部分为 *cyclo*-P_4^{2-}，理论计算表明金属铀与 *cyclo*-P_4^{2-} 间的相互作用既有 σ 成分又有 π 成分。

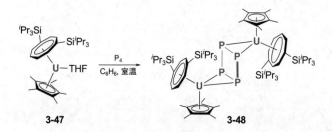

式 3.19　环戊二烯及环辛二烯配位的三价铀化合物促进的 P_4 还原活化

2011 年，Diaconescu 等将稀土金属萘基配合物 **3-49** 与 P_4 反应，同样得到了稀土金属 *realgar*-P_8^{4-} 化合物，并选择性地制备了稀土金属 *zintl*-P_7^{3-} 化合物 **3-50**（式 3.20）[58-60]。该反应中萘基配体作双电子还原剂将 P_4 还原为了 *realgar*-P_8^{4-} 和 *zintl*-P_7^{3-} 的结构，实现了稀土金属 *realgar*-P_8^{4-} 和 *zintl*-P_7^{3-} 化合物在相对温和条件下的合成。化合物 **3-50** 可以和 Me_3SiI 反应生成有机取代的 $(Me_3Si)_3P_7$，这是首次将 *zintl*-P_7^{3-} 转化为有机取代 R_3P_7 的研究报道。

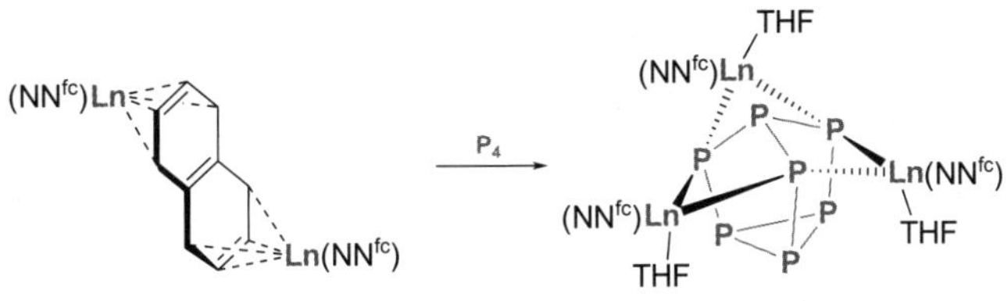

3-49

NN^fc = 1, 1'-(NSi^tBuMe_2)_2ferrocene

3-50

Ln = Sc, Y, La, Lu

式 3.20　稀土金属萘基配合物促进的 P_4 还原活化

ferrocene—二茂铁

2013 年，Liddle 等 [83] 分离得到了一例由三齿氮配体和甲苯共同稳定的双核三价铀化合物 **3-51**，并将其用于 P_4 的还原活化，选择性地得到了一例 [U_3P_7] 化合物 **3-52**，产率为 54%（式 3.21）。化合物 **3-52** 是首例锕系金属的 *zintl*-P_7^{3-} 化合物。需要注意的是，化合物 **3-52** 可以进一步与亲电试剂 TMSCl、还原剂 KC_8 先后反应，完成合成循环，同时调整条件也可实现 TON = 2 的催化循环。

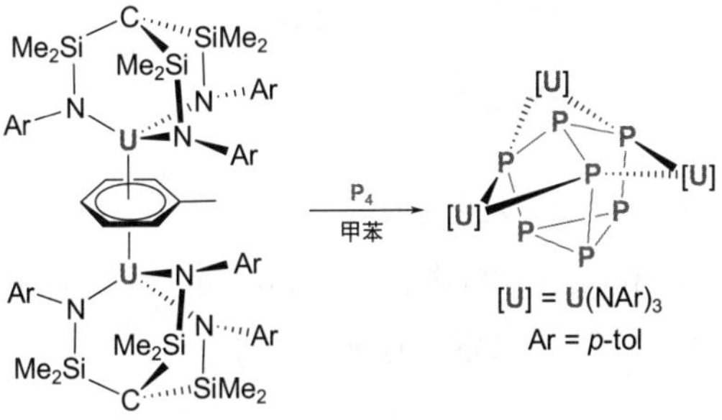

[U] = U(NAr)_3

Ar = *p*-tol

3-51　　　　　　　　**3-52**

式 3.21　三齿氮配体稳定的双核三价铀化合物促进的 P_4 还原活化

2015 年，Liddle 等 [84] 分离得到了由三齿氮配体稳定的单核三价铀化合物 **3-53** 并将其与 P_4 在 THF 中反应得到了首例 *f* 区金属 *cyclo*-P_5 化合物 **3-54**，收率为 25%（式 3.22）。化合物 **3-54** 中铀为正四价，磷簇配体为 *cyclo*-P_5^{2-}，进一步的实验表征分析及理论计算表明，化合物 **3-54** 中金属铀与 *cyclo*-P_5^{2-} 之间的相互作用主要为 δ 成分。

2016 年，Mills 等 [85] 将三茂三价钍化合物 **3-55** 与 P_4 在甲苯中反应得到了钍的 cyclo-P$_4$ 化合物 **3-56**，产率为 19%（式 3.23）。化合物 **3-56** 中金属钍为正四价，磷簇配体为 cyclo-P$_4^{2-}$。不同于其他 f 区金属与磷簇的配位方式，化合物 **3-56** 中金属钍与 cyclo-P$_4^{2-}$ 部分以 η^1 的方式进行配位。

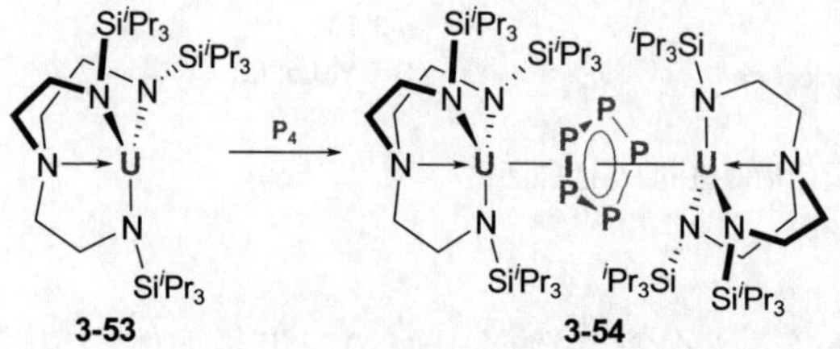

式 3.22　三齿氮配体稳定的单核三价铀化合物促进的 P$_4$ 还原活化

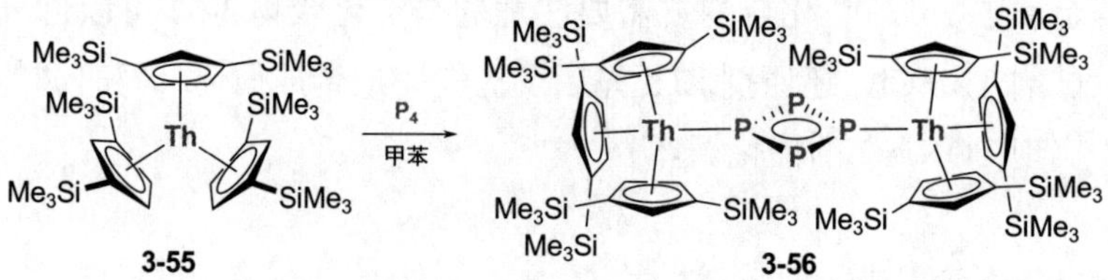

式 3.23　三茂三价钍化合物促进的 P$_4$ 还原活化

2018 年，Roesky 等[86]利用脒配体稳定的二价钐化合物 **3-57** 与 P$_4$ 反应，得到了首例稀土金属 cyclo-P$_4^{2-}$ 化合物 **3-58**，收率为 94%（式 3.24），进一步补充了稀土金属促进的白磷活化研究。

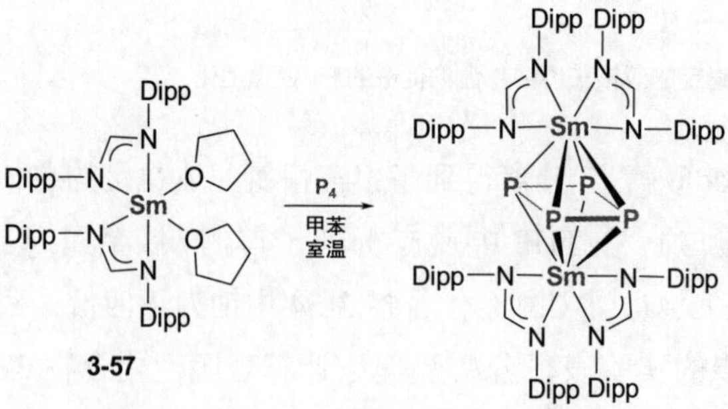

式 3.24　脒配体稳定的二价钐化合物与 P$_4$ 的反应

3.3
金属氢化物与白磷的反应

金属氢化物与 P_4 的反应可以根据机理的异同分为两种，一种是 P_4 与金属配位后，氢负离子进攻磷原子或者 P—P 键插入到 M—H 键中；另一种则是金属氢化物作为低价金属配合物的前体，离去 H_2 得到低价金属中心后，再发生 P_4 对该金属的氧化加成或该金属对 P—P 键的插入反应。

1978 年，Dräger 等[87,88] 报道了锡的氢化物与 P_4 的反应（式 3.25）。二甲基二氢化锡与 P_4 在 DMF 中反应时可以脱去 PH_3 和 H_2，得到具有类似于降冰片烯结构的化合物 3-59。二甲基二氢化锡与 P_4 在 Et_2O 中反应时同样可以脱去 PH_3 和 H_2，但得到的是具有类似于金刚烷结构的化合物 3-60。四甲基二氢化二锡与 P_4 在 Et_2O 中反应时，可以脱去 PH_3 和 H_2 得到锡含量更高的化合物 3-61，该化合物同样具有一个类似于降冰片烯的结构。

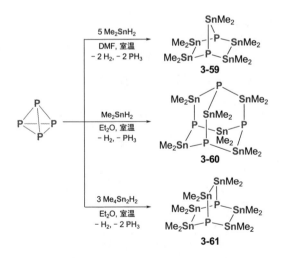

式 3.25　锡的氢化物与 P_4 的反应

1998 年，Peruzzini 等[89,90]将铑的氢化物 **3-62** 与 P_4 在封闭体系下进行反应，得到了铑的 *cyclo*-P_3^{3-} 化合物 **3-63**（式 3.26）。当反应在开放体系下进行时，产物为 P—P 键插入到 Rh—H 键中的化合物 **3-64**。化合物 **3-64** 可以在封闭体系中进一步用 H_2 还原为化合物 **3-63**。该反应的机理如式 3.27 所示，在封闭体系中，**3-62** 首先解离 H_2 得到低价铑中间体 **3-INT1**，然后，中间体 **3-INT1** 与 P_4 配位，并发生氧化加成得到中间体 **3-INT2**。之后 P—P 键插入到 Rh—H 键中得到化合物 **3-64**。最后，化合物 **3-64** 被 H_2 还原为化合物 **3-63**。因此，化合物 **3-62** 中的两个氢负离子作还原剂以 H_2 的形式离去产生低价铑中心，而第三个氢负离子作亲核试剂用于进攻 P—P 键。

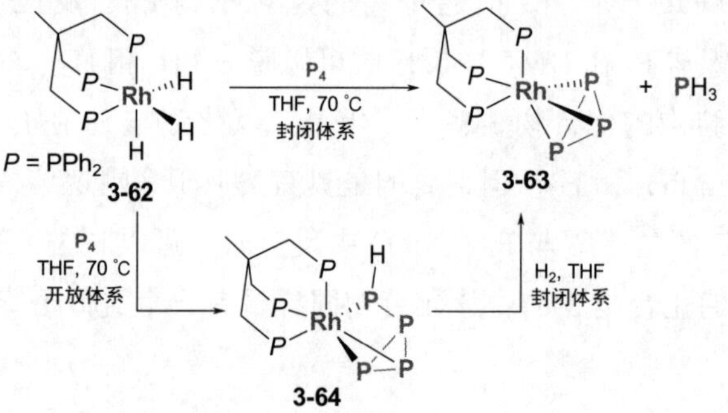

式 3.26　铑的氢化物与 P_4 的反应

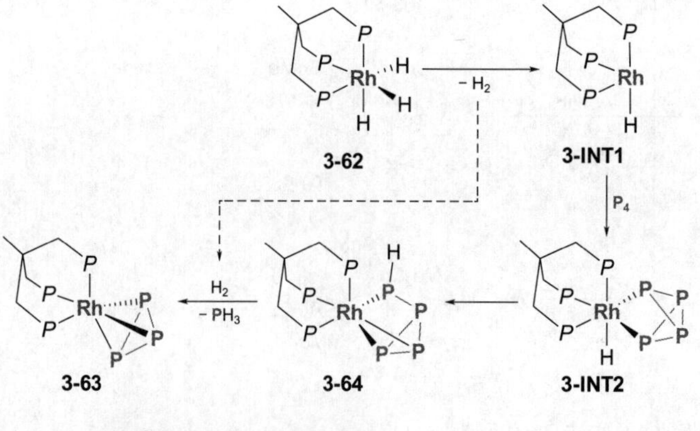

式 3.27　铑的氢化物与 P_4 的反应机理

2002 年，Chirik 等[91]报道了锆的氢化物促进的 P_4 活化反应（式 3.28）。二茂锆的氢化物 **3-65** 与 P_4 在室温下以甲苯为溶剂进行反应，得到了金属锆的 *butterfly*-P_4^{2-} 配合物 **3-66**。在该反应中，锆的氢化物首先解离 H_2 得到二价锆中间体，随后 P_4 氧化加成到该二价锆中心生成反应产物。

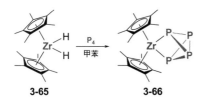

3-65　　　　　　　　　　**3-66**

式 3.28　锆的氢化物与 P_4 的反应

2003 年，Cummins 等[92]报道了十分著名的铌氢化物与 P_4 的反应（式 3.29）。铌氢化物 **3-67** 作为还原剂将 P_4 转化为 [Nb_2P_2] 化合物 **3-68**，反应过程中，氢负离子以 H_2 的形式离去，四价铌转变为了五价铌，P_4 被还原为了 P_2^{4-}。化合物 **3-68** 可以进一步被钠汞齐还原得到含有铌磷三键的化合物 **3-69**，而 **3-69** 又可以与酰氯反应并由 **3-70** 经过加热脱去铌氧化物 **3-71** 后生成膦炔化合物 **3-72**[93]。此外，化合物 **3-69** 可以与 Ph_2PCl 反应得到化合物 **3-73**（式 3.30）[94,95]，其平衡态 **3-74** 中 P=P 双键部分可以看作是一个能用于合成有机磷化合物的极性 P_2 合成子。

3-67　　　　　　　　　　**3-68**

3-69　　　　**3-70**　　　　**3-71**

3-72

式 3.29　铌氢化物促进的 P_4 转化为膦炔的反应

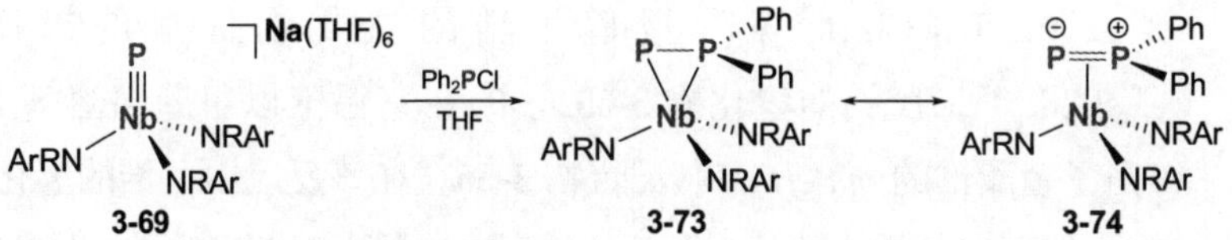

式 3.30　化合物 **3-69** 与 Ph₂PCl 的反应

3.4
光化学活化白磷

　　1937 年，Rathenau 发现 P_4 在紫外线下会逐步转变为其同素异形体红磷。随后，人们利用光化学将 P_4 与金属羰基化合物反应，制备了多种金属磷簇化合物，然而此类反应的产物复杂，P_4 的转化率低，相应产物的收率也很低[96]。例如，Scherer 等[97]利用光化学将 P_4 与五甲基环戊二烯铌的羰基化合物 **3-75** 反应，得到了铌的 cyclo-P_6 化合物 **3-76**，但收率仅为 0.15%(式 3.31)。

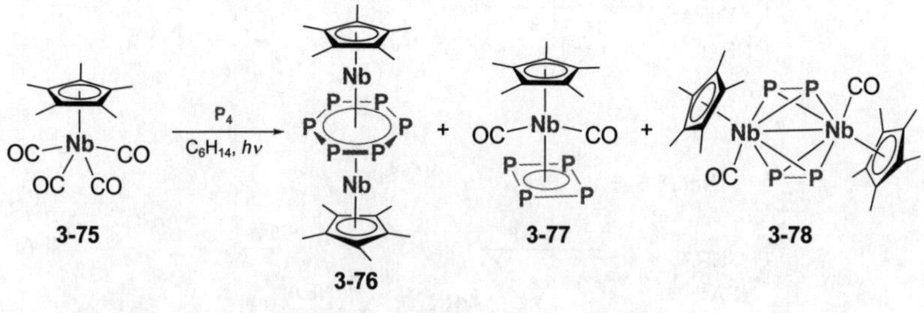

式 3.31　五甲基环戊二烯铌的羰基化合物与 P_4 在光照下的反应

　　2010 年，Cummins 等[98]报道了首例光化学促进的 P_4 直接转化为膦化合物的反应(式 3.32)。该反应的机理可以理解为，P_4 在紫外线下分解

为 P_2 中间体, 该中间体可以及时被丁二烯类化合物捕获, 发生两步的 D-A 反应得到相应的二膦烷 3-79。该反应是首次利用光化学将 P_4 转化为膦化合物的报道, 也是 P_4 首次发生形式上的双 D-A 反应的报道, 但是反应的收率较低。2017 年, Cummins 等[99] 又利用反应生成的二膦烷 3-79 先后与碘甲烷和甲基锂反应, 得到了膦化合物 3-80, 该化合物具有一个折叠的十元环结构, 并且环上有两个磷原子, 可以看作是新型的有机膦配体[100]。这是为数不多的将 P_4 转变为可以用作配体的膦化合物的例子。

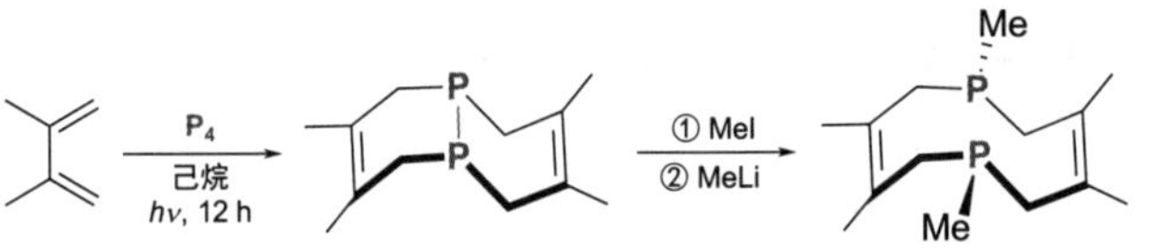

式 3.32　2,3-二甲基丁二烯与 P_4 在紫外线下的反应及产物的进一步衍生化

2019 年, 厦门大学唐果教授等[101] 报道了首例可见光促进的对甲基苯硫酚与 P_4 的反应, 经 H_2O_2 处理后, 以 65% 的收率得到了磷酸三硫酯 3-81 (式 3.33)。该反应的普适性良好。控制实验表明该反应可能经历了对甲基苯硫酚产生硫自由基并原位活化 P_4 的过程。

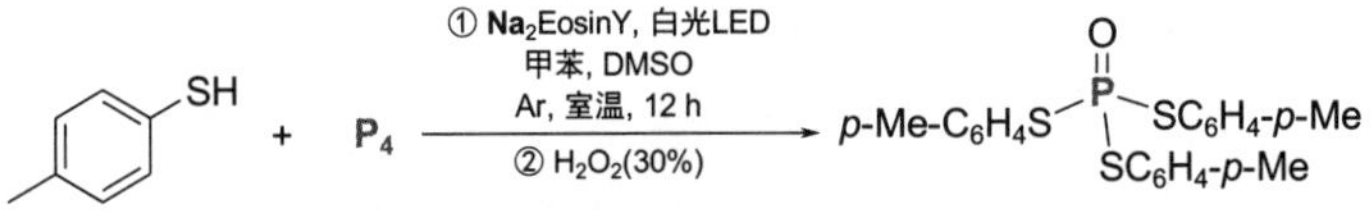

式 3.33　可见光促进的对甲基苯硫酚与 P_4 的反应

2019 年, Wolf 等[102] 报道了首例可见光催化的白磷与芳基碘化物直接转化为三芳基膦或相应四芳基鏻盐的反应(式 3.34)。反应可能的机理如图 3.2 所示, Ir(Ⅲ) 光催化剂在可见光激发下跃迁至激发态, 氧化 Et_3N 形成 Ir(Ⅱ) 活性物种, 该中间体与芳基碘化物发生单电子转移(SET)形成芳基自由基, 随后与 P_4 发生自由基反应产生 $ArPH_2$, 如此往复依次产生 Ar_2PH、Ar_3P 及 Ar_4P^+, 芳基上取代基的位阻是产物选择性的关键因素。该反应无需使用强氧化剂或还原剂, P_4 的磷原子的利用率很高, 且在温

和的条件下直接生成膦化合物，具有特殊的意义。不过，这一反应的底物适用范围仍有很大的提升空间，反应机理仍待进一步验证。

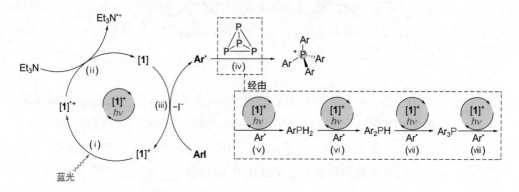

式 3.34　可见光催化的白磷转化为三芳基膦或相应四芳基鏻盐的反应

图 3.2　可见光催化白磷与芳基碘化物反应可能的机理

3.5
电化学活化白磷

　　电化学方法通常被认为是"绿色"的化学合成技术，因为其所涉及化学反应中的电子转移均是通过电极上的电子得失进行的，而且反应进行的程度以及速率也可以通过调节电压及电流进行控制[103]。此外，电化学方法的另一优点是所得产物的纯度通常较高。

电化学活化 P_4 的过程可以通过调节电解液、电极材料、电解温度及 pH 来予以控制。一般认为的过程如图 3.3 所示，P_4 在阴极上首先还原为高活性的 $[P_4 \cdot]^-$（自由基阴离子）[104]，随后，该自由基阴离子被质子化并断裂 P—P 键生成含有 P—H 键的产物。例如，当选用金属铅为阴极材料、NaOH 水溶液为电解液、电解温度为 70 ~ 100℃时，PH_3 能够以 60% ~ 83% 的产率生成，并且纯度很高，无其他副产物。此外，当且仅当阳极材料为锌时，可以在阳极表面观测到磷氧化物 H_3PO 的生成[105]。一般情况下，磷氧化物 H_3PO 因其极不稳定性而很难被分离稳定，而电化学活化 P_4 能够产生磷氧化物 H_3PO 并可稳定存在的主要原因在于阳极表面的电解作用。

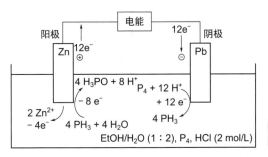 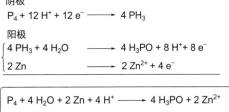

图 3.3 电化学活化 P_4 的过程

3.6

白磷活化产物的转化与应用

2003 年，Scheer 等[106] 将经典的五磷杂二茂铁化合物与 CuBr 反应，合成了著名的无机分子富勒烯。此后，Scheer 等详细研究了各种经典的磷簇配合物与 Cu、Ag、Au 等金属的配位，合成了许多结构新颖的一维、二维、三维的配位聚合物[107,108]，此类反应体现了多磷配体在配位化学、材料化学中的潜在应用价值。

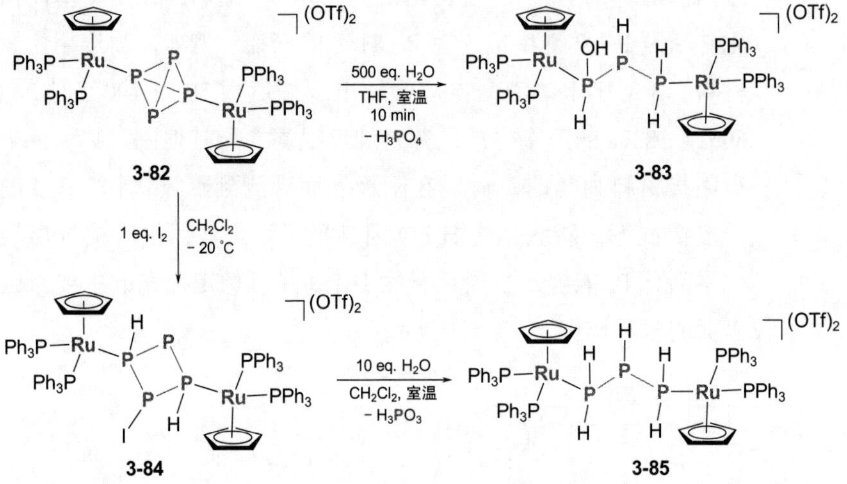

式 3.35　双核钌的 *intact*-P$_4$ 配合物的水解反应和氧化反应

2008 年，Stoppioni 等[30] 研究了经典的双核钌的 *intact*-P$_4$ 配合物 **3-82** 的水解反应，得到了双核钌的 *linear*-P$_3$ 化合物 **3-83**（式 3.35）。2012 年，Stoppioni 等[109] 将配合物 **3-82** 用碘单质氧化得到了双核钌的 *cyclo*-P$_4$ 配合物 **3-84**，该化合物同时含有 P—H 键和 P—I 键，其也可以进一步被水解为双核钌的 *linear*-P$_3$ 化合物 **3-85**（式 3.35）。虽然此类反应在 P$_4$ 的磷原子上构建了 P—H 键或 P—X 键，但是产物的产率较低，并且难以进一步高效、高选择性地转化为有机磷化合物。

2011 ～ 2013 年间，Roesky 等[110,111] 利用不同配体稳定的二价铋化合物为还原剂，将许多经典的过渡金属磷簇化合物通过单电子还原的方式得到了许多同时含有稀土金属和过渡金属的磷簇化合物。例如，二价铋化合物 **3-86** 可以与铁的 *cyclo*-P$_5^{5-}$ 化合物 **3-87** 反应得到稀土金属的 *cyclo*-P$_5^{5-}$ 化合物 **3-88**（式 3.36）[110]。此类反应提供了一种通过已有过渡金属磷簇配合物合成稀土金属磷簇配合物的思路。

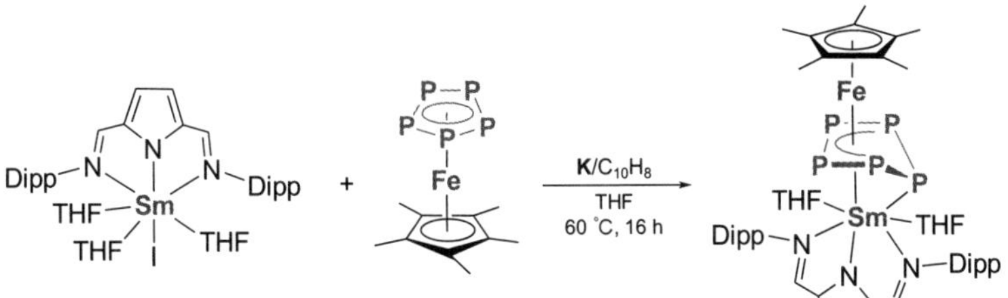

式 3.36 二价钐化合物促进的经典磷簇化合物的还原

2013 年，Goicoechea 等[112,113] 研究了经典的 *zintl*-P_7^{3-} 化合物与小分子的反应性（式 3.37）。Na_3P_7 化合物 **3-89** 可以与乙炔或二苯乙炔反应得到含有 *cyclo*-$P_3C_2^-$ 结构的五元环芳香性化合物 **3-90**。Na_3P_7 化合物 **3-89** 也可以与 CO 在 DMF 中加热至 150℃进行反应，能够以较高的收率得到化合物 Na[OCP]（**3-91**）。化合物 **3-91** 所具有的负离子 OCP$^-$ 因具有特殊的反应性及多样的合成用途而在近年来备受化学家所关注。此外，*zintl*-P_7^{3-} 化合物是 P_4 反应中常见的一类产物，式 3.37 所示反应表明了此类化合物可以用于有机磷化合物的合成中[114-116]。

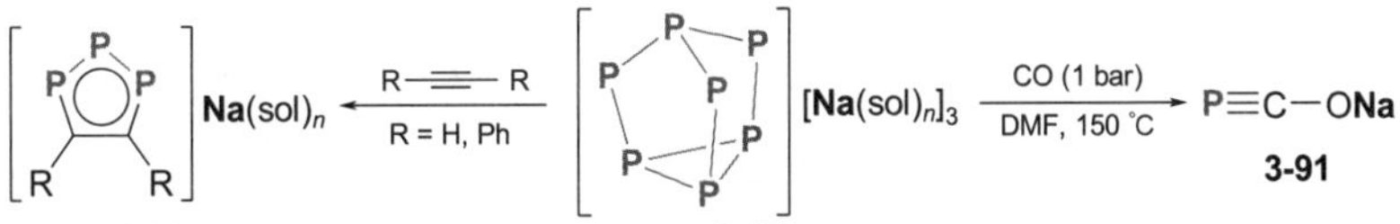

式 3.37 *zintl*-P_7^{3-} 化合物与小分子的反应（1bar=10^5Pa）

2016 年，Scheer 等[117] 研究了经典的镍的 *cyclo*-P_3 化合物 **3-92** 与亲核试剂的反应（式 3.38）。化合物 **3-92** 与亲核试剂 $NaNH_2$ 反应后再经过 AgOTf 的氧化可以生成双核的 *cyclo*-P_3 化合物 **3-93**，产率为 41%。化合物 **3-92** 中 *cyclo*-P_3 部分的三根 P—P 键的键长相近，为等边三角形，而化合物 **3-93** 中 *cyclo*-P_3 部分的两根 P—P 键较长，一根 P—P 键较短，为等腰三角形。化合物 **3-92** 也可与亲核试剂 $LiPPh_2$ 反应得到磷原子聚集的产物 **3-94**，产率为 12%。

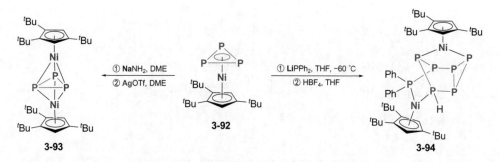

式 3.38　镍的 *cyclo*-P₃ 化合物与亲核试剂的反应

　　2019 年，张文雄教授等[118] 研究了含铝 *cyclo*-P₄ 化合物 **3-95** 的反应性 (式 3.39)。化合物 **3-95** 与过量碘甲烷反应得到了 *P*- 甲基化的双季鏻盐化合物 **3-96**，收率为 85%。化合物 **3-96** 中的 *cyclo*-P₄ 环是一个略微扭曲的平行四边形。化合物 **3-95** 用对苯醌氧化，能够以 88% 的收率得到不含金属的四膦杂环丁烷类衍生物 **3-97**，其 *cyclo*-P₄ 环为空间折叠的四边形。这是目前四膦杂环丁烷类化合物最高效的合成途径，同时也是由 P₄ 直接合成有机磷化合物最高效的方法[119-124]。

式 3.39　含铝 *cyclo*-P₄ 化合物与亲电试剂的反应及其氧化反应

3.7

白磷活化的发展趋势

通过分析近年来的白磷活化研究可知，白磷活化领域的未来研究趋势为：①研究重点从配合物合成向有机磷化合物合成逐步转化；②配合物合成过程的选择性与可控性逐步提升；③由白磷直接合成的有机磷化合物的种类逐步增加；④由白磷直接合成有机磷化合物的选择性与产率逐步提升；⑤有机多磷化合物向有机单磷化合物逐步转化。

参考文献

[1] Evers E C. The alkali metal phosphides. I. Reaction of alkali metals and white phosphorus in liquid ammonia. Journal of the American Chemical Society, 1951, 73 (5): 2038-2040.

[2] Becker G, Hölderich W. Notiz über eine einfache methode zur darstellung von tris(trimethylsilyl) phosphin. Chemische Berichte, 1975, 108 (7): 2484-2485.

[3] Baudler M. Polyphosphorus compounds—new results and perspectives. Angewandte Chemie International Edition in English, 1987, 26 (5): 419-441.

[4] Korber N, Aschenbrenner J. The first *Catena*-trihydrogen triphosphide: Synthesis and crystal structure of [Na(NH$_3$)$_5$][Na(NH$_3$)$_3$(P$_3$H$_3$)]. Journal of the Chemical Society, Dalton Transactions, 2001 (8): 1165-1166.

[5] Hanauer T, Aschenbrenner J C, Korber N. Dimers of heptapnictide anions: As$_{14}^{4-}$ and P$_{14}^{4-}$ in the crystal structures of [Rb(18-crown-6)]$_4$As$_{14}$·6NH$_3$ and [Li(NH$_3$)$_4$]$_4$P$_{14}$·NH$_3$. Inorganic Chemistry, 2006, 45 (17): 6723-6727.

[6] Milyukov V A, Kataev A V, Sinyashin O G, et al. A new method for the preparation of solution of sodium pentaphosphacyclopentadienide. Russian Chemical Bulletin, International Edition, 2006, 55 (7): 1297-1299.

[7] Ginsberg A P, Lindsell W E. Rhodium complexes with the molecular unit P$_4$ as a ligand. Journal of the American Chemical Society, 1971, 93 (8): 2082-2084.

[8] Lindsell W E, McCullough K J, Welch A J. Structure and bonding of the first η^2-coordinated P$_4$ ligand: Molecular structure of *trans*-[Rh(P$_4$)(PPh$_3$)$_2$Cl] · 2CH$_2$Cl$_2$ at 185 K. Journal of the American Chemical Society, 1983, 105 (13): 4487-4489.

[9] Ginsberg A P, Lindsell W E, McCullough K J, et al. Preparation and properties of tetrahedro-tetraphosphorus complexes of rhodium and iridium: Molecular and electronic structure of [RhCl(η^2-P$_4$) (PPh$_3$)$_2$]. Journal of the American Chemical Society, 1986, 108 (3): 403-416.

[10] Gröer T, Baum G, Scheer M. Complexes with a monohapto bound phosphorus tetrahedron and phosphaalkyne. Organometallics, 1998, 17 (26): 5916-5919.

[11] Krossing I. Ag(P$_4$)$_2^+$: The first homoleptic metal phosphorus cation. Journal of the American Chemical

Society, 2001, 123 (19): 4603-604.

[12] Tai H-C, Krossing I, Seth M, et al. Organometallics versus P_4 complexes of group 11 cations: Periodic trends and relativistic effects in the involvement of $(n-1)$d, ns, and np orbitals in metal ligand interactions. Organometallics, 2004, 23 (10): 2343-2349.

[13] Forfar L C, Clark T J, Green M, et al. White phosphorus as a ligand for the coinage metals. Chemical Communications, 2012, 48 (14): 1970-1972.

[14] Spitzer F, Sierka M, Latronico M, et al. Fixation and release of intact E_4 tetrahedra (E = P, As). Angewandte Chemie International Edition, 2015, 54 (14): 4392-4396.

[15] Forfar L C, Zeng D, Green M, et al. Probing the structure, dynamics, and bonding of coinage metal complexes of white phosphorus. Chemistry-A European Journal, 2016, 22 (15): 5397-5403.

[16] Lynam J M. New routes for the functionalization of P_4. Angewandte Chemie International Edition, 2008, 47 (5): 831-833.

[17] Montchamp J-L. Phosphinate chemistry in the 21st century: A viable alternative to the use of phosphorus trichloride in organophosphorus synthesis. Accounts of Chemical Research, 2014, 47 (1): 77-87.

[18] Slootweg J C. Sustainable phosphorus chemistry: A silylphosphide synthon for the generation of value-added phosphorus chemicals. Angewandte Chemie International Edition, 2018, 57 (22): 6386-6388.

[19] Caporali M, Gonsalvi L, Rossin A, et al. P_4 activation by late-transition metal complexes. Chemical Reviews, 2010, 110 (7): 4178-4235.

[20] Giffin N A, Masuda J D. Reactivity of white phosphorus with compounds of the p-block. Coordination Chemistry Reviews, 2011, 255 (11-12): 1342-1359.

[21] Martin D, Soleilhavoup M, Bertrand G. Stable singlet carbenes as mimics for transition metal centers. Chemical Science, 2011, 2 (3): 389-399.

[22] Khan S, Sen S S, Roesky H W. Activation of phosphorus by group 14 elements in low oxidation states. Chemical Communications, 2012, 48 (16): 2169-2178.

[23] Balázs G, Seitz A, Scheer M. Activation of white phosphorus (P_4) by main group elements and compounds. Comprehensive Inorganic Chemistry II (Second Edition), 2013, 1 (1): 1105-1132.

[24] Holthausena M H, Weigand J J. The chemistry of cationic polyphosphorus cages-syntheses, structure and reactivity. Chemical Society Reviews, 2014, 43 (18): 6639-6657.

[25] Di Vaira M, Sacconi L. Transition metal complexes with $cyclo$-triphosphorus (η^3-P_3) and $tetrahedro$-tetraphosphorus (η^1-P_4) ligands. Angewandte Chemie International Edition in English, 1982, 21 (5): 330-342.

[26] Dapporto P, Midollini S, Sacconi L. Tetrahedro-tetraphosphorus as monodentate ligand in a Nickel(0) complex. Angewandte Chemie International Edition in English, 1979, 18 (6): 469-469.

[27] De los Rios I, Â Hamon J-R, Hamon P, et al. Synthesis of exceptionally stable iron and ruthenium η^1-tetrahedro-tetraphosphorus complexes: Evidence for a strong temperature dependence of M-P_4 π back donation. Angewandte Chemie International Edition, 2001, 40 (20): 3910-39112.

[28] Di Vaira M, Frediani P, Costantini S S, et al. Easy hydrolysis of white phosphorus coordinated to ruthenium. Dalton Transactions, 2005, (13): 2234-2236.

[29] Di Vaira M, Peruzzini M, Costantini S S, et al. Hydrolytic disproportionation of coordinated white phosphorus in [CpRu(dppe)(η^1-P_4)]PF_6 [dppe = 1,2-bis(diphenylphosphino)ethane]. Journal of Organometallic Chemistry, 2006, 691 (18): 3931-3937.

[30] Barbaro P, Di Vaira M, Peruzzini M, et al. Controlling the activation of white phosphorus: Formation of phosphorous acid and ruthenium-coordinated 1-hydroxytriphosphane by hydrolysis of doubly metalated P_4. Angewandte Chemie International Edition, 2008, 47 (23): 4425-4427.

[31] Mirabello V, Caporali M, Gallo V, et al. Solution and solid-state dynamics of metal-coordinated white phosphorus. Chemistry-A European Journal, 2012, 18 (36): 11238-11250.

[32] Mealli C, Ienco A, Peruzzini M, et al. The atomic level mechanism of white phosphorous demolition by di-iodine. Dalton Transactions, 2018, 47 (2): 394-408.

[33] Dohmeier C, Schnockel H, Robl C, et al. [P$_4$(Cp*Al)$_6$]: A compound with an unusual P$_4$Al$_6$ cage structure. Angewandte Chemie International Edition in English, 1994, 33 (2): 199-200.

[34] Dohmeier C, Robl C, Tacke M, et al. The tetrameric aluminum (I) compound [{Al(η^5-C$_5$Me$_5$)}$_4$]. Angewandte Chemie International Edition, 1991, 30 (5): 564-565.

[35] Gauss J, Schneider U, Ahlrichs R, et al. ^{27}Al NMR spectroscopic investigation of aluminum (I) compounds: ab initio calculations and experiment. Journal of the American Chemical Society, 1993, 115 (6): 2402-2408.

[36] Peng Y, Fan H, Zhu H, et al. [{HC(CMeNAr)$_2$}$_2$Al$_2$P$_4$] (Ar = 2,6-iPr$_2$C$_6$H$_3$): A reduction to a formal {P$_4$}$^{4-}$ charged species. Angewandte Chemie International Edition, 2004, 43 (26): 3443-3445.

[37] Pelties S, Maier T, Herrmann D, et al. Selective P$_4$ activation by a highly reduced cobaltate: Synthesis of dicobalt tetraphosphido complexes. Chemistry-A European Journal, 2017, 23 (25): 6094-6102.

[38] Prabusankar G, Doddi A, Gemel C, et al. P—P bond activation of P$_4$ tetrahedron by group 13 carbenoid and its bis molybdenum pentacarbonyl adduct. Inorganic Chemistry, 2010, 49 (17): 7976-7980.

[39] Uhl W, Benter M. The insertion of alkylgallium (I) groups [Ga—C(SiMe$_3$)$_3$] into P—P bonds of P$_4$: Formation of a P$_4$(GaR)$_3$ cage. Chemical Communications, 1999 (9): 771-772.

[40] Khan S, Michel R, Dieterich J M, et al. Preparation of RSn (I)—Sn (I) R with two unsymmetrically coordinated Sn (I) atoms and subsequent gentle activation of P$_4$. Journal of the American Chemical Society, 2011, 133 (44): 17889-17894.

[41] Dube J W, Graham C M E, Macdonald C L B, et al. Reversible, photoinduced activation of P$_4$ by low-coordinate main group compounds. Chemistry-A European Journal, 2014, 20 (22): 6739-6744.

[42] Graham C M E, Macdonald C L B, Power P P, et al. Transition metal functionalization of P$_4$ using a diarylgermylene anchor. Inorganic Chemistry, 2017, 56 (15): 9111-9119.

[43] Cecconi F, Dapporto P, Midollini S, et al. Synthesis, characterization, and structure of the complex (η^3-cyclo-triphosphorus)(tris(2-diphenylphosphinoethyl)-amine)cobalt. Inorganic Chemistry, 1978, 17 (11): 3292-3294.

[44] Di Vaira M, Ghilardi C A, Midollini S, et al. cyclo-Triphosphorus (δ-P$_3$) as a ligand in cobalt and nickel complexes with 1,1,1-tris(diphenylphosphinomethyl)ethane: Formation and structures. Journal of the American Chemical Society, 1978, 100 (8): 2550-2551.

[45] Di Vaira M, Midollini S, Sacconi L. cyclo-Triphosphorus and cyclo-triarsenic as ligands in "double sandwich" complexes of cobalt and nickel. Journal of the American Chemical Society, 1979, 101 (7): 1757-1763.

[46] Midollini S, Orlandini A, Sacconi L. [(triphos)Co(δ-P$_3$)Cr$_2$(CO)$_{10}$]: A trinuclear hetero-metal complex containing cyclo-triphosphorus as μ_3-ligand. Angewandte Chemie International Edition in English, 1979, 18 (1): 81-82.

[47] Bianchini C, Di Vaira M, Meli A, et al. "Triple-Decker" sandwich complexes of cyclo-triphosphorus with 4d and 5d metals. Journal of the American Chemical Society, 1981, 103 (6): 1448-1452.

[48] Scherer O J, Sitzmann H, Wolmershäuser G. Hexaphosphabenzene as complex ligand. Angewandte Chemie International Edition in English, 1985, 24 (4): 351-353.

[49] Laplaza C E, Davis W M, Cummins C C. A molybdenum-phosphorus triple bond: Synthesis, structure, and reactivity of the terminal phosphido (P^{3-}) complex [Mo(P)(NRAr)$_3$]. Angewandte Chemie International Edition in English, 1995, 34 (18): 2042-2043.

[50] Johnson M J A, Odom A L, Cummins C C. Phosphorus monoxide as a terminal ligand. Chemical Communications, 1997 (16): 1523-1524.

[51] Stephens F H, Figueroa J S, Diaconescu P L, et al. Molybdenum phosphorus triple bond stabilization by ancillary alkoxide ligation: Synthesis and structure of a terminal phosphide tris-1-

methylcyclohexanoxide complex. Journal of the American Chemical Society, 2003, 125 (11): 9264-9265.

[52] Stephens F H, Johnson M J A, Cummins C C, et al. Mechanism of white phosphorus activation by three-coordinate molybdenum (Ⅲ) complexes: A thermochemical, kinetic, and quantum chemical investigation. Journal of the American Chemical Society, 2005, 127 (43): 15191-15200.

[53] Piro N A, Cummins C C. P$_2$ addition to terminal phosphide M≡P triple bonds: A rational synthesis of cyclo-P$_3$ complexes. Journal of the American Chemical Society, 2008, 130 (29): 9524-9535.

[54] Tran B L, Singhal M, Park H, et al. Reactivity studies of a masked three-coordinate vanadium (Ⅱ) complex. Angewandte Chemie International Edition, 2010, 49 (51): 9871-9875.

[55] Camp C, Maron L, Bergman R G, et al. Activation of white phosphorus by low-valent group 5 complexes: Formation and reactivity of cyclo-P$_4$ inverted sandwich compounds. Journal of the American Chemical Society, 2014, 136 (50): 17652-17661.

[56] Pinter B, Smith K T, Kamitani M, et al. Cyclo-P$_3$ complexes of vanadium: Redox properties and origin of the ^{31}P NMR chemical shift. Journal of the American Chemical Society, 2015, 137 (48): 15247-15261.

[57] Urnèžius E, Brennessel W W, Cramer C J, et al. A carbon-free sandwich complex [(P$_5$)$_2$Ti]$^{2-}$. Science, 2002, 295 (5556): 832-834.

[58] Huang W, Khan S I, Diaconescu P L. Scandium arene inverted-sandwich complexes supported by a ferrocene diamide ligand. Journal of the American Chemical Society, 2011, 133 (27): 10410-10413.

[59] Huang W, Diaconescu P L. P$_4$ Activation by group 3 metal arene complexes. Chemical Communications, 2012, 48 (16): 2216-2218.

[60] Huang W, Diaconescu P L. P$_4$ Activation by lanthanum and lutetium naphthalene complexes supported by a ferrocene diamide ligand. European Journal of Inorganic Chemistry, 2013, 2013 (22-23): 4090-4096.

[61] Lerner H-W, Bolte M. {μ_4-3,3'-Bi[tricyclo[2.2.1.0$^{2.6}$]heptaphosphane](4-)}-tetrakis[bis(1,2-dimethoxyethane) sodium(Ⅰ)]. Acta Crystallographica, 2007, E63: m1013-m1014.

[62] Schnöckelborg E-M, Weigand J J, Wolf R. Synthesis of anionic iron polyphosphides by reaction of white phosphorus with "Cp*Fe$^-$". Angewandte Chemie International Edition, 2011, 50 (29): 6657-6660.

[63] Turner Z R. Molecular pnictogen activation by rare earth and actinide complexes. Inorganics, 2015, 3 (4): 597-635.

[64] Selikhov A N, Mahrova T V, Cherkasov A V, et al. Yb(Ⅱ) triple-decker complex with the μ-bridging naphthalene dianion [Cp^{Bn5}Yb(DME)]$_2$(μ-η^4:η^4-C$_{10}$H$_8$): Oxidative substitution of [C$_{10}$H$_8$]$^{2-}$ by 1,4-diphenylbuta-1,3-diene and P$_4$ and protonolysis of the Yb-C$_{10}$H$_8$ bond by PhPH$_2$. Organometallics, 2016, 35 (14): 2401-2409.

[65] Seidel W W, Summerscales O T, Patrick B O, et al. Activation of white phosphorus by reduction in the presence of a zirconium diamidodiphosphine macrocycle: Formation of a bridging square-planar cyclo-P$_4$ unit. Angewandte Chemie International Edition, 2009, 48 (1): 115-117.

[66] Pelties S, Herrmann D, de Bruin B, et al. Selective P$_4$ activation by an organometallic Nickel (Ⅰ) radical: Formation of a dinuclear nickel (Ⅱ) tetraphosphide and related di- and trichalcogenides. Chemical Communications, 2014, 50 (53): 7014-7016.

[67] Mokhtarzadeh C C, Rheingold A L, Figueroa J S. Dinitrogen binding, P$_4$-activation and aza-büchner Ring expansions mediated by an isocyano analogue of the CpCo(CO) fragment. Dalton Transactions, 2016, 45 (37): 14561-14569.

[68] Chakraborty U, Leitl J, Mühldorf B, et al. Mono- and dinuclear tetraphosphabutadiene ferrate anions. Dalton Transactions, 2018, 47 (11): 3693-3697.

[69] Figueroa J S, Cummins C C. Triatomic EP$_2$ triangles (E = Ge, Sn, Pb) as μ_2:η^3,η^3-bridging ligands.

Angewandte Chemie International Edition, 2005, 44 (29): 4592-4596.

[70] Cossairt B M, Diawara M-C, Cummins C C. Facile synthesis of AsP₃. Science, 2009, 323 (5914): 602-602.

[71] Piro N A, Cummins C C. Tetraphosphabenzenes obtained via a triphosphacyclobutadiene intermediate. Angewandte Chemie International Edition, 2009, 48 (5): 934-938.

[72] Cossairt B M, Cummins C C. Shuttling P₃ from niobium to rhodium: The synthesis and use of Ph₃SnP₃(C₆H₈) as a P₃⁻ synthon. Angewandte Chemie International Edition, 2010, 49 (9): 1595-1598.

[73] Cossairt B M, Cummins C C, Head A R, et al. On the molecular and electronic structures of AsP₃ and P₄. Journal of the American Chemical Society, 2010, 132 (24): 8459-8465.

[74] Tofan D, Cossairt B M, Cummins C C. White phosphorus activation at a metal-phosphorus triple bond: A new route to *cyclo*-triphosphorus or *cyclo*-pentaphosphorus complexes of niobium. Inorganic Chemistry, 2011, 50 (24): 12349-12358.

[75] Yao S, Xiong Y, Milsmann C, et al. Reversible P₄ activation with nickel (I) and an η^3-coordinated tetraphosphorus ligand between two Niᴵ centers. Chemistry-A European Journal, 2010, 16 (2): 436-439.

[76] Yao S, Lindenmaier N, Xiong Y, et al. A neutral tetraphosphacyclobutadiene ligand in cobalt (I) complexes. Angewandte Chemie International Edition, 2015, 54 (4): 1250-1254.

[77] Yao S, Szilvási T, Lindenmaier N, et al. Reductive cleavage of P₄ by iron (I) centres: Synthesis and structural characterisation of Fe₂(P₂)₂ complexes with two bridging P₂²⁻ ligands. Chemical Communications, 2015, 51 (28): 6153-6156.

[78] Du S, Chai Z, Hu J, et al. Isolation and characterization of a trinuclear rare-earth metal complex containing a bicyclo[3.1.0]-P₆⁴⁻ ligand. Chinese Journal of Organic Chemistry, 2019, 39(8): 2338-2342.

[79] Du S, Yin J, Chi Y, et al. Dual functionalization of white phosphorus: Formation, characterization, and reactivity of rare-earth-metal *cyclo*-P₃ complexes. Angewandte Chemie International Edition, 2017, 56 (50): 15886-15890.

[80] Scherer O J, Werner B, Heckmann G, et al. Bicyclic P₆ as complex ligand. Angewandte Chemie International Edition in English, 1991, 30 (5): 553-555.

[81] Konchenko S N, Pushkarevsky N A, Gamer M T, et al. [{(η^5-C₅Me₅)₂Sm}₄P₈]: A molecular polyphosphide of the rare-earth elements. Journal of the American Chemical Society, 2009, 131 (16): 5740-5741.

[82] Frey A S P, Cloke F G N, Hitchcocka P B, et al. Activation of P₄ by U(η^5-C₅Me₅)(η^8-C₈H₆(SiⁱPr₃)₂-1,4) (THF); the X-ray structure of [U(η^5-C₅Me₅)(η^8-C₈H₆(SiⁱPr₃)₂-1,4)]₂(μ-η^2:η^2-P₄). New Journal of Chemistry, 2011, 35 (10): 2022-2026.

[83] Patel D, Tuna F, McInnes E J L, et al. An actinide zintl cluster: A tris(triamidouranium)μ_3-η^2:η^2:η^2-heptaphosphanortricyclane and its diverse synthetic utility. Angewandte Chemie International Edition, 2013, 52 (50): 13334-13337.

[84] Gardner B M, Tuna F, McInnes E J L, et al. An inverted-sandwich diuranium μ-η^5:η^5-*cyclo*-P₅ complex supported by U-P δ-bonding. Angewandte Chemie International Edition, 2015, 54 (24): 7068-7072.

[85] Formanuik A, Ortu F, Beekmeyer R, et al. White phosphorus activation by a Th (Ⅲ) complex. Dalton Transactions, 2016, 45 (6): 2390-2393.

[86] Schoo C, Bestgen S, Köppe R, et al. Reactivity of bulky Ln (Ⅱ) amidinates towards P₄, As₄, and As₄S₄. Chemical Commmunications, 2018, 54 (38): 4770-4773.

[87] Mathiasch B, Dräger M. Decamethyl-1λ^3,4λ^3-diphospha-2,3,5,6,7-pentastannabicyclo [2.2.1]heptane, a bicyclic compound rich in tin. Angewandte Chemie International Edition in English, 1978, 17 (10): 767-768.

[88] Dräger M, Mathiasch B. Dodecamethyl-1λ^3,4λ^3-diphospha-2,3,5,6,7,8-hexastannabi cyclo[2.2.2]octane, a highly symmetrical cage molecule. Angewandte Chemie International Edition in English, 1981, 20

(12): 1029-1030.

[89] Peruzzini M, Ramirez J A, Vizza F. Hydrogenation of white phosphorus to phosphane with rhodium and iridium trihydrides. Angewandte Chemie International Edition, 1998, 37 (16): 2255-2257.

[90] Barbaro P, Ienco A, Mealli C, et al. Activation and functionalization of white phosphorus at rhodium: Experimental and computational analysis of the [(triphos)Rh(η^1:η^2-P$_4$RR$'$)]Y complexes (triphos = MeC (CH$_2$PPh$_2$)$_3$; R = H, Alkyl, Aryl; R$'$ = 2 Electrons, H, Me). Chemistry-A European Journal, 2003, 9 (21): 5195-5210.

[91] Chirik P J, Pool J A, Lobkovsky E. Functionalization of elemental phosphorus with [Zr(η^5-C$_5$Me$_5$)(η^5-C$_5$H$_4$$t$Bu)H$_2$]$_2$. Angewandte Chemie International Edition, 2002, 41 (18): 3463-3465.

[92] Figueroa J S, Cummins C C. The niobaziridine-hydride functional group: Synthesis and divergent reactivity. Journal of the American Chemical Society, 2003, 125 (14): 4020-4021.

[93] Figueroa J S, Cummins C C. Phosphaalkynes from acid chlorides via P for O(Cl) metathesis: A recyclable niobium phosphide (P^{3-}) reagent that effects C—P triple-bond formation. Journal of the American Chemical Society, 2004, 126 (43): 13916-13917.

[94] Piro N A, Figueroa J S, McKellar J T, et al. Triple-bond reactivity of diphosphorus molecules. Science, 2006, 313 (5791): 1276-1279.

[95] Velian A, Cummins C C. Synthesis of a diniobium tetraphosphorus complex by a 2(3-1) Process. Chemical Science, 2012, 3 (4): 1003-1006.

[96] Serrano-Ruiz M, Romerosa A, Lorenzo-Luis P. Elemental phosphorus and electromagnetic radiation. European Journal of Inorganic Chemistry, 2014, 2014 (10): 1587-1598.

[97] Scherer O J, Swarowsky H, Wolmershäuser G, et al. [(η^5-C$_5$Me$_5$)$_2$Ti$_2$P$_6$], a distorted dimetallaphosphacubane. Angewandte Chemie International Edition in English, 1987, 26 (11): 1153-1155.

[98] Tofan D, Cummins C C. Photochemical incorporation of diphosphorus units into organic molecules. Angewandte Chemie International Edition in English, 2010, 49 (41): 7516-7518.

[99] Knopf I, Tofan D, Beetstra D, et al. A family of *cis*-macrocyclic diphosphines: Modular, stereoselective synthesis and application in catalytic CO$_2$/ethylene coupling. Chemical Science, 2017, 8 (2): 1463-1468.

[100] Knopf I, Courtemanche M-A, Cummins C C. Cobalt complexes supported by *cis*-macrocyclic diphosphines: Synthesis, reactivity, and activity toward coupling carbon dioxide and ethylene. Organometallics, 2017, 36 (24): 4834-4843.

[101] Lu G, Chen J, Huangfu X, et al. Visible-light-mediated direct synthesis of phosphorotrithioates as potent anti-inflammatory agents from white phosphorus. Organic Chemistry Frontiers, 2019, 6 (2): 190-194.

[102] Lennert U, Arockiam P B, Streitferdt V, et al. Direct catalytic transformation of white phosphorus into arylphosphines and phosphonium salts. Nature Catalysis, 2019, 2 (12): 1101-1106.

[103] Budnikova Y H, Yakhvarov D G, Sinyashin O G. Electrocatalytic eco-effcient functionalization of white phosphorus. Journal of Organometallic Chemistry, 2005, 690 (10): 2416-2425.

[104] Yakhvarov D G, Gorbachuk E V, Sinyashin O G. Electrode reactions of elemental (white) phosphorus and phosphane PH$_3$. European Journal of Inorganic Chemistry, 2013, 2013 (27): 4709-4726.

[105] Yakhvarov D, Caporali M, Gonsalvi L, et al. Experimental evidence of phosphine oxide generation in solution and trapping by ruthenium complexes. Angewandte Chemie International Edition, 2011, 50 (23): 5370-5373.

[106] Bai J, Virovets A V, Scheer M. Synthesis of inorganic fullerene-like molecules. Science, 2003, 300 (5620): 781-783.

[107] Scheer M. The Coordination chemistry of group 15 element ligand complexes—a developing area. Dalton Transactions, 2008 (33): 4372-4386.

[108] Dielmann F, Peresypkina E V, Krämer B, et al. *cyclo*-P$_4$ building blocks: Achieving non-classical

fullerene topology and beyond. Angewandte Chemie International Edition, 2016, 55 (47): 14833-14837.

[109] Barbaro P, Bazzicalupi C, Peruzzini M, et al. Iodine activation of coordinated white phosphorus: Formation and transformation of 1,3-dihydride-2-iodidecyclotetraphosphane. Angewandte Chemie International Edition, 2012, 51 (34): 8628-8631.

[110] Li T, Wiecko J, Pushkarevsky N A, et al. Mixed-metal lanthanide-iron triple-decker complexes with a cyclo-P$_5$ building block. Angewandte Chemie International Edition, 2011, 50 (40): 9491-9450.

[111] Li T, Gamer M T, Scheer M, et al. P—P bond formation via reductive dimerization of [Cp*Fe(η^5-P$_5$)] by divalent samarocenes. Chemical Communications, 2013, 49 (22): 2183-2185.

[112] Turbervill R S P, Jupp A R, McCullough P S B, et al. Synthesis and characterization of free and coordinated 1,2,3-tripnictolide anions. Organometallics, 2013, 32 (7): 2234-2244.

[113] Jupp A R, Goicoechea J M. The 2-phosphaethynolate anion: A convenient synthesis and [2+2] cycloaddition chemistry. Angewandte Chemie International Edition, 2013, 52 (38): 10064-10067.

[114] Turbervill R S P, Goicoechea J M. From clusters to unorthodox pnictogen sources: Solution-phase reactivity of [E$_7$]$^{3-}$ (E = P-Sb) anions. Chemical Reviews, 2014, 114 (21): 10807-10828.

[115] Donath M, Hennersdorf F, Weigand J J. Recent highlights in mixed-coordinate oligophosphorus chemistry. Chemical Society Reviews, 2016, 45 (4): 1145-1172.

[116] Liu C, Popov I A, Chen Z, et al. Aromaticity and antiaromaticity in zintl clusters. Chemistry-A European Journal, 2018, 24 (55): 14583-14597.

[117] Mädl E, Balázs G, Peresypkina E V, et al. Unexpected reactivity of [(η^5-1,2,4-tBu$_3$C$_5$H$_2$)Ni(η^3-P$_3$)] towards main group nucleophiles and by reduction. Angewandte Chemie International Edition, 2016, 55 (27): 7702-7707.

[118] Du S, Yang J, Hu J, et al. Direct functionalization of white phosphorus to cyclotetraphosphanes: Selective formation of four P—C bonds. Journal of the American Chemical Society, 2019, 141 (17): 6843-6847.

[119] Smith R C, Urnezius E, Lam K-C, et al. Syntheses and structural characterizations of the unsymmetrical diphosphene DmpP=PMes* (Dmp = 2,6-Mes$_2$C$_6$H$_3$, Mes* = 2,4,6-tBu$_3$C$_6$H$_2$) and the cyclotetraphosphane [DmpPPPh]$_2$. Inorganic Chemistry, 2002, 41 (20): 5296-5299.

[120] Kato T, Gornitzka H, Schoeller W W, et al. Dimerization of a cyclo-1σ^4,3σ^2,4σ^2-triphosphapentadienyl radical: Evidence for phosphorus-phosphorus odd-electron bonds. Angewandte Chemie International Edition, 2005, 44 (34): 5497-5500.

[121] Weigand J J, Burford N, Davidson R J, et al. New synthetic procedures to catena-phosphorus cations: Preparation and dissociation of the first cyclo-phosphino-halophosphonium salts. Journal of the American Chemical Society, 2009, 131 (49): 17943-17953.

[122] Robertson A P M, Dyker C A, Gray P A, et al. Diverse reactivity of the cyclo-diphosphinophosphonium cation [(PtBu)$_3$Me]$^+$: Parallels with epoxides and new catena-phosphorus frameworks. Journal of the American Chemical Society, 2014, 136 (42): 14941-14950.

[123] Dyker C A, Burford N. Catena-phosphorus cations. Chemistry-An Asian Journal, 2008, 3 (1): 28-36.

[124] Geissler B, Barth S, Bergsträsser U, et al. Tetraphosphatricyclo[4.2.0.0^{2,5}]octadienes: New phosphaalkyne cyclotetramers derived from $\lambda^3\sigma^2$-diphosphete. Angewandte Chemie International Edition in English, 1995, 34 (4): 484-487.

4

红磷的应用

Foundation and Applications of Black Phosphorus and White Phosphorus

4.1

引言

磷单质通常分为三种同素异形体，即白磷、红磷和黑磷，它们的物化性质有着很大的差别。1669 年，炼金术士 Hennig Brand 利用人体尿液炼出了白磷，是磷化学史上第一次发现白磷的事件。白磷非常活泼，空气中容易自燃，利用这一性质人们将其用于制作为火柴头。白磷火柴头需要经过光照处理形成一层红色的外衣，才能增加安全稳定性投入市场使用。虽然白磷加热、燃烧或者光照便会产生红色物质这一现象早已为人们熟知，但是直到 1847 年，Anton von Schrotter 在维也纳学院才明确地定义这一红色物质是红磷，即白磷的一种同素异形体。红磷可通过白磷在密闭容器中光照或者加热到 250℃ 的方法制备获得[1]。现代的生产技术是将白磷置于球磨机中添加一些铁砂增加摩擦效果，通过控制球磨速率和反应温度，得到精细粉末状固体，随后用氢氧化钠水溶液除去未反应的白磷，最后在惰性气体中干燥，得到红磷产物。现代磷化工产业中，红磷的消耗主要集中在塑料的防火材料中，还有就是安全火柴、制药、杀虫剂和深红色着色产品等中。高纯度的红磷还可应用在电子化学品中。

由白磷在 250 ~ 280℃ 条件下加热转变形成的红磷是无定形的，密度大约在 2.0 ~ 2.4g/cm³ 之间，熔点在 585 ~ 610℃ 之间，升华点约在 450℃（1atm）。红磷溶解性很差，通常是粉末状或者块状固体。与白磷不同的是，红磷不会自燃，在空气中着火点超过 260℃，同时红磷几乎无毒。红磷和白磷的性质对比汇总于表 4.1 中[2]。

表4.1　白磷和红磷对比

项目	白磷	红磷
形貌	结晶，蜡状，半透明	无定形，结晶，不透明的
结构	P_4 分子	高分子 P_n 网状或链状

项目	白磷	红磷
熔点 /℃	44.1	585～610
蒸气压	高	很低
密度 /（g/cm³）	1.83	2.0～2.4
硬度	0.5（莫氏硬度）	NA
有机溶剂溶解性	可溶	不溶
毒性	高	几乎无毒
升华热 /（kcal/mol）	13.4	30
化学发光	是	否
空气中着火点	室温下自发的	高于 260℃
气味	独特的	无
氯气中着火点	自发的	需要加热
碱水溶液	反应生成 PH_3	常温无反应

4.1.1 红磷的结构

由于磷元素是三价的，所以磷和磷的连接有多种可能性，可以形成笼状或者网络状。相较于白磷和黑磷详细完善的结构研究，红磷的结构研究较为混乱，直到 1947 年，W. L. Roth 等人通过加热无定形红磷形成磷蒸气再缓慢降温结晶，在不同的加热和降温方式下形成不同的晶型，通过差热（DTA）、X 射线粉末衍射和光学显微镜的方法分析，提出了红磷至少有 4 种，很可能是 5 种独特的异形结构，即 I 型～V 型[3]。I 型就是通常说的无定形的红磷，在近期的报道中指出无定形红磷是线形的无机高分子链状，分子量分布广泛，由 Z 形梯子结构单元组成，如图 4.1 所示[4]。

图 4.1　无定形红磷的 Z 形梯子结构单元

Ⅱ、Ⅲ型较难定义，至今未有明确的结构表征的报道。Haser 和 Bocker 的理论计算提出红磷结构中稳定的重复单元可能是组成Ⅱ和Ⅲ的结构单元。这些理论计算的结构模型在磷与 CuI 共晶的实验中得到证实[5]，并且从共晶中分离出了磷单质纳米线。随后，Shaffer 等人从磷单质直接合成磷纳米棒，得到了磷纳米棒单晶，通过选区电子衍射（selected area electron diffraction，SAED）分析得出该纳米棒单晶中包含了Ⅱ型红磷结构，并且没有Ⅲ型红磷[6]。

　　而Ⅳ和Ⅴ型结构的红磷，先被定义的是Ⅴ型结构[7]，该构型颜色呈紫红色，有些书上会把其归类为另一种磷的同素异形体，也就是紫磷（此书中我们仍将其归为红磷），最先是 1865 年由 Hittorf 发现，亦称为 Hittorf 红磷。Ⅴ型的晶体形貌成片状，1969 年，Thurn 和 Krebs 测定了该晶体的结构，单斜晶系，空间群为 P2/c，晶胞参数为 a=9.21Å、b=9.15Å、c=22.6Å、α=90°、β=106.1°、γ=90°，每个晶胞中含有 84 个磷原子。该结构较为复杂，从堆积结果看，由两层的五角形管道垂直交叠而成二维平面。如图 4.2 分别从三个不同方向展示了该晶体层状结构，分别由黑色和灰色表示不同的管道，相同颜色的两层管道间由 P—P 共价键连接，可见这两层管道相互穿插、纵横交错形成二维网状平面结构[8]。

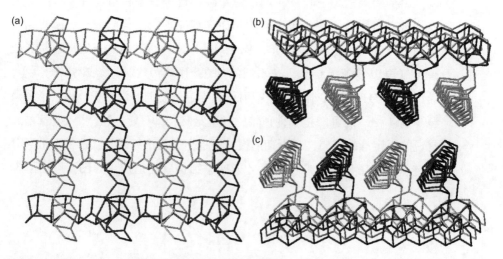

图 4.2　Ⅴ型（Hittorf）红磷的三个不同方向观察晶体堆积图
（a）俯视；（b）右视；（c）正视

在 Thurn 和 Krebs 的报道中提到，当白磷在密闭的容器中加热到580℃后进行数月缓慢降温，将会在V型片层状的红磷晶体中伴随有针状的晶体，并且晶型与V型不同，他们设想这一类单晶可能是V型中的五边形管道平行连接而成，并指出其为IV型红磷或者纤维红磷，但是由于单晶的质量不高，并没能完全表征出结构[7]。直到2005年，Ruck 等[9]用少量的碘作为催化剂，与无定形红磷一起封装在石英管中，缓慢加热到590℃，随后梯度降温，获得了 Hittorf 红磷和纤维红磷混合单晶，通过机械分离，得到针状单晶，经过单晶衍射和透射电镜表征确定了其单晶结构。该晶体为三斜晶系，空间群为 P-1，晶胞参数为：a=12.2Å、b=13.0Å、c=7.1Å、α=117°、β=106°、γ=98°。如图4.3所示，证实了如 Krebs 预期IV型晶体结构中五边形管道相互平行，管道通过 P—P 共价键连接成一维链状结构，链与链最近的磷原子相距3.15Å，由此可见链与链之间是依靠范德瓦耳斯力相互堆积联系起来的。

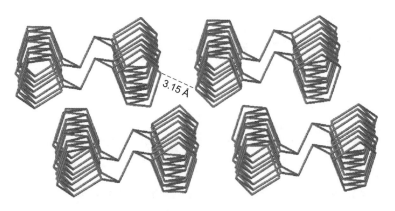

图4.3　IV型红磷的晶体结构堆积图

IV、V型两种晶型中都有着相同的五边形管道，区别只在于管道间垂直还是平行连接，管道中重复单元由21个磷原子组成(图4.4)，其中分别由9个磷和8个磷形成两个簇，簇之间由两个磷原子相桥连(P1—P9和P5—P13)，得到如图4.4所示的链状结构。图中浅灰色代表了晶型IV中管道间平行连接，黑色代表了晶型V中垂直的连接方式，将两个晶型中的晶体结构图叠加可以看出链状管道几乎是完全重叠的，仅在管道之间的连接处差别较大（如图 4.4 中 P21—P21′），浅灰色对称平行、黑色扭曲垂直。同时Ⅳ型中 P21—P21′键长为 2.22Å，长于Ⅴ型中的 2.18Å，理论计算表明扭曲垂直的连接方式将更利于桥连磷(P21)上孤对电子的稳定，因此Ⅴ型中 P21—P21′更加稳定，对应的键长也会短一些。

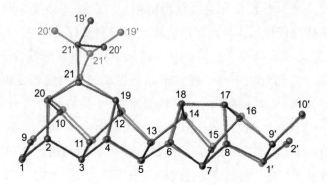

图 4.4　Ⅳ型（浅灰色）与Ⅴ型（黑色）红磷晶体结构重复单元堆积图

4.1.2　红磷的化学反应活性

4.1.2.1　氧化

红磷跟白磷类似，可以与氧、硫、卤素还有金属反应，但是反应活性会小很多，而与碱的水溶液室温下不发生反应。当红磷暴露在空气中时，会缓慢水解生成磷酸；当遇到强氧化剂时，如浓硝酸或者浓硫酸，会直接被氧化成磷酸；而遇到中性氧化剂则需要加热促进反应的进行，如溴酸钾($KBrO_3$)或碘酸钾(KIO_3)等（图 4.5）[2]。

$$P + 5HNO_3(浓) \longrightarrow H_3PO_4 + 5NO_2 + H_2O$$

$$2P + 5H_2SO_4(浓) \longrightarrow 2H_3PO_4 + 5SO_2 + 2H_2O$$

$$6P + 6KBrO_3 + 3H_2SO_4 + 6H_2O \xrightarrow{\triangle} 6H_3PO_4 + 3Br_2 + 3K_2SO_4$$

$$6P + 6KIO_3 + 3H_2SO_4 + 6H_2O \xrightarrow{\triangle} 6H_3PO_4 + 3I_2 + 3K_2SO_4$$

图 4.5　红磷的氧化反应

4.1.2.2　与金属反应

　　Von Schnering 等人指出红磷能与碱金属直接单质混合发生固相反应，在密封或者惰性气体下，进行研磨或者加热，得到相应的金属磷化物，此过程中磷原子是被还原成多磷负离子。红磷与金属的反应可以形成多种原子比例的金属磷化物，比如从金属富集型的（如 $M_{12}P_5$）到 1∶1 的（MP）再到磷富集型的（M_4P_{26}）金属磷化物 [2]。

　　固相反应获得的磷化物在常见的有机溶剂中溶解性较低，进一步再参与反应的活性也较低，而有机溶剂中制备多磷负离子可以有效地增加其溶解性和进一步的反应活性。与此同时，溶剂法制备的多磷负离子与固相反应热力学控制不一样，是由动力学控制，可以形成各种不同聚集数目的多磷负离子。目前白磷以其在有机溶剂中的优良溶解性的优势，成了大部分溶剂法制备金属磷化物的磷源。但是白磷易燃且毒性高，不利于大规模应用。因此红磷的优势就凸显出来了，使用液氨或者乙二胺等溶剂，用红磷和还原性强的碱金属反应就可以制备出相应金属磷化合物，例如 Na_3P。

4.2

红磷在材料科学中的应用

　　在 20 世纪末，红磷将近一半的产品用于生产火柴，有些火柴盒在砂纸上涂上一层红磷来点燃火柴棒。硫黄和氯酸钾放在火柴杆的末端，在涂有红磷的砂纸上摩擦，产生足以点燃火柴杆的强烈火花。而现在火柴的社会需求已经大大降低了，红磷的应用随着时代的变迁也在发生着巨大的变化，主要消耗也转移到了在塑料产品中作为防火成分的添加。如科莱恩化学公司生产的阻燃剂 Exolit® RP 614 presscake 就是以红磷为主要成分的微胶囊，可以把它添加于电子设备的塑料器件中，用以降低这些塑料零件着火蔓延的概率。以上两种应用可以说是恰恰相反的属性，一个是制火，另一个是防火，红磷是如何做到在这两个领域的应用呢？下面将介绍红磷的这两种传统的在材料科学中的应用。

4.2.1　火柴中的应用

火柴中使用磷元素起始于 19 世纪的法国 [2]，C. Sauria 在火柴中添加了白磷，利用的是白磷自燃的特点。而由于白磷的毒性太高，给生产火柴的工人带来了巨大的身体伤害，并且还屡有儿童摄入此种火柴头中毒的事件发生。1885 年，J. E. Lundstrom 首次引入了使用红磷的安全火柴，现代安全火柴的设计使头部只能通过撞击火柴盒侧面的特殊摩擦表面来点燃。火柴头含有氧化剂、硫黄、玻璃粉和胶水或干酪素，而摩擦表面则含有氧化剂、硫黄、磨砂玻璃、胶水或干酪素。主要成分如表 4.2 所示。

表4.2　火柴头和火柴盒侧面的主要成分（质量分数）

火柴头 /%				火柴盒侧面 /%	
$KClO_3$	37.0	玻璃粉	8.5	红磷	49.5
K_2CrO_7	3.5	硅藻土	1.0	Sb_2S_3	27.6
MnO_2	4.7	ZnO	0.5	Fe_2O_3	1.3
S	3.5	胶水	5.0	胶水	20.9
Fe	3.8	水		水	

当火柴头与磷面摩擦时，少数的红磷脱离磷面附着在火柴头上，与 $KClO_3$ 分子发生下列反应：

$$5KClO_3 + 6P \longrightarrow 5KCl + 3P_2O_5$$

该反应是非常剧烈的氧化还原过程，发热量高达 225.4kcal/mol（以 $KClO_3$ 计算），这些热量可以使红磷燃烧产生火花，火花又进一步激发火柴头低燃点的硫黄点燃。这一过程亦是发热量较高的反应，进一步促使氯酸钾继续分解，同时硫黄熔化气化引起火柴头内部其他可燃物发生连锁性化学反应，同时空气中的氧也在一定程度上参加这一反应。反应的温度进一步提高，最后整个火柴头燃烧起来。

上述安全火柴的发明改变了火柴的生产工艺，在 19 世纪末之前，火柴工人和其他处理工业白磷的工人中，明显存在着"下颚畸形"疾病。低工资和"下颚畸形"还导致了 1888 年伦敦著名的火柴女工罢工事件。直到 1906 年，几乎所有的国家才同意签署了伯尔尼公约，禁止了在火柴中使用白磷，究其根本原因是安全火柴的生产工厂已经在欧洲和美国各地建立了起来，满足了市场对于火柴的需求。

除了火柴的制备，利用磷元素易燃的特点，红磷也经常用于助燃剂。因此人们可以在各地消费者和应急人员使用的火炬产品中找到红磷的身影。红磷可以与火炬中的黏合剂混合，以帮助点燃和维持火炬的燃烧。无论是在救援过程中用于引起注意，还是在特定区域（如事故现场）设置警戒线，该火炬都可用作标识。红磷还可与镁或者其他引燃物，以及黏合剂混合制造烟雾装置。在该装置中，军事上最初使用的是白磷，由于白磷有剧毒，不方便携带与存储，红磷便成了理想的替代物，可以添加 $NaNO_3$ 加速装置的燃烧速率，爆破后红磷成细小颗粒分散于空气中燃烧并产生浓重的白色烟雾，该烟雾的主要成分就是五氧化二磷（P_2O_5）。

从火柴及各类助燃材料的组成来看，这类材料中都有强氧化剂与红磷反应放热来激活整个体系的燃烧，若是没有强氧化剂的存在，红磷在材料中将会表现如何呢？下面将介绍红磷的阻燃效应及机理。

4.2.2　防火材料的应用

4.2.2.1　含磷阻燃剂的阻燃机制

早期的防火材料主要是一类含卤素的化合物，由于这类材料在燃烧过程中会产生有毒气体或者酸性烟雾损伤生物体或者造成严重的环境污染，因此近年来无卤型防火材料越来越受到关注。其中含磷的防火材料是一类被广泛研究和应用的材料[10]。

以磷作为基础的防火材料种类非常多，包括磷酸、磷酸酯、次磷酸酯、氧化膦及红磷。这些含磷的防火材料可以作为添加剂或者共价掺杂到高分子链中，已经被证实在固相和气相状态下都有较好的防火性能，尤其是对含氧的高分子链(如聚酯、聚氨酯及纤维等)。对于含磷防火材料的防火机理，广泛认为是热解过程中先产生磷酸，磷酸再进一步生成焦磷酸并释放水分，水蒸气稀释了着火点周围的氧气(图4.6)。研究表明，磷酸和焦磷酸可以催化端位醇脱水分子形成碳正离子后生成烯烃。

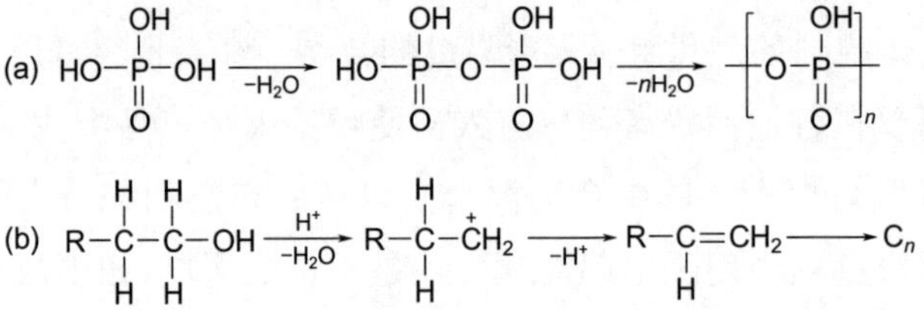

图4.6 磷酸阻燃过程中生成聚磷酸和水汽（a）；含氧聚合物脱水碳化过程（b）

同时，高温会导致这些烯烃碳氢链交联或碳化结构的进一步产生。而正磷酸和焦磷酸亦会转变为偏磷酸 [(O)P(O)(OH)] 及其相应的聚合物 [(PO$_3$H)$_n$]。随后，磷酸盐阴离子(焦磷酸盐和聚磷酸盐)与碳化残渣一起参与煤焦的形成。煤焦主要是从以下三个方面隔离并保护聚合物免受火焰的伤害：①限制了燃料的挥发，防止活泼的自由基形成；②限制了氧的扩散，从而减少燃烧；③隔绝了热源与下面聚合物的接触。同时，磷系阻燃剂还可以挥发到气相，形成活性自由基(PO$_2$·、PO·和HPO·)，作为自由基H·和OH·的清除剂。挥发性磷化合物是最有效的燃烧抑制剂之一，因为磷基自由基阻燃效率是溴自由基的5倍、氯自由基的10倍[11]。

4.2.2.2 红磷在阻燃剂中的应用研究

红磷是磷系阻燃剂含磷量最高的材料。因此添加量相对较少(一般少于 10%)，在聚酯、聚酰胺和聚氨酯等聚合物中阻燃效果非常好[12]。一个典型的例子是含有 6%～8% 红磷填充的聚酰胺(PA66)，在常用的评价材料被点燃后熄火能力的方法(UL94 测试)中评定的阻燃级别达到了 V-0 级[13]，V-0 级是指点燃后火焰移开后样品能在 10s 以内自熄，并且无燃烧的熔体滴落(熔体滴落到位于测试样品下面 1ft❶ 的棉花垫上，不能引燃棉花垫)。

关于红磷在聚氨酯中用作阻燃剂的首次报道可追溯到 1965 年[14]，但其作用机理当时并未明确。最初，研究结果表明红磷在含有氧原子的聚合物材料(聚酯、聚酰胺、聚氨酯等)存在时才具有阻燃性能，因此人们认为红磷与含氧化合物的特定结合，阻止了二次热解过程中分解产生气态燃料而导致火苗更迅速地扩散。大多数研究者认为[15]，在含氧和/或含氮聚合物中，红磷主要通过加热氧化转变成磷酸或磷酸酐，后续的阻燃作用机制与我们上述的含磷阻燃剂一致，即磷酸脱水聚合和磷酸催化聚合物端链的脱水反应并引发碳化，随后形成煤焦。除了凝固相转化发挥出红磷的阻燃效果，还有对涤纶树脂(PET)等聚酯的研究中，通过分析其燃烧 N_2O 指数和极限氧指数(LOI)，表明当样品在 N_2O/N_2 混合气体氛围中燃烧时，红磷的阻燃效果低于在 O_2/N_2 混合气体中。这个方法可以证明给定的阻燃剂是在气态还是在凝聚态中起阻燃作用。在含 N_2O 氛围中阻燃效果的下降证明了红磷的阻燃作用包含了部分气相抑制。这一点比纯凝固相抑制燃烧的 $Al(OH)_3$ 更有优势。

后来发现红磷在聚乙烯和其他非含氧聚合物中也有阻燃性[16]，研究还表明，在聚炔中，红磷在气相和固相中都是有阻燃性的。红磷燃烧产生的 PO· 抑制了燃烧过程中的自由基反应过程，因此增加了体系热稳定性，抑制了材料燃烧过程中向燃料转化。为了阐明非含氧类材料的红磷阻燃机理，提出了红磷在其中解聚为白磷(P_4)的不同作用方式[17]。白磷可以在高温下挥发并在气相中起作用，或者可以从聚合物的内部扩散到燃烧表面，在那里被氧化成磷酸衍生物，最终会与火焰紧密接触并形成磷酸。

---

❶　1ft=0.3048m。

4.2.2.3 红磷阻燃剂的改进

红磷有一个主要的缺点，当在湿润的环境下，熔炼过程中，它的热稳定性将大大降低，并能与水汽反应生成高毒性磷化氢(PH_3)气体。目前，增加红磷稳定性的方法主要是采用微胶囊化技术，将红磷事先用聚合物或 / 和无机盐包覆起来，这类材料被称作微胶囊红磷，能有效地阻止红磷与水汽的接触，从而避免磷化氢气体的生成[18]，同时微胶囊红磷的着火点高于红磷，进一步提高了其作为阻燃剂的有效性。

常用于包裹红磷的材料有三聚氰胺甲醛树脂，该微胶囊红磷与普通红磷相比具有更高的着火点、更低的磷化氢释放量和吸水率[18,19]。同时，添加于聚烯烃中降低了材料的放热率和有效燃烧热，提高了材料的热稳定性和极限氧指数值。此外，还可以添加稳定剂进一步提高性能，例如以蒙脱石为稳定剂对红磷进行三聚氰胺甲醛树脂微胶囊化[20]。粒径分析表明，蒙脱石在红磷微胶囊化过程中可以起到有效的分散稳定作用，蒙脱石在红磷微胶囊化过程中也有类似于表面活性剂十二烷基硫酸钠的作用。与表面活性剂十二烷基硫酸钠稳定的红磷微胶囊相比，蒙脱石稳定的蒙脱石微胶囊具有更低的吸水率(0.3%)和较高的燃点(360℃) (十二烷基硫酸钠吸水率为 1.2%，燃点为 350℃)。

在硝酸铝溶胶 - 凝胶法制备超细红磷的报道中[21]，研究了包封工艺和材料配比对阻燃效果的影响。结果表明，用 5% 氢氧化铝制备的微囊化超细红磷，在 150℃左右真空干燥，具有较好的稳定性。透射电镜(TEM)观察表明，红磷表面形成了一层均匀的包覆层，X 射线光电子能谱(XPS)结果表明，红磷的包覆率为 95.3%。

除了上述以无机材料和有机材料分别对红磷进行包覆外，还可将无机材料与有机材料结合，制备复合包覆材料。通过化学沉淀氢氧化铝(ATH)和原位聚合三聚氰胺甲醛树脂，成功制备了一种新型双层微胶囊化红磷[22]。结果表明，所制备的包封材料比未处理的红磷具有更高的燃点和更低的吸热速率，表明包封材料形成了固结包封。同时该报道还研究了双层微胶囊化红磷对聚乳酸(PLA)阻燃性能的影响。在相同载荷水平下，PLA/ 红磷复合材料的 LOI 值为 27%，UL94 等级为 V-2；PLA/ 传统单层微

胶囊红磷复合材料的极限氧指数为 26.3%，UL94 等级为 V-2；PLA/DMRP
复合材料的极限氧指数值提高到 29.3%，UL94 等级为 V-0。聚乳酸 / 双
层微胶囊化红磷具有三聚氰胺与红磷形成的氮磷(N-P)协同体系，通常
认为 N-P 协同会增加阻燃材料在凝聚相和气相中表现出的阻燃效果。因
此该复合体系在阻燃时除了有磷酸催化成炭的表面保护作用，还具备了
ATH 的散热作用以及 N-P 的协同作用。

同时选择合适的材料包裹红磷还可改善阻燃添加剂与高分子材料的
相容性。利用三聚氰胺氰尿酸盐(MCA)自组装工艺，对预分散红磷粉末
进行表面的有效封装[23]，该技术可以改变红磷的润滑性能、燃点、吸湿
率和颜色等性能。将该微胶囊红磷用于聚酰胺(PA6)的制备中，其与 PA6
树脂具有良好的相容性，因而制备的材料既具有良好的阻燃性能又保留
了原有的力学性能。近年，一种较为新颖的制备红磷微胶囊的方法是采
用新型喷嘴和超临界 CO_2 为溶剂[24]，利用超临界流体快速膨胀法制备了
红磷微胶囊。扫描电镜结果表明，该方法能有效地将红磷颗粒包裹在石
蜡中。结果表明，石蜡微囊化红磷颗粒的吸湿性较低，在萃取柱和喷嘴
温度为 120℃、萃取柱压力大于 16MPa、芯粒质量流量为 0.5g/min 的实
验条件下的吸湿率为 0.4%。

对于红磷阻燃材料的改进方向除了解决红磷的稳定性还有就是白度
化，即尽可能地消除红磷的紫红色或者暗红色在聚合物中产生的颜色影
响。目前这一方面的研究效果并不理想，这也就限制了红磷的广泛应用，
尤其是对颜色要求较高的聚合物材料。虽然微胶囊红磷材料的研究取得
了不少进展，甚至有一些产品已经实现工业化生产，但是简化制备工艺、
增加复合材料的协同作用、增强阻燃效率等，仍还是红磷阻燃剂的重要
研究方向。

4.2.3　作为合成助剂

碘化氢(HI)或者碘(I_2)和红磷联合可应用于苯环侧链 α- 羟基的还

原，是理想的非金属除氧试剂[25]。其中最为人们熟悉的开发应用就是甲基苯丙胺(俗称冰毒)的制备[26]，以麻黄碱或者伪麻黄碱为原料(图4.7)，HI 经高温解离出 H_2 和 I_2，H_2 还原有机物，麻黄碱有可能经过碘负离子的亲核取代羟基形成碘代中间体，因为碘代物更易被 H_2 还原，随后生成产物甲基苯丙胺，而 I_2 经由红磷和水还原再生 HI，实现 HI 循环还原麻黄碱的过程。红磷在此反应过程中有效地促进了 HI 的还原能力，自身转变为 H_3PO_4，易于分离。

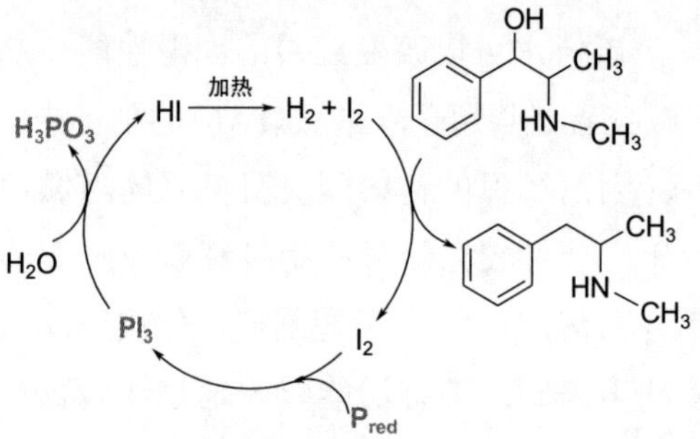

图 4.7　碘化氢（HI）/红磷对苯环侧链 α - 羟基的还原反应循环示意图

　　除了制备甲基苯丙胺类化合物，后续有论文报道 HI/P_{red} 非金属还原催化体系也可用于其他 α- 羟基化合物的还原[27]。如图 4.8(a)所示反应，HI/P_{red} 先还原亚苄基酞中的烯烃双键，随后酯键打开，HI/P_{red} 进一步还原了 α- 羟基。同时 Blicke 和 Ho 研究还表明，当 α- 羟基连有吸电子基团时，HI/P_{red} 也表现出了较好的还原能力，转化率达到 70%。如图 4.8(b) 和 (c)所示，连有羧基或者酮羰基的 α- 羟基化合物，都可以经由 I_2/P_{red} 在不同的溶剂中脱氧还原。

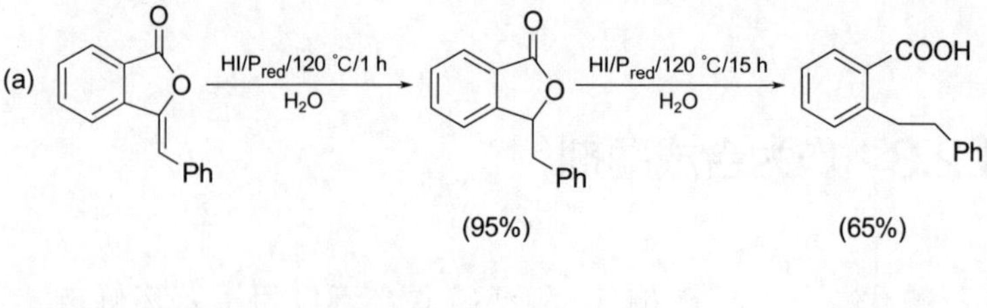

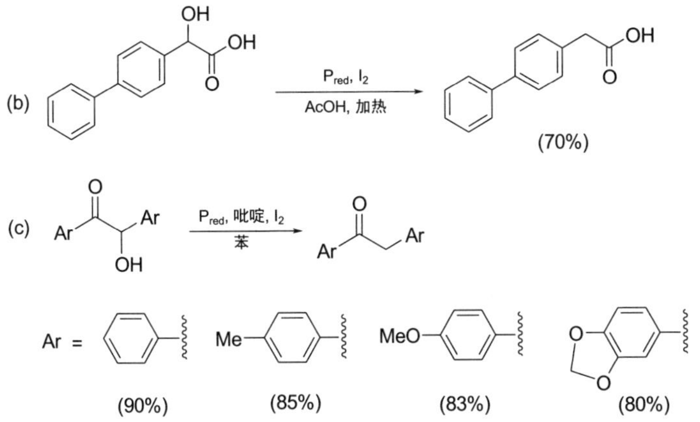

图 4.8 （a）亚苄基酞的还原反应；（b）羧酸的 $\alpha-$ 羟基还原反应；（c）酮羰基的 $\alpha-$ 羟基还原反应

4.2.4 在电池中的应用

红磷新型材料的开发应用近年来也备受关注，尤其是在电池负极材料的研究方面。目前二次电池(可充放电电池)的研究热点主要集中在锂离子电池和钠离子电池，负极材料的工作机制(图 4.9)有三大类[28]：①脱嵌机制，也就是充电时还原碱金属原子插入负极多层材料中(如石墨电极)；②合金机制，在充电嵌碱金属原子的过程中，碱金属和电极材料反应最终形成碱金属离子-合金的过程，主要是与主族元素 Si、P、Sb、Bi 等，如红磷在负极材料中能与金属形成 A_3P(A=Li，Na)；③氧化还原机制，能与碱金属离子发生可逆的氧化还原反应，这类材料主要包含过渡金属氧化物或者硫化物，如 Fe_2O_3。判断一类材料是否适合作为碱金属离子负极材料首先从以下两个方面考察：一方面有较高的理论容量也就是容纳碱金属的能力，理论容量往往是实际应用中性能的最优值，科学家们即在不断地优化材料的性状，实现实际性能值不断地向理论性能值靠近的目标；另一方面是该材料作为负极操作电位要稍高于碱金属，但不能高于 2.0V，这样既有足够驱动力使碱金属进入并均匀分布在负极，又不能太高使过程变得不可逆。如图 4.9 所示，横坐标代表了与碱金属电势的差值,纵坐标代表理论比容量。可以看出来合金材料理论上的性能表现是比较突出的(黑色方框区域)。

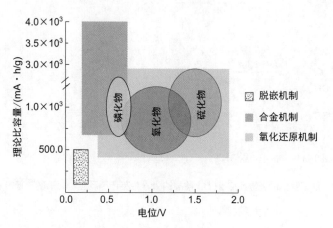

图4.9　锂离子电池负极材料的性能图示[28]

以磷作为负极材料,理论上一个磷原子可以接受3个碱金属原子,比容量高(约2600mA·h/g),而目前在锂离子电池中所用的石墨负极材料是6个碳原子能接受1个锂原子,其比容量的理论值为372mA·h/g,且石墨烯不适用于钠离子电池,因其层间距对于钠原子而言太小,造成无法嵌入。因此寻找合适的负极材料对钠离子而言更为重要。同时,磷具有适宜的氧化还原电位(为0.4V vs. Na^+/Na)[29]。然而和其他的合金基材料一样,磷作为负极材料存在着两方面的难题;一是磷的电导率低(约10^{-14}S/cm)[30],在运行时易造成极化大、电流小的问题,导致能量利用率大大降低;二是在嵌金属和脱金属的过程中电极材料的体积会发生较大的变化(约300%),这样会造成活性物质严重粉碎,活性物质与集电/导电添加剂失去电接触,导致容量衰减[31]。

碳负极反应: $6C + xLi^+ + xe^- \rightleftharpoons Li_xC_6$　　$0<x<1$

磷负极反应: $P + xLi^+ + xe^- \rightleftharpoons Li_xP$　　$0<x<3$

4.2.4.1　红磷碳基复合纳米材料在电池负极材料中的应用

针对以上两个难题,目前报道较多的是将磷加载到金属或碳基纳米材料上，以此结合磷和负载材料的优势，同时因为载体材料的支撑，使得电极在使用过程中体积变化不明显，实现了多次循环性能保持的结果。

一般红磷与金属的结合是利用了固 - 气相反应，如 2008 年 Moncadiut 课题组[32] 报道的纳米铜棒与红磷分别在密闭的真空石英管两端，加热到红磷气化，在纳米铜棒表面形成了 Cu_3P。利用此纳米材料作锂离子电池的负极材料，研究表明该类复合材料有助于克服磷化物材料典型的电导率低的缺点，减小了充放电电极的极化，改善循环过程中性能迅速下降的缺点。虽然金属磷化物的首次充放电比容量表现比较优异往往高于 $1000mA \cdot h/g$，但是循环百次后电极性能会有明显下降，目前表现较好的磷化镍类负载于碳纳米管的复合材料比容量大概能保持在 $600 \sim 700mA \cdot h/g^{[33]}$。这也比目前市面上生产的石墨电极要高。

研究报道中，红磷与碳基的结合材料在碱金属离子电池中表现出了令人惊喜的性能。第一篇关于红磷直接与碳基材料结合的文章发表于 2010 年，利用了活性炭负载红磷，将活性炭和等物质的量的红磷混合研磨充分后装入石英管中密封，高温 400℃条件下加热 1d，得到复合材料。报道的测试中纯红磷的首次充放电不可逆地插入 0.9Li，以及活性炭也是几乎不可逆地插入 0.7Li，同时两者物理混合也未表现出可逆的充放电性能。经过高温活化处理后，首次充放电表现为每个磷插入了 3.8Li，随后放电有 1.6Li 可逆地回到正极，表现出比容量为 $1386mA \cdot h/g$，并且经过 20 次循环，比容量仍然保持在 $900mA \cdot h/g$（以红磷质量为标准）[34]。2012 年，Yang 课题组[35] 报道了红磷与导电炭黑材料的复合，该材料由磷与炭黑研磨而来。作者对比了红磷和黑磷分别与炭黑研磨混合后的材料性能，结果表明红磷 - 炭黑比黑磷 - 炭黑材料表现得更优秀，这两类材料初次充放电比容量都达到 $2000mA \cdot h/g$ 以上（库仑效率也比较高），而循环充放电 20 次后，红磷 - 炭黑材料保持了 90% 以上的比容量，高达 $2300mA \cdot h/g$，而黑磷材料迅速下降到 $245mA \cdot h/g$，只有当研磨超过 24h 时，充放电循环性能才能保持好，文中分析是由于长时间的研磨黑磷的结晶性已经下降，接近了无定形红磷的性质。随后又有多篇论文研究报道了红磷与其他碳基材料的结合，如碳纳米管、石墨、石墨烯 / 单壁碳纳米管等[36]。

2018 年，一种新型锂离子电池负极材料："红磷 - 石墨烯"纳米复合材料被报道出来 [37]，引起了锂离子电池领域的广泛关注。该材料由红磷和石墨经高速球磨制备得到。在高速球磨过程中，微米级的红磷颗粒被打碎至纳米级，石墨则剥离为大比表面积的石墨烯。经过长时间机械力作用，石墨烯相互搭接形成一个紧密结合的三维导电网络，而纳米级红磷颗粒均匀分散在该网络中(图 4.10)。红外光谱测试显示，红磷和石墨烯以"P—O—C"的化学键形式结合较为稳定，为该材料出众的电池性能提供了保证。在室温下，该纳米复合材料的放电比容量可达1400mA·h/g(以复合材料质量为标准)，是石墨的 4 倍。经过 300 次循环，放电容量仍然能保持在 60% 以上。同时，高温环境(比如 60℃)对于商用锂离子电池仍是很大的挑战，而红磷 - 石墨烯复合新材料在 60℃下，放电比容量反而有所提升，达 1650mA·h/g。经过 200 次循环，放电容量保持率可在 70% 以上。这一研究证明了用价格低廉的红磷与石墨烯结合能形成高容量、长寿命电极材料，合成方法也适宜工业化转化生产，因此该报告认为"红磷 - 石墨烯"纳米复合材料会成为下一代锂离子电池负极材料的选择。

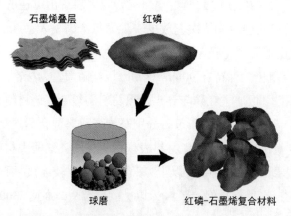

图 4.10 红磷与石墨烯的球磨结合示意图 [37]

在锂离子电池负极材料中红磷是众多优秀材料中的一种，理论容量方面硅元素比磷还要高，一个硅原子可以存储 4.4 个锂离子，也就是达到了 4200mA·h/g[38]，因此硅是锂离子电池的最理想负极备选材料。但是近年来，由于电动汽车的广泛商业化，市场对锂的需求量增大，相应锂的价格大幅上涨，并且随着汽车清洁能源的普遍化锂的短缺也将更加严重。因此，钠离子电池是锂离子电池的一种有吸引力的替代品[39]，因为钠资源相对锂资源而言是取之不尽、用之不竭的，而且成本较低。但是对于钠离子电池而言，寻找高效率的负极材料一直是亟待解决的难题。目前市场上锂离子电池所使用的负极材料石墨烯不能用于钠离子电池，因为钠离子原子半径大，石墨烯层间距不足以让钠离子自由进出，因此研究者们开始将合金型负极材料作为突破口。对于锂离子负极最理想的材料硅，研究表明，钠离子不能插入硅，虽然理论上 Na-Si 可以形成合金，但是实验上并没有相关的证实，并且 Na-Si 合金的氧化还原电势相对 Na+/Na 小于 0.1V，如前所述，电势差太接近于 0V 会造成没有足够驱动力让 Na+ 进入负极。因此硅不是钠离子电池的理想负极材料，研究者们把目光投向了 Sn 或者 Sb[40]，报道表明该类负极材料，有着较高的容量，多次循环后放电比容量保持在近 1000mA·h/g。而在 2013 年，Lee 课题组[29(b)] 报道了利用研磨法将红磷与超导炭黑结合，作为钠离子电池的负极材料，表现出了可逆的充放电性能，在循环 30 次后，充电速度为 0.05 C 时保持在 1890mA·h/g；快充 1 C 时保持在 1540mA·h/g。这则报道是当时所有的钠离子电池负极材料中性能容量最高的，并且 30 次循环后容量几乎没有衰减，在快充条件下容量降低不明显，同时该材料的氧化还原电势比 Na+/Na 略高 0.4V，从安全和节能上这都是比较理想的负极材料的电势。如 2015 年，报道的将红磷纳米颗粒嵌入到石墨烯卷中[41]，得到可逆比容量高达 2355mA·h/g 的材料(以磷的质量来算)，并且 150 次循环后仍保持 92.3% 的比容量。随后又有报道采用蒸发 - 冷凝法制备了红磷与单壁碳纳米管的复合材料[37]，比容量达到 700mA·h/g(以复合材料质量来算)，2000 次循环后仍然保持 80% 的容量。在众多的复合材料中，制备方法通常是球磨法或蒸发 - 冷凝的方法。最近又有一种新的复合红磷材料制备的方法报道[42]，该方法通过利用红磷在乙二胺中的溶解性，再加入 H+ 调节 pH 将红磷纳米颗粒沉淀出来，利用此方法与还原氧化石墨烯材料结合，形成的复合材料在 100mA 的电流下能获得 2057mA·h/g 的比容量。

4.2.4.2　红磷多孔纳米球在电池负极材料中的应用

除了上述复合材料，2017 年发表了一篇有关于红磷多孔纳米球制备的报道[43]，该报道中运用溶剂热法以甲苯为溶剂通过叠氮化钠和五氯化磷的氧化还原反应，制备出红磷多孔纳米球材料（图 4.11），将此纳米材料 60% 与乙炔炭黑 20%、聚偏二氟乙烯 10% 在 N- 甲基吡咯烷酮中分散，涂抹在铜箔上真空加热烘干，得到的材料作为锂离子电池负极。经测试，该电极首次充放电比容量达到 2243.6 ~ 2798.8mA·h/g（以磷含量为计算单位），也就是库仑效率为 80.1%。经过不同的充电速度的测试，以电极材料为计算基础，该材料在 0.2 C 充电速率下比容量为 1285.7mA·h/g，这也是报道的高红磷含量负极材料作为锂离子电池的最佳的性能表现。当充电速率提升到 10 C 时，该电极的比电容仍然达到 317mA·h/g，随后将充电速率恢复到 0.2 C 时，比容量便会回升到 1972.6mA·h/g。同时在钠离子电池中，该负极材料也表现优异，在 0.5 C 充电速率下，经过80 次充放电循环能够保持比容量在 1500.7mA·h/g。这是第一篇报道的通过红磷多孔纳米材料来克服充放电过程中体积膨胀带来的电极坍塌的问题，且通过电镜结构分析，充放电循环数百次后的电极材料中红磷的多孔球形貌没有太多的改变。

$$10NaN_3 + 2PCl_5 \xrightarrow{\text{甲苯}} 2P + 10NaCl + 15N_2$$

图 4.11　红磷多孔纳米空腔球的制备

4.3

红磷作为磷源在合成化学中的应用

　　有机磷化合物的应用范围十分广泛，从肥料、洗涤剂、食品、防火材料到药物和半导体等都有有机磷化合物的身影。而目前这些有机磷化合物的工业制备方法主要是从白磷经氧化得到 PCl_3、PCl_5 或者 $POCl_3$ 再进一步衍生获得的。例如三苯基膦在熔融金属钠存在的条件下，以氯苯和 PCl_3 高温反应制得[44]。这一过程，使用了剧毒和腐蚀性极强的氯气，产生大量盐酸，使得白磷氧化制备有机磷化合物不符合现代化学制造的可持续和环境友好的标准。因此，科学家们一直在探索磷单质直接活化向有机磷化合物转化的合成方法[45]。从 1970 年第一例白磷参与配位的配合物 $[RhCl(PPh_3)_2(\eta^2P_4)]$ 的报道开始[46]，过渡金属活化白磷促进 P—H 或者 P—C 键形成的研究获得了科研工作者的关注，直到 2019 年，Robert Wolf 教授团队[47]首次实现了光敏催化剂催化白磷活化的反应。在卤苯和白磷混合物中加入光氧化还原催化剂，在 LED 光照下产生芳基自由基，白磷捕获芳基自由基生成了三芳基膦或相应的四芳基鏻盐。相较于白磷直接活化制备有机磷化合物的研究，红磷活化的研究报道相对较少，这主要是因为红磷的反应活性比白磷低，同时红磷在有机溶剂中溶解性也比较低，因此活化红磷制备有机磷化合物合成方面的研究面临着更大的挑战。

　　强碱性的环境中，尤其是在溶剂化能力较弱的溶剂中，离子化能力强的碱负离子可以有效地作用于路易斯碱类化合物中的带正电荷部分，促使该弱碱(路易斯碱)解离。而磷单质就是这一类具有孤对电子给予能力的路易斯碱类化合物，因此利用强碱环境活化磷单质便成了一种可能。选择合适的溶剂是碱活化能顺利进行的关键，研究表明，质子溶剂如水或者醇不利于超强碱性环境的形成，而一些非质子型的极性溶剂如 DMSO、HMPA 等，这类溶剂易与正离子结合，促使其对阴离子暴露，这里也就是 OH⁻，形成超强碱的环境。因此众多的研究使用了 KOH/DMSO 或者 KOH/HMPA 作为活化磷单质的反应介质[48]。1964 年，有记载的第一例，是 Ranhut 关于超强碱性环境下，白磷(P₄)分子中 P—P 键的断裂产生 P 负中心，进行亲核反应的报道[49]。随后，Petrov 和 Rossi 等人报道了类似条件下，利用红磷制备有机磷化合物的反应[48(c),50]。以下所说的红磷除非特殊指明，都是I型不同分子量的高分子无定形的红磷。

在 KOH-DMSO/HMPA 超强碱介质中[51]，不管是白磷还是红磷，都会被 OH⁻ 还原分解，生成多膦负离子 **A** 或者多膦氧负离子 **B**(图 4.12)。而以磷为电荷中心的负离子具有非常强的亲核进攻能力，远远大于 OH⁻，能够与弱的亲电底物 **E** 反应。由多膦负离子参与将生成叔膦类化合物；由多膦氧负离子反应将生成氧化叔膦类化合物。而产物具体为哪一种将取决于反应底物 **E** 与哪种磷负中心结合更容易。下面将介绍常见的各类底物由红磷参与膦化的反应。

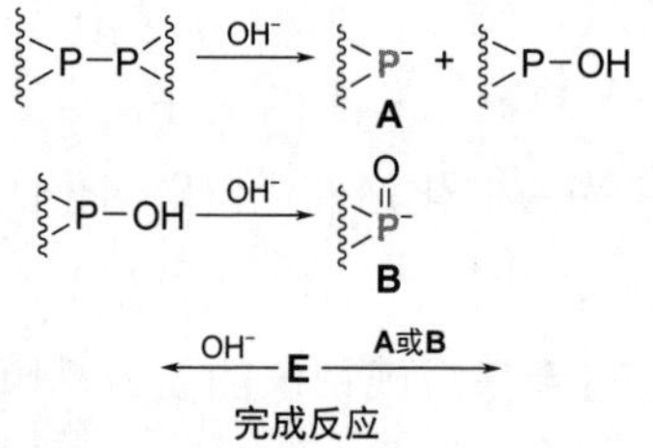

图 4.12　红磷活化示意图（生成多膦负离子 A 或者多膦氧负离子 B）

4.3.1　烯烃类化合物的膦化反应

4.3.1.1　一锅法体系

苯乙烯的双键具有弱的亲电能力，在 P_red-KOH-DMSO 及少量水存在的体系中，能生成反马氏的产物氧化三苯乙基膦(图 4.13)，经过 3h 以上的加热，产率能高达 77%[52]。当用微波代替加热时，反应速率可以加快 30 倍以上。研究表明苯环上有给电子取代基时，反应速率会减慢，如当苯环对位有叔丁基时，相同的反应时间过后，该反应转化率为苯乙烯的一半，当有更强的甲氧基给电子基时[53]，反应速率是苯乙烯的 30%。这一点也证实了该反应利用了苯环侧链双键的弱的亲电性，给电子基存在将会减弱其亲电能力，进而减慢了与磷负中心结合的速率[54]。

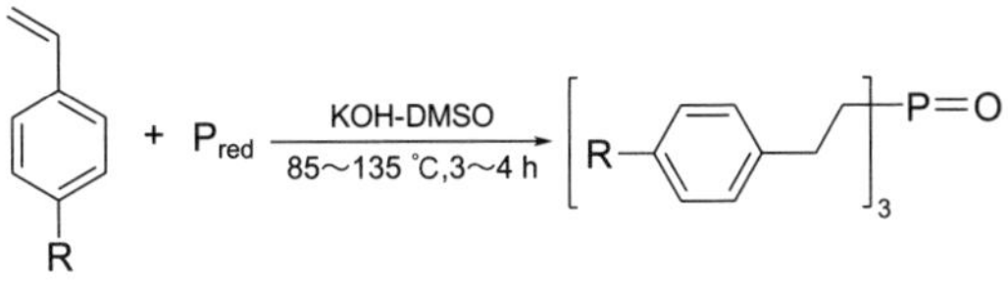

图 4.13　苯乙烯的膦化反应

在与苯乙烯类化合物的反应中，会伴随着部分副产物的生成，这些副产物主要有氢代次膦酸和相应的叔膦产物，尤其是苯环上含有给电子基时，副产物会更多一些。例如，对甲氧基苯乙烯在微波辐射下进行膦化时[55]，叔膦产物明显增多，反应完成后在空气中进行产物处理，叔膦很容易氧化，最终得到的氧化叔膦产物产率达到了 85%。因此，后续多数膦化苯乙烯类化合物反应产物混有叔膦时，便会经过双氧水或者氧气进行氧化剂处理，以此增加氧化叔膦类化合物的产率。

当苯乙烯双键的 α 位上有取代基时[56]，如 α- 甲基苯乙烯在 P_{red}-KOH-DMSO 中进行膦化反应，加热条件下，得到的产物为氧化叔膦和叔膦混合物（图 4.14），经过双氧水氧化处理，最后得到产物产率为 78%。当用微波（MW）辅助反应时，反应 30min，分析得出叔膦为主要产物，而缩短反应时间到 15min，同时减少苯乙烯原料的量，得到了仲膦产物双（α- 甲基苯乙基）膦。

当 α 位取代基变大时，加热条件下膦化时，得到的产物中氢代次膦酸的产率将增加到 20%。当取代基处于苯乙烯的 β 位时[57]，即磷负中心与双键结合的位阻进一步增加，膦化后再用 HCl 酸化得到氢代次膦酸的产率达到 40%。例如由烯丙基苯在 P_{red}-KOH-DMSO 体系中反应的时候，

得到的产物为 β- 甲基苯乙基次膦酸（图 4.15），产率达到 58%，这一看似符合马氏规则的加成结果，其实是因为在碱的作用下，烯丙基苯会异构成 β- 甲基苯乙烯，在核磁共振氢谱中可以看到异构的 β- 甲基苯乙烯的化学位移特征峰[58]。

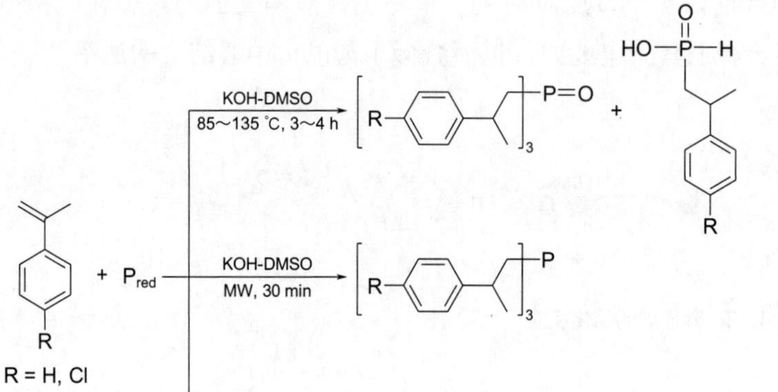

图 4.14　α 位取代基对苯乙烯的膦化反应影响

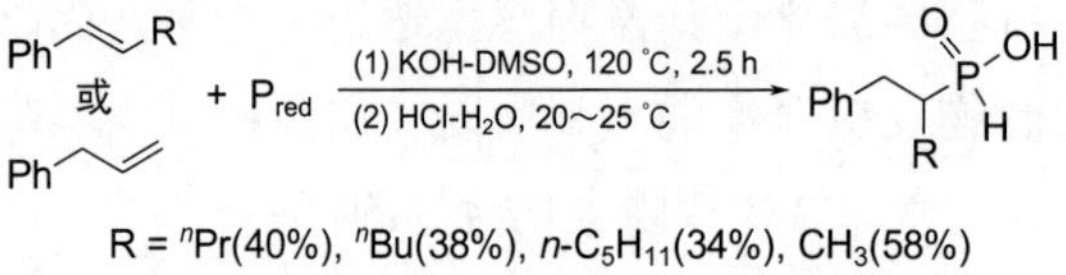

R = ^{n}Pr(40%)，^{n}Bu(38%)，n-C$_5$H$_{11}$(34%)，CH$_3$(58%)

图 4.15　β 位取代基对苯乙烯的膦化及烯丙基苯的膦化

　　双烯在该膦化反应体系下[59]，产物亦是以氢代次膦酸为主，如 1,4- 双苯基 -1,3- 丁二烯为反应底物，得到 1,4- 双苯基丁基次膦酸（图 4.16），因此反应过程中双烯都发生了加成，除了膦化反应形成 C(sp^3)—P 键，还伴随了另一双键的加氢还原反应。

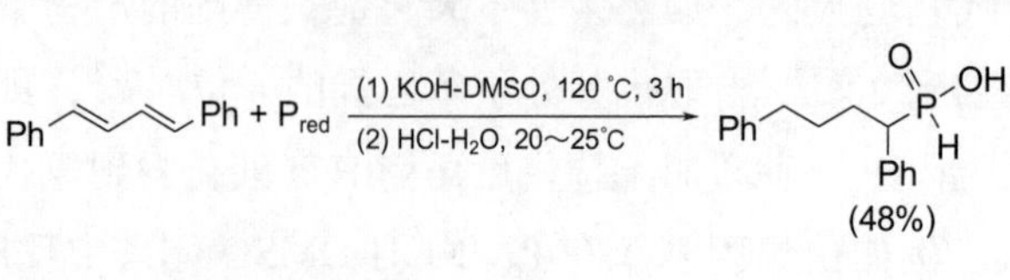

图 4.16　双烯的膦化反应

除了苯乙烯类其他稠环乙烯或者芳香杂环乙烯类的化合物也能在 P_{red}-KOH-DMSO 体系中进行膦化反应，得到相应的氧化叔膦化合物[60]。尤其是乙烯吡啶参与的膦化反应[61]，反应活性比苯乙烯要高，如红磷单质在 KOH-DMSO 的混合液中与 2-乙烯基吡啶或者 4-乙烯基吡啶反应，加热到 70～95℃ 分别得到 72% 和 56% 产率（图 4.17）。当烯烃连接非芳香性的脂肪族取代基或者杂原子基团时，如硫或者硅[62]，在 P_{red}-KOH-DMSO 体系中进行加成反应，同样能生成单取代次膦酸产物。这些包含杂原子的化合物有着较广的应用范围，常常作为过渡金属配体、药物前体或者抗氧化剂等。往往这些反应的产率不高于 31%，但是从反应原料和条件的经济性角度看，这一制备方案有着很大的优势。

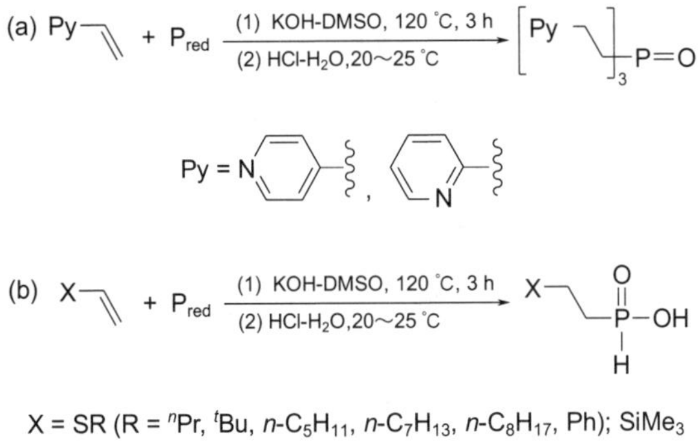

(a) Py—〓 + P_{red} $\xrightarrow[\text{(2) HCl-H}_2\text{O,20～25 ℃}]{\text{(1) KOH-DMSO, 120 ℃, 3 h}}$ [Py—]$_3$P=O

Py = N———{ ，———{(N)

(b) X—〓 + P_{red} $\xrightarrow[\text{(2) HCl-H}_2\text{O,20～25 ℃}]{\text{(1) KOH-DMSO, 120 ℃, 3 h}}$ X—CH$_2$—P(=O)(OH)(H)

X = SR (R = ^{n}Pr, ^{t}Bu, n-C$_5$H$_{11}$, n-C$_7$H$_{13}$, n-C$_8$H$_{17}$, Ph); SiMe$_3$

图 4.17　杂环烯烃 (a) 及杂原子烯烃 (b) 的膦化反应

　　上述磷酸化的关键步骤包括 OH$^-$ 对磷单质中 P—P 键（可以是白磷 P$_4$ 或者红磷 P_{red}）的部分裂解，形成高活性的多磷团簇的 O〓P$^-$ 磷负中心亲核试剂，亲核进攻双键，最终形成以氧化叔膦为主的加成产物（图 4.18）。反应在无氧条件下进行，因此很明显，最初的亲核剂是多膦氧负离子 **A**。这一种 OH$^-$ 促使 P—P 键一步一步裂解的反应，并去亲核进攻烯烃双键的过程，类似于被吸电子基团活化的双键上的 Michael 加成反应，也就是氢化亚磷酸酯的 Pudovik 反应的反应机理[63]。只是在这个体系中，磷负中心能与非常弱的亲电烯烃反应，说明了这一磷负中心具有极强的亲核性。

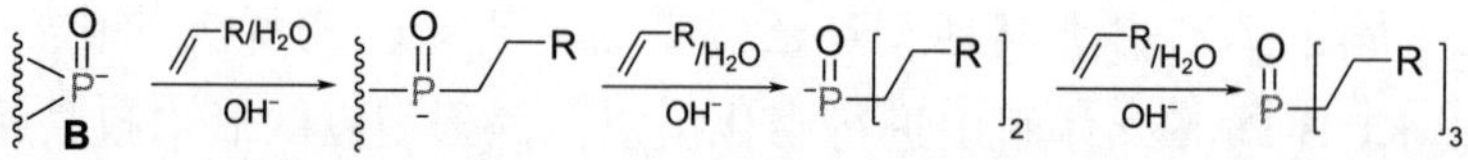

图4.18 烯烃的膦化反应历程

为了进一步证实反应过程中经过多膦氧负离子 **A** 的可能性，相关文献通过实验排除了体系中经过其他含磷亲核试剂转化的可能 [53]。首先在相同条件下，叔丁基苯乙烯与 KH_2PO_2（后者和 PH_3 是红磷与 KOH 氧化还原反应的产物）的混合反应只产生微量有机磷化合物。同时，在 KOH-H_2O- 甲苯（或二氧六环）介质中加入红磷，生成 PH_3 和 H_2，再将产生的气体通入芳基（杂芳基）乙烯的 DMSO 溶剂中，将会有相应的二级或三级膦化物，以较高产率生成（没有氧化叔膦）。以上两点证明了氧化叔膦不来自于磷酸类阴离子的亲核进攻或者磷负离子的亲核进攻生成叔膦后被 DMSO 氧化，因此在 P_n-KOH-DMSO 体系中由阴离子 **B** 进攻生成氧化叔膦是可能性较高的反应路径（图4.18）。

4.3.1.2 分步反应体系

上面提到有文献报道了在极性较低的有机溶剂和 KOH 的水溶液混合液中加入红磷，会生成 PH_3 和 H_2，可用于制备有机磷化合物 [52(a),64]。将红磷转化成的 PH_3 和 H_2 混合气通入烯烃的 KOH-DMSO 溶液中，并加热会和烯烃发生缓慢的加成，生成对应的有机磷化合物（图4.19）。

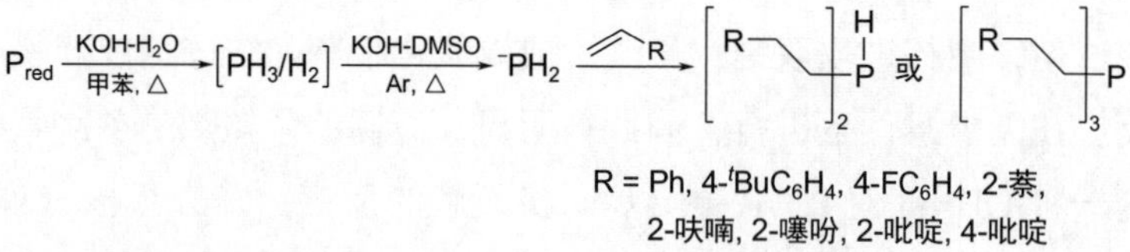

R = Ph, 4-^{t}BuC$_6$H$_4$, 4-FC$_6$H$_4$, 2-萘,
2-呋喃, 2-噻吩, 2-吡啶, 4-吡啶

图4.19 PH_3/H_2 膦化烯烃

氢气的存在提供了一个还原的气氛，有效地阻止了有机磷可能的氧化过程。当底物是单取代乙烯时，取代基为芳香基或者杂环芳香基，PH_3 对

双键的加成非常容易 [图 4.20(a)]，如乙烯基吡啶，控制好反应条件，会得到高产率的叔膦 [60,64,65]。当底物是同侧碳双取代烯烃时，由于烯烃上位阻增加，反应产物主要为仲膦。而当底物是 1,2- 双取代烯烃时 [图 4.20(b)]，可得到伯膦和仲膦混合的产物，如 β- 甲基苯乙烯。与前面的 P_{red}-KOH-DMSO 体系一样，当反应底物是烯丙基苯时，反应过程中会先异构成 β-甲基苯乙烯，再进行加成，因此产物与 1,2- 取代烯烃一致 [66]。

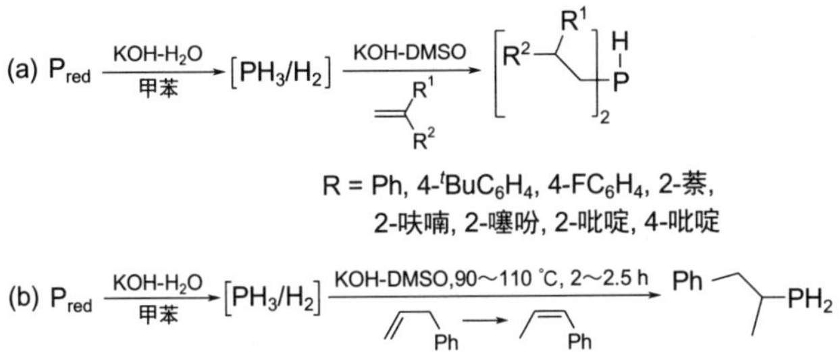

图 4.20　烯烃取代基的位阻对 PH_3 加成的影响

　　除了芳烃取代烯烃，含有其他取代基的烯烃，如多氟烃基、二茂铁取代、羧酸取代等 [67]，在 KOH-DMSO 体系中不与 PH_3 和 H_2 混合气反应，但在有自由基引发剂(如 AIBN)的有机溶剂中，可经过自由基加成反应机理进行反应，得到膦化产物 [68]。通过此方法，成功对含有多个双键的足球烯表面进行了膦基化 [69]，在空气中进行反应后处理，得到低聚的足球烯产物，并且有磷酸取代基在球上。有研究表明，该磷酸根修饰的足球烯低聚物，可以作为医药前体或者特殊材料。

4.3.2　卤代烃类化合物的膦化反应

4.3.2.1　与卤代烷烃的反应（相转移催化剂辅助）

　　相转移催化剂和强碱的水溶液通常可为有机溶剂中反应试剂提供一个强碱环境。因此，这一技术可用于红磷的活化反应中，当碱性条件下产生磷负中心时，这一磷中心阴离子具有亲酯性，比 OH⁻ 更易进入有机相进行亲核反应，因此在这样的两相反应中，在相转移催化剂（通常是铵盐）辅助下，磷中心阴离子比 OH⁻ 更具有竞争力。而卤代烃作为较易发生亲核取代反应的一类化合物，更需要反应环境中亲核试剂较为单一，才有利于对应产物产率的提高[48(b),70]。

相转移催化磷化试剂的混合液由红磷、KOH、二氧六环、水以及相转移催化剂组成，该磷化试剂可用于磷化溴代烷烃[51,70]、氯代苄及其衍生物[71]、其他芳香杂环的氯代化合物等[72]。得到的主要产物为氧化叔膦，不过可以明显地看出对应的叔膦产物产率的增加（图 4.21）。

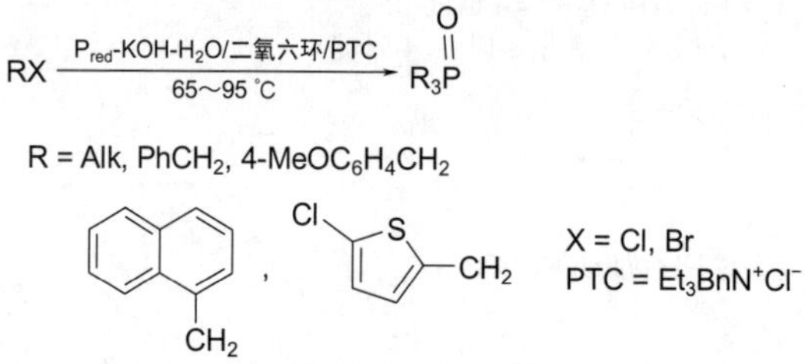

$$RX \xrightarrow[65\sim95\ ℃]{P_{red}\text{-}KOH\text{-}H_2O/二氧六环/PTC} R_3P{=}O$$

R = Alk, PhCH₂, 4-MeOC₆H₄CH₂

X = Cl, Br
PTC = Et₃BnN⁺Cl⁻

图 4.21　卤代烃在相转移催化中的膦化反应

如前所述，该膦化过程也是分步进行的，由多磷负离子中心逐级分解，最后生成三取代叔膦化合物。有报道称，该膦化反应，可停留在氧化仲膦产物，利用这一特点，通过此合成系统合成了不对称的氧化叔膦化合物，即同时加入溴代烷和氯化苄进行反应，得到两种混合取代氧化叔膦产物，虽然产率不高，只有 12% ～ 17%，但是为不对称叔膦的合成提供了可行的方法[73]（图 4.22）。

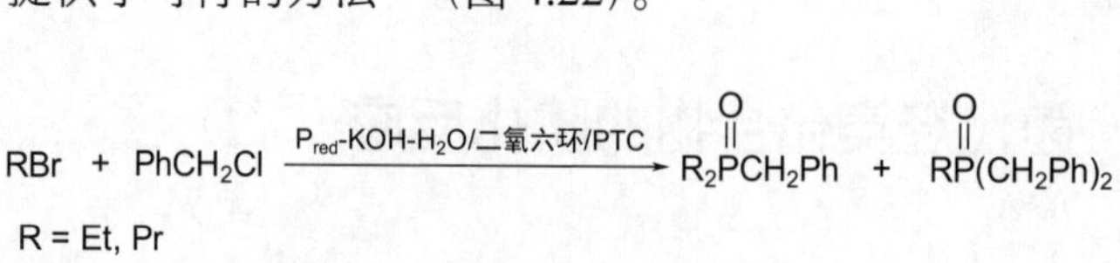

$$RBr\ +\ PhCH_2Cl \xrightarrow{P_{red}\text{-}KOH\text{-}H_2O/二氧六环/PTC} R_2PCH_2Ph\ +\ RP(CH_2Ph)_2$$

R = Et, Pr

图 4.22　相转移催化合成不对称氧化叔膦

当反应底物既有双键又有碳卤键时，在相转移催化反应体系中，产物将会是什么？实验证明，该反应体系中双键是不参与膦化反应的，即只有卤代烃这一侧参与反应。如对乙烯基苄氯(图 4.23)，在 KOH-H$_2$O/二氧六环 /PTC 体系中，加入对苯二酚，加热到 45 ~ 50℃得到产物三(4-乙烯基苄基)氧化膦，产率达到 55%[74]。如果没有对苯二酚的存在，在加热条件下，该反应产物会进一步发生聚合，得到交联的三维聚合物[75]。

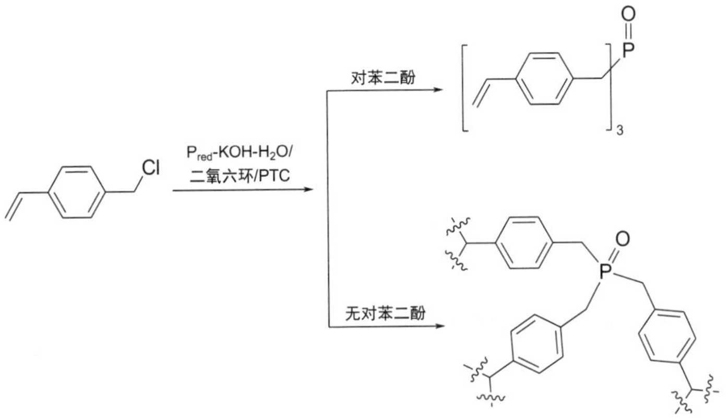

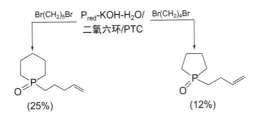

图 4.23　相转移催化含烯烃的卤代烃的膦化反应

当底物为双卤代烷烃的时候，如 1,4- 二溴丁烷和 1,5- 二溴戊烷(图 4.24)，得到环化产物即上述一分子链烃分别与负磷氧阴离子组成了五元环和六元环，且另有一分子双卤代链烃一端膦化，另一端在碱作用下发生了消除反应，形成了烯烃取代基。该过程中，形成五元环的产物为 12%，六元环达到 25%。产率低的原因可能是由于双卤在碱性条件下易发生消除反应，尤其对于 1,4- 二溴丁烷消除两分子的 HBr 能生成稳定的共轭二烯，因此膦化产率只有 1,5- 二溴戊烷的一半[76]。

图 4.24　双卤化合物的膦化反应

相转移催化反应 KOH-H₂O/PTC/ 二氧六环体系中，红磷与卤代烃能发生亲核取代反应，反应机理可以总结如图 4.25。对比前述烯烃的膦化过程，相转移催化体系不适用于苯乙烯、乙烯基吡啶或芳基乙炔的膦化反应，这是由于膦阴离子的强溶剂化(水合)或质子化，降低了其亲核进攻能力。且反应体系相转移试剂的存在可以降低有机相中 OH⁻ 的进攻性。

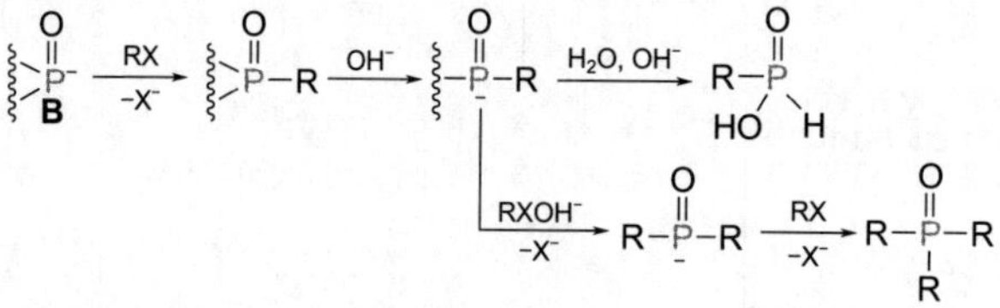

图 4.25 相转移催化膦化反应的反应历程

4.3.2.2 与卤代芳烃的反应

三苯基膦是应用最为广泛的一类叔膦化合物，经常用作配合物催化剂的配体；还可稳定纳米颗粒用于生物医药 [77]。传统的合成三苯基膦的方式是用三氯化磷和金属有机试剂，如格氏试剂(PhMgHal, Hal=Cl、Br、I)、有机锂试剂(PhLi)或者金属钠和卤代苯反应获得，但是该方法非常不环保，因此从磷元素直接制备该类化合物的方法将会有足够的优势 [78]。实际上从磷元素直接合成三芳基膦的方法早就有报道，较为早期的报道中是利用电化学方法，通过白磷和卤苯化合物反应制备出三苯基膦 [79]。该电化学反应过程是 25 ～ 50℃在 DMF 中加以 4 ～ 8mA/cm² 的电流，最后得到的产率高达 80%。后续还有一些在金属还原剂的辅助下白磷与卤代芳烃一起制备三芳基膦的反应。2011 年，Trofimov 课题组报道了红磷与 1- 溴萘在 KOH-DMSO 体系中反应得到三(1- 萘基)膦的产物 [80](图 4.26)，这是首次关于用红磷制备萘取代叔膦的报道。虽然产率没有特别理想，最终产物混合物中，含 10% 左右的叔膦化合物、27% 的萘和大约 4% 的膦酸。当应用微波辐射时，该反应的产率会增加到 25%，而 PCl₃ 为原料制备的产率差不多在 20% ～ 30%。

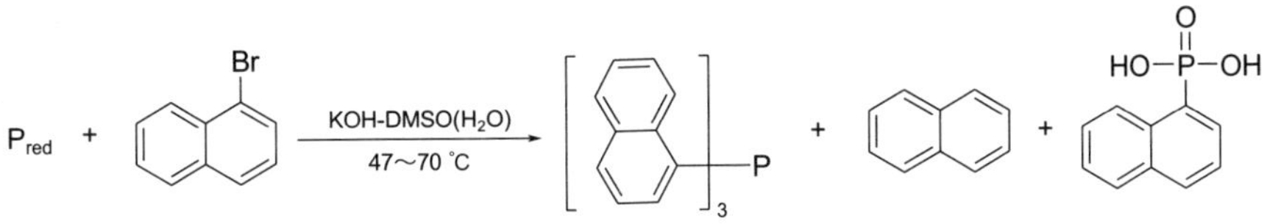

图 4.26　1- 溴萘与红磷的反应

　　该报道中，对反应的机理进行了探讨，若是与前面的膦化反应机理一致，也就是由多膦阴离子或者多膦氧阴离子亲核进攻获得产物三(1- 萘基)膦和 1- 萘基膦酸，这是典型的 S_N 反应过程，应不受体系中自由基的影响。然后实际情况是对二羟甲苯可以有效地抑制膦化产物和萘的生成。因此作者假设了，反应其实是经过了 $S_{RN}1$ 过程，也就是自由基链式亲核取代(图 4.27)，该反应机理是磷负离子进攻卤代芳烃后，将负电荷传递给芳香环，形成芳香自由基阴离子，随后卤素带着电荷离去，生成了芳环自由基，芳环自由基可夺取溶剂 DMSO 上的 H，形成萘；亦可与磷负离子结合，生成芳基膦自由基负离子，再由链传递给卤代芳烃，

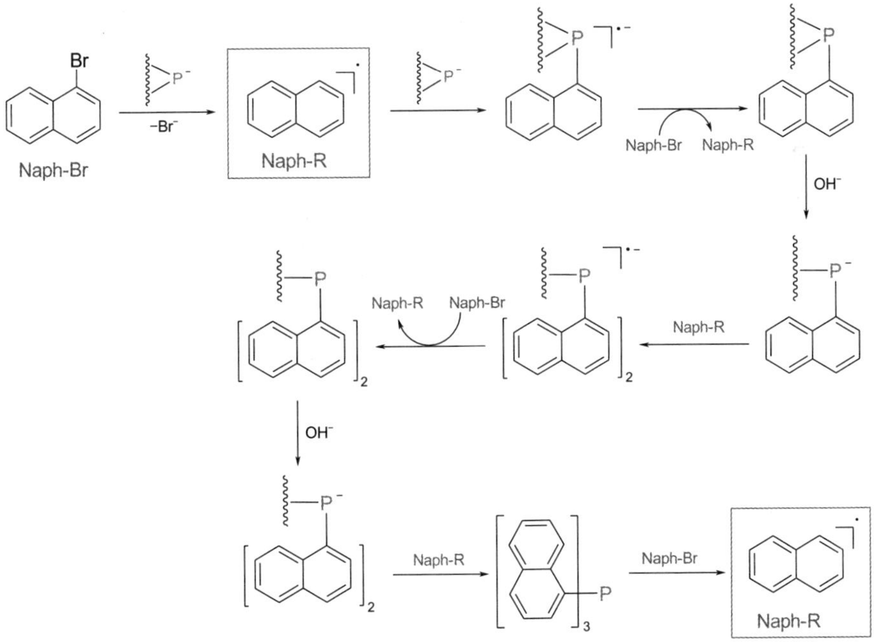

图 4.27　1- 溴萘在 P_{red}-KOH-DMSO 体系中的 $S_{RN}1$ 转变机理

形成卤代芳烃自由基和1-萘基膦，前者将会循环生成萘自由基，后者会在强碱作用下再次形成磷中心阴离子，再与新生成的萘自由基结合，生成二(1-萘基)膦。经过以上循环，最终生成叔膦产物，以这样的 $S_{RN}1$ 反应机理进行，便能解释为何该反应会被氢醌抑制。

后续实验证明，1-溴代萘的膦化反应亦可分步进行，即由红磷、KOH-H$_2$O 及甲苯混合液制备出 PH$_3$ 和 H$_2$ 混合气，随后通入1-溴代萘的超强碱混合液中 (^{t}BuONa-DMSO)，得到三(1-萘基)膦，产率高达34%。即使用1-氯代萘作为原料，得到叔膦产物的产率也达到32%[81]。

因此，这个直接以红磷为原料和1-溴萘在超强碱体系中，加热或者微波辐射一锅法制备三(1-萘基)膦或者分步反应制备的方法，获得产物的产率能与传统的 PCl$_3$ 为原料的方法相媲美甚至超越，为该化合物的广泛应用研究建立了基础。利用上述方法制备的三(1-萘基)膦，可以与金属配位催化苯乙炔与碘苯的偶联反应[82]。

2-卤代吡啶与红磷在强碱条件下，亦可生成叔膦产物——三(2-吡啶基)膦，与红磷反应的产率大约62%[图4.28(a)]。若是以2-氯代吡啶反应，产率将进一步提高，达到86%[83]。因此该方法能有效地制备出该类四齿的配体，与金属铜或者银的结合可应用于荧光材料、与铁结合

(a) P_{red} + [吡啶环] $\xrightarrow[47\sim70\,℃]{\text{KOH-DMSO(H}_2\text{O)}}$ [产物]$_3$

R = H (86%), Me(82%)

(b) [吡啶环]$_3$P

$\xrightarrow[40\sim45\,℃,\,4\sim5\,h]{\text{Ph}≡\text{R, H}_2\text{O}}$ [产物] + [吡啶]

R = Bz, 2FuC(O), 2-ThC(O), 3-PyC(O), CN

$\xrightarrow[\text{RT, 5 h}]{}$ [产物] + [吡啶]

R^1 = R^2 = Me; R^1 = Et, R^2 = Me; R^1-R^2 = (CH$_2$)$_5$

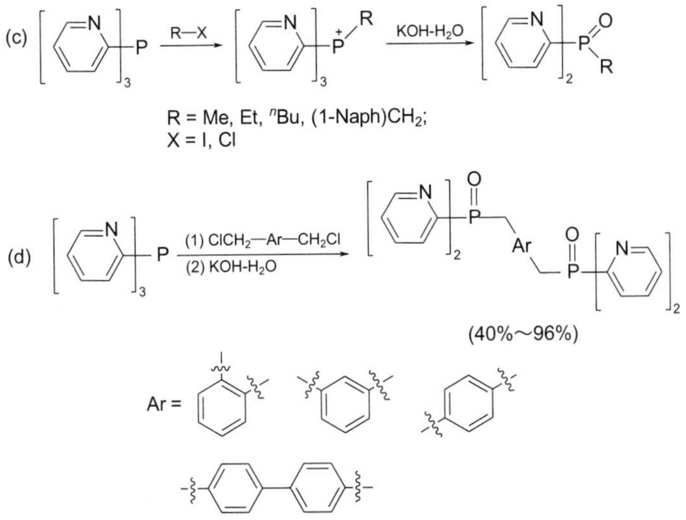

(c) ... R = Me, Et, ^{n}Bu, (1-Naph)CH$_2$; X = I, Cl

(d) ... (1) ClCH$_2$—Ar—CH$_2$Cl (2) KOH-H$_2$O ... (40%～96%)

Ar =

图 4.28 （a）卤代芳香杂化制备叔膦化合物；（b）～（d）进一步亲核反应生成不对称氧化叔膦产物

用于磁性材料及其他过渡金属结合应用于催化。同时该叔膦还可用于构筑其他膦化合物［图 4.28(b)～(d)］，如与缺电子的炔烃在水中发生加成反应，得到烯基吡啶基氧化叔膦，产率较高。同时还可以与卤代烃反应生成卤代鏻盐，随后在碱性条件下掉落一个吡啶基，形成烃基吡啶基氧化叔膦产物。若是与多卤代烃反应，便能生成双叔膦产物[84]。

4.3.3 与炔烃反应

当炔烃为底物时，进行膦化反应的第一例报道是苯乙炔的膦化，在 KOH-HMPA 超强碱性条件下，得到 Z,Z,Z-三苯乙烯基膦，产率也高达 55%[85]。这一反应结果说明与经典的反式亲核加成过程不一样，膦化反应是顺式加成（图 4.29）。顺式加成过程由立体化学效应产生，因此是动力学控制的反应，产物一般为反式结构更为稳定，有报道将反式产物加热到 165℃得到反式向顺式部分转化的结果[48(c),86]。

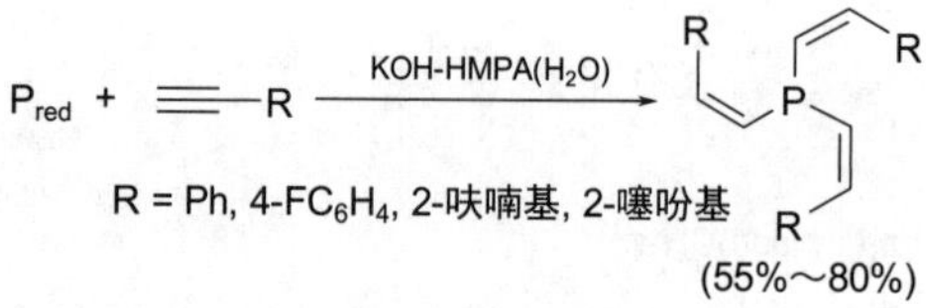

$$P_{red} + \equiv\!\!-R \xrightarrow{KOH-HMPA(H_2O)} $$

R = Ph, 4-FC_6H_4, 2-呋喃基, 2-噻吩基

(55%~80%)

图 4.29 炔烃与红磷的膦化反应过程

若是将 KOH-HMPA 反应体系溶剂换为 DMSO、Et₃PO 或者 DMF，抑或是换成相转移催化体系，炔烃作为底物的反应效率都会降低。若是用 NaOH 代替 KOH，在相同的反应条件下，反应产率会降低为原来的 1/3[87]。同时在超声辐射下该反应体系的反应速率会明显增加，可以在 1h 内达到 50% 的产率[48(b)]。

同时，苯乙炔在该体系中的反应不论是在惰性气体保护还是空气中进行，主产物都是烯基叔膦伴随着大约 2%～4% 的氧化叔膦产物，证明氧化叔膦不来自于叔膦的氧化，而是 **B**(图 4.12)进行了亲核进攻的结果。

在相同的反应条件下，苯乙炔为底物几乎生成了叔膦化合物，而苯乙烯或者乙烯吡啶反应，却是以氧化叔膦为主要产物，并且这两类产物极大的可能是来自不同的磷源：多膦负离子 **A** 和多膦氧负离子 **B**(图 4.12)。这两类反应结果产生的原因可用软硬酸碱理论解释：炔烃和 **A** 更匹配，而烯烃和 **B** 更匹配，前者酸碱性比后者相对软一些。

三(乙烯基)膦可与金属中心配位，如与金属钯配位可应用于催化 Sonogashira 反应，还可与金属铂、铑、铒及镱[88]。当用乙炔通入 P_{red}-KOH-DMSO 反应体系时，加热到 105～110℃，将得到如图 4.30 反应式所示的聚合物为主要产物，及三乙烯基氧化膦为副产物的反应结果。聚二乙烯膦酸化合物的防火性能非常好，可用于易燃聚合物的防火活性添加剂[89]。

同时，对于炔烃的膦化反应也可以分步进行，即 P_{red}-KOH-H_2O-PhMe 体系先产生 PH₃ 和 H₂ 混合气，再通入含有炔烃的 KOH-HMPA(微量 H₂O)溶液中，惰性气体加热至 55～60℃(图 4.31)，得到烯基取代的叔膦类产物，产率可高达 80%[90]。

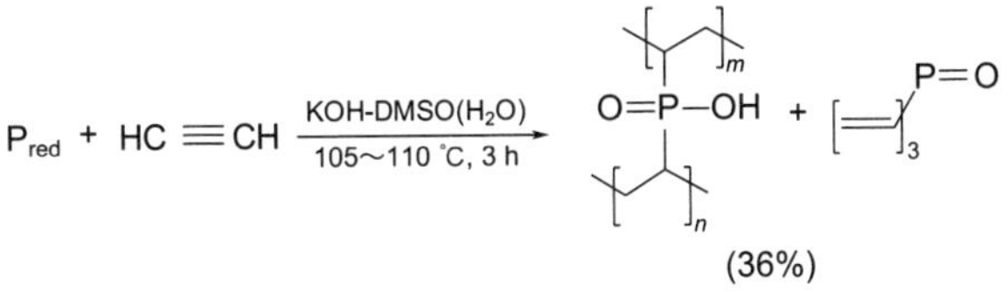

图 4.30 乙炔的膦化产物进一步聚合过程

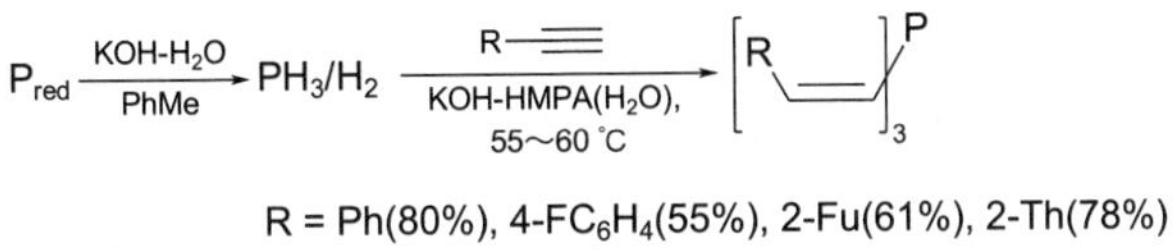

R = Ph(80%), 4-FC$_6$H$_4$(55%), 2-Fu(61%), 2-Th(78%)

图 4.31 由红磷产生 PH$_3$ 对炔类化合物的膦化反应

4.3.4 环氧乙烷类化合物的膦化反应

环氧乙烷化合物也可以在相转移催化下与红磷加热到 60℃以上发生膦化反应(图 4.32)。对于环氧丙烷而言[70]，主要产物形式有两种，环氧键打开后，取代基少的一侧断开连接在磷上，一种是氧上直接连接一个氢，形成羟基乙基取代基；另一种是氧负离子对其他环氧乙烷的亲核进攻，导致形成四聚的乙氧基侧链，端位氧再连接上氢。当羟基乙基与磷中心连接时，将会形成氧化仲膦的产物；而当有低聚反应发生时，将会形成取代膦酸二钾盐。其他侧链的环氧乙烷化合物以及包含碳碳双键侧链的化合物，在该体系中亦是发生类似的膦化过程，同时也有低聚反应现象的发生[91]。

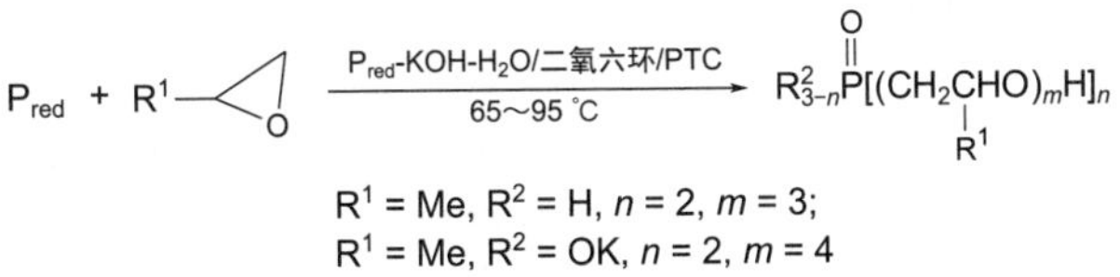

R^1 = Me, R^2 = H, n = 2, m = 3;
R^1 = Me, R^2 = OK, n = 2, m = 4

图 4.32 环氧乙烷类化合物的膦化反应

4.3.5　NaPH₂ 的制备

1966 年，首例报道在溶液中产生的磷负离子是用碱金属(M)在液氮 [NH₃(l)] 溶液中与红磷反应制备的，该磷负离子可与卤代烃反应制备获得叔膦和双膦的混合产物，产率在 29% ～ 34% 之间[92]。产率和选择性都不太高的原因可能是因为该方法中红磷的磷磷键断裂和形成对应多磷负离子中心的效率比较低。随后有报道对该方法进行了改良，在 Pn/M/NH₃(l) 体系中加入叔丁醇(ᵗBuOH)，大大增加了制备伯膦和仲膦的效率[93]。ᵗBuOH 的存在引起 P—P 键彻底断裂生成一价的 PH₂⁻ 或者二价的 PH²⁻，取决于 ᵗBuOH 加入的比例。如图 4.33 反应式所示，当反应试剂的比例为 P/M(Li 或者 Na)/ᵗBuOH ＝ 1∶3∶2 时，一价负离子 PH₂⁻ 便能生成，再与卤代烃或者环氧乙烷反应，得到相应的伯膦产物，产率能高达 87% [图 4.33(a)]。而当体系中加入一当量 ᵗBuOH 时，P/M 的比例依然时 1∶3，体系中将会形成二价的负离子 PH²⁻，随后再与卤代烃反应，获得产率较高的仲膦化合物 [图 4.33(b)]。

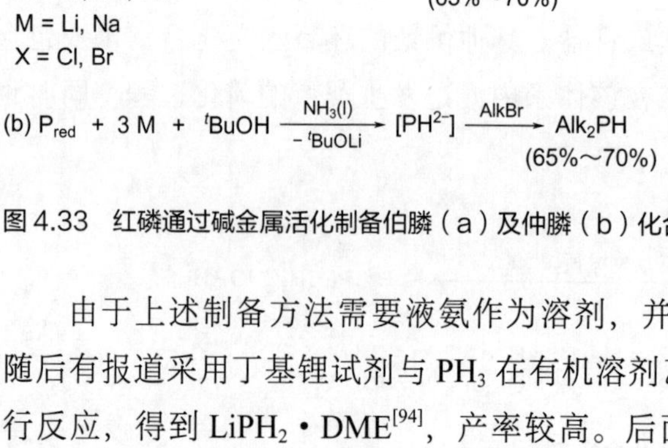

图 4.33　红磷通过碱金属活化制备伯膦（a）及仲膦（b）化合物

由于上述制备方法需要液氨作为溶剂，并没有能很好地推广开来。随后有报道采用丁基锂试剂与 PH₃ 在有机溶剂乙二醇二甲醚(DME)中进行反应，得到 LiPH₂·DME[94]，产率较高。后面有一些报道也沿用了此方法在反应体系中引入 PH_2^- 反应基[95]。为了避免毒性气体 PH_3 的使用，Grützmacher 课题组开发了在有机溶剂中用红磷单质制备 $NaPH_2$ 的方法（图 4.34），于 2009 年首次报道了在 DME 中利用红磷与金属钠（摩尔比为 1 ：3）及萘（金属钠的 5% 摩尔分数），萘可以有效地增加金属钠在有机溶剂中的溶解性，混合加热 90℃、搅拌约 24h，得到黑色至墨绿色的悬浊液，随后冷却并冰浴，滴加叔丁醇 [^tBuOH，与红磷的摩尔比为（1 ～ 2） ： 1]，得到黄色溶液，经结晶或者谱图标定该体系中含有 $NaPH_2$，过滤抽干，得到混盐 [$NaPH_2 \cdot x^tBuONa$] $\cdot$ DME（$x=2 \sim 5$），其中 x 的数值与叔丁醇加入量、滴加的速率和反应的控温效果相关[96]。

$$P_{red} + 3Na \xrightarrow[\text{(2) } ^tBuOH]{\text{(1) 5 %(摩尔分数)}C_{10}H_8/DME} [Na_5(O^tBu)_4PH_2]$$

图 4.34　红磷碱金属活化反应条件的改良

随后该课题组报道了第一篇关于 $NaPH_2$ 和 ^tBuONa 共同结晶的晶体结构，结构中含有 12 个 ^tBuONa 单元和 1 个 $NaPH_2$，球形多层结构，PH_2^- 在球的中心由 12 个钠离子围绕，钠离子外围又被 12 个 $^tBuO^-$ 所包裹，剩余的第 13 个 Na^+ 在不同的溶剂中会处在不同的位置。在 DME 中，该钠离子将游离在上述的球形结构之外，由三个 DME 溶剂配位包围；而在甲苯中钠离子将进入球体的钠离子层，与 PH_2^- 相邻（图 4.35）[97]。该方

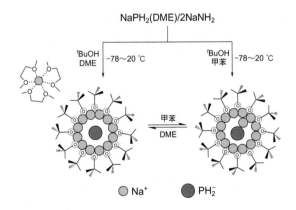

图 4.35　$NaPH_2 \cdot 12^tBuONa$ 合成与在不同溶剂中的结构示意图

法虽然得到的是混盐，但是叔丁醇钠的存在对后续一些反应的研究无影响或者起到促进反应的效力，同时该反应的原料简单易得，反应条件易于控制，因此 [NaPH$_2$·x'BuONa]·DME(x=2 ～ 5) 的应用研究很快得到了进展。相继报道了利用该磷负离子制备有机磷杂环[96]，含磷双酰基光引发剂[98]、氧膦炔盐[99] 及膦烯酮[100]，等等。

4.4

红磷应用的展望

　　如 4.3 所述，目前报道过的从红磷单质出发不经卤化直接制备出目标膦化合物受到了反应底物的限制，产物类型也较为单一，基本都是叔膦或氧化叔膦类化合物。而随着合成技术的发展，磷化学工作者们对红磷的活化研究兴趣不再仅限于已知结构类型的含磷化合物的合成，而是拓展到了更新颖结构的含磷化合物的构筑上，尤其是近年来主族元素发现的发展，如卡宾、氮宾、磷宾及单线态双自由基化合物等。因此，由红磷制备的、易于进一步反应的氧膦炔阴离子(OCP$^-$)近年来获得了较为广泛的研究报道。而实际上氧膦炔的报道可以追溯到 1894 年，Shober 和 Spanutius 用 NaPH$_2$ 与 CO 反应得到了他们认为的 "$^-$C≡P"，后续研究没能进行[101]。1992 年，由 Becker 课题组报道(图 4.36)，合成方法是用双三甲基硅磷锂盐与碳酸二甲酯在 DME 溶液中得到 Li(DME)$_2$OCP，但是此含负离子 OCP$^-$ 的化合物稳定性较差[102]。后续相继报道了碱土金属的氧膦炔盐 Ae(DME)$_3$(OCP)$_2$(Ae=Mg，Ca，Sr，Ba)，但是这些盐如 Li(DME)$_2$OCP 一般，稳定性很差，难以分离，只能低温保存在醚类溶剂中[103]。

直到 2011 年 Grützmacher 课题组报道了氧膦炔钠盐的合成[104]，首先是仿照 1894 年 Shober 和 Spanutius 的方法在 NaPH₂ 的 DME 溶液中通入 CO 气体加热到 50～120℃得到 [Na(DME)₂OCP]₂［图 4.37(a)］。令人惊奇的是这个含有 OCP 负离子的化合物能暴露在空气中进行后处理，在水中分解也比较慢，浓度为 0.5～0.7mol/L 水溶液中，OCP⁻ 分解一半经过大约 2d 的时间。后续对该合成方法进行了改良［图 4.37(b)］，先是红磷和钠及萘在有机溶剂中混合再加入叔丁醇的方法制备出 [NaPH₂·x^tBuONa]·DME(x=2～5)，随后加入碳酸乙烯酯，通过 1,3-环二氧烷结晶出 Na(dioxane)$_x$OCP(x=2.5～4) 产物[105]。x 值可通过加入内标萘测得的产物氢谱来定量。这一方法既可以应用于实验室的少量制备也可以用于工业生产级别的大量制备。

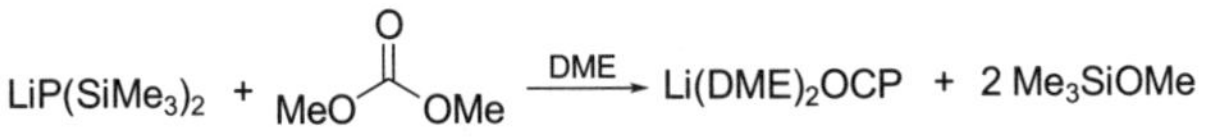

$$LiP(SiMe_3)_2 \ + \ MeO\overset{O}{\underset{}{\Vert}}OMe \ \xrightarrow{DME} \ Li(DME)_2OCP \ + \ 2\,Me_3SiOMe$$

图 4.36　Becker 课题组合成 Li(DME)₂OCP

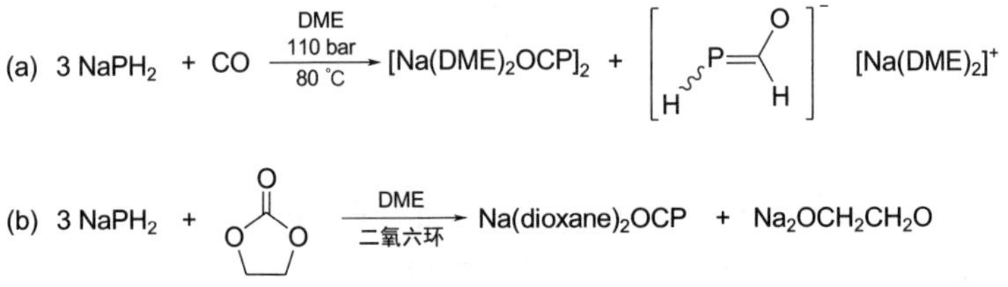

(a) $3\,NaPH_2 \ + \ CO \ \xrightarrow[80\,℃]{\substack{DME \\ 110\ bar}} \ [Na(DME)_2OCP]_2 \ + \ \left[H{-}P{=}C\overset{O}{\underset{H}{<}} \right]^{-} \ [Na(DME)_2]^{+}$

(b) $3\,NaPH_2 \ + \ $（碳酸乙烯酯）$\ \xrightarrow[\text{二氧六环}]{DME} \ Na(dioxane)_2OCP \ + \ Na_2OCH_2CH_2O$

图 4.37　Grützmacher 课题组合成 OCP⁻ 的钠盐（1bar=10⁵Pa）

2013 年，Goicoechea 课题组制备了氧膦炔的钾盐[106]，稳定性表现也很优秀，甚至是用水除去了产物中一些膦负离子杂质。对该氧膦炔负离子电子特性的研究表明该化合物具有两种共振式，氧膦炔负离子和膦烯酮负离子(图 4.38)，这两种共振式都可以作为一个温和的亲核试剂，能与 NH₄Cl 反应制备一磷代尿素[107]，也能用于构筑膦杂环化合物如 2-羟基膦苯、膦杂环戊二烯、膦代萘环等。同时该化合物反应活性的研究表明其可失去 CO 释放 P⁻，利用这一特性，第一例磷宾化合物成功制备出来[108]。

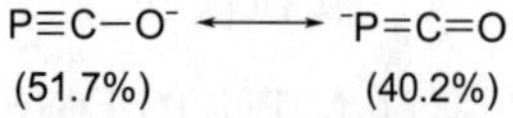

$$P{\equiv}C{-}O^- \longleftrightarrow {}^-P{=}C{=}O$$

(51.7%)   (40.2%)

图 4.38 OCP⁻ 的共振式

　　氧膦炔的共振式膦烯酮也是较稳定的结构，从氧膦烯负离子出发可以制备获得稳定的膦烯酮化合物(图 4.39)[100]。该稳定 OCP 的方法后续沿用到其他氮族类似物的稳定。当用氮杂环卡宾(L = NHC)进攻膦烯酮官能团上缺电子的碳原子后，经过分子内重排反应，再由强还原剂 KC₈ 进行还原，即可分离得到含二膦化二碳四元杂环结构单元的化合物[109]。

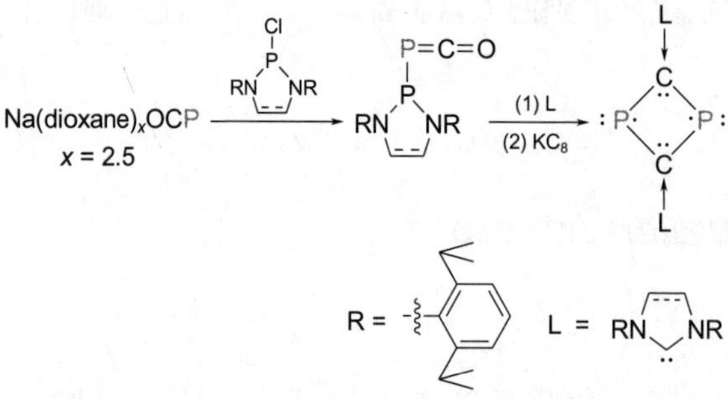

图 4.39 二膦化二碳四元杂环的制备

　　对二膦化二碳四元杂环体系的电子结构特点分析可知(图 4.40)，杂环中磷周围有 7 个电子因此属于双自由基结构。通过活化 H—H、S—S 单键，以及与 π 键发生环加成反应的研究证实了双自由基单电子的特性。但是在电子顺磁共振测试中，该化合物没有单电子自旋信号，而在核磁共振测试中很清晰地显示出各类共振核的谱图，如磷谱中显示出很强的单峰，碳谱中杂环碳受磷的影响，化学位移峰有着很明显的裂分。因此磷中心的单电子之间存在着相互作用，由两个磷原子的距离判断它们没有直接形成共价键。通过对杂环中 sp^2 杂化的碳中心分析可知，碳上三个杂化轨道有两个与磷成 σ 键，还有一个杂化轨道接受卡宾的孤对电子，剩余未杂环 p 轨道含有一对电子，垂直于杂环平面，与磷中心 p 轨道上的单电子平行交叠，因此双碳双磷四个 p 轨道形成平面环状闭合体系，且有 6 个 π 电子，符合休克尔芳香性判断规则。磷中心的单电子在此 6π 芳香体系中，实现了相互作用，自旋方向相反，从而没有剩余电子自旋的性质。

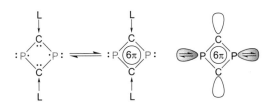

图 4.40   二膦化二碳四元杂环的电子特性

通过与金属的配位性质研究，也证实了该杂环的 6π 芳香特性，同时，作为一个中性的 6π 电子配体，其给电子能力可与环戊二烯负离子相媲美，强于目前报道的其他中性 6π 电子配体[110]。

由此可见，红磷活化的研究不仅为已知的膦化合物的合成提供了绿色环保的路径，还有效地促进了膦化合物官能团的拓展。随着合成和表征技术的进步，越来越多的结构特色明显、功能性优秀的含磷有机化合物将被发现报道出来。

参考文献

[1] Kohn M. Discovery of red phosphorus (1847) by Anton v. Schrötter (1802-1875) [J]. J Chem Educ, 1944, 21, 522-554.

[2] Corbridge D E C. Phosphorus: Chemistry, Biochemistry and Technology. Sixth Edition. Boca Raton: CRC Press, 2013.

[3] (a) Roth W L, DeWitt T W, Smith A J. Polymorphism of red phosphorus. J Am Chem Soc, 1947, 69: 2881-2885; (b) 曹宝月，崔孝炜，乔成芳，等．再谈磷的同素异形体 (1)——块体磷的同素异形体．化学教育 (中英文)，2019, 40: 19-24.

[4] Zhang S, Qian H-j, Liu Z, et al. Towards unveiling the exact molecular structure of amorphous red phosphorus by single-molecule studies. Angew Chem Int Ed, 2019, 58: 1659-1663.

[5] Jayasekera B, Aitken J A, Heeg M J, et al. Toward an arsenic analogue of hittorf's phosphorus: Mixed pnicogen chains in $Cu_2P_{1.8}As_{1.2}I_2$. Inorg Chem, 2003, 42: 658-660.

[6] Winchester R A L, Whitby M, Shaffer M S P. Synthesis of pure phosphorus nanostructures. Angew Chem Int Ed, 2009, 48: 3616-3621.

[7] (a) Thurn H, Krebs H. Crystal structure of violet phosphorus. Angew Chem Int Ed, 1966, 5: 1047-1048;

(b) Thurn H, Krebs H. Über struktur und eigenschaften der halbmetalle. XXII . Die Kristallstruktur des Hittorfschen phosphors. Acta Crystallogr B, 1969, 25: 125-135.

[8] Schusteritsch G, Uhrin M, Pickard C J. Single-layered Hittorf's phosphorus: A wide-bandgap high mobility 2D material. Nano Lett, 2016, 16: 2975-2980.

[9] Ruck M, Hoppe D, Wahl B, et al. Fibrous red phosphorus. Angew Chem Int Ed, 2005, 44: 7616-7619.

[10] Laoutid F, Bonnaud L, Alexandre M, et al. New prospects in flame retardant polymer materials: From fundamentals to nanocomposites. Mat Sci Eng R, 2009, 63: 100-125.

[11] Babushok V, Tsang W. Inhibitor rankings for alkane combustion. Combust Flame, 2000, 123: 488-506.

[12] Camino G, Costa L, Trossarelli L, et al. Study of the mechanism of intumescence in fire retardant polymers: Part VI—Mechanism of ester formation in ammonium polyphosphate-pentaerythritol mixtures. Polym Degrad Stab, 1985, 12: 213-228.

[13] (a) Davis J, Huggard M. The technology of halogen-free flame retardant phosphorus additives for polymeric systems. J Vinyl Addit Technol, 1996: 2: 69-75; (b) Schartel B, Kunze R, Neubert D, et al. Proceedings of the Conference on Recent Advances in Flame Retardancy of Polymeric Materials: [C]. Vol 13//Lewin M. BCC, Norwalk, Conn Stamford, CT USA, 2002: 93-103.

[14] Granzow A. Flame retardation by phosphorus compounds. Acc Chem Res, 1978, 11: 177-183.

[15] Granzow A, Cannelongo J F. The effect of red phosphorus on the flammability of poly(ethylene terephthalate). J Appl Polym Sci, 1976, 20: 689-701.

[16] (a) 贺云鹏, 李行, 刘继纯. 微胶囊红磷对高抗冲聚苯乙烯的阻燃作用及机理. 塑料科技, 2019, 47: 119-123; (b) Peters E N, Flame-retardant thermoplastics. I . Polyethylene-red phosphorus. J Appl Polym Sci, 1979, 24: 1457-1464.

[17] (a) Ballistreri A, Montaudo G, Puglisi C, et al. Mechanism of flame retardant action of red phosphorus in polyacrylonitrile. J Polym Sci A Polym Chem, 1983, 21: 679-689; (b) Morgan A B, Gilman J W. An overview of flame retardancy of polymeric materials: Application, technology, and future directions. Fire Mater, 2013, 37: 259-279.

[18] Wu Q, Lü J, Qu B. Preparation and characterization of microcapsulated red phosphorus and its flame-retardant mechanism in halogen-free flame retardant polyolefins. Polym Int, 2003, 52: 1326-1331.

[19] (a) Cai Y B, Wei Q F, Shao D F, et al. Magnesium hydroxide and microencapsulated red phosphorus synergistic flame retardant form stable phase change materials based on HDPE/EVA/OMT nanocomposites/paraffin compounds. J Energy Inst, 2009, 82: 28-36; (b) 蒋文俊, 李哲, 张春祥, 等. 微胶囊红磷的制备及在 PP 中的阻燃应用. 光谱学与光谱分析, 2010, 30: 1329-1335.

[20] Wang H, Meng X, Wen B, et al. A simple route for the preparation of red phosphorus microcapsule with fine particle distribution. Mater Lett, 2008, 62: 3745-3747.

[21] 陈海群, 卓凤利, 王志成, 等. 微胶囊化超细红磷的制备及其安定性研究. 无机化学学报, 2004, 20: 905.

[22] Chang S, Zeng C, Yuan W, et al. Preparation and characterization of double-layered microencapsulated red phosphorus and its flame retardance in poly (lactic acid). J Appl Polym Sci, 2012, 125: 3014-3022.

[23] (a) Liu Y, Wang Q. Preparation of microencapsulated red phosphorus through melamine cyanurate self-assembly and its performance in flame retardant polyamide 6. Polym Eng Sci, 2006, 46: 1548-1553; (b) Liu Y, Wang Q. Melamine cyanurate-microencapsulated red phosphorus flame retardant unreinforced and glass fiber reinforced polyamide 66. Polym Degrad Stab, 2006, 91: 3103-3109.

[24] (a) Liu Y-Q, Li X-Y, Zhang F-X, et al. Design and characteristic analysis of a new nozzle for preparing microencapsulated particles by RESS. J Coat Technol Res, 2009, 6: 377-382; (b) Liu Y-Q, Zhang F-X, Sun Y-Y, et al. Fabrication of fine microencapsulated red phosphorus particles by SCF-RESS with a new structure nozzle. J Coat Technol Res, 2008, 5: 465-470.

[25] (a) Blicke F F, Grier N. Antispasmodics. V. J Am Chem Soc, 1943, 65: 1725-1728; (b) Ho T-L, Wong C M. Synthesis of Desoxybenzoins. Deoxygenation with the red phosphorus/iodine system. Synthesis,

黑磷、白磷基础及应用

1975, 1975: 161-161.

[26] (a) Cantrell T S, John B, Johnson L, et al. A study of impurities found in methamphetamine synthesized from ephedrine. Forensic Sci Int, 1988, 39: 39-53; (b) Windahl K L, McTigue M J, Pearson J R, et al. Investigation of the impurities found in methamphetamine synthesised from pseudoephedrine by reduction with hydriodic acid and red phosphorus. Forensic Sci Int, 1995, 76: 97-114; (c) Skinner H F. Methamphetamine synthesis via hydriodic acid/red phosphorus reduction of ephedrine. Forensic Sci Int, 1990, 48: 123-134; (d) David G, Hibbert D, Frew R, et al. Significant determinants of isotope composition during HI/P red synthesis of methamphetamine. Aust J Chem, 2010, 63: 22-29.

[27] Pichon M M, Hazelard D, Compain P. Metal-free deoxygenation of α-hydroxy carbonyl compounds and beyond. Eur J Org Chem, 2019, 2019: 6320-6332.

[28] Puthusseri D, Wahid M, Ogale S. Conversion-type anode materials for alkali-ion batteries: State of the art and possible research directions. ACS Omega, 2018, 3: 4591-4601.

[29] (a) Qian J, Wu X, Cao Y, et al. High capacity and rate capability of amorphous phosphorus for sodium ion batteries. Angew Chem Int Edit, 2013, 52: 4633-4636; (b) Kim Y, Park Y, Choi A, et al. An amorphous red phosphorus/carbon composite as a promising anode material for sodium ion batteries. Adv Mater, 2013, 25: 3045-3049.

[30] Extance P, Elliott S R. Pressure dependence of the electrical conductivity of amorphous red phosphorus. Philos Mag B, 1981, 43: 469-483.

[31] (a) Liu N, Lu Z, Zhao J, et al. A pomegranate-inspired nanoscale design for large-volume-change lithium battery anodes. Nat Nanotechnol, 2014, 9: 187-192; (b) Sun J, Zheng G, Lee H-W, et al. Formation of stable phosphorus-carbon bond for enhanced performance in black phosphorus nanoparticle-graphite composite battery anodes. Nano Letters, 2014, 14: 4573-4580; (c) Li W, Yang Z, Jiang Y, et al. Crystalline red phosphorus incorporated with porous carbon nanofibers as flexible electrode for high performance lithium-ion batteries. Carbon, 2014, 78: 455-462.

[32] Villevieille C, Robert F, Taberna P L, et al. The good reactivity of lithium with nanostructured copper phosphide. J Mater Chem, 2008, 18: 5956-5960.

[33] Gillot F, Boyanov S, Dupont L, et al. Electrochemical reactivity and design of NiP$_2$ negative electrodes for secondary Li-ion batteries. Chem Mater, 2005, 17: 6327-6337.

[34] Marino C, Debenedetti A, Fraisse B, et al. Activated-phosphorus as new electrode material for Li-ion batteries. Electrochem Commun, 2011, 13: 346-349.

[35] Qian J F, Qiao D, Ai X P, et al. Reversible 3-Li storage reactions of amorphous phosphorus as high capacity and cycling-stable anodes for Li-ion batteries. Chem Commun, 2012, 48: 8931-8933.

[36] (a) Zhu Y, Wen Y, Fan X, et al. Red phosphorus-single-walled carbon nanotube composite as a superior anode for sodium ion batteries. ACS nano, 2015, 9; (b) Sun L, Zhang Y, Zhang D, et al. Amorphous red phosphorus nanosheets anchored on graphene layers as high performance anodes for lithium ion batteries. Nanoscale, 2017, 9: 18552-18560; (c) Wang T, Wei S, Villegas Salvatierra R, et al. Tip-sonicated red phosphorus-graphene nanoribbon composite for full lithium-ion batteries. ACS Appl Mater Interfaces, 2018, 10: 38936-38943.

[37] Yu Z, Song J, Gordin M L, et al. Phosphorus-graphene nanosheet hybrids as lithium-ion anode with exceptional high-temperature cycling stability. Adv Sci, 2015, 2: 1400020.

[38] Yao Y, McDowell M T, Ryu I, et al. Interconnected silicon hollow nanospheres for lithium-ion battery anodes with long cycle life. Nano Letters, 2011, 11: 2949-2954.

[39] (a) Hong S Y, Kim Y, Park Y, et al. Charge carriers in rechargeable batteries: Na ions vs. Li ions. Energy Environ Sci, 2013, 6: 2067-2081; (b) Yabuuchi N, Kubota K, Dahbi M, et al. Research development on sodium-ion batteries. Chem Rev, 2014, 114: 11636-11682.

[40] (a) Xu Y, Zhu Y, Liu Y, et al. Electrochemical performance of porous carbon/tin composite anodes for sodium-ion and lithium-ion batteries. Adv Energy Mater, 2013, 3: 128-133; (b) Xiao L, Cao Y, Xiao

J, et al. High capacity, reversible alloying reactions in SnSb/C nanocomposites for Na-ion battery applications. Chem Commun, 2012, 48: 3321-3323.

[41] Pei L, Zhao Q, Chen C, et al. Phosphorus nanoparticles encapsulated in graphene scrolls as a high-performance anode for sodium-ion batteries. ChemElectroChem, 2015, 2: 1652-1655.

[42] Liu W, Ju S, Yu X. Phosphorus-amine-based synthesis of nanoscale red phosphorus for application to sodium-ion batteries. ACS Nano, 2020, 14: 974-984.

[43] Zhou J, Liu X, Cai W, et al. Wet-chemical synthesis of hollow red-phosphorus nanospheres with porous shells as anodes for high-performance lithium-ion and sodium-ion batteries. Adv Mater, 2017, 29: 1700214.

[44] Corbridge D E C. Phosphorus. An outline of its chemistry, biochemistry, and technology [M]. 2nd Edition. Amsterdam: Elsevier Scientific Co, 1980.

[45] (a) Scheer M, Balázs G, Seitz A. P₄ Activation by main group elements and compounds. Chem Rev, 2010, 110: 4236-4256; (b) Cossairt B M, Piro N A, Cummins C C. Early-transition-metal-mediated activation and transformation of white phosphorus. Chem Rev, 2010, 110: 4164-4177; (c) Caporali M, Gonsalvi L, Rossin A, et al. P₄ Activation by late-transition metal complexes. Chem Rev, 2010, 110: 4178-4235; (d) Scalambra F, Peruzzini M, Romerosa A. Recent advances in transition metal-mediated transformations of white phosphorus. Adv Organomet Chem, 2019, 72: 173-222; (e) Du S, Yang J, Hu J, et al. Direct functionalization of white phosphorus to cyclotetraphosphanes: Selective formation of four P—C Bonds. J Am Chem Soc, 2019, 141: 6843-6847.

[46] Ginsberg A P, Lindsell W E. Rhodium complexes with the molecular unit P₄ as a ligand. J Am Chem Soc, 1971, 93: 2082-2084.

[47] Lennert U, Arockiam P B, Streitferdt V, et al. Direct catalytic transformation of white phosphorus into arylphosphines and phosphonium salts. Nat Catal, 2019, 2: 1101-1106.

[48] (a) Gusarova N K, Trofimov B A. Organophosphorus chemistry based on elemental phosphorus: advances and horizons. Russ Chem Rev, 2020, 89: 225-249; (b) Trofimov B A, Rakhmatulina T N, Gusarova N K, et al. Elemental phosphorus–strong base as a system for the synthesis of organophosphorus compounds. Russ Chem Rev, 1991, 60: 1360-1367; (c) Trofimov B A, Gusarova N K. Elemental phosphorus in strongly basic media as phosphorylating reagent: A dawn of halogen-free 'green' organophosphorus chemistry. Mendeleev Commun, 2009, 19: 295-302.

[49] Kosolapoff G M. Topics in phosphorus chemistry. Volume 1. J Am Chem Soc, 1965, 87: 1155-1155.

[50] Bornancini E R, Alonso R A, Rossi R A. One pot synthesis from the elements of symmetrical and unsymmetrical triaryl-phospines, -arsines and -stibines by the SRN1 mechanism. J Organomet Chem, 1984, 270: 177-183.

[51] Trofimov B A, Gusarova N K, Malysheva S F, et al. Superbase-induced generation of phosphide and phosphinite ions as applied in organic synthesis. Phosphorus Sulfur Silicon Relat Elem, 1991, 55: 271-274.

[52] (a) Gusarova N K, Arbuzova S N, Trofimov B A. Novel general halogen-free methodology for the synthesis of organophosphorus compounds. Pure Appl Chem, 2012, 84: 439-459; (b) Artem'ev A V, Gusarova N K, Korocheva A O, et al. A shortcut to tris[2-(4-hydroxyphenyl)ethyl]phosphine oxide and 2-(4-hydroxyphenyl)ethylphosphinic acid via reaction of elemental phosphorus with 4-*tert*-butoxystyrene. Mendeleev Commun, 2014, 24: 29-31.

[53] Trofimov B A, Malysheva S F, Gusarova N K, et al. A one-pot synthesis of a branched tertiary phosphine oxide from red phosphorus and 1-(tert-butyl)-4-vinylbenzene in KOH-DMSO: An unusually facile addition of P-centered nucleophiles to a weakly electrophilic double bond. Tetrahedron Lett, 2008, 49: 3480-3483.

[54] Gusarova N K, Malysheva S F, Belogorlova N A, et al. Reaction of red phosphorus with 4-methoxystyrene in KOH-DMSO system: One-pot synthesis of tris[2-(4-methoxyphenyl)ethyl]

phosphane Oxide. Phosphorus Sulfur Silicon Relat Elem, 2011, 186: 98-104.

[55] Artem'ev A V, Korocheva A O, Vashchenko A V, et al. The direct phosphorylation Of 2-, 3-, and 4-methylstyrenes and 2,4,6-trimethylstyrene with elemental phosphorus VI A Trofimov-Gusarova reaction. Phosphorus Sulfur Silicon Relat Elem, 2015, 190: 1455-1463.

[56] Artem'ev A V, Malysheva S F, Gusarova N K, et al. Reaction of elemental phosphorus with α-methylstyrenes: One-pot synthesis of secondary and tertiary phosphines, prospective bulky ligands for Pd(Ⅱ) catalysts. Tetrahedron, 2016, 72: 443-450.

[57] Artem'ev A V, Malysheva S F, Korocheva A O, et al. Direct phosphorylation of β-alkylstyrenes with elemental phosphorus under Trofimov-Gusarova reaction conditions. Russ J Org Chem, 2013, 49: 1839-1841.

[58] (a) Malysheva S F, Belogorlova N A, Gusarova N K, et al. Reaction of red phosphorus with allylbenzene in superbasic system KOH-DMSO. Phosphorus Sulfur Silicon Relat Elem, 2011, 186: 1688; (b) Malysheva S F, Belogorlova N A, Artem'ev A V, et al. Synthesis of 1-methyl-2-phenyl- and bis(1-methyl-2-phenylethyl)phosphinic acids from red phosphorus and allylbenzene. Russ J Gen Chem, 2011, 81: 142-144.

[59] Artemèv A V, Sutyrina A O, Matveeva E A, et al. Unexpected formation of 1,4-diphenylbutylphosphinic acid from 1,4-diphenylbuta-1,3-diene and elemental phosphorus via the Trofimov-Gusarova reaction. Mendeleev Commun, 2017, 27: 137-138.

[60] Gusarova N K, Shaikhudinova S I, Kazantseva T I, et al. Reactions of elemental phosphorus and phosphine with electrophiles in superbasic systems: XⅠV.1 Phosphorylation of 2-vinylnaphthalene with elemental phosphorus and phosphines in the KOH-DMSO system. Russ J Gen Chem, 2002, 72: 371-375.

[61] Gusarova N K, Arbuzova S N, Bogdanova M V, et al. First example of microwave activation of elementary phosphorus in the reaction with 2-vinylpyridine. Russ J Gen Chem, 2005, 75: 1844-1845.

[62] (a) Trofimov B A, Artemev A V, Gusarova N K, et al. Hydrophosphorylation of vinyl sulfides with elemental phosphorus in the KOH/DMSO(H₂O) system: Synthesis of 2-alkyl(aryl)thioethylphosphinic acids. J Sulfur Chem, 2018, 39: 112-118; (b) Artemev A V, Gusarova N K, Korocheva A O, et al. First example of direct phosphorylation of vinyl silanes with elemental phosphorus in superbasic media. Russ J Gen Chem, 2015, 85: 2416-2417.

[63] Wang Z. Comprehensive Organic Name Reactions and Reagents [M]. New York: Wiley Intersci-ence, 2010: 2280-2283.

[64] Trofimov B A, Arbuzova S N, Gusarova N K. Phosphine in the synthesis of organophosphorus compounds. Russ Chem Rev, 1999, 68: 215-277.

[65] (a) Arbuzova S N, Gusarova N K, Trofimov B A. Nucleophilic and free-radical additions of phosphines and phosphine chalcogenides to alkenes and alkynes. Arkivoc, 2006, 2006: 12-36; (b) Trofimov B A, Shaikhudinova S I, Dmitriev V I, et al. Reactions of red phosphorus and phosphine with electrophilies in superbasic systems: X. Phosphorylation of 2-vinylpyridine with elemental phosphorus and phosphine in the system KOH-DMSO. Russ J Gen Chem, 2000, 70: 40-45.

[66] Gusarova N K, Malysheva S F, Artem'ev A V, et al. Reaction of phosphine with allylbenzene in the KOH-DMSO system: Regioselective synthesis of (1-phenylprop-2-yl)phosphine and bis(1-phenylprop-2-yl)phosphine. Mendeleev Commun, 2010, 20: 275-276.

[67] Monkowius U V, Nogai S D, Schmidbaur H. The tetra (vinyl) phosphonium cation [(CH₂CH)₄P]⁺. J Am Chem Soc, 2004, 126: 1632-1633.

[68] Guterman R, Berven B M, Corkery T C, et al. Fluorinated polymerizable phosphonium salts from PH₃: Surface properties of photopolymerized films. J Polym Sci Part A: Polym Chem, 2013, 51: 2782-2792.

[69] Kuimov V A, Matveeva E A, Malysheva S F, et al. Direct phosphorylation of fullerene C₆₀ with phosphine. Dokl Chem, 2016, 471: 321-324.

[70] Kalek M, Stawinski J. Efficient synthesis of mono- and diarylphosphinic acids: A microwave-assisted

palladium-catalyzed cross-coupling of aryl halides with phosphinate. Tetrahedron, 2009, 65: 10406-10412.

[71] Malysheva S F, Sukhov B G, Gusarova N K, et al. Reactions of elemental phosphorus and phosphine with electrophiles in superbasic systems: X V. Phosphorylation of allyl halides with elemental phosphorus. Russ J Gen Chem, 2004, 74: 1091-1096.

[72] (a) Mironov V F, Petrov R R, Shtyrlina A A, et al. Reactions of phenylenedioxytrihalophosphoranes with arylacetylenes: Ⅲ. features of reactions of 5,6-dihalo-2-chlorobenzo[d]-1,3,2-dioxaphosphole 2,2-dichloride with arylacetylenes. Russ J Gen Chem, 2001, 71: 67-74; (b) Gusarova N K, Arbuzova S N, Shaikhudinova S I, et al. Tris[(5-chloro-2-thienyl)methyl] phosphine oxide from elemental phosphorus and 2-chloro-5-(chloromethyl) thiophene. Phosphorus Sulfur Silicon Relat Elem, 2001, 175: 163-167; (c) Malysheva S F, Belogorlova N A, Kuimov V A, et al. PCl_3- and organometallic-free synthesis of tris(2-picolyl)phosphine oxide from elemental phosphorus and 2-(chloromethyl)pyridine hydrochloride. Tetrahedron Lett, 2018, 59: 723-726.

[73] Gusarova N K, Shaikhudinova S I, Ivanova N I, et al. Reactions of elemental phosphorus and phosphines with electrophiles in superbasic systems: XII. Synthesis of unsymmetrical tertiary phosphine oxides from red phosphorus and organyl halides. Russ J Gen Chem, 2001, 71: 718-720.

[74] (a) Gusarova N K, Kuimov V A, Malysheva S F, et al. Chemoselective reaction of red phosphorus with 4-vinylbenzyl chloride: A convenient route to tris(4-vinylbenzyl)phosphine oxide. Russ J Gen Chem, 2006, 76: 325-326; (b) Gusarova N K, Kuimov V A, Malysheva S F, et al. One-pot synthesis of ultra-branched mixed tetradentate tripodal phosphines and phosphine chalcogenides. Tetrahedron, 2012, 68: 9218-9225.

[75] Herberhold W M M, Preifer A. Dinuclear derivatives of $Mn_2(CO)_{10}$ with the ligand tri(1-cyclohepta-2,4,6-trienyl)phosphane, $P(C_7H_7)_3$, and their oxidative cleavage. Z Naturforsch Sect, 2003, 58: 1-10.

[76] Gusarova N K, Shaikhudinova S I, Dmitriev V I, et al. Reaction of red phosphorus with electrophiles in superbasic systems .7. Phospholanes and phosphorinanes from red phosphorus and alpha,omega-dihaloalkanes in single preparative stage. Zh Obshch Khim, 1995, 65: 1096-1100.

[77] (a) Coughlan C, Ibanez M, Dobrozhan O, et al. Compound copper chalcogenide nanocrystals. Chem Rev, 2017, 117: 5865-6109; (b) Ong Y C, Roy S, Andrews P C, et al. Metal compounds against neglected tropical diseases. Chem Rev, 2019, 119: 730-796.

[78] (a) Zakharkin L I, Anikina E V. Catalysis of the reaction of grignard reagents with silicon, tin, phosphorus, and arsenic halides and organohalides by copper salts with the formation of organic compounds of these elements. Bull Acad Sci USSR Div Chem Sci (Engl Transl), 1990, 39: 635; (b) Baccolini C B G, Mazzacurati M. Highly atom-economic one-pot formation of three different C—P bonds: General synthesis of acyclic tertiary phosphine sulfides. J Org Chem, 2005, 70: 4774-4777; (c) Huang S H, Keith J M, Hall M B, et al. Ortho-metalation dynamics and ligand fluxionality in the conversion of $Os_3(CO)_{10}(dppm)$ to $HOs_3(CO)_8[\mu\text{-}PhP(C_6H_4\text{-}\mu_2,\eta_1)CH_2PPh_2]$: Experimental and DFT evidence for the participation of agostic C—H and π-aryl intermediates at an intact triosmium cluster. Organometallics, 2010, 29: 4041-4057.

[79] (a) Gafurov Z N, Sinyashin O G, Yakhvarov D G. Electrochemical methods for synthesis of organoelement compounds and functional materials. Pure Appl Chem, 2017, 89: 1089-1103; (b) Budnikova Y H, Gryaznova T V, Grinenko V V, et al. Eco-efficient electrocatalytic C—P bond formation. Pure Appl Chem, 2017, 89: 311-330.

[80] Kuimov V A, Malysheva S F, Gusarova N K, et al. The reaction of red phosphorus with 1-bromonaphthalene in the KOH-DMSO system: Synthesis of tri(1-naphthyl)phosphane. Heteroat Chem, 2011, 22: 198-203.

[81] (a) Artem' ev A V, Kuimov V A, Matveeva E A, et al. A new access to tri(1-naphthyl)phosphine and its catalytically active palladacycles and luminescent Cu(I) complex. Inorg Chem Commun, 2017, 86:

94-97; (b) Govdi A I, Vasilevsky S F, Malysheva S F, et al. Tri(1-naphthyl)phosphine as a ligand in palladium-free Sonogashira cross-coupling of arylhalogenides with acetylenes. Heteroat Chem, 2018, 29: e21443.

[82] Wesemann J, Jones P G, Schomburg D, et al. Phosphorus derivatives of anthracene and their dimers. Chem Ber, 1992, 125: 2187.

[83] (a) Trofimov B A, Artem'ev A V, Malysheva S F, et al. Expedient one-pot organometallics-free synthesis of tris(2-pyridyl)phosphine from 2-bromopyridine and elemental phosphorus. Tetrahedron Lett, 2012, 53: 2424-2427; (b) Walden A G, Miller A J M. Rapid water oxidation electrocatalysis by a ruthenium complex of the tripodal ligand tris(2-pyridyl)phosphine oxide. Chem Sci, 2015, 6: 2405-2410; (c) Malysheva S F, Kuimov V A, Trofimov A B, et al. 2-Halopyridines in the triple reaction in the Pn/KOH/DMSO system to form tri(2-pyridyl)phosphine: Experimental and quantum-chemical dissimilarities. Mendeleev Commun, 2018, 28: 472-474.

[84] (a) Arbuzova S N, Gusarova N K, Glotova T E, et al. Reaction of tri(2-pyridyl)phosphine with electron-deficient alkynes in water: Stereoselective synthesis of functionalized pyridylvinylphosphine oxides. Eur J Org Chem, 2014, 2014: 639-643; (b) Arbuzova S N, Gusarova N K, Verkhoturova S I, et al. P—C Bond cleavage by hydroxyl function during the addition of tris(2-pyridyl)phosphine to cyanopropargylic alcohols in water. Heteroat Chem, 2015, 26: 231-235.

[85] Trofimov B A, Gusarova N K, Malysheva S F, et al. Superbase-induced generation of phosphide and phosphinite ions as applied in organic synthesis. Phosphorus Sulfur Silicon Relat Elem, 1991, 55: 271-274.

[86] Gusarova N K, Arbuzova S N, Shaikhudinova S I, et al. Reaction of red phosphorus with electrophiles in superbasic systems .6. identification of products of phenylacetylene phosphorylation with P-KOH-HMPTA triad under mechanic-chemical activation. in Russian, 1993, 65: 1753-1759.

[87] Trofimov B A, Gusarova N K, Malysheva S F, et al. Superbase-induced generation of phosphide and phosphinite ions as applied in organic synthesis. Phosphorus Sulfur and Silicon and the Related Elements, 1991, 55: 271-274.

[88] (a) Reznikov A I, Savin I M, Krivchun M N, et al. Pt (Ⅱ) and Pd (Ⅱ) complexes with (2-bromo-1-phenylvinyl)diphenylphosphine and tris (Z-styryl) phosphine. Russ J Gen Chem, 2005, 75: 694-696; (b) Trofimov B A, Vasilevskii S F, Gusarova N K, et al. Complex of tris(Z-styryl)phosphine with PdCl₂ as a new catalyst for the Sonogashira reaction. Mendeleev Commun, 2008, 18: 318-319; (c) Nindakova L O, Shainyan B A, Albanov A I, et al. Rhodium (Ⅰ) tristyrylphosphine cyclooctadiene complexes. Russ J Gen Chem, 2004, 74: 838-841; (d) Bushuk B A, Bushuk S B, Cherepennikova N F, et al. Erbium and ytterbium complexes with phosphates and phosphine oxides. Mendeleev Commun, 2004, 14: 109-111.

[89] Trofimov B A, Malysheva S F, Belogorlova N A, et al. Method for producing tris (2-pyridyl) phosphine: Patent RU 2673234 [P]. 2018.

[90] Trofimov B A, Gusarova N K, Arbuzova S N, et al. Base-catalyzed addition of phosphine to aryl- and hetarylethynes. An efficient method for the preparation of 2-substituted trivinylphosphines. Synthesis, 1995, 1995: 387-388.

[91] Gusarova N K, Trofimov B A, Malysheva S F, et al. Reaction of red phosphorus with benzyl halides in a superbase system. New York: Springer Nature, 1989.

[92] Ionin B I, Bogolyubov G M, Petrov A A. Organophosphorus compounds containing acetylenic and diene substituents. Russian Chemical Reviews: Reviews on Current Topics in Chemistry, 1967, 36 (4): 249-260.

[93] (a) Arbuzova S N, Gusarova N K, Trofimov B A, et al. t-Butyl alcohol-assisted fission of the P—P bonds in red phosphorus with lithium in liquid ammonia: A convenient preparative method for dialkylphosphanes. Recl Trav Chim Pays-Bas, 1994, 113: 575-576; (b) Brandsma L, Gusarova N K,

Gusarov A V, et al. Efficient one-pot procedures for the preparation of secondary phosphines. Synth Commun, 1994, 24: 3219-3223; (c) Brandsma L, van Doom J A, de Lang R-J, et al. Cleavage of PP bonds in phosphorus. An efficient method for the preparation of primary alkylphosphines. Mendeleev Commun, 1995, 5: 14-15.

[94] Schäfer H, Fritz G, Hölderich W. Das LiPH$_2$ · 1 Monoglym. Z Anorg Allg Chem, 1977, 428: 222-224.

[95] (a) Hadlington T J, Szilvási T, Driess M. Versatile tautomerization of EH$_2$-Substituted Silylenes (E = N, P, As) in the coordination sphere of nickel. J Am Chem Soc, 2019, 141: 3304-3314; (b) Driess M, Pritzkow H, Reisgys M. Concerning new 1,3,2,4-diphosphadisiletanes and diorganodi (phosphino) silane derivatives. Chem Ber, 1991, 124: 1931-1939; (c) Dou D, Wood G L, Duesler E N, et al. Synthesis and chemistry of diborylphosphanes. Inorg Chem, 1992, 31: 1695-1702; (d) Li B, Bauer S, Seidl M, et al. Monomeric β-diketiminato group 13 metal dipnictogenide complexes with two terminal EH$_2$ groups (E=P, As). Chemistry, 2019, 25: 13714-13718; (e) Weinhart M A K, Lisovenko A S, Timoshkin A Y, et al. Phosphanylalanes and phosphanylgallanes stabilized only by a Lewis base. Angew Chem Int Ed, 2020, 59: 5541-5545.

[96] Stein D, Ott T, Grützmacher H. Phosphorus heterocycles from sodium dihydrogen phosphide: Simple synthesis and structure of 3,5-diphenyl-2,4-diazaphospholide. Z Anorg Allg Chem, 2009, 635: 682-686.

[97] Podewitz M, van Beek J D, Wörle M, et al. Ion dynamics in confined spaces: Sodium ion mobility in icosahedral container molecules. Angew Chem Int Edit, 2010, 49: 7465-7469.

[98] (a) Huber A, Kuschel A, Ott T, et al. Phosphorous-functionalized bis(acyl)phosphane oxides for surface modification. Angew Chem Int Edit, 2012, 51: 4648-4652; (b) Beil A, Müller G, Käser D, et al. Bismesitoylphosphinic acid (BAPO-OH): A ligand for copper complexes and four-electron photoreductant for the preparation of copper nanomaterials. Angew Chem Int Edit, 2018, 57: 7697-7702.

[99] Goicoechea J M, Grützmacher H. The chemistry of the 2-phosphaethynolate anion. Angew Chem Int Edit, 2018, 57: 16968-16994.

[100] Li Z, Chen X, Bergeler M, et al. A stable phosphanyl phosphaketene and its reactivity. Dalton Trans, 2015, 44: 6431-6438.

[101] Shober W S, Spanutius F W. Am Chem J, 1894, 16: 229-233.

[102] Becker G, Schwarz W, Seidler N, et al. Acyl- und alkylidenphosphane. XXXⅢ. Lithoxy-methylidenphosphan · DME und -methylidinphosphan · 2 DME—Synthese und Struktur. Z Anorg Allg Chem, 1992, 612: 72-82.

[103] Westerhausen M, Schneiderbauer S, Piotrowski H, et al. Synthesis of alkaline earth metal bis(2-phosphaethynolates). J Organomet Chem, 2002, 643-644: 189-193.

[104] Puschmann F F, Stein D, Heift D, et al. Phosphination of carbon monoxide: A simple synthesis of sodium phosphaethynolate (NaOCP). Angew Chem Int Edit, 2011, 50: 8420-8423.

[105] Suter R, Benkő Z, Bispinghoff M, et al. Annulated 1,3,4-azadiphospholides: Heterocycles with widely tunable optical properties. Angew Chem Int Edit, 2017, 56: 11226-11231.

[106] Jupp A R, Goicoechea J M. The 2-phosphaethynolate anion: A convenient synthesis and [2+2] cycloaddition chemistry. Angew Chem Int Edit, 2013, 52: 10064-10067.

[107] Jupp A R, Goicoechea J M. Phosphinecarboxamide: A phosphorus-containing analogue of urea and stable primary phosphine. J Am Chem Soc, 2013, 135: 19131-19134.

[108] Liu L, Ruiz D A, Munz D, et al. A singlet phosphinidene stable at room temperature. Chem, 2016, 1: 147-153.

[109] (a) Li Z, Chen X, Andrada D M, et al. (L)$_2$C$_2$P$_2$: Dicarbondiphosphide stabilized by N-heterocyclic carbenes or cyclic diamido carbenes. Angew Chem Int Edit, 2017, 56: 5744-5749; (b) Li Z, Chen X, Benkő Z, et al. N-Heterocyclic carbenes as promotors for the rearrangement of phosphaketenes to

黑磷、白磷基础及应用

phosphaheteroallenes: A case study for OCP to OPC constitutional isomerism. Angew Chem Int Edit, 2016, 55: 6018-6022.

[110] Li Z, Chen X, Liu L L, et al. *N*-Heterocyclic carbene stabilized dicarbondiphosphides: Strong neutral four-membered heterocyclic 6π-electron donors. Angew Chem Int Ed, 2020, 59: 4288-4293.

5

黑磷的制备

Foundation and Applications of Black Phosphorus and White Phosphorus

5.1
引言

历史中关于磷的记载可以追溯到公元前的中国古代，《诗经》中描述了磷的自燃现象。然而，分子形式的单质磷，即白磷，在 1669 年才被 Hennig Brand 分离出来。1914 年，Bridgman 等 [1] 在研究高压对白磷相转变成红磷的影响时，意外得到比白磷体积小得多的黑色物质，后被证实是磷的一种新的同素异形体而不是一种化合物，并将其命名为黑磷。尽管黑磷是最后被发现的，但在常规条件下，黑磷比白磷和红磷在热力学上更稳定。到目前为止，已经合成了至少 5 种磷的晶型和无定形结构，并对其他相进行了理论预测。

1965 年，Brown 和 Rundqvist 发现白磷能溶于液态铋，不需要高压即可制备微米级黑磷晶体，但是杂质较多。1989 年，Mamoru Baba 以高纯度红磷为前驱体，先制备白磷再与液态铋混合制备高质量的黑磷晶体，但所需时间较长。之后很长一段时间都没有黑磷的相关报道，2006 年 Sohn 等人借助高能机械球磨技术得到黑磷多晶粉末；2007 年 Tom Nilges 课题组采用低压气相传输矿化法制备了高质量的黑磷晶体，并不断改进矿化剂的组分，保证材料价格便宜、晶体杂质少。然而，在这期间黑磷的应用一直没有得到发展。

直至 2014 年，石墨烯等二维材料的发现给黑磷的研究提供了新方向。厚度是决定二维晶体材料的电子、光学和热性能的关键参数之一，原子级厚度薄层材料的制备是人们关注的焦点。2014 年，黑磷被首次发现具备层状二维结构，可剥离成单层或少层的纳米片，也被称为黑磷烯或二维磷烯(2D phosphane)。近年来的研究表明，从块体黑磷中制备黑磷烯的方法包括机械剥离法、液相剥离法、电化学剥离法、等离子体辅助剥离法、热减薄法等。近年来，关于黑磷的研究工作如雨后春笋般大量涌现，如通过液相剥离法制备黑磷纳米片、热沉积法制备黑磷薄膜、自上而下法制备黑磷量子点、多步冷冻法制备黑磷纳米带等，其应用也是百花齐放，如光、电催化产氢，全分解水，染料降解，场效应晶体管，超级电容器，储能器件，光热诊疗试剂等。图 5.1 为黑磷制备技术的发展历程。

1914年	1965年	2006年	2007年	2014年	2015年	2017年	至今
高压法制黑磷晶体	液态铋共熔法	高能机械球磨法制黑磷多晶粉末	低压气相传输矿化法	机械剥离法得到黑磷烯	液相剥离法制黑磷纳米片	热沉积法制黑磷薄膜 自上而下法制黑磷量子点	电化学法制黑磷烯

图 5.1　黑磷制备技术发展历程

5.2

黑磷晶体的制备

5.2.1　高压法

Bridgman 等通过高压法制备黑磷，以白磷为前驱物，置于高压容器中，以煤油作为导热介质，施加 0.6GPa 的液体静压力，在恒温控制的油浴中由室温升高到 200℃，压力可升高至 1.2～1.3GPa，保持约 0.5h 可实现白磷向黑磷的转变。待反应结束容器冷却至室温后缓慢释放压力，得到比原来白磷体积小得多的黑色物质，后被证实是黑磷。Bridgman 还注意到这种新的同素异形体(黑磷)与白磷、红磷二者最显著区别是它的高密度，通过水下称重法测定黑磷的密度，最小密度为 2.47g/cm^3，最大密度为 2.654g/cm³，密度明显高于白磷和红磷的密度。此外，黑磷的化学性质更稳定，不易在空气中燃烧，甚至在空气中被加热到 400℃也不会发生自燃，基本上无毒性。磷的三种同素异形体的物理性质对照见表 5.1。

表5.1　磷的三种同素异形体物理性质

物理性质	白磷（P_4）	红磷（RP）	黑磷（BP）
颜色	无色或淡黄色的透明结晶固体	红棕色粉末	深黑色粉末
毒性	剧毒	无毒	无毒
密度 /（g/cm³）	1.83	2.05～2.34	2.70
熔点 /℃	44.1	59	490
沸点 /℃	280	200	
溶解度	不溶于水，易溶于二硫化碳	不溶于水和二硫化碳	不溶于有机溶剂
构型	正四面体	无定形（长链状）	正交晶型二维平面

后来，Keyes 等将压力提高到 1.3GPa，温度维持在 200℃，同样可以制备出横向尺寸约为 0.1mm 的黑磷[2]；Sun 等人将白磷和红磷放置在立方砧高压装置中，升高压力至 2.0～5.0GPa，温度保持在 200～800℃，反应 15min，即可得到约 3mm 厚、8mm 长的大块黑磷[3]。还有其他研究者同样用高压法成功制备出黑磷，该方法重现性较好、耗时短，制备的黑磷尺寸大，但是反应条件所需的高压设备需特制，成本较高，不适合产业化大批量生产。

5.2.2　液态铋共熔法

相较于传统的高压法，液态铋共熔法提供了一种全新制备黑磷的方法。Maruyama 等采用净化的白磷为反应物，与铋粉分别放在耐热玻璃管的两端，并抽真空密封，加热熔化铋并迅速浇注到白磷上，混合均匀后将玻璃管加热到 400℃保温 20h，冷却至室温，用 30% 的硝酸洗涤产物上的铋，即可得到针状或棒状的黑磷单晶[4]。该方法存在的问题是：白磷在空气中易燃、有毒，而性质相对稳定的红磷不能溶解在液态铋中，不能作为反应物。

Mamoru Baba 等[5]对上述液态铋共熔法进行了改进，以高纯红磷为前驱体，通过电热炉加热到485℃，使红磷气化得到磷蒸气，然后通过气相传输，传输管道通过加热带加热到250℃，磷蒸气会在无加热带的管壁冷却，得到不含硫、硒、砷等杂质的高纯白磷，之后加热到80℃只将白磷熔化，然后液态白磷流入盛有Bi的管道中，在400℃的高温下加热24h，通过逐步冷却，得到黑磷晶体。红磷比白磷在大气中更加稳定，且无毒，相比直接使用白磷作为原料，操作过程会更安全，但是该反应实现白磷到黑磷的完全转化耗费时间较长，并且反应需要使用大量的金属铋，黑磷的分离存在一定问题。具体流程图参见图5.2。

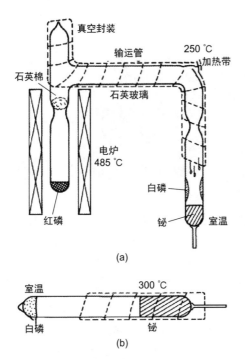

图5.2 全封闭液态铋共熔法[5]

（a）红磷转化成白磷的石英管设备；（b）制备黑磷晶体的石英管

5.2.3 低压气相传输矿化法

2007 年 Tom Nilges 等人[6]首次报道关于低压条件下($p = 10^{-3}$mbar)制备黑磷的相关研究。采用无毒、无害的高纯红磷为原料，少量的金（Au）、锡（Sn）和碘化锡（SnI_4）作为矿化剂，通过热熔的方法将混合物封于真空石英管中，将石英管水平放于马弗炉中，分别加热至 550℃、600℃、650℃，并在该温度下保温 5 ~ 10d，得到尺寸大于 0.1cm 的黑磷晶体，见图 5.3。通过 X 射线衍射、单晶 X 射线衍射、电子显微镜、^{31}P 核磁共振谱等表征方法和热力学计算等理论分析方法探究了黑磷晶体晶相构型及杂质组成。该方法首次实现在低压下合成黑磷晶体，但是耗时将近一周，还有大量红磷未转化完全，得到的产物黑磷晶体表面有 SnI_4、Au_3SnP_7、AuSn、Sn_4P_3 和 $AuSn_2$ 等杂质斑点，且使用到金，使制备成本提高。

图 5.3 以 Au 等为促进剂制备黑磷后的石英管和黑磷晶体[6]

2008 年 Tom Nilges 等人[7]继续对上述合成路线进行优化，以无毒的红磷为原料，SnI_4 和 AuSn 作为矿化剂促进反应进行，将上述原料混合倒入石英管中，抽真空使压力低于 10^{-3}mbar 热熔封好石英管之后，水平放置在马弗炉中央，在 1h 内加热到 400℃，保持 2h，缓慢升温到 600℃保持 23h，之后以 40℃/h 的速率降温到 500℃，再于 4h 内降温到室温，得到的黑磷晶体直径超过 1cm，见图 5.4。缩短总反应时间和减少 AuSn 的用量，保证了该制备过程的效率，其黑磷转化率接近 100%，只是黑磷晶体尺寸略小（直径约为 0.5cm）。将反应时间延长到 70h，温度提高到700℃，可使红磷完全转化为黑磷。与传统的汞催化、高压合成、液态铋共熔法等方法相比，该方法在制备时间和晶体尺寸方面有了显著的提高。目前的方法也大大改善了之前报道的低压合成黑磷路线中产率低问题，可以使用更大的石英管和马弗炉来扩大生产或减少矿化剂 AuSn 和 SnI₄的用量，以最大限度地提高转化率、降低生产成本，避免使用剧毒的原料，使制备过程更加安全。

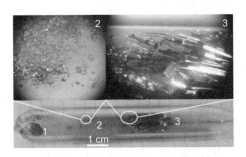

图 5.4　以 AuSn 等为促进剂制备黑磷后的石英管 [7]
1—块状残渣；2—紫磷；3—主要产物黑磷晶体

　　2014 年 Tom Nilges 课题组等人 [8] 通过红磷的短程输运反应制备正交晶型的黑磷，并对矿化剂辅助制备黑磷的方法进行改进。以超高纯度红磷为原料，称取一定量的 Sn、SnI₄，放入石英管中，水平放置在马弗炉中，加热到 650℃，保持 30min 后，降温到 550℃保持 7.5h，得到色泽光亮的黑磷晶体，尺寸大于 1.0cm，见图 5.5。使用原位中子衍射发现黑磷晶体是直接通过气相转化形成的，在降温阶段开始生长，并在较短时间内即可完成整个生长过程。该工作与 2008 年的报道相比，显著改善了黑磷的合成工艺和晶体质量。优化温度程序后，黑磷晶体表面未见明显的红磷和 SnI₄ 附着现象，产物较纯。这种方法用 SnI₄ 替代 AuSn 矿化剂，不再使用贵金属金作催化剂，并通过促进晶体的成核和生长，抑制杂相的生成，大大缩短了反应时间，降低了反应成本和副产物生成量，可以使黑磷单晶以低成本、快速和有效的方式高质量、大量地生长，其尺寸可达几毫米。

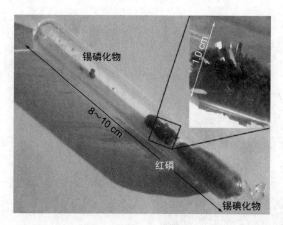

图 5.5　合成黑磷后的石英管（底部是橙色的 SnI_4、中间部位黑色聚集体是黑磷晶体）[8]

　　2015 年浙江大学的王业伍等人 [9] 报道了一种简易的方法制备大尺寸黑磷晶体微米带。制备过程如下：在手套箱中称量红磷、Sn、碘单质，置于石英管中，密封后放入马弗炉中，从室温缓慢升温到 590℃，保温2h，随后降温至 485℃并恒温保持 2h，然后缓慢降温到 120℃，最后将石英管从马弗炉中取出并自然冷却到室温，得到的黑磷微米带密集分布在石英管壁，长达 2cm 以上，见图 5.6。该方法黑磷晶体产量高达 97%，进一步降低了成本。

图 5.6　石英管中生长的黑磷微米带（a）和黑磷微米带的放大图（b）及清洗干净的黑磷微米带（c）[9]

　　清华大学的任天玲和严清峰等人 [10] 于 2016 年报道了一种两步简易绿色合成正交黑磷单晶(o-BP)的方法。该方法产率高达 90%，单晶尺寸约 3mm。以锡、碘为矿化添加剂，高纯红磷为前驱体，称量后混合放入石英管中（管长 100mm，内径 8mm，管壁厚 1mm），抽真空后压力为 0.1Pa，密封后将石英管水平放置在具有两个独立加热区的管式炉中。两步加热过程包含一系列程序升温反应，恒温加热，缓慢降温等处理过程。第一步，将含有反应物的一端在 7h 内从室温加热到 460℃，并且在此温度保持加热 5～10h，另一端放在低温区，同时在 7h 内将温度升高到 400℃；第二步，高温区和低温区按照 25℃/h 的升温速率分别加热到 630℃和 580℃，保持恒温加热 5～10h；最后，按照 50℃/h 的冷却速率降温到室温，得到尺寸 3mm 级正交黑磷单晶，见图 5.7。磷化锡是反应唯一的副产物，该方法大大简化了 o-BP 单晶的后续分离纯化过程。一系列的结构和光学特性表明，生长的 o-BP 单晶具有良好的晶体质量。

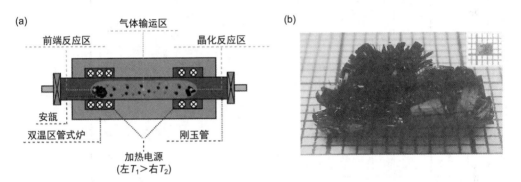

图 5.7　两步法加热 CVT（化学气相输运法）反应实验装置图（a）及正交黑磷单晶图片（b）（内嵌图表示单晶尺寸 2mm×3mm）[10]

黑磷这一新物相的发现，大大丰富了磷科学的发展。黑磷晶体的合成技术发展（表 5.2）了 100 多年，从需要超高压设备到低压条件下便能制备，经历了一个从难到易的过程。如今材料的易得性推动了大家对黑磷的探究进一步加强和深入，也让工业界对这一材料引起极大关注。追溯到 1914 年，Bridgeman 通过高压法，在特定的温度下首次实现黑磷的制备。虽然高压法需要特种设备，条件苛刻，但直至今日，仍有大量研究者使用高压法制备黑磷晶体，包括探究更高压下黑磷其他晶体结构的存在。Maruyama 等利用白磷与液态铋共熔的特性，升温至 400℃并保温

表5.2 黑磷制备方法及优缺点

年份	研究员	制备方法					优点	缺点
		原料	温度/℃	压力/GPa	矿化剂	时间/h		
1914	Bridgman	白磷	200	1.2～1.3		约0.5	首次成功合成黑磷晶体，所需时间短	需要高压强，对设备要求高
1948	Bridgman	红磷	室温	8.0				
1965	Brown 和 Rundqvist	白磷	300～400		铋（Bi）	20	可得到微米级尺寸大小的黑磷晶粒	白磷活性高、易燃、有毒，产物中易掺杂 S、Se、As 等杂质，难以分离
1989	Mamoru Baba	红磷	250～485	真空	铋（Bi）	48	高质量黑磷晶体，过程较安全	耗时，需要使用大量 Bi，价格较高
2007	Tom Nilges	红磷	550～650	10^{-10}	Au、Sn、SnI$_4$	120～240	首次实现低压下黑磷的制备	非常耗时，效率低，副产物多
2008	Tom Nilges	红磷	400～600	$<10^{-10}$	SnI$_4$、AuSn	32.5	晶体直径达到1.5cm，结晶度好，避免使用高成本设备和剧毒原料	耗时，晶体中混有矿化剂及其他金属磷化物
2014	Tom Nilges	无定形红磷	500～650	10^{-10}	Sn、SnI$_4$	10	低成本、快速、高效，得到高质量、低副产物的黑磷晶体	需要按照程序序升温
2016	任天玲、严清峰	红磷	400～630	10^{-10}	Sn、I$_2$	46	产量高达90%，单晶质量好、尺寸大	温度控制步骤多，分离低温控制区较复杂

一定时间，发生相转变析出反应得到黑磷。由于白磷在大气环境中易燃、有毒，1989 年 Mamoru Baba 对上述方法进行改进，采用红磷作原料，通过二次转化，在高温下气化相转变得到白磷，之后溶于铋加热保温、用硝酸洗涤后得到针状或棒状的黑磷晶体。2007 年 Tom Nilges 等人首次报道低压气相传输矿化法制备黑磷，考虑反应速率和时间、合成成本、转化率、副产物等因素，该方法得到持续的优化，包括改变合成温度和矿化剂的种类，避免使用贵金属金和 SnI_4 等高成本原料，用单独的 Sn、I_2 进行代替。基于 Tom Nilges 的化学气相输运法（CVT）也是目前制备黑磷晶体的主流方法。

5.3

黑磷多晶的制备

高能机械球磨法也可以实现红磷向黑磷的相转变，但黑磷粉体的结晶度较差，晶粒尺寸仅在微米级。2006 年 Sohn 等人[11]采用高能机械球磨技术（HEMM），使用高纯度的红磷为原料（纯度大于 99%，平均尺寸为 15μm），与不锈钢球珠混合（球料比为 20∶1），在常温常压下高能球磨 54h，成功制备了平均尺寸为 3.3μm 的黑磷多晶粉末。大量的研究发现，在机械球磨过程中温度可以上升到 200℃，压力可达到 6GPa，足以使红磷转化为其高压同素异形体黑磷。

2016 年赵崇军课题组和李振课题组合作[12]，采用一步无溶剂高能机械球磨法制备了水溶性、生物相容性优异的 PEG（聚乙二醇）处理的黑磷纳米颗粒。该方法将红磷（纯度大于 99%）和不锈钢球珠混合（质量比为 1∶100），球磨 96h，然后加入 PEG，混合球磨 72h，得到黑色黑磷粉末。

制备得到的黑磷纳米颗粒具有良好的生物相容性和光热性能，在生物医药、癌症诊疗中有巨大的应用前景。虽然机械球磨法简单易行，但需要高能量和较长的球磨时间，且需要通惰性气体以防止黑磷被氧化，而且所制备的黑磷结晶度较低，只能得到黑磷多晶粉末。

5.4

黑磷薄膜的制备

5.4.1 在柔性基底上制备黑磷薄膜

2015 年，耶鲁大学的夏丰年等人[13]通过热沉积法在柔性衬底上制备出了大面积（大小达 4mm，厚度约 40nm）的黑磷薄膜。首先在基板上沉积一层红磷薄膜，然后加压将其转化为黑磷薄膜，制备路线如图 5.8(a)所示。转换过程在室温下进行，完成红磷到黑磷的转换需要超过 8GPa 的压力，如图 5.8(c)所示。在自行设计的石英套管装置中采用热沉积法制备红磷薄膜，其原理如图 5.8(b)所示。大约 5mg 的高纯红磷粉末被放置在一端开口的石英管中。一块尺寸为 40mm×50mm×75μm 的聚对苯二甲酸乙二醇酯(PET)薄膜被卷曲置于管内壁靠近端口。石英管的开口端被一层聚酯薄膜覆盖，薄膜中心有一个直径约 0.5mm 的孔。选择 PET 薄膜是由于其固有的柔性和化学惰性。管口聚酯薄膜覆盖层被用来限制磷蒸气的流动，使磷能有效沉积在柔性基底上。整个装置被装入直径 50mm 的石英管腔中，用泵将反应室抽真空到 10mTorr(1Torr = 133.322Pa) 以下，红磷粉末在受热区，基底在室温区，将红磷粉末加热至 400℃，保持约

10min。磷蒸气在基底上凝结形成黑磷薄膜，厚度可以通过沉积时间控制。

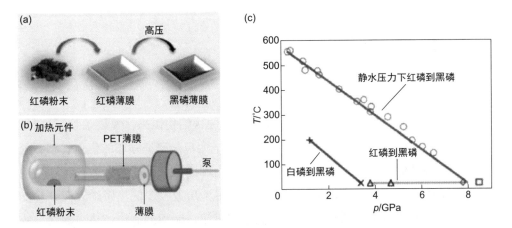

图 5.8 以柔性 PET 作基底合成黑磷薄膜的路线（a）；沉积红磷薄膜的装置（b）；不同压力和温度下，从白磷或红磷转换黑磷的标准（c）[13]

5.4.2 以蓝宝石作衬底合成黑磷薄膜

耶鲁大学的夏丰年和武汉科技大学的 Xie 等人[14]，于 2018 年合作报道了在 5mm 蓝宝石基底上直接合成高结晶度的黑磷薄膜的方法。该方法先通过在蓝宝石衬底上沉积红磷薄膜，在石英管底端装上红磷粉末，另一端放置抛光的蓝宝石衬底，用塑料塞封口，戳 0.5mm 的孔排气，外加一个更大的石英管套加泵设备，抽真空至压力低于 12mTorr，用马弗炉加热至 400℃保持约 0.5h，通过调节沉积时间以控制红磷薄膜的厚度；然后在 700℃高温和 1.5GPa 高压下保持 4h，红磷相转变得到黑磷薄膜。选择蓝宝石作衬底是因为其非常稳定，即使在高温高压下也不会与磷元素反应。合成的黑磷薄膜长达 600μm，并且具有高品质的多棱晶域结构，尺寸在 40～70μm。在上述条件下，透明的薄层 h-BN（六方氮化硼）依旧非常稳定，没有发生相转变，h-BN 与 BP 薄膜界面形成原子级接触，h-BN/BP/h-BN 异质结在场效应晶体管中有很好的性能。

5.5

黑磷烯的制备

自从 2014 年黑磷被揭示具有二维层状结构以来，黑磷烯(即黑磷纳米片，也称为磷烯、二维黑磷)的制备成为黑磷研究领域的焦点。和石墨烯等其他二维材料相似，黑磷层与层间的范德瓦耳斯力较弱，可通过简单的物理或化学方法将其打破，从而得到层数较少的黑磷烯。黑磷烯的制备方法主要包括自上而下的机械剥离法、液相剥离法、热减薄法、等离子刻蚀法等和自下而上的化学气相沉积法、脉冲激光沉积法、相转变、溶剂热反应等。机械剥离法是最早被研究的方法，但其产率极低且无法控制厚度和尺寸。液相剥离法在磷烯规模化制备方面具有明显的优越性，该方法是以液体为媒介直接剥离块体层状材料的一类方法的统称，见图5.9，目前应用比较多的是超声液相剥离技术和电化学剥离技术，化学气相沉积法的研究尚处于起步阶段。

图 5.9　黑磷烯的制备方法 [15]

5.5.1　机械剥离法

机械剥离法是通过对块体层状材料施加机械力，将材料剥离成单层或少层结构，其中尤其以胶带法制备石墨烯为代表，是实验室制备薄层材料的常用方法。早在 2004 年就成功采用胶带剥离法得到石墨烯。尽管机械剥离法可以得到较薄的黑磷烯，但是产量低、耗时耗力，仅限于基础研究。

2014 年，Castellanos-Gomez 课题组[16]改进了机械剥离技术，制备出高产量的、厚度低于 2 个原子层的黑磷烯。传统的机械剥离方法是用胶带剥离，虽不需要经过任何化学过程处理，简单易行，但少层黑磷烯的产率较低，且黑磷表面残留有黏结剂。采用中等黏弹性表面剥离黑磷烯，能显著提高产率，减少污染。将大块黑磷胶带反复撕裂几次，将含有薄黑磷晶体的胶带轻轻压在聚二甲基硅氧烷(PDMS)基衬底上，并迅速剥离。利用透射光学显微镜对薄层磷片、厚层磷片进行鉴别。将 PDMS 衬底表面的薄片与新的受体衬底轻轻接触，慢慢剥离即可通过这种全干式转移技术，将 PDMS 衬底表面的薄片转移到其他衬底上。2015 年深圳大学的张晗和其他团队合作[17]，基于机械剥离的黑磷开发了一种新型的可饱和吸收器(SA)，在超快激光电子领域有很好的应用前景。采用胶带将大块的商业黑磷反复撕裂成比较薄的片，直至黑磷足够薄并能使光透过。具体剥离过程示意图见图 5.10。

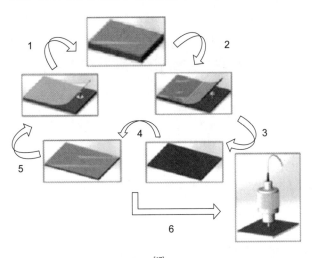

图 5.10　机械剥离黑磷示意图[17]

5.5.2　液相剥离法

5.5.2.1　超声液相剥离技术

超声已被广泛应用于多种材料的液相制备。超声剥离的基本原理是超声波诱使液体产生高压气泡，当气泡破裂时，微型的喷射和冲击波穿过分散在溶剂中的晶体，在晶体上产生密集的张应力，从而最终使得块体剥离为较薄的片层。其中溶剂的选择至关重要，溶剂的表面能需要与块体相匹配。在合适的溶剂中，可以通过控制超声时间和功率、环境温度、机械混合系统、表面活性剂、聚合物和容器形状等参数来调控最终产物的形貌和质量。

近年来，海内外科研工作者在黑磷超声液相剥离方面的工作百花齐放，从有机溶剂体系、表面活性剂溶液体系、离子液体体系到水溶液体系，围绕黑磷烯的晶体质量控制、横向尺寸控制、片层厚度控制、表面修饰分子控制、表面电荷控制等方面开展了系列研究。

液相超声剥离的方法大致相同，最主要的变化就是构建不同的有机溶剂，使剥离过程更高效，黑磷烯能在有机溶剂体系中稳定存在。目前被广泛研究的有机溶剂有：氮甲基吡咯烷酮、二甲基甲酰胺、二甲基亚砜、N-环己基-2-吡咯烷酮和异丙醇等。黑磷烯的尺寸可以通过调节处理时间和超声功率得以控制。黑磷晶体预先研磨可以提高下一步超声剥离的效率。探头超声的效率比水浴超声的效率高，所需时间更短。

（1）有机液相剥离

2014年，曼彻斯特大学 David J. Lewis 课题组[18] 率先开展了黑磷超声液相剥离技术的研究，该课题组采用 N-甲基吡咯烷酮(NMP)作为剥离液，水浴超声 24h，超声全过程水浴温度保持在 30℃以下，通过离心去除大块固体，成功获得了 3～5 层的磷烯。

2015年 Mark C. Hersam 课题组提出了一种直接在有机溶剂中进行液相剥离来大规模制备电子级黑磷烯的方法[19]。通过在一个密封的尖端超声系统中，隔绝氧气和水，可以避免黑磷降解。具体方法是将黑磷晶体存储在手套箱中，并在100℃以上退火，以去除无定形的水分子。在液相剥离实验中，通过在50mL锥形管的塑料盖上穿孔，插上一种定制的尖端超声仪，瓶口与瓶盖之间的界面用聚二甲基硅氧烷(PDMS)多次密封，防止O_2和H_2O渗透到管中［见图5.11(a)，(b)］。因此，在超声剥离黑磷晶体过程中，锥形管内仅存在黑磷晶体、无水有机溶剂和Ar气体。以不同速度离心制备的黑磷烯，去除未剥落的晶体［图5.12(c)］。在传统溶剂中，NMP被发现可以提供稳定、高浓度(约0.4mg/mL)的电子级二维黑磷分散体系，电子级二维黑磷在场效应晶体管中表现出双极性行为，电流开关比和迁移率分别达到10^4和$50cm^2/(V \cdot s)$。

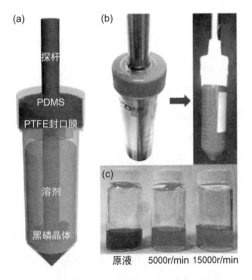

图5.11　通过探杆超声仪在不同溶剂中液相剥离黑磷装置示意图（a），定制尖端超声仪的图片（b），超声剥离后分散在NMP中的BP及不同转速离心后的BP（c）[19]

　　2015年中国科学院深圳先进技术研究院喻学锋教授课题组建立了碱性溶液超声液相剥离磷烯的方法，利用含有氢氧化钠的NMP饱和溶液不仅实现了黑磷的高效剥离，通过控制离心转速得到不同厚度分布的黑磷烯，图5.12为在含有氢氧化钠的NMP中剥离制备黑磷烯的示意图。同时探究了黑磷烯拉曼信号的层数依赖特性，根据建立黑磷层数越大、拉曼信号峰位越红移的关系，可以用于黑磷烯的层数鉴定[20]。

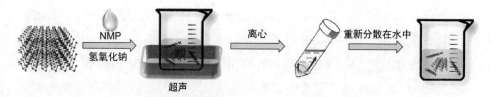

图 5.12　在碱性 NMP 中剥离制备黑磷烯的示意图[20]

2015 年，Jonathan N. Coleman 课题组[21] 构建了 N- 环己基吡咯烷酮 (CHP) 溶剂稳定黑磷的体系，通过液相剥离法制备出大量高质量、少层、尺寸可控、光致发光的黑磷烯。具体方法是先研磨大块黑磷晶体，然后与 CHP 混合，用超声探头超声 5h，并通过控制离心转速对不同厚度黑磷烯进行分离，获得了尺寸可控、具有直接带隙荧光的高质量黑磷烯，并提出了黑磷烯在溶剂中有水、氧存在时的降解机制，有助于深入了解降解机理是与纳米片边缘还是平面有关。黑磷烯在 CHP 中非常稳定，很有可能是由于溶剂化壳层的保护，隔绝了黑磷烯与水或氧的反应。该课题组还展示了制备的黑磷烯具有卓越的非线性光学性质，拓宽了黑磷在光学方面的应用。

剪切剥离法也是液相剥离法中的一种，Xu 等人首次以剪切剥离代替超声剥离[22]，以 NMP 作为溶剂，采用预定的时间和旋转速度进行剪切剥离，得到浑浊分散液，通过离心分离去除大块未分离的黑磷，最终得到上层分散液为浅黄色或棕色的黑磷烯。同年，Scott C. Warren 课题组采用剪切剥离和超声相结合的方式首次实现了黑磷烯的大规模制备，并成功测试了黑磷分散体系的光学带隙，给出了黑磷带隙随厚度的变化规律[23]。

2016 年，Fusheng Wen 和 Zhongyuan Liu 课题组[24] 提出了一种将黑磷烯制备 BP 薄膜作为环境稳定的非易失性电阻随机存取存储器的方法。大块黑磷通过高温高压法制备，以红磷为前驱体，在 800℃ 和 2GPa 的条件下保持 10min 即可得到黑磷晶体。然后通过研磨、分别在 γ- 丁内酯 (GBL) 和异丙醇 (IPA) 中超声剥离 10h，在 2000r/min 的转速下离心 60min，提取上层黑磷烯，在真空过滤条件下将上层悬浮液滴在孔径为 20nm 的多孔氧化铝薄膜上，收集的黑磷烯通过称量确定浓度。在选定的溶剂中，由剥离的黑磷烯通过滴涂的方式制备的黑磷薄膜，暴露在环境中会形成无定形顶部降解层（TDL），充当铝电极下方的绝缘屏障，这使得双极电阻开关行为具有很高的电流开关比，高达 $3×10^5$，并在 10^5s 以上对柔性黑磷存储设备具有出色的保留能力。TDL 还可以防止进一步降解，即使在环境中暴露三个月，也能确保良好的存储性能。

2017 年，Tawfique Hasan 课题组[25]实验比较了 N- 甲基吡咯烷酮、N-环己基吡咯烷酮以及异丙醇在超声过程中对大块黑磷的剥离效率，发现 N- 甲基吡咯烷酮效果最佳，并通过溶剂交换方法制备了适合喷墨打印的黑磷烯墨水应用于光电子器件的打印，拓展了黑磷烯在光电器件方面的应用。

(2) 表面活性剂辅助分散体系

2016 年，Mark C. Hersam 课题组[26]建立了一种大规模、高产率、环境友好的方法制备磷烯，在含有表面活性剂的无氧水体系中超声剥离黑磷。与在有机溶剂中剥离相比，该方法具有稳定、浓度高、层数少的优点。为了最大限度地降低黑磷的化学降解，用超高纯度 Ar 对含表面活性剂的去离子水进行至少 1h 的净化，去除溶解氧。将制备好的脱氧水和黑磷晶体置于密封的锥形管中，冰浴超声剥离黑磷晶体 1h。离心以富集少层黑磷烯，上清液最终被重新分散在脱氧水中。结果表明 BP 在含有表面活性剂的水溶液中厚度分布得更薄、更集中，约 1 ～ 10nm；在 NMP 中的黑磷明显更厚，趋近于 20nm。使用表面活性剂可以打破磷烯的层间相互作用，并在超声过程中分离得到单层黑磷烯。

(3) 离子液体液相剥离

Tiancheng Mu 课题组[27]于 2015 年首次在离子液体（IL）体系中制备了浓度高达 0.95mg/mL 的单层或少层黑磷分散液，稳定性非常好，在室温下放置一个月未发现明显的沉淀或团聚现象。将黑磷晶体与少量离子液体混合研磨 20min，通过机械剪切过程后能显著减少剥离时间，之后分散在离子液体中冰浴超声 24h，超声去除未剥离的黑磷晶体，收集上层黑磷烯。通过在 9 种不同离子液体中剥离黑磷，发现在 [HOEMM][TfO] 离子液体中黑磷烯浓度最高，产率高达 31.6%，厚度范围为 3.58 ～

8.90nm。在离子液体中剥离的黑磷烯具有高纯度、晶型不变、原子尺度一致性等优异性能，且离子液体绿色环保，能够回收利用。

(4)水溶液液相剥离

2016年，Wencai Ren课题组[28]开发了一种以水作为超声介质，获得原始、洁净的磷烯的方法。通过矿化剂(AuSn、SnI$_4$)辅助法以红磷为前驱体制备大块黑磷晶体，研磨后与去离子水混合，利用探头超声，离心后得到高浓度、无表面活性剂的均质黑磷烯水溶液，在水体系中探索了超声功率和黑磷浓度的关系，并通过与石墨烯的结合将黑磷烯应用于柔性锂电池中，获得了较好的性能。

机械剥离和液相剥离是获得少层甚至单层磷烯薄片的有效手段，对其进一步处理还可以得到黑磷量子点(BP quantum dots, BPQDs)。黑磷量子点是一种新形式的黑磷材料，其各个方向尺寸均在纳米尺度，由于量子限域效应和边缘效应，量子点展现出独特的电子和光学特性，有望成为比黑磷块体材料更为优异的材料。南洋理工大学的张华等人[29]于2015年首次提出了一种简便的液相中自上而下制备黑磷量子点的方法。获得的黑磷量子点的横向尺寸为4.9nm±1.6nm，厚度为1.9nm±0.9nm(约2~6层单层磷烯)，在N-甲基吡咯烷酮(NMP)中具有良好的稳定性。图5.13(a)~(d)为黑磷量子点的透射电子显微镜(TEM)及高分辨透射电镜(HRTEM)图像，尺寸分布均匀，无团聚现象，且结晶性好；图5.13(e)和(i)分别对应黑磷量子点的横尺寸及高(厚)度分布。以聚吡咯烷酮为活性层与黑磷量子点混合，成功地制备了一种具有高开关电流比和良好稳定性的非易失性可写存储器。

2015年，中科院喻学锋教授等采用一种简单的液相剥离技术制备了一种横向尺寸约为2.6nm，厚度约为1.5nm的超小黑磷量子点。首次揭示了黑磷量子点材料的非线性光学特性，具有优异的近红外光热性能，在808nm处消光系数为14.8L/(g·cm)，光热转换效率为28.4%，光稳定性好。具体制备方法如图5.14所示，将大块黑磷粉末与溶剂NMP混合，先后经过探头超声、冰浴超声，然后通过离心得到超小黑磷量子点，将黑磷量子点分散在水中，结合PEG以提高其在生物介质中的稳定性。

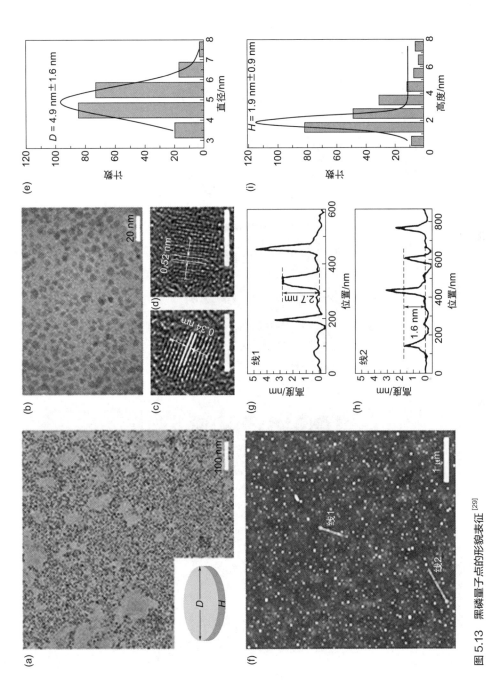

图 5.13 黑磷量子点的形貌表征[29]

(a) 透射电镜图像；(b) 放大的透射电镜图像；(c)，(d) 高分辨透射电镜图像，图中标尺为 5nm；(e) 200 个黑磷量子点的直径统计分布图；
(f) 黑磷量子点的 AFM 图像；(g)，(h) 对应 (f) 中线 1、2 的高度信息；(i) 200 个黑磷量子点对应的由 AFM 测出的高度信息统计分布图

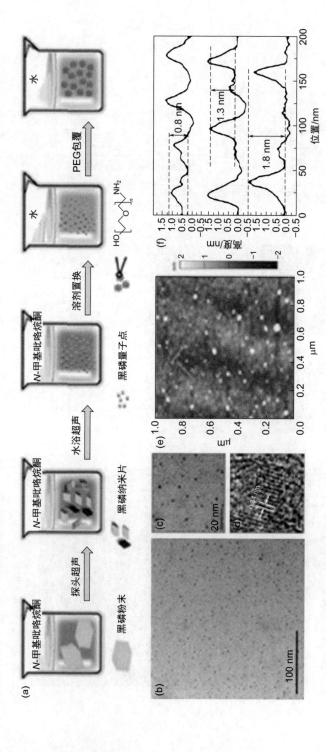

图5.14 超小黑磷量子点的合成及表征[30]

（a）合成路线及表面修饰；（b）~（d）透射电镜及高分辨电子显微镜图像；（e）原子力显微镜（AFM）图像；（f）高度分布图

尽管冰浴超声法比探头超声法能更有效地将大块黑磷破裂成更小的颗粒，但仅使用其中一种超声方法只能得到不规则的黑磷烯。通过两种超声方法的结合，能将大块黑磷晶体剥离成超小的黑磷量子点[30]。

5.5.2.2 电化学剥离技术

电化学方法是一种有效的大规模制备大尺寸薄层二维材料的策略，基本原理是在选定的电解液中，以层状块体材料作为阳极（或阴极），在外加电场的作用下，电解液中的带电的插层离子会移动到带电荷的黑磷的表面，之后进入块状材料内部，插层离子在块体材料层间发生反应生成气体或振动，破坏层间范德瓦耳斯力，从而将块状材料剥离成薄层。用电化学法剥离黑磷时，将块状黑磷与电源负极连接时，浸入电解液并通电后，块状黑磷的表面带负电，能吸引电解液中的阳离子移动到其表面。电解液中的溶剂及插层离子种类及浓度，块状晶体的厚度，通电的电压或电流大小对剥离效果皆有影响。溶剂皆为非极性质子溶剂，且其表面能需与块体表面能相接近。插层离子需不能与黑磷反应。块体的厚度不宜过大，否则导致中间的块体不容易被剥离，使剥离效率降低。剥离的电压或电流不能太小，否则达不到剥离的效果。在制备过程中，可以通过控制剥离时间、电解液体系、电流或电压大小粗略调控产率、尺寸和所得纳米片的厚度。该方法具有快速高效、反应条件温和、操作简单、绿色环保、成本低等特点。

近两年来，黑磷电化学制备技术方面取得了不错的进展。2017 年，南洋理工大学 Martin Pumera 课题组[31]率先开展了黑磷电化学剥离技术的研究，采用 0.5mol/L 的 H_2SO_4 溶液作为电解液，以黑磷晶体作阴极，Pt 箔片作对电极，先采用低电压保持 2min 使黑磷晶体润湿，离子充分插入晶体之间，然后采用更高的电压剥离黑磷，剥离过程中电流保持在 0.25A。可以观察到小颗粒从晶体中释放出来，并且溶液由无色变为黄色、橙色。经过 2h 剥离，使块体黑磷转变成薄层黑磷烯。

2017 年，中南大学 Xiaobo Ji 课题组[32]采用四丁基六氟磷酸铵的 *N,N*-

二甲基甲酰胺溶液作为电解液体系，利用四丁基铵阳离子的大分子结构，在阴极的黑磷层间振动，破坏黑磷晶体的层间范德瓦耳斯力，达到剥离效果。2018 年，德累斯顿大学的 Xinliang Feng 课题组和美因茨大学的 Klaus Mgllen 课题组[33] 采用四丁基硫酸氢铵的 N,N- 二甲基甲酰胺溶液作为电解液体系，同时利用四丁基铵阳离子的振动作用及 H_2 的产生剥离黑磷。

2018 年，中科院喻学锋教授课题组建立了两电极体系电化学剥离黑磷，采用质子交换膜隔离阴极及阳极，避免了阴极及阳极反应产物的相互影响。选用四丁基溴化镤的 N,N- 二甲基甲酰胺溶液作为电解液体系，选用的阳离子直径稍微大于四丁基铵阳离子，其在层间的振动更剧烈，达到的剥离效果非常显著。因磷烯其自身相互交联，得到磷烯海绵体，里面的磷烯均为薄层磷烯，甚至能得到单层的磷烯。这种方案非常快速，产率高，且能采用多电极并联，实现克级制备。图 5.15(a) 为电化学剥离黑磷得到海绵体的过程，(b) 为随剥离时间进行黑磷晶体膨胀的过程[34]。

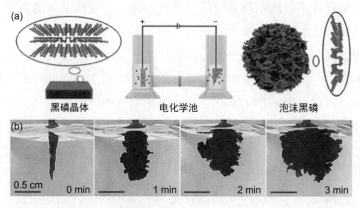

图 5.15　电化学剥离黑磷海绵体[34]

5.5.2.3　等离子体辅助剥离技术

2014 年浙江大学的 Chuanhong Jin 课题组和东南大学的 Zhenhua Ni 课题组[35] 合作首次通过机械剥离和等离子体处理相结合的方法，成功制备了稳定的单层黑磷烯。采用机械剥离的方法，在具有 300nm 二氧化硅覆盖层的硅衬底上得到少层黑磷烯。采用功率为 30W、压力为 30Pa 的

Ar^+等离子体(商用13.56MHz射频源)在室温下对黑磷薄片进行了20s的减薄实验,得到稳定的单层黑磷烯。通过光学对比光谱和原子力显微镜(AFM)可以清楚地确定薄层的厚度。

5.5.3 化学气相沉积法

基于化学气相沉积法(CVD)在基底上大规模生长二维材料薄膜已经有大量研究文献报道,主要包括石墨烯和过渡金属硫化物(TMDs)。这些材料生长工艺较为成熟,且在各种光电器件应用中表现出优越的性能。但是目前利用化学气相沉积法制备黑磷薄膜还鲜有报道,导致黑磷薄膜制备困难存在以下因素:①无法通过黑磷原料直接热分解的方式实现沉积,黑磷的合成往往需通过磷的其他同素异形体(如红磷、白磷)作为原料,利用高压或化学气相输运法(CVT)来制备;②黑磷的表面化学活性很强,当其暴露在空气中时易和氧气发生反应,导致黑磷的表面很脆弱,不利于黑磷的生长;③目前还没有寻找到适合黑磷生长的基底[36]。但是,其他同样具有强化学活性表面的单层二维材料(如硅烯、锗烯、锡烯等)的成功制备,例如银基底上的硅烯的制备,将对黑磷的CVD生长起到借鉴作用。

5.6

黑磷纳米带的制备

纳米带既结合一维材料的柔性和单向性,又拥有二维材料的高表面积、电子限域效应和边缘效应。纳米带的结构可导致对电子结构的特殊控制，出现一些新的现象和独特的结构。由于磷烯本质上的各向异性[37]，吸引了大批研究者对黑磷纳米带的理论研究[38]，预测了其优异性能[39]。然而，在2018年前没有分散的黑磷纳米带（PNR）的报道。Christopher A. Howard课题组在黑磷纳米带制备方面做出了突出性的工作，他们提出用离子剪切块体黑磷晶体的方法，制备大批量、高质量、高度分散的黑磷纳米带。这种自上而下的方法制备的黑磷纳米带宽度范围在4～50nm，主要为单层厚度，测试的长度长达750nm，长宽比高达100。纳米带在原子层面上是平整的单晶，以"Z"字形排列，且在整个长度上宽度基本一致，具有优异的柔性[40]。黑磷纳米带应用范围广泛，从热电设备[38]、大容量快速充放电电池[39]到集成高速电子电路等[41]。

5.7

本章小结

黑磷作为磷的一种稳定的同素异形体，是一种能带结构随层数可调的直接带隙单质半导体，具有各向异性、高载子迁移率、很高的理论比容量（2596mA·h/g）、力学性能好等，使其在热电、光电、能源存储、柔性器件等领域具有较好的应用前景。由于黑磷晶体相对稳定，在常温常压下为固体，且无毒，便于运输，易于加工成高附加值磷化工产品，黑磷的独特性质受到了各行各业的广泛关注，被认为是磷化工的未来。

目前，黑磷晶体的制备、性质研究、应用探索已有百余年的历史，少层黑磷烯拓宽了二维材料的发展空间，为物理、化学、材料、生物医药等领域的研究提供了机遇与挑战，打开了磷化工领域的一扇新的大门。虽然兴起只有短短的不到 10 年，但其基本性质已被广泛研究，相关性能已逐渐揭示，该领域的应用开发尚处于早期阶段，还有许多理论及工程问题尚需发现并解决，需要更多的科研界及产业界相关人士投入更多的精力研发，提高黑磷的实际应用价值。

参考文献

[1] Bridgman P W. Two new modifications of phosphorus. Journal of the American Chemical Society, 1914, 36 (7).

[2] Keyes Robert W. The electrical properties of black phosphorus. Physical Review, 1953, 92 (3): 580-584.

[3] Sun L Q, Li M J, Sun K, et al. Electrochemical activity of black phosphorus as an anode material for lithium-ion batteries. Journal of Physical Chemistry C, 2012, 116 (28): 14772-14779.

[4] Maruyama Y, Suzuki S, Kobayashi K, et al. Synthesis and some properties of black phosphorus single crystals. Physica B+C, 1981, 105 (1-3): 99-102.

[5] Baba M, Izumida F, Takeda Y, et al. Preparation of black phosphorus single crystals by a completely closed bismuth-flux method and their crystal morphology. Japanese Journal of Applied Physics, 1989, 28 (Part 1, No. 6): 1019-1022.

[6] Lange S, Schmidt P, Nilges T. Au$_3$SnP$_7$@black phosphorus: An easy access to black phosphorus. Cheminform, 2010, 38 (10).

[7] Nilges T, Kersting M, Pfeifer T. A fast low-pressure transport route to large black phosphorus single crystals. Journal of Solid State Chemistry, 2008, 181 (8): 1707-1711.

[8] KöPF M, Eckstein N, Pfister D, et al. Access and in situ growth of phosphorene-precursor black phosphorus. Journal of Crystal Growth, 2014, 405 (11): 6-10.

[9] Zhao M, Wang Y, Qian H, et al. Growth mechanism and enhanced yield of black phosphorus microribbons. Crystal Growth & Design, 2016, 16 (2): 1096-1103.

[10] Zhang Z, Xin X, Yan Q, et al. Two-step heating synthesis of sub-3 millimeter-sized orthorhombic black phosphorus single crystal by chemical vapor transport reaction method. Science China Materials, 2016, 59 (2): 122-134.

[11] Park C M, Sohn H J. Black phosphorus and its composite for lithium rechargeable batteries. Cheminform, 2007, 38 (46).

[12] Sun C, Wen L, Zeng J, et al. One-pot solventless preparation of PEGylated black phosphorus nanoparticles for photoacoustic imaging and photothermal therapy of cancer. Biomaterials, 2016: 81-89.

[13] Li X, Deng B, Wang X, et al. Synthesis of thin-film black phosphorus on a flexible substrate. 2D Materials, 2015, 2 (3): 031002.

[14] Cheng L, Ye W, Deng B, et al. Synthesis of crystalline black phosphorus thin film on sapphire. Advanced Materials, 2018, 30 (6): 1703748.

[15] Lin S, Li Y, Qian J, et al. Emerging opportunities for black phosphorus in energy applications. Materials Today Energy, 2019, 12: 1-25.

[16] Castellanos-Gomez A, Vicarelli L, Prada E, et al. Isolation and characterization of few-layer black phosphorus. 2D Materials, 2014, 1 (2): 025001.

[17] Chen Y, Jiang G, Chen S, et al. Mechanically exfoliated black phosphorus as a new saturable absorber for both Q-switching and Mode-locking laser operation. Optics Express, 2015, 23 (10): 12823-12833.

[18] Brent J R, Savjani N, Lewis E A, et al. Production of few-layer phosphorene by liquid exfoliation of black phosphorus. Chemical Communications, 2014, 50 (87): 13338-13341.

[19] Kang J, Wood J D, Wells S A, et al. Solvent exfoliation of electronic-grade, two-dimensional black phosphorus. ACS Nano, 2015, 9 (4): 3596-3604.

[20] Guo Z, Han Z, Lu S, et al. From black phosphorus to phosphorene: Basic solvent exfoliation, evolution of Raman scattering, and applications to ultrafast photonics. Advanced Functional Materials, 2016, 25 (45): 6996-7002.

[21] Hanlon D, Backes C, Doherty E, et al. Liquid exfoliation of solvent-stabilized few-layer black phosphorus for applications beyond electronics. Scientific Reports, 2015, 6: 8563.

[22] Xu F, Ge B, Chen J, et al. Shear-exfoliated phosphorene for rechargeable nanoscale battery. mathematics, 2015.

[23] Woomer A H, Farnsworth T W, Hu J, et al.Phosphorene: Synthesis, scale-up, and quantitative optical spectroscopy. ACS Nano, 2015, 9 (9): 8869-8884.

[24] Hao C, Wen F, Xiang J, et al.Liquid-exfoliated black phosphorous nanosheet thin films for flexible resistive random access memory applications. Advanced Functional Materials, 2016, 26 (12): 2016-2024.

[25] Hu G, Albrow-Owen T, Jin X, et al. Black phosphorus ink formulation for inkjet printing of optoelectronics and photonics. Nature Communications, 2017, 8 (1): 278.

[26] Kang J, Wells S A, Wood J D, et al. Stable aqueous dispersions of optically and electronically active phosphorene. Proc Natl Acad Sci USA, 2016, 113 (42): 11688.

[27] Zhao W, Xue Z, Wang J, et al. Large-scale, highly efficient, and green liquid-exfoliation of black phosphorus in ionic liquids. ACS Appl Mater Interfaces, 2015, 7 (50): 27608-27612.

[28] Chen L, Zhou G, Liu Z, et al. Scalable clean exfoliation of high-quality few-layer black phosphorus for a flexible lithium ion battery. Advanced Materials, 2016, 28 (3): 510-517.

[29] Zhang X, Xie H, Liu Z, et al. Black phosphorus quantum dots.Angewandte Chemie (International ed. in English), 2015, 54 (12): 3653-3657.

[30] Sun, Z, Xie, H, Tang, S, et al. Ultrasmall black phosphorus quantum dots: Synthesis and use as photothermal agents.Angewandte Chemie (International ed. in English), 2015, 54 (39): 11526-11530.

[31] Ambrosi A, Sofer Z, Pumera M. Electrochemical exfoliation of layered black phosphorus into phosphorene. Angewandte Chemie, 2017, 56 (35): 10443-10445.

[32] Huang Z, Hou H, Zhang Y, et al. Layer-tunable phosphorene modulated by the cation insertion rate as a sodium-storage anode. Advanced Materials, 2017, 29 (34): 1702372.

[33] Yang S, Zhang K, Ricciardulli A G, et al. A delamination strategy for thinly layered defect-free high-mobility black phosphorus flakes. Angewandte Chemie (International ed. in English), 2018, 57 (17): 4677-4681.

[34] Wen M, Liu D, Kang Y, et al. Synthesis of high-quality black phosphorus sponges for all-solid-state supercapacitors. Materials Horizons, 2019, 6 (1): 176-181.

[35] Lu W, Nan H, Hong J, et al. Plasma-assisted fabrication of monolayer phosphorene and its Raman characterization. Nano Research, 2014, 7 (6): 853-859.

[36] Kou L, Chen C, Smith S C. Phosphorene: Fabrication, properties, and applications. The Journal of Physical Chemistry Letters, 2015, 6 (14): 2794-2805.

[37] Lee S, Yang F, Suh J, et al. Anisotropic in-plane thermal conductivity of black phosphorus nanoribbons at temperatures higher than 100 K. Nature Communications, 2015, 6: 8573.

[38] Zhang J, Liu H, Cheng L. et al. Erratum: Phosphorene nanoribbon as a promising candidate for thermoelectric applications. Scientific Reports, 2015, 5, 11175.

[39] Yao Q, Huang C, Yuan Y, et al. Theoretical prediction of phosphorene and nanoribbons as fast-charging Li ion battery anode materials. Journal of Physical Chemistry C, 2015,119 (12): 6923-6928.

[40] Watts M C, Picco L, Russell-Pavier F S, et al. Production of phosphorene nanoribbons. Nature, 2019, 568 (7751): 216-220.

[41] Poljak M, Suligoj T. Immunity of electronic and transport properties of phosphorene nanoribbons to edge defects. Nano Research, 2016 (6): 1723-1734.

6

黑磷的表面改性

Foundation and Applications of Black Phosphorus and White Phosphorus

6.1
引言

从 2014 年首次被成功制备 [1] 以来，黑磷的相关性质和应用引起了科学家们的广泛关注。作为一种新兴的二维材料，黑磷由于其特殊的分子结构和能带结构，在力学、光学、电学、热学以及化学等方面具有独特性质，如：在力学方面具有力学各向异性和负泊松比效应；在光学方面具有宽频带吸收特性、线性/非线性光吸收特性、类一维激子效应、拉曼光谱学特性和光学二向色性；在电学方面具有直接带隙、高载流子迁移率、高开关比、电学各向异性、光电导以及量子霍尔效应；在化学方面具有多环境降解性、光电催化特性、单线态氧产生以及化学反应活性等。黑磷所具有的优良特性使得其在光电器件、光电催化以及生物医药等领域存在广泛的应用价值和潜力。

值得一提的是，黑磷巨大的比表面积使其具有比其他平面结构 2D 材料（如石墨烯和锑烯等）更多的活性位点、更大的负载能力，同时更多的表面修饰位点也为其广泛应用提供了可能性。表面修饰不仅可以调节黑磷本体电荷转移能力和提高黑磷结构的稳定性，还可以通过特征分子的修饰赋予其主动靶向能力。黑磷的表面改性通常发生在平面、边缘，尤其是缺陷位较多的地方。本章将介绍物理、化学和生物学等黑磷表面改性策略以及改性后性能的变化，并从黑磷的结构和性质之间的关系理解黑磷改性的原理。

6.2
黑磷表面改性的原因

由于黑磷表面的磷原子带有一对孤对电子，该孤对电子能够被吸电子基团夺取。当生成的新键键能高于 P—P 键时，P—P 键则会在环境作用（如：光、O_2、水等）下断裂，使表面的 P 原子游离于环境中，从而逐步累积导致黑磷降解。在氧气存在条件下，黑磷易被氧化发生降解或者在其表面形成 P—O 键（如图 6.1 所示），其降解产物主要为亚磷酸盐，也有磷酸盐以及其他 P_xO_y 化合物 [2]。当光、O_2 和水同时存在时，黑磷的降解速率最快，当黑磷仅暴露于 O_2 或水中时，降解速率将显著减缓。另外，在一定条件下光照能够加速黑磷烯的降解，其降解速率与黑磷层数、氧气浓度以及光照强度成线性相关。Alexandre 等人 [3] 经实验表明，在无水无氧、pH5.8 ~ 7.8 以及真空条件下，即使被能量密度大于 $6×10^4W/cm^2$ 的强光照射，黑磷几个小时内也不会发生降解；但是在较高活性的电子受体（如：O_2）存在下，光照能够起到触发或者加速黑磷降解的作用。这是由于在光照下黑磷内部电子能够跃迁至激发态，并转移至电子受体，导致受体处于激发态，反应活性增强，进而与黑磷表面的磷原子相吸附并反应形成游离型化合物，表现出光催化降解特性。当黑磷厚度增加时，同等体积下暴露于表面的磷原子较少，减少了反应位点，且黑磷本身的能带逐渐减小，不易发生电荷转移，因而在同等条件下层数较多的黑磷具有较强的化学稳定性。黑磷氧化过程主要分为三步：①黑磷基态电子吸收光的能量变为激发态；②由于 O_2/O_2^- 的氧化还原电势位于黑磷的带宽以内，因此激发态磷原子的电子将转移至 O_2 分子，产生 O_2^- 和一个空穴；③游离的 O_2^- 吸附在黑磷表面，并与附近的磷原子结合形成 P—O 键，在氢键作用下 P_xO_y 从黑磷表面脱落并游离于溶液中。

$$P + h\nu \longleftrightarrow P* \tag{6.1}$$

$$O_2 + P* \longrightarrow O_2^- + P + h^+ \tag{6.2}$$

$$O_2^- + P + h^+ \longrightarrow P_xO_y \tag{6.3}$$

式中，P* 为激发态磷原子；h^+ 为空穴。当产物为 P—O—P 时则有助于提高黑磷的稳定性。然而，当产物为 P—O 时悬空氧原子能够与特定溶剂形成氢键，由于 P—P 键能比 P—O 键能小，在分子不规则运动下产生的扭曲力或剪切力作用下，P—P 键更容易断裂导致 P_xO_y 脱落，从而使黑磷逐渐降解。如果反应后溶液的 pH 降低，表明产物中含有磷酸。能与

P—O 键形成氢键的溶剂包括水、乙醇等，不同溶剂与 P—O 键形成氢键的强弱不同，因此在不同的溶剂中黑磷的降解速率不完全相同。因此在氧气溶解性差且不能够形成氢键的溶剂，如：N- 甲基吡咯烷酮、N,N- 二甲基甲酰胺等溶剂中具有良好的稳定性。二维黑磷本身的性质，如尺寸，缺陷等也可能导致其不稳定性，例如：纳米尺度的黑磷（如：黑磷烯和黑磷量子点）在水、光照、氧气等环境因素下，更易发生降解。

在实际的应用过程中难以保证黑磷长时间置于真空避光等条件下，黑磷的不稳定性导致其难以维持优良的特性，限制了其广泛应用。比如，基于黑磷的相关器件在应用过程中难以保证稳定的性能，在应用过程中部分反应物加速黑磷的降解（如：光催化分解水），黑磷的快速降解显著影响与生物分子（如血浆蛋白）的相互作用等。因此，黑磷的商业化应用离不开其自身稳定性的提高。目前，研究人员主要通过黑磷的表面改性来提高其稳定性，主要分为物理改性法和化学改性法。

除稳定性以外，黑磷的光学、电学性能也能够通过表面改性得以改善。尽管黑磷具有出色的光电特性，但仍不能满足实际应用的要求。黑磷的光、电催化性能在很大程度上取决于其固有特性。黑磷的改性应致力于抑制光诱导的电荷载流子复合，加速载流子迁移，提高电导率，改善稳定性并提供更多的活性位点，从而增强其光催化活性。目前已经采用的改性方式，包括形态调制、等离子体金属负载、碳质材料的改性、异质结的构造、边缘改性等。从电学方面来看，未经改性的二维黑磷在室温下的载流子迁移率最高为 $1000cm^2/(V \cdot s)$[1]，为实现电学性能的优化，需提高其载流子迁移率，而通过控制掺杂浓度或形成异质结能够实现载流子迁移率的优化和调节。Li 等人[4] 通过在黑磷表面构建范德瓦耳斯异质结，在黑磷与六方氮化硼（h-BN）的界面处形成二维电子气，实验表明黑磷的载流子迁移率提高至 $6000cm^2/(V \cdot s)$。从光电催化方面来看，可通过掺杂或异质结的形成来降低催化反应的活化能，提高催化效率等。除上述性能的改进以外，通过表面改性还能够引入功能性分子，拓展黑磷的应用范围，如：在二维黑磷表面包覆表面修饰有叶酸的聚乙二醇（PEG-FA），起到增强黑磷稳定性和靶向肿瘤的效果；二维黑磷表面构建

Bi_2O_3 异质结能够使黑磷在 X 射线照射下具有光动力学(PDT)特性,能够实现放疗增敏等。

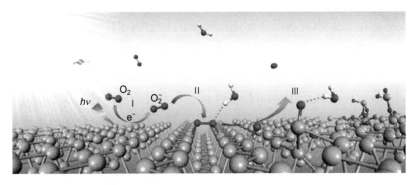

图 6.1　黑磷被 O_2 氧化过程示意图 [2]

　　当然,不同的应用对黑磷的稳定性和表面性质的要求也不尽相同,需要根据实际的应用需求设计相应的表面改性方法。

6.3

黑磷表面改性方法的分类

6.3.1　黑磷的物理改性方法

　　由于黑磷在水、氧气等多种条件下易降解,将黑磷与外界环境进行物理隔绝,避免接触水、氧气等降解因素,理论上能够使黑磷维持更长时间的稳定性。提高黑磷稳定性的物理改性方法包括表面封装,聚合物包覆等。上述方法均能够通过物理方式在黑磷表面形成保护层,阻断黑磷与环境的接触，进而减缓黑磷氧化进程。

表面封装通常采用具有出色稳定性的纳米材料或聚合物作为屏障，形成黑磷基异质结结构，以阻止水和氧气对黑磷的降解。表面封装不仅可以有效地提高黑磷对周围环境的化学稳定性，而且可以保留纳米黑磷的原始结构和性能。表面封装改性通常适合于构建高度稳定的黑磷基电子设备。例如，在黑磷烯的表面上沉积 Al_2O_3 原子层沉积可以维持黑磷基场效应晶体管(BP-FET)器件长达 8 个月的稳定性。原子层沉积(ALD)法是黑磷表面封装最常见的方法，利用 ALD 法或者化学气相沉积(CVD)法能够在黑磷表面形成 AlO_x[5-7]、TiO_2[8]、SiO_2[9]、HfO_2[10]、MoS_2[11] 和石墨烯[12,13]等异质结(也称为表面钝化)，保证黑磷在周围环境中能够保持数周，甚至数月的稳定性[14]。由于水为前驱体之一，因此在 ALD 过程中黑磷本身存在一定程度的氧化和降解，导致界面缺陷增加，影响黑磷自身的电学性能。SiO_2 钝化的黑磷基 FET 即使在暴露于环境下一周后仍保持 600 的电流开关比和 470.4$cm^2/(V \cdot s)$ 的迁移率，仅略低于初始水平，而没有 SiO_2 钝化的 BP-FET 电流开关比和迁移率均迅速下降。将石墨烯/BN 纳米复合材料包裹黑磷烯可形成致密的 BN/G/BP 界面，且未观察到包裹前后黑磷烯典型拉曼峰的任何变化，表明 BN/G 的包封有效保留了黑磷的原始性质。

此外，基于干转移法也可实现 BP-h-BN、BP-MoS_2 以及 BP-Graphene 的"三明治"异质结结构的封装[14]，其中异质结结构的连接处通过晶格适配以及范德瓦耳斯力来保证结构的稳定性，当异质结连接处的相互作用力较强时，堆叠更为紧凑，因而对黑磷保护性更强。BN-BP-BN"三明治"异质结结构主要通过范德瓦耳斯力相实现高质量结合，该结构在有效保护提高黑磷稳定性的同时，保留黑磷良好的电学性能[15]，载流子迁移率和开关比分别高达 1350$cm^2/(V \cdot s)$ 和 10^5。然而，该过程中需要昂贵的仪器、复杂的工艺和长达数周的时间，且产率很低。过高的成本使得干转移法制备得到的异质结难以实际应用于高稳定性黑磷的大规模和高效率生产。Lee 等人[16]通过在黑磷的水溶液中滴加钛酸四丁酯 $[Ti(OC_4H_9)_4]$，能够简单快捷地制备得到 BP-TiO_2 异质结(如图 6.2 所示)。

在该过程中，$Ti(OC_4H_9)_4$ 发生水解，在黑磷表面原位生成 TiO_2，减少黑磷与外界氧化环境之间的接触面积，从而提高黑磷稳定性，反应过程如式(6.4)所示：

$$Ti(OC_4H_9)_4 + (2+z)H_2O \longrightarrow TiO_2 \cdot zH_2O + 4C_4H_9OH \qquad (6.4)$$

其中，z 值为 0.5～1.0。同时，Ti 与 P 能够形成配位键，与黑磷的氧化表面生成 P—O—Ti 键，在一定程度上防止 P 的孤对电子被 O 夺取而发生氧化，并阻止了黑磷的氧化进程，能够保证黑磷良好的光催化稳定性。

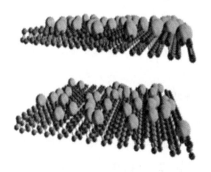

图6.2　水解法制备得到的 BP-TiO₂ 结构示意图[16]

除形成异质结以外，在黑磷表面进行薄膜包覆，或者在已形成异质结保护层的基础上进一步利用薄膜包覆等方法也能够达到较好的黑磷稳定性增强效果。Li 等人[17]将 Pb^{2+}、Hg^{2+}、Cd^{2+}、AsO_2^{2-} 等多种离子旋涂于黑磷表面形成离子载体保护层，该方法处理过的黑磷在一周内 I_{DS}（总电流）变化不到 10%，30d 内表面仍无氧化气泡产生。由于薄膜具有单一离子透过性和不同离子浓度下黑磷电学性能改变等特性，因此该系统还能够用于检测复杂组分中某一特定离子的浓度。另外，Kim 等人[18]先通过原子层沉积法在黑磷基晶体管表面覆盖一定厚度的 Al_2O_3，后在其表面旋涂一层强疏水性的特氟龙薄膜，形成双重保护层，进一步提高黑磷在空气中的稳定性。实验结果表明，上述器件的电学性能能够维持 3 个月以上。

液体剥离的黑磷具有负的 zeta 电位（根据黑磷制备过程中的氧化程度，其 zeta 电位在 -40～-15mV 的范围内），因此易于通过静电相互作用吸附阳离子聚合物，如氨基聚乙二醇(PEG-NH$_2$)、聚乙烯亚胺(PEI)和聚多巴胺(PDA)等。聚合物包封已普遍用于提高纳米颗粒的稳定性。黑磷在生物环境中，PEG 是最流行的一种，其在黑磷表面的包封适当地防止了与水的直接接触，从而进一步增强了黑磷的生理稳定性和生物相容性。通过 PEG 改性的黑磷烯可以在 PBS 缓冲液和细胞培养基中稳定一周。同时，PEG 改性几乎不影响黑磷烯的 UV-vis-NIR 吸收和光热活性。此外，PEG 聚合物还与特定的靶向分子(例如叶酸)偶联，以改善细胞摄取，从而使黑磷烯可以靶向治疗癌症。PEI 是另一种阳离子聚合剂，当与黑磷结合时也不会改变其光热稳定性和转化效率。PEI 上高密度的氨基不仅可以改变黑磷的表面电荷，也可以赋予黑磷携带基因药物的能力。

聚合物通过静电吸附包覆黑磷的方法已成功将多种阳离子聚合物引入黑磷表面，提高了其光热转换效率。但是，聚电解质在纳米材料上的静电吸附取决于多种因素：表面的性质和电荷密度，聚离子的电荷密度，聚合物的分子量和浓度，盐浓度等。尽管静电吸附已经成功地对黑磷表面进行了改性，但影响黑磷静电吸附的因素仍缺乏系统研究，标准制备方法也需要探索和改进。

6.3.2　黑磷表面的化学改性

黑磷表面的蜂窝状结构中，每个磷原子与其他 3 个磷原子成键之后仍存在一对孤对电子，该孤对电子容易被夺取，从而造成外层黑磷反应性非常高。从稳定性的角度，物理改性虽然通过隔绝空气和水起到了保护的作用，但磷原子的孤对电子仍然存在，依然存在被氧化的可能。通过表面化学修饰的方法，将黑磷的孤对电子与钝化分子形成配位键或共价键，阻断其与氧气的反应，进而能够从根本上解决黑磷稳定性的问题。此外，化学改性除了改善黑磷的稳定性外，在调控黑磷的光学和电子性质方面也十分有益。

6.3.2.1 表面刻蚀

黑磷的表面等离子刻蚀不但能够可控调节黑磷的层数，还能在刻蚀过程中通过形成氧化物而实现黑磷的表面改性。Pei 等人[19] 利用 O_2 等离子体对黑磷进行刻蚀，在刻蚀过程中黑磷外层被氧化形成 P_xO_y 保护层（如图 6.3 所示），随后利用原子沉积法在黑磷外层氧化物表面覆盖一层 Al_2O_3 保护层，进一步减少黑磷与水、氧的接触从而提高其稳定性。实验表明，上述方法能够使单层黑磷稳定性维持 30d 以上。在刻蚀过程中形成的氧化层不仅可以将黑磷与氧化环境相隔绝，还能够防止黑磷与原子层沉积过程中的前驱气体发生反应，以及调节黑磷烯表面缺陷。另外，由于表面刻蚀过程中形成的化合物可能存在不能完全覆盖黑磷表面或具有亲水性，因此为提高黑磷的稳定性，在表面刻蚀后通常需要覆盖疏水或致密的保护层，进行二次保护处理。

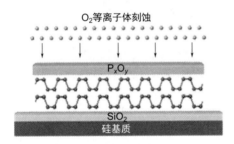

图 6.3　氧气刻蚀黑磷示意图

6.3.2.2 掺杂

在黑磷表面进行适当的元素掺杂也能够实现黑磷的表面改性。Yang 等人[20] 在以红磷为原料制备黑磷晶体时，掺入了约 0.1% 的碲（Te），得到 Te 掺杂的黑磷。经掺杂后 Te 倾向于以悬键的形式吸附于黑磷表面，保证黑磷仍具有直接带隙，且 Te 掺杂使得黑磷的导带底（CBM）低于 O_2/O_2^- 的氧化还原电位 [如图 6.4(a) 所示]，因而黑磷氧化过程中的中间产物 O_2^- 难以形成，实现了黑磷稳定性的提高。此外，实验表明，Te 掺杂下黑磷的载流子迁移率高达 $1850cm^2/(V \cdot s)$，在空气中放置 21d 后，未掺杂的黑磷电学性能均降为 0，而 Te 掺杂的黑磷仍能够保持 $>200cm^2/(V \cdot s)$ 的电子迁移率和 >500 的开关比，显示出良好稳定性。另外，Zhou 等人[21] 利用逐步加压法高压使得小分子 H_2 和 He 吸附于黑磷晶体，并插入黑磷层间导致层间距加大，同样能够降低黑磷的 CBM。实验测得的导带和价带电位如图 6.4(b) 所示，当导带底低于 O_2/O_2^- 的氧化还原电位时，H_2/He 掺杂的黑磷能够在保证黑磷高空穴迁移率的同时维持黑磷的稳定性。利用该方法掺杂后的黑磷能够在空气中维持超过 4 周的稳定性，同时保持 85% 以上的载流子迁移率和开关比。

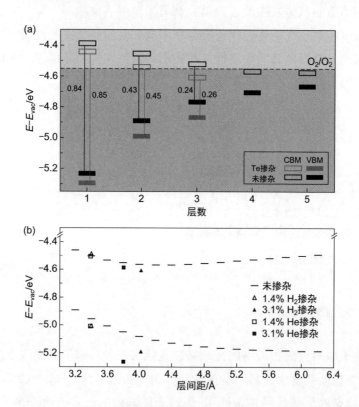

图 6.4 （a）Te 掺杂前后导带底（CBM）和价带顶（VBM）与 O_2/O_2^- 氧化还原电位的相对位置关系[20]；（b）未掺杂和不同 H_2/He 浓度掺杂下双层黑磷的导带底和价带顶位置分布[21]

金属阳离子 -π 相互作用也被证实是黑磷表面改性的新策略[22]。每一层磷原子上的孤对电子均匀地分布在每层黑磷的两侧，且彼此相互作用形成共轭 π 键。通过阳离子 -π 相互作用，金属离子被捕获到黑磷烯的表面。以 Ag^+ 为例，暴露于空气 3d 后的 Ag-BP 络合物没有观察到任何氧化行为 [23]。

6.3.2.3　共价键修饰

由于共价键具有较高的键能，因而利用亲核试剂对黑磷进行进攻时，能够在黑磷表面形成共价键稳定地占据孤对电子，显著减少氧气与黑磷表面磷原子的反应位点，提高黑磷的化学稳定性。其中，亲核试剂主要包括：钛配体、芳香重氮化合物、烷基卤化物及其衍生物、氯化亚砜、有机锂化合物和格氏试剂、叠氮化合物等，分别能够与黑磷形成配位键和 P—C、P—O—C、P—X(X 为卤素原子) 等共价键。

芳基重氮化学反应是针对黑磷共价修饰的策略之一。Ryder 等人 [24] 利用甲氧基苯的重氮盐和对硝基苯的重氮盐对黑磷进行共价修饰形成 P—C 键 [如图 6.5(a) 所示]，在该过程中黑磷的孤对电子从黑磷表面转移至芳基重氮离子，产生氮气和具有高活性的苯基，从而与黑磷表面磷原子发生共价结合，实现黑磷表面苯环分子的偶联。实验表明 P—C 共价键修饰的黑磷电学性能(电子迁移率、开关比)有所增强，并且能够在外界环境下保持 3 周以上的稳定性。除上述反应物以外，其他苯基重氮盐也存在通过形成 P—C 共价键提高黑磷稳定性的可能，但反应速率可能存在一定差异。上述反应的快慢与反应物的电化学还原电位有关，当电化学还原电位高时，更易于形成 P—C 共价键，反应速率相对较快。借助芳基重氮化学，尼罗蓝(NB)染料共价结合到黑磷烯的表面，不仅提高了黑磷烯对生理环境的稳定性，而且使它们具有 NIR 荧光成像技术。

此外，黑磷表面的 P 原子以及氧化过程中产生的 P—O—H 键能够被亲电试剂进攻，从而与其他原子相连接。当亲电试剂反应位点为 C 原子时，能够在黑磷表面形成 P—C、P—O—C 等共价键。亲电试剂中的吸电子基团除苯环外还包括硝基、三卤甲基、磺酸基等。另外，部分氧化的黑磷能够与具有亲电特性的卤族有机化合物发生取代反应[25]。在烷基卤化物和二硫酰氯化物中，由于卤族原子具有极强的吸电子作用，导致与之相连的碳原子中外层电子密度降低，带正电性，从而进攻黑磷表面存在孤对电子的磷原子，发生亲电取代反应。上述反应过程中脱去卤化氢分子，修饰分子与黑磷之间通过 P—O—C 键相结合。在 P—O—C 键形成过程中可能存在的化学反应机理如图 6.5(b)所示。

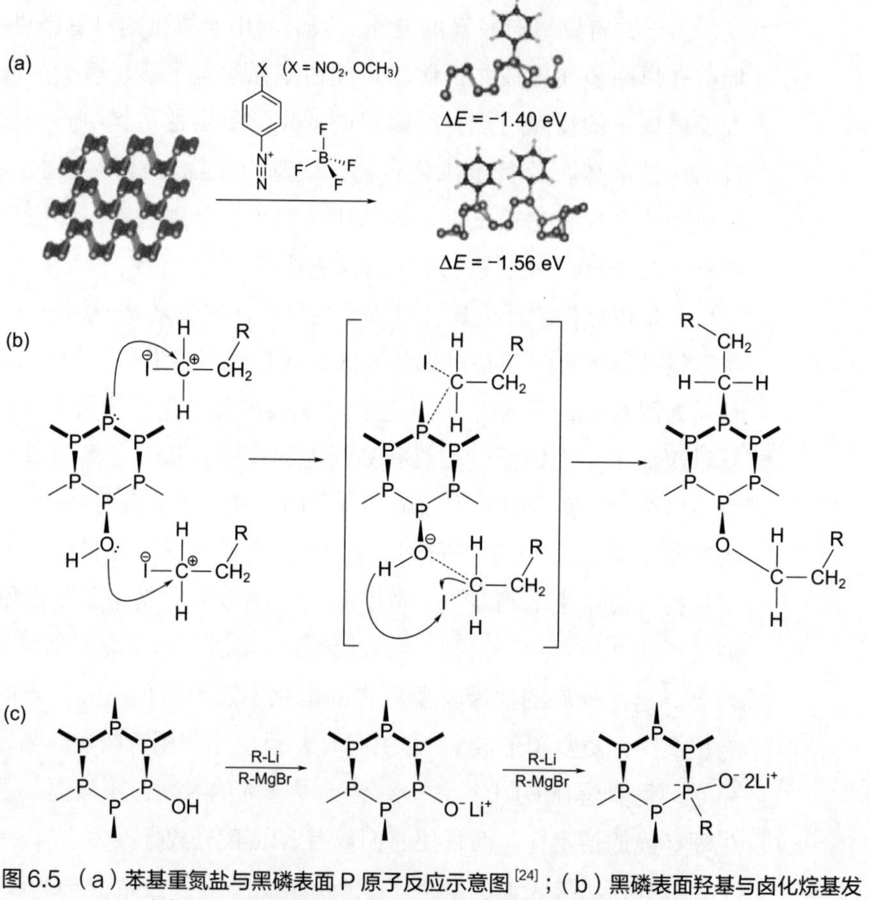

图 6.5 （a）苯基重氮盐与黑磷表面 P 原子反应示意图[24]；（b）黑磷表面羟基与卤化烷基发生取代反应机理[25]；（c）黑磷表面羟基与有机锂化合物以及格氏试剂反应机理[25]

　　由于亲电试剂中，进攻 P 原子的正电荷中心原子具有多样性，因而黑磷与试剂分子发生表面修饰的连接键可分为多种。当用硫醇盐处理黑磷表面时，能够形成 P—O—S 和 P—S—C 键；当用有机锂化合物和格氏试剂同时与黑磷发生反应时，黑磷表面的氧化基团 P—O—H 能够去质子化，并与 Li^+ 结合得到离子化合物，反应机理如图 6.6(c) 所示。最近，Liu 等人[26]报道了一种利用 4-叠氮苯甲酸(4-NBD)等重氮化合物在黑磷表面形成以 P=N 键为连接键的钝化层。共轭苯环、羧基、—N_3 键等均存在较强的吸电子效应，使得距离苯环最远端的 N 原子电子密度减小，进攻具有孤对电子的 P 原子，反应得到 P—N 键(产生的 P—N 键在热动力学上能够自发转化为 P=N 键)，经 4-NBD 修饰后，黑磷在空气中能够保持 21d 以上的稳定性。与甲氧基苯的重氮盐修饰不同的是，反应物中的叠氮基团为—N_3，两者的反应中心原子分别为 C 和 N。上述反应过程在 N,N-二甲基甲酰胺(DMF)溶剂、140℃下进行，反应时长为 48h。

　　表面配位是黑磷表面化学改性的另一种方法，通过在黑磷表面形成配位化合物能够保护黑磷的孤对电子，减缓黑磷的氧化。这主要取决于过渡金属对磷的孤对电子的占据，以及阻止孤对电子与氧之间发生反应的能力。中科院深圳先进技术研究院喻学锋课题组[27]采用钛的苯磺酸酯配体(TiL_4)作为修饰分子，在黑磷的 N-甲基吡咯烷酮(NMP)溶液中加入 TiL_4，常温、避光、氮气保护环境下反应 15h 得到 TiL_4 修饰的黑磷[如图 6.6(a) 所示]。由于钛原子和苯磺酸酯分别具有空轨道和强吸电子效应，可以有效地与黑磷烯的孤对电子进行配位，磺酸酯的亲电子作用进一步促进 TiL_4@BP 的形成，从而简易而显著地提高了黑磷的稳定性。钛配体修饰的黑磷(TiL_4@BP)能在水中和相对湿度高达 90% 的潮湿空气中放置数日，并保持光学性能的稳定，也有效降低了细胞毒性和免疫原性。进一步地，Wu 等人[28]发现镧系金属离子同样能够与黑磷形成配位化合物(LnL_3@BP)，占据黑磷的孤对电子，降低黑磷与氧气、水等氧化环境因素的结合能力，实现黑磷表面的改性。在上述反应过程中，苯磺酸酯与镧系金属离子形成三配体[如图 6.6(b) 所示]，导致 Ln^{3+} 的电子密度降低、配位能力增强，因而形成的配位键 P—Ln 具有较高的稳定性，能够在潮湿的空气环境中保证至少 8d 的稳定性，其中镧系金属离子包括 Gd^{3+}、Tb^{3+}、Eu^{3+} 和 Nd^{3+} 等。

图6.6 （a）钛的苯磺酸酯配体修饰于黑磷表面示意图[27]；（b）LnL₃ 修饰于黑磷表面示意图[28]

黑磷表面改性还包括通电法合成。Tang 等人[29] 利用电化学剥离同步氟化法电解得到 F⁻，使得黑磷表面发生氟化，形成 P—F、O—P—F、F—P—F 等氟化键。如图 6.7 所示，由于增加的氟原子具有极强的电负性，位于其上方的氧气分子被排斥，减少了黑磷与氧气的接触；同时，水分子中的 H、O 原子被 F 原子排斥，并具有与黑磷表面平行的取向性，导致氟化黑磷表面呈疏水性结构。因此，氟化黑磷表面能够减少黑磷与水、氧气等降解性因素的接触，进而减缓黑磷的降解，使其在空气环境下保持一周的稳定性。

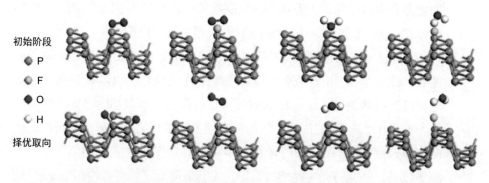

初始阶段
P
F
O
H
择优取向

图6.7 裸黑磷与表面氟化黑磷的疏水疏氧对比示意图（其中上方为裸黑磷）[29]

众所周知，边缘的磷原子比中间的磷原子更容易被氧气氧化。非选择性的全面修饰是先前报道的黑磷表面改性的重要策略。然而，这可能在一定程度上对黑磷的原始结构和性质带来一些干扰。因此，基于疏水性 C₆₀ 分子的边缘选择性改性策略是一种理想的方法[30]。例如，通过球磨机的固态机械化学途径可以成功地获得 C₆₀ 分子的边缘选择性官能化石墨烯。同样地，以块状黑磷和 C₆₀ 粉末为前体，可以通过相同方法一步一步合成 BP-C₆₀ 杂化物。紫外 - 可见吸收光谱证明，通过 C₆₀ 进行的边缘选择性修饰可以很好地稳定黑磷烯免受环境空气的影响。BP-C₆₀ 杂化物在光电化学电池和光催化罗丹明 B（RhB）染料降解中的应用，具有明显增强的光电转换性能和光催化活性。C₆₀ 修饰的选择性改性策略为解决黑磷的环境稳定性和扩展其光电应用提供了新的思路。

6.3.2.4 非共价键修饰

除采用配位键、P—C 键等共价键进行修饰以外，黑磷与小分子之间还能够利用非共价键对黑磷进行表面修饰，包括吸电子基团、范德瓦耳斯力、苯环的 π-π 堆积和离子 -π 键相互作用等。在该过程中，黑磷的稳定性由修饰的小分子的种类、浓度、修饰方式以及修饰时所用溶剂共同决定。

在部分有机盐溶液中，黑磷表面能够形成一层溶液保护层，通过隔绝外界环境中的水和氧气，以及消除 ROS（活性氧）等方式，可有效地减缓黑磷的氧化进程。例如，Abellán 等人[31] 提出黑磷表面缺电子的可极化芳香化合物修饰能够产生吸电子效应，实现黑磷稳定性的提高。当溶剂为 NMP 时 7,7,8,8- 四氰基 - 对醌二甲烷（TCNQ）不能良好地修饰在黑磷表面，而当他们将块状黑磷置于含 TCNQ 的四氢呋喃溶液中搅拌 3d，进一步剥离后便能够得到表面被 TCNQ 修饰的黑磷烯。在严格无氧且不与溶剂发生反应的前提下，TCNQ 能够在黑磷表面发生较强的吸电子作用，自发形成 TCNQ˙⁻ 和 TCNQ²⁻，该过程中磷原子的孤对电子发生偏向，导致氧气更难夺取黑磷表面的孤对电子，因而氧化进程减慢。同时，他们还发现反应物在具有吸电子效应的同时也能够通过范德瓦耳斯力作用实现黑磷的表面改性。当在含苝二酰亚胺的乙二胺四乙酸叔丁酯衍生物（EDTA-PDI）的 NMP 溶液中对黑磷进行剥离时，制备得到表面被 EDTA-PDI 修饰的黑磷烯。由于 EDTA-PDI 的大平面环结构具有强吸电子效应，能够在黑磷表面形成 PDI˙⁻，使黑磷表面的孤对电子发生转移。同时，大平面苯环能够与黑磷表面通过 π-π 相互作用，减少黑磷与氧气、水的接触，减缓氧化速率［如图 6.8(a)所示］。实验表明，在空气环境下放置 2d 后的 BP-PDI 与新制备的黑磷具有相同的 A_g^1/A_g^2 拉曼振动模式比例，稳定性高于 BP-TCNQ，且能够在手套箱中保持 6 个月不降解。除此以外，Walia 等人 [32] 利用四氟硼酸丁基甲基咪唑盐([BMIM][BF₄])对黑磷进行剥离，不仅能够通过范德瓦耳斯力将 [BMIM][BF₄] 与黑磷结合形成物理覆盖，还能够引起 ROS 的猝灭，包括单线态氧($^1O_2$)、羟基自由基(OH·)以及超氧根离子自由基($O_2^{\cdot -}$)，导致光照下产生的 ROS 难以到达黑磷表面并对其进行氧化［图 6.8(b)所示］。经表面处理后，黑磷的主要电学特性能够保持的时间长达 92d。相类似的，1- 羟乙烯 -3- 甲基咪唑三氟甲磺酸盐以及 1- 乙基 -3- 甲基咪唑四氟硼酸盐等盐溶液同样能够在黑磷剥离过程中通过范德瓦耳斯力作用修饰于其表面。Zhao 等人 [33] 利用范德瓦耳斯外延生长法使得 3,4,9,10- 苝四甲酸二酐(PTCDA)在黑磷表面发生自组装，隔绝黑磷与外界环境间的接触。其中 PTCDA 能够在氢键作用下形成稳定且较为致密的 "人" 字形网络，其自组装过程如图 6.8(c)所示，在该过程中 PTCDA 不会与黑磷发生化学反应或改变其电学特性。实验表明，自组装膜厚为 2nm 时便能够有效提高黑磷的稳定性。另外，十八烷基三氯硅烷(OTS)也能够通过单层自组装包覆于黑磷表面 [34]，在隔绝外界环境的同时与黑磷的氧化表面形成 Si—O$_x$ 键，避免黑磷的进一步氧化。

除有机化合物以外，黑磷还能够与无机金属盐通过离子 -π 键相互作用 [36] 而结合，钝化黑磷表面 P 原子的孤对电子。由于黑磷的结构与石墨烯较为相似，层与层之间存在大 π 键，且黑磷表面的部分氧化导致黑磷表面带负电，当带正电的金属离子接近黑磷表面时，二者通过静电引力、极化等相互作用形成离子 -π 键，实现黑磷的表面改性。Guo 等人 [37] 通过阳离子 -π 键相互作用在黑磷表面吸附 Ag⁺(如图 6.9 所示)，在提高稳定性的同时，得到具有高载流子迁移率、高开关比等优异器件性能的黑磷。该反应过程简单、快捷，在 AgNO₃ 浓度为 1×10^{-6} mol/L 的 NMP 溶液中加入黑磷，分散均匀后反应 2h 便能够完成 Ag⁺ 的表面修饰。除 Ag⁺ 以外，其他金属离子，如 Fe^{3+}、Mg^{2+}、Hg^{2+} 等，也能够通过离子 -π 键结合于黑

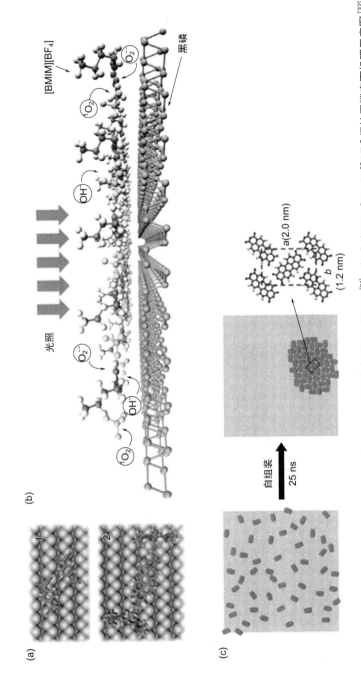

图 6.8 (a) 上下部分分别为 TCNQ 和 EDTA-PDI 在黑磷表面修饰示意图[31];(b) 光照下 [BMIM][BF₄] 保护黑磷表面机理示意图[32];(c) PTCDA 在黑磷表面通过集结作用发生 "人" 字形自组装示意图[35]

磷表面。在上述修饰方法中，无机金属盐需过量，以保证金属离子能够完全修饰于黑磷表面。

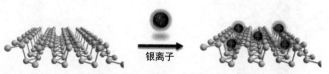

阳离子-π相互作用ΔE_{Ag} = -41.8 kcal

图 6.9　银离子修饰于黑磷表面示意图[37]

6.4

总结和展望

目前，黑磷的表面改性是提高黑磷的稳定性的重要策略，也是改善光电性质的有效办法，在微电子和光电子器件领域十分重要。文献总结了不同的表面改性方法对黑磷烯稳定性及其他性能的影响。通过 ALD、CVD、干转移法等方式对黑磷进行物理覆盖，以及等离子体刻蚀、盐溶液反应、通电、共价/非共价键结合等修饰，实现表面改性等。在上述表面改性条件下，黑磷稳定存在的时间如图 6.10 所示。但是，上述方法也存在一定的缺陷，如：设备昂贵、工艺烦琐、产率低、稳定性不足、不完全修饰以及修饰后性能下降等。因此，在提高黑磷的表面改性过程中，增强稳定性、简化工艺流程、保证改性后的黑磷具有良好的应用性能等问题将成为实现黑磷产业化应用的关键所在。在提高黑磷稳定性的同时增强或扩展黑磷的应用性能是黑磷表面改性的重要发展方向。例如，h-BN 覆盖的黑磷烯载流子迁移率和开关比分别高达 1350cm²/(V·s) 和

10^5, 电学性能有所增强; Gd^{3+} 配位修饰的黑磷能够显著提高黑磷的核磁共振(MRI)成像分辨率等。

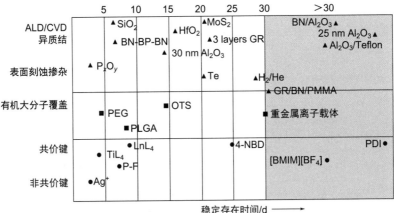

图 6.10　不同表面改性方式下黑磷的稳定性

(PDI 修饰的黑磷稳定性在手套箱中测得, 其余均为空气环境下的稳定性)

此外, 需要说明的是, 对于黑磷的某些应用(例如生物应用等), 需要利用黑磷的可降解性(即不稳定性)。例如, 病理替代性或药剂类生物材料需要具备一定的降解性, 且降解产物需要具有良好的生物相容性, 并容易被机体代谢排出体外。黑磷的不稳定性使得它在生物体内可以降解为磷酸根等小分子产物, 这是其作为纳米生物材料的一大优势。因此, 对于黑磷的生物应用来说, 对黑磷降解速率的调控成为黑磷表面改性策略的另一研究方向, 该研究方向在植入性、控释性等生物材料领域存在一定的应用前景。

参考文献

[1] Li L, Yu Y, Ye G J, et al. Black phosphorus field-effect transistors. Nat Nanotechnol, 2014, 9 (5): 372-377.

[2] Zhou Q, Chen Q, Tong Y, et al. Light-induced ambient degradation of few-layer black phosphorus: Mechanism and protection. Angewandte Chemie-International Edition, 2016, 55 (38): 11437-11441.

[3] Favron A, Gaufrès E, Fossard F, et al. Exfoliating pristine black phosphorus down to the monolayer: Photo-oxidation and electronic confinement effects. arXiv Preprint, 2014, 1 (6): 708-712.

[4] Li L, Yang F, Ye G J, et al. Quantum Hall effect in black phosphorus two-dimensional electron system.

Nat Nanotechnol, 2016, 11 (7): 592-596.

[5] Illarionov Y Y, Waltl M, Rzepa G, et al. Highly-stable black phosphus field-effect transistors with low density of oxide traps. npj 2D Materials and Applications, 2017, 1 (1): 1-7.

[6] Gamage S, Fali A, Aghamiri N, et al. Reliable passivation of black phosphorus by thin hybrid coating. Nanotechnology, 2017, 28 (26).

[7] Wood J D, Wells S A, Jariwala D, et al. Effective passivation of exfoliated black phosphorus transistors against ambient degradation. Nano Lett, 2014, 14 (12): 6964-6970.

[8] Uk Lee H, Lee S C, Won J, et al. Stable semiconductor black phosphorus (BP)@titanium dioxide (TiO₂) hybrid photocatalysts. Scientific Reports, 2015, 5: 8691.

[9] Wan B, Yang B, Wang Y, et al. Enhanced stability of black phosphorus field-effect transistors with SiO₂ passivation. Nanotechnology, 2015, 26 (43).

[10] de Visser P J, Chua R, Island J O, et al. Spatial conductivity mapping of unprotected and capped black phosphorus using microwave microscopy. 2D Materials, 2016, 3 (2): 6.

[11] Son Y, Kozawa D, Liu A T, et al. A study of bilayer phosphorene stability under MoS₂-passivation. 2D Materials, 2017, 4 (2):

[12] Kim J, Baek S K, Kim K S, et al. Long-term stability study of graphene-passivated black phosphorus under air exposure. Current Applied Physics, 2016, 16 (2): 165-169.

[13] Avsar A, Vera-Marun I J, Tan J Y, et al. Air-stable transport in graphene-contacted, fully encapsulated ultrathin black phosphorus-based field-effect transistors. ACS Nano, 2015, 9 (4): 4138-4145.

[14] Li Q, Zhou Q, Shi L, et al. Recent advances in oxidation and degradation mechanisms of ultrathin 2D materials under ambient conditions and their passivation strategies. Journal of Materials Chemistry A, 2019, 7 (9): 4291-4312.

[15] Chen X L, Wu Y Y, Wu Z F, et al. High-quality sandwiched black phosphorus heterostructure and its quantum oscillations. Nature Communications, 2015, 6 (6).

[16] Uk Lee H, Lee S C, Won J, et al. Stable semiconductor black phosphorus (BP)@titanium dioxide (TiO₂) hybrid photocatalysts. Scientific Reports, 2015, 5: 8691.

[17] Li P, Zhang D Z, Liu J J, et al. Air-stable black phosphorus devices for ion sensing. Acs Applied Materials & Interfaces, 2015, 7 (44): 24396-24402.

[18] Kim J S, Liu Y N, Zhu W N, et al. Toward air-stable multilayer phosphorene thin-films and transistors. Scientific Reports, 2015, 5 (7).

[19] Jia J, Jang S K, Lai S, et al. Plasma-treated thickness-controlled two-dimensional black phosphorus and its electronic transport properties. ACS Nano, 2015, 9 (9): 8729-8736.

[20] Yang B, Wan B, Zhou Q, et al. Te-doped black phosphorus field-effect transistors. Advanced Materials, 2016, 28 (42): 9408.

[21] Zhou Q, Li Q, Yuan S, et al. Band-edge engineering via molecule intercalation: A new strategy to improve stability of few-layer black phosphorus. Physical Chemistry Chemical Physics, 2017, 19 (43): 29232-29236.

[22] Guo Z, Chen S, Wang Z, et al. Metal-ion-modified black phosphorus with enhanced stability and transistor performance. 2017, 29 (42): 1703811.

[23] Kuntz K L, Wells R A, Hu J, et al. Control of surface and edge oxidation on phosphorene. ACS Applied Materials & Interfaces, 2017, 9 (10): 9126-9135.

[24] Ryder C R, Wood J D, Wells S A, et al. Covalent functionalization and passivation of exfoliated black phosphorus via aryl diazonium chemistry. Nature Chemistry, 2016, 8 (6): 597-602.

[25] Sofer Z, Luxa J, Bousa D, et al. The covalent functionalization of layered black phosphorus by nucleophilic reagents. Angewandte Chemie-International Edition, 2017, 56 (33): 9891-9896.

[26] Liu Y, Gao P, Zhang T, et al. Azide passivation of black phosphorus nanosheets: Covalent functionalization affords ambient stability enhancement. Angewandte Chemie-International Edition,

2019, 58 (5): 1479-1483.

[27] Zhao Y, Wang H, Huang H, et al. Surface coordination of black phosphorus for robust air and water stability. Angewandte Chemie-International Edition, 2016, 55 (16): 5003-5007.

[28] Wu L, Wang J H, Lu J, et al. Lanthanide-coordinated black phosphorus. Small, 2018, 14 (29): 7.

[29] Tang X, Liang W Y, Zhao J L, et al. Fluorinated phosphorene: Electrochemical synthesis, atomistic fluorination, and enhanced stability. Small, 2017, 13 (47): 10.

[30] Zhu X J, Zhang T M, Jiang D C, et al. Stabilizing black phosphorus nanosheets via edge-selective bonding of sacrificial C_{60} molecules. Nature Communications, 2018, 9 (1): 4177.

[31] Abellán G, Lloret V, Mundloch U, et al. Noncovalent functionalization of black phosphorus. Angewandte Chemie-International Edition, 2016, 55 (47): 14557-14562.

[32] Walia S, Balendhran S, Ahmed T, et al. Ambient protection of few-layer black phosphorus via sequestration of reactive oxygen species. Advanced Materials, 2017, 29 (27).

[33] Zhao Y, Zhou Q, Li Q, et al. Passivation of black phosphorus via self-assembled organic monolayers by van der Waals epitaxy. Advanced Materials, 2017, 29 (6).

[34] Artel V, Guo Q, Cohen H, et al. Protective molecular passivation of black phosphorus. npj 2D Materials and Applications, 2017, 1 (1): 6.

[35] Zhao Y, Tong L, Li Z, et al. Stable and multifunctional dye-modified black phosphorus nanosheets for near-infrared imaging-guided photothermal therapy. Chemistry of Materials, 2017, 29 (17): 7131-7139.

[36] Yamada S. Cation-π interactions in organic synthesis. Chem Rev, 2018, 118 (23): 11353-1432.

[37] Guo Z N, Chen S, Wang Z Z, et al. Metal-ion-modified black phosphorus with enhanced stability and transistor performance. Advanced Materials, 2017, 29 (42): 8.

黑磷的应用Ⅰ：微电子与光电子领域

7.1
引言

自信息时代开始以来，从汽车到航天飞机，从银行交易到在线支付，从个人计算器到人工智能，我们深切地感受到了信息技术的飞速发展带给人们生活的巨大便利。在当前信息化的时代中，晶体管是信息存储、处理和传递最基本的单元，其作为信息技术的基础是现代社会最不可或缺的部分。自从 1947 年由贝尔实验室的巴丁(Bardeen)和布莱登(Brattain)发明第一个点接触的晶体管开始(图 7.1)，半导体技术经过了一个指数型的非凡增长过程，并且彻底地改变了我们今天生活的每一个方面。摩尔定律所描述的晶体管不断小型化的需求是推动微电子工业快速发展的主要驱动力[1]。伴随着晶体管的特征尺寸(feature length)越来越小，更多的晶体管可以被集成在同一块集成电路芯片上，芯片的性能也随之越来越高。

图 7.1　第一个点接触的晶体管

自从进入晶体管电子时代后，集成电路晶体管的最小特征尺寸就以每年 13% 的速度不断减小。晶体管的小型化缩短了晶体管中沟道载流子传输所需要的距离，从而降低了晶体管的本征开关时间，使得晶体管的工作速度得到提高。所以集成电路的数据处理与运算能力不断加快，芯片性能不断得到提升。另外，晶体管器件小型化的同时，施加的漏源 - 电压也会随之减小，这也有助于减小晶体管的功率损耗。在过去的半个多世纪里，通过不断地缩小晶体管的特征尺寸，就可以使集成电路芯片一代代地不停提升性能。直到今天，一个普通的微处理器芯片发展到包含上百亿个晶体管，每个晶体管的特征尺寸都可以缩小到 10nm 以下 [2]。传统的场效应晶体管通常是基于体材料的硅。但是，当硅基晶体管的特征尺寸不断缩小时，为了避免晶体管的短沟道效应，保证栅极对沟道载流子的控制能力，必须相应地缩小硅基晶体管的沟道厚度 [3]。目前最新型的硅基场效应晶体管采用鳍式结构 [4]，它的鳍宽度（等价于 MOSFET 的沟道厚度）可以缩小到 5nm 的工艺节点。但是继续缩小硅沟道厚度时，硅沟道表面的悬挂键及粗糙度将会严重影响硅晶体管器件的迁移率等电学特性，导致不可忽略的短沟道效应和静态功率损耗，动摇了摩尔定律的发展趋势 [5]。

　　二维半导体的出现为人们带来了解决这些问题的希望。二维半导体是由面内共价键相互连接的新型平面半导体，每层二维半导体都只有单个原子或者几个原子尺度的厚度。二维半导体首次发现于 2004 年石墨的机械剥离而产生的石墨烯 [6]。由于石墨烯令人意外的性能，很多研究者也致力于探索其他的二维材料，到目前为止，二维材料家族有 100 多个成员，包括化合物如六方氮化硼（h-BN）[7]、过渡金属硫化物（TMDs）[8] 和黑磷（BP）[9]，等等。不像传统的硅基体材料，二维半导体表面没有困扰传统半导体的表面悬挂键和界面陷阱态，所以即使达到单个原子尺度的极限厚度时仍然具有优秀的电学和光学特性 [5]。这带来了超强的栅极控制能力和极小的关态电流，可以有效减少短沟道效应和静态功率损耗。这对于进一步将摩尔定律扩展到 5nm 以下的工艺节点至关重要。另外，二维半导体具有柔性可弯折特性，比传统的硅材料更容易满足未来柔性电子器件的发展需要。因此，二维半导体被认为是极有可能的代替硅的半导体材料。

随着二维电子材料的探索，石墨烯由于其零带隙而被证明不适用于逻辑电路。而 TMDs 如钼硫化物（MoS_2）虽然具有令人满意的带隙，但其载流子迁移率相对较低，导致其对于高速集成电路有很大的限制。相比之下，BP 是一种新兴的半导体，具有良好的带隙和高载流子迁移率[9,10]，其也被认为是 MoS_2 和石墨烯之间的桥梁，是一种很有希望用于电子和光电器件的材料。

7.2

黑磷场效应晶体管

黑磷是二维材料的新兴成员，其中每个磷原子与三个相邻原子共价键合形成正交晶胞［图 7.2(a)］，黑磷在锯齿和扶手椅方向上也表现出明显的各向异性。由于独特的泡泡效应的蜂窝结构，黑磷具有可调节的直接带隙，范围从 0.3eV 的块状材料到 2.0eV 的单层，带隙还可以通过掺杂进一步改变，用来提高其作为二维材料的多功能性。如图 7.2(b)所示，不同方法计算的少层黑磷的不同层数的带隙[11,12]。

此外，黑磷表现出优异的双极性，具有 p 型和 n 型导电的高性能传输特性，黑磷的晶体管具有高达约 10^5 的开关比和 $300 \sim 1000 cm^2/(V \cdot s)$ 的高场效应空穴迁移率。第一批黑磷烯的场效应晶体管是由 Li 等人在 2014 年制作发现的[9]。简单的 BP-FET 的器件结构示意图如图 7.3(a)所示，黑磷烯被机械剥离然后转移到有 90nm 二氧化硅作的掺杂硅片上，5nm 的铬和 60nm 的金分别沉积作为电极接触。在图 7.3(b)中，两条曲线

分别对应偏压 V_{ds} = 10mV 和 100mV，可以看到开关比约为 10^5，亚阈值摆幅（SS）4.6V/dec。图 7.3（c）中展示了 8 nm 厚的黑磷烯作为沟道的 FET 的迁移率和温度之间的关系，表明了迁移率在大于 100K 时随温度上升而减小，然后在更低的温度时会趋于饱和或者轻微减小，这也可以用经典的高温声子散射和低温杂质散射模型来解释。这项工作证明了黑磷烯在电子领域的巨大潜力，从那时起很多的成果也陆续被科研人员探索发现，这为黑磷在纳米电子学、光探测、光伏等领域的广阔的应用奠定了坚实的基础。

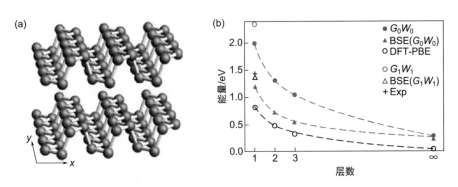

图 7.2 （a）层状黑磷的结构模型，x、y 方向分别代表的是沿扶手椅和锯齿方向的平面内振动；（b）通过不同方法计算的少层黑磷的不同层数的带隙，虚线是幂律拟合曲线

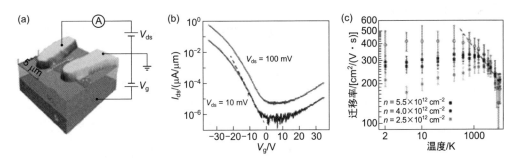

图 7.3 （a）黑磷烯 FET 的器件结构示意图；（b）在偏压 V_{ds} = 10mV 和 100mV 的转移特性曲线；（c）场效应迁移率（圆圈）和霍尔迁移率（实心方块，3 个不同的载流子密度 n）与温度在对数刻度下的关系。

7 黑磷的应用 I：微电子与光电子领域 201

7.2.1 功能化掺杂制备高性能黑磷晶体管

黑磷烯制备的 FET 器件通常表现出具有不对称性的双极传输特性，其中空穴的迁移率和导通电流比电子的高一个数量级。这种空穴传输的行为严重限制了黑磷在互补电子学中的应用，所以通过掺杂或者寻找非破坏的方法来提升黑磷电子迁移率非常重要。表面电荷转移掺杂是基于用特定黏附层来改性材料表面，依靠的是表面掺杂剂和下面的半导体之间的界面电荷转移，其不会引起显著缺陷或破坏掺杂材料的晶体结构，因此被称为非破坏性掺杂方法。与通过外部电场的静电调制相比，表面电荷掺杂通常提供更强的掺杂能力，同时易于器件制造。在之前的研究中，利用各种表面物质来调控二维材料（例如石墨烯和 TMDs）以及有机半导体的电子和光电性质。而由于黑磷本身特殊的结构，掺杂是一种有效调控黑磷性质的方法。

功能化技术大致可分为两类：非共价功能化和共价功能化。共价功能化是通过在其他材料和黑磷之间形成共价键来改变黑磷的性能，而非共价功能化是利用通过相互作用吸附在表面上的材料。Ryder 等人首次提出了黑磷的功能化 [13]，在 2016 年使用作为反应物，当黑磷样品浸入芳基重氮盐溶液中时，这种改性可以自发进行，产生磷 - 碳键的形式，如图 7.4(a) 所示。在低掺杂程度时，黑磷的半导体性能随着低芳基重氮功能化程度增加而增强，其载流子迁移率和开关比同时增加。然后，进一步的功能化可以提升 BP-FET 的稳定性，更好地保护黑磷免受环境条件的影响。不过当达到高水平的官能化时，层内磷键合被破坏。同时，该反应的速率对芳基重氮分子的还原电位很敏感，表明可以很好地控制掺杂程度。很多研究者选择用不同的物质掺杂产生共价键来功能化黑磷，因为它可以保持良好的电子和空穴迁移率，并在环境条件下具有增强的稳定性。而对于黑磷的非共价功能化的影响，目前没有关于制造相应电子器件以提升电学性能的研究，对此还有待科研工作者们进一步去探究。

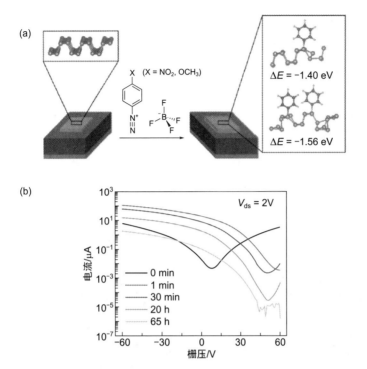

图 7.4 （a）苯－重氮四氟硼酸盐衍生物和机械剥离的少量黑磷在 Si/SiO₂ 基底上的反应形式
（左侧插图显示了黑磷的原始结构，右侧插图显示了 DFT 计算的芳基与黑磷的热力学上有利形成的共价键结构）；（b）BP-FET 转移特性曲线随与 1μmol/L 的 4-NBD 的反应时间变化

　　同时掺杂也可以简单地分为金属掺杂和非金属掺杂。Cs₂CO₃ 和三氧化钼（MoO₃）已被广泛用于有机电子以及二维体系，如石墨烯和 TMDs，并可以分别作为强电子供体和受体来调节半导体的掺杂水平。将黑磷分别用 Cs₂CO₃ 和 MoO₃ 进行原位表面改性，证明了显著的电子和空穴掺杂可以有效地调节黑磷的双极特性[14]。以 Cs₂CO₃ 为例，如图 7.5（a）中，黑磷的转移特性与 Cs₂CO₃ 的逐渐沉积向负方向的移动说明了黑磷被 Cs₂CO₃ 覆盖层强烈的电子掺杂。这种 n 型掺杂大大增加黑磷的电子迁移率，随着掺杂程度增加最终转变为全电子导电 [图 7.5（b）]。在沉积 10nm Cs₂CO₃ 之后，黑磷的电子迁移率从 1.1 ～ 27.1cm²/(V·s) 显著增强，表明黑磷沟道中的电子传输大大改善。这是由于 n 型掺杂可以显著增加电子浓度以填充电子俘获位点，并有效地屏蔽黑磷中的俘获电荷，

从而大大增强其电子迁移率。Cs_2CO_3 和黑磷之间的界面电荷转移可以通过对 Cs_2CO_3 覆盖的块状黑磷的原位紫外光电子能谱(UPS)测量进一步了解，1.7nm 的 Cs_2CO_3 沉积后，黑磷的功函数从 4.03eV 急剧下降到 3.1eV。这是由于有大量的电子从 Cs_2CO_3 转移到黑磷中。与 Cs_2CO_3 的情况类似，MoO_3 也被用于空穴掺杂 BP-FET，因为它在高真空中具有极高的功函数，这说明会对 BP-FET 有巨大的 p 掺杂，同时不会降低空穴迁移率。此外，这种掺杂还可以调整金属电极和黑磷之间形成的肖特基结，从而提高基于黑磷的光电探测器的光响应性。

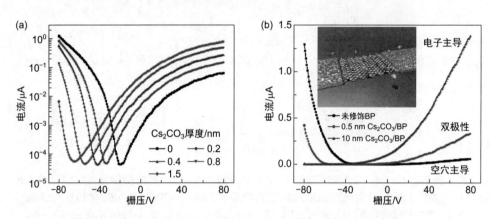

图 7.5 （a）在对数标度，当偏压 V_{sd} = 0.1V 时 BP-FET 的转移特性曲线（栅压 V_g 从 −80 ~ 80V）的演变，其中 Cs_2CO_3 厚度从 0nm 增加到 1.5nm；（b）在线性标度，原始黑磷和在沉积 0.5nm 以及 10nm Cs_2CO_3 后的转移特性曲线图

　　由于黑磷相对较低的电子亲和力，碱金属通常被用作掺杂剂[15,16]。例如，引入锂来实现低接触电阻的高性能晶体管[15]。此外，通过用钾原位表面改性已经成功地制造了高性能互补装置[16]。通过精确控制 K 层的厚度，可以将原始黑磷的空穴主导的转移特性调节为电子主导的传输。换句话说，黑磷晶体管可以从 p 型转换为 n 型。在获得此结果的基础上，PN 二极管和逻辑反相器也可以在原位掺杂的基础上制备。同时，可以提取二极管的理想因子为 1.007 和反相器的增益为 5。此外，过渡金属如铜、铝、银、钪、碲等也可用于黑磷的掺杂。总之通过功能化或掺杂，可以有效地调整材料的性质，为将来黑磷电子设备的大规模应用提供可靠的支持。

7.2.2　改善接触制备高性能黑磷晶体管

正如大家所熟知的那样，由于半导体费米能级和金属功函数的位置差异，金属 - 半导体通常在接触界面处产生肖特基势垒。对于以硅为代表的常规半导体，通常通过离子注入对半导体进行重掺杂来解决该问题。然而，对于新兴的二维材料，重掺杂通常会因其原子级别的厚度而降低其性能。因此，许多研究者致力于探究新的方法来调制肖特基势垒，从而为未来电子产品优化金属 - 半导体接触界面。为了解决金属 - 半导体接触问题，需要建立肖特基接触转移特性曲线模型来理解其对传输的影响。计算出的典型肖特基接触的金属氧化物半导体场效应晶体管(SB-MOSFET)的转移特性曲线如图 7.6 所示 [17]，在 V_{ds} = 50mV 下，电子和空穴肖特基势垒高度(n-SBH 和 p-SBH)分别为 0.7eV 和 0.3eV。总电流(I_{ds})可分为两部分：电子电流($I_{electron}$)和空穴电流(I_{hole})。$I_{electron}$ 和 I_{hole} 的分支都可以分成两个独立的区域，即热发射区域和隧穿区域，由过渡转换点平带电压(V_{fb})隔开，标记并为(i)和(ii)代表的栅压分别对应 $I_{electron}$ 和 I_{hole} 的平带电压。这些研究通过对传导过程的深入理解，提出了一种简单的建模方法来定量描述由 2D 材料制成的 SB-MOSFET 的传输特性，为后续研究提供了坚实的理论基础。

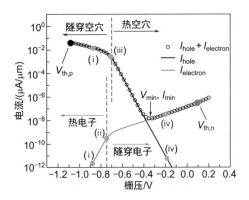

图 7.6　在 V_{ds} = 50mV 时，计算出的 SB-MOSFET 的转移特性曲线
其中 n-SBH = 0.3eV 和 p-SBH = 0.7eV。总电流 I_{ds}（空心圆）是 $I_{electron}$ 和 I_{hole} 的总和；V_{th} 为阈值电压。输出特性曲线上的关键栅极电压（V_{gs}）点标为（i）~（iv）

对于黑磷而言，一种直接的方法是使用具有不同功函数的金属，以最小化接触电阻并改善电流。理论计算表明 Cu(111)、Zn(0001)、In(110)、Ta(110) 和 Nb(110) 这五种金属表面与单层黑磷具有最小的晶格不匹配[18]。其中，Cu 是与单层黑磷形成很好欧姆接触的最佳候选者。另外，Ta 和 Nb 可以与单层黑磷形成强共价键，而且它们也可以与双层黑磷形成优异的界面。随着研究的不断深入，使用了越来越多不同的功函数金属以形成优化的界面。如图 7.7 中展示了几种不同金属的 n-SBH 和 p-SBH，表明 Ti、Ni 和 Ag 对黑磷具有费米能级钉扎效应[19]。另外，对于低功函数金属(Sc 和 Er)，与黑磷接触的部分有一些金属被氧化，金属和金属氧化物的混合层可导致费米能级钉扎松动并因此分开了 n-SBH 和 p-SBH 的值。

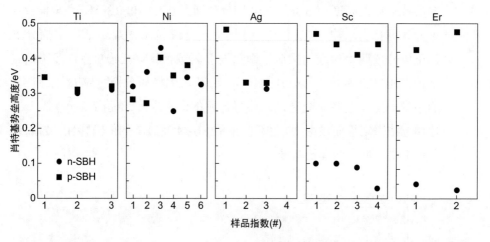

图 7.7 用 Ti、Ni、Ag、Sc 和 Er 作接触电极时，提取的肖特基势垒高度（n-SBH，p-SBH）的总结

除此之外，还采用铁磁金属来优化接触，例如钴、坡莫合金。钯(Pd)也常被用来作电极接触降低黑磷器件的肖特基势垒[20]，利用其在氢气环境下具有高的溶解度。在图 7.8(a) 中显示了 Pd 用作 BP-FET 的接触电极与 H_2 之间的反应示意图。图 7.8(b) 中显示了 Pd 作为接触电极在不同 H_2 浓度时 BP-FET 的接触电阻，在合适浓度下，接触电阻可以达到约 $1.05\Omega \cdot mm$。

同时研究者们将范德瓦耳斯接触也引入了 BP-FET 体系以提高接触质量[21]，如图 7.9（a）所示，将 h-BN 薄膜应用于 Co/BP 界面，大大降低了接触电阻，Co/h-BN 接触具有约 4.5kΩ 的低接触电阻。与 Co 直接接触的 p 型 BP-FET 形成鲜明对比，在 Co/h-BN 接触中观察到了强烈的 n 型传导［图 7.9（b）］。Co/h-BN 接触的 BP-FET 电子迁移率从 245cm^2/(V·s) 增加到 4190cm^2/(V·s)。第一性原理计算表明，与 Co/BP 界面相比，Co/h-BN 界面上的界面偶极子要大得多，这降低了 Co/h-BN 接触的功函数，所以在与黑磷接触时有较低的接触电阻。到目前为止，科研人员已经开

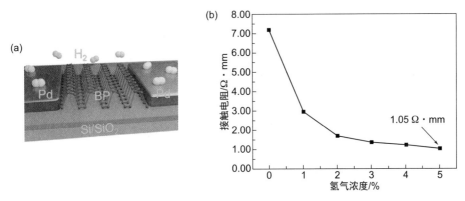

图 7.8 （a）Pd 用作 BP-FET 的接触电极与 H$_2$ 之间的反应示意图；（b）在不同的 H$_2$ 浓度下，Pd 作接触电极的 BP-FET 的接触电阻

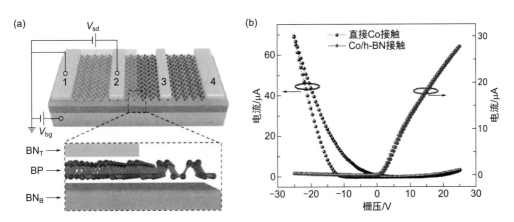

图 7.9 （a）器件结构示意图；（b）Co/BP 界面直接接触和 Co/h-BN 界面接触的转移特性曲线示意图
BN$_T$—顶层氮化硼；BN$_B$—底层氮化硼

发了大量方法来改善 BP-FET 的接触，并且它们对性能有很大影响，但对于工业化，仍有许多工作要做。

7.2.3　更换电介质获得高性能黑磷晶体管

电介质的选择对晶体管很重要，因为 SiO_2 作为栅介质器件的性能受界面散射的影响很严重，包括一些氧化物捕获电荷、表面粗糙度和表面光学声子等的影响。为了有效降低这种影响，可以用其他电介质完全替换 SiO_2 衬底。使用高介电常数的电介质是实现这一目标的最简单、最有效的方法。

如前面所述，黑磷晶体管除了要解决肖特基势垒的问题，采用高介电常数材料作为栅极电介质也是提高黑磷晶体管性能的有效方法。人们已经发现一种新型电介质 HfLaO，可用来代替原本的 SiO_2[22]。如图 7.10 所示，在 V_{ds} = -0.05V 时，对比了使用 SiO_2 和 HfLaO 分别作为电介质时具有相同沟道长度的器件的转移特性曲线。可以清楚地观察到，在使用新的电介质之后 SS 得到极大改善。在相同的结构中也有用 HfO_2 代替 SiO_2 的，并且发现最大电流密度也有增加。同时对于 SiO_2 的 BP-FET 最小电流对应的栅极电压，随着温度降低到 70K 而从 35V 变化到 20V，而对于 HfO_2 的 Al_2O_3 仅略微变化，表明黑磷和 HfO_2 的接触界面有着更好

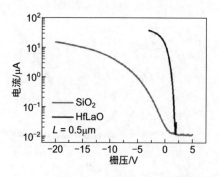

图 7.10　在 V_{ds} = 0.05V 时，分别使用 SiO_2 和 HfLaO 电介质在 300K，相同沟道长度的 BP-FET 的转移特性曲线

的钝化效应。此外，通过热处理改善 BP/HfO$_2$ 界面质量，在室温下成功实现了近乎理想极限的 SS 值的 BP-FET，采用高介电常数电介质可以钝化黑磷的上表面以减少散射。通过 HfO$_2$ 与 ZrO$_2$ 或 Al$_2$O$_3$ 同时使用，也可以有效提升 BP-FET 的性质，比如提高其迁移率或降低其电流的波动。

如前所述的高电介常数电介质还是会引起一些电荷陷阱和表面光学声子散射。而由于 h-BN 具有原子平滑性和大的表面光学声子能量的优点，因此人们认为 h-BN 是实现良好界面的较佳材料，其最可能达到光学声子散射和陷阱电荷不利影响的最小化。一种有意思的夹层结构被研究者们探究出来，其中黑磷封装在两片 h-BN 层之间，实现了无回滞和 1350cm^2/(V·s) 高迁移率的 BP-FET［如图 7.11（a）］[23]。此工作的后续研究中，使用真空制造的相同结构实现了创纪录的室温迁移率 5200cm^2/(V·s) [24]。图 7.11（b）展示出了在低温（2K）下，电导率 - 栅极电压曲线（V_{ds} = 1mV）和场效应迁移率 - 栅极电压曲线。在低温下，可以观察到 45000cm^2/(V·s) 的迁移率，这是迄今为止观察到的最大值。许多研究人员已经证明了高介电常数电介质和 h-BN 在介电工程中具有优越性能。我们相信，在黑磷电子设备的未来应用中，h-BN 和高介电常数电介质的应用为实现高质量界面提供可靠的支持。

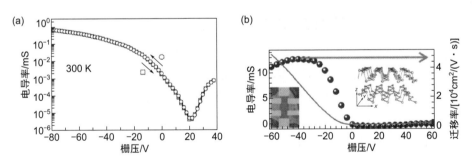

图 7.11 （a）室温下，电导率随栅压的变化显示氮化硼 - 黑磷 - 氮化硼异质结构器件没有滞后现象；（b）在低温（2K）下，电导率 - 栅极电压曲线（V_{ds} = 1mV）和场效应迁移率 - 栅极电压曲线。插图：左侧为典型 BP-FET 的光学显微照片，右侧为黑磷的原子结构

7.3

黑磷传感器

黑磷自 2014 年重新发现以来受到人们的广泛关注。迄今为止，一些关于黑磷的研究也逐步深入。比如黑磷烯的合成、结构和各向异性特性的研究，以及它在晶体管、电池和太阳能电池中的应用。众所周知，电子传感器是能够检测物质的微小型系统的核心元件，而二维材料具有改进传感器性能的潜力。因而二维材料已被广泛用于传感，那么黑磷也不例外。与石墨烯和 TMDs 相比，由于黑磷的"褶皱"晶格结构，其具有更高的表面积与体积比，在传感应用中具有一些优势。本节将主要介绍基于黑磷的光电探测器、气体传感器、湿度传感器、离子传感器、生物传感器等。同时我们也认为基于黑磷的传感器的开发有望提高传感器性能并扩展其应用。

7.3.1 黑磷光电探测器

由于二维材料在光电探测、成像和电信领域的广泛应用，作为新型的二维材料黑磷，人们对基于其的光电探测器也进行了广泛的研究。

对于石墨烯光电探测器，其可以提供从紫外(UV)到太赫兹(THz)波段的宽带探测，并且有超快响应时间和可调制的光学特性，但一个很大问题是它的无带隙特性导致其有低响应度和低光电导增益，这可能限制其应用。与基于石墨烯的光电探测器相比，TMDs 具有相当大的带隙，只要它们是直接带隙，就会有着较低的暗电流和较高的响应度，但是它的响应速度和光响应范围很有限。而黑磷的出现桥接了石墨烯(零带隙）和 TMDs（1.0～2.5eV）之间的带隙区域。从单层黑磷到块状黑磷（0.3～2.0eV）的直接带隙涵盖了其他 2D 分层材料无法达到的带隙范围。这种从可见光到近红外光谱涵盖范围使得黑磷成为宽波段光电应用非常有前途的候选者。例如，红外光电探测器非常需要用于各种要求严格的领域，如电信、热成像、生物成像和遥感等。黑磷除了高载流子迁移率，在宽波段光谱中的直接带隙性质和强光吸收效率都使其成为高性能光电探测器的理想候选者。光电探测器是用于检测光的装置，可以将光转换成许多应用中使用的电信号，例如视频成像、光通信、生物医学成像、夜视和运动检测等。光电探测器一般有光电二极管和光电导体两种不同类型。光电二极管是 p-n 结或 PIN 结构，当具有足够能量的光子撞击时，它产生电子 - 空穴对，这种机制也称为内部光电效应。如果吸收发生在结的耗尽区或远离它的一个扩散长度，则这些光生载流子会被耗尽区产生的内建电场作用。因此，空穴和电子向相反方向移动，产生光电流，也就是光伏效应。当光被诸如半导体的材料吸收时，自由电子和空穴的数量增加并且提高其导电性，这是光电导效应。这里主要介绍光导效应的黑磷晶体管探测器，而关于黑磷和其他二维材料的异质结表现出的光伏效应的光探测器将在下一节黑磷异质结器件部分介绍。

有一些重要的参数用于评估光电探测器的光学特性，如响应度、内部和外部量子效率、噪声等效功率、探测灵敏度和时间响应等。响应率（R）是在有效辐射面积里光电流和入射光功率的比值，即 $R = I_{ph} / P_o$。I_{ph} 为净光电流（或光生电流），简称光电流，可定义为 $I_{ph} = |I_{light}| - |I_{dark}|$；$I_{dark}$ 为无光照下的暗电流；I_{light} 为光照下的亮电流。入射光功率 $P_o = PA$，P 为入射光功率密度；A 为光敏元的有效辐射面积。外量子效率（EQE）是光电流中电荷载流子数与入射光子总数之比。它可以写成：EQE $=N_e/N_{ph}=$ $(I_{ph}/q)/[P/(hv)]$，其中，P 为入射光功率密度；hv 为入射光子的能量；q 为电子电荷。可以通过增加活性层的光吸收和防止载流子在收集之前重新组合或捕获来增加 EQE。在评价探测器的性能时，通常用噪声等效功率（NEP）和探测率（D^*）这两个参数来描述光电探测器的极限探测本领。噪声等效功率可定义为使探测器输出光电流信号（I_S）正好等于输出噪声

电流信号(I_N)时的入射光功率，即：NEP = $I_N/R = P_{IN}/(I_S/I_N)$。这里，$R = I_S/P_{IN}$ 为响应率或灵敏度；P_{IN} 为入射光功率。NEP 越小，探测器越灵敏，即能检测出更弱的入射光功率，探测能力越高。为了更符合人们的认知习惯，我们用 NEP 的倒数比探测率(D)来定义器件的探测度，即 $D = 1/NEP$。光电导增益因子可表示为 $G = \tau_n/\tau_t$。光生电子的寿命可表示为 τ_n；电子在两电极间的漂移时间，即所需的渡越时间表示为 τ_t。而 $\tau_t = L^2/(\mu V)$，其中 L 是晶体管的沟道长度；μ 是载流子迁移率；V 是源极 - 漏极偏压。

对于黑磷光电探测器的研究，一开始人们制作了几层黑磷烯光电晶体管，衬底是 285nm SiO$_2$，接触材料是 Ti/Au，探究了其在激发波长下功率和频率方面的光响应[25]。如图 7.12 所示，BP-FET 显示出快速增加的时间(约 1ms)和大的响应范围。从可见区域到 940nm 近红外区域，晶体管的响应度可以达到 4.8mA/W，这表明了黑磷烯很有希望应用于可见光和近红外光的光电探测。

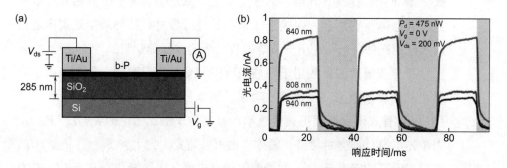

图 7.12 （a）黑磷烯光电晶体管结构示意图；（b）在具有不同波长的调制光激发（约 20Hz）下，随照射时间变化的光电流

其实对于检测范围，黑磷还显示出对紫外(UV)、中红外(MIR)和太赫兹(THz)光谱区域有相当大的响应。超薄黑磷(约 4.8nm)可以用作优秀的紫外光电探测器[26]。具有约 3×10^{13}Jones(1Jones=1cm·Hz$^{1/2}$/W)的比探测率，并且通过应用在栅压 −80V、源 - 漏极偏压 3V 时，可以显著提高响应度到 9×10^4A/W（图 7.13）。不过由于电子 - 空穴对在缺陷或电

荷杂质的陷阱中心复合，黑磷晶体管的紫外光电探测器显示出约200s的长响应时间。

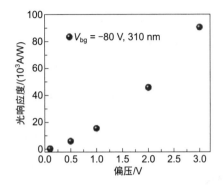

图7.13 在背栅电压 V_{bg} = -80V 下时，高能量激发范围（近紫外）中BP-FET的光响应性

　　而基于黑磷烯的MIR光电探测器，黑磷厚度约为10nm。研究证明了黑磷光电探测器可以在很宽的波长范围内工作，范围从532nm～3.39μm[27]。光电探测器的外部响应度高达82A/W，能够感应皮瓦范围内的MIR光。此外，黑磷的适中带隙使其具有快速载流子动力学特性，这种高响应度在千赫兹调制频率下仍然有效。对于黑磷的THz光电探测器，它用顶栅控制FET，利用黑磷烯和集成的THz非对称天线来提高灵敏度[28]。黑磷的THz光电探测器的最大信噪比（SNR）为500，最大响应度为0.15V/W，最小噪声等效功率（NEP）为7nW/Hz$^{1/2}$。可以通过设计宽栅极架构和阻抗匹配纳米天线来指向目标太赫兹以期待重大改进。

　　为了提高黑磷光电探测器的性能，研究者们使用少层的石墨烯作为顶栅，将BP-FET集成在硅光子波导管上（图7.14）[29]。黑磷光电探测器可以在近红外（NIR）电信频段工作，还有非常低的暗电流。在室温下，分别在11.5nm和100nm厚的黑磷器件中获得高达135mA/W和657mA/W的固有响应度。

　　由于黑磷具有独特的面内各向异性，通过对空间、偏振、栅极和偏压相关的光电流进行测量，研究了BP-FET中的光电流产生机制。发现黑磷探测器会呈现出与偏振相关的光电流响应，并且黑磷-金属接触区域附近的光电流响应的各向异性特征主要归因于黑磷晶体吸收光具有的各向异性。接触区域的光电流响应主要是由关断状态下的光伏效应和导通状态下的光热电效应引起的。有研究者开发了一种基于黑磷晶体管的宽带光电探测器，该晶体管在 400 ～ 3750nm 的带宽内具有偏振敏感性[30]。如图 7.15(a)，设计环形金属电极作为各向同性光电流收集器，以排除观察到的双重偏振引起光电流的可能性，这是由于金属 - 黑磷边缘处可能会有几何边缘效应。偏振灵敏度归因于强固有的线性二向色性，这是由该

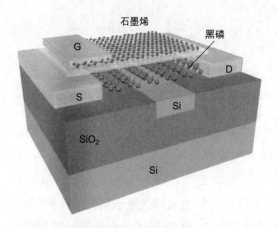

图 7.14　石墨烯作为顶栅，将 BP-FET 集成在硅光子波导管上的三维示意图
G—栅极；S—源极；D—漏极

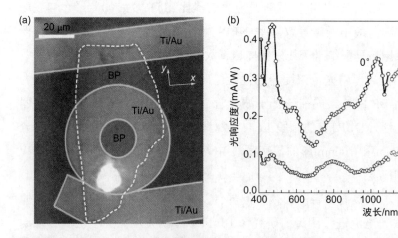

图 7.15　(a) 具有环形光电流收集器的黑磷光电探测器的光学图像；(b) 对应于图 (a) 中黑磷光电探测器，其光响应性与 400 ～ 1700nm 照射的偏振依赖性，其中 0°的偏振角对应于 x 晶轴，90°对应于 y 晶轴

材料的面内光学各向异性引起的。在这种晶体管几何结构中，由栅控引起的垂直内置电场可以在空间上分离沟道中的光生电子和空穴，有效地降低了它们的复合速率，从而提高了线性二向色光电检测的性能。如图 7.15(b) 所示，对偏振光激发的光响应性波长在 $400 \sim 1700nm$ 之间变化，表明黑磷在线性二向色性检测上有宽的波长范围。

7.3.2　黑磷气体传感器

气体传感器在公共安全、室内空气质量控制、工业废气化学处理和环境监测方面极为重要。在过去的几十年中，金属氧化物气体传感器由于其易于合成和低成本而引起了极大的关注。然而，由于金属氧化物气体传感器需要在相对较高的温度下工作，具有高功耗和潜在的热安全问题，这些阻碍了它们的应用。因此，非常需要能够在室温下工作的气体传感器。最近，二维纳米材料由于其有超大的表面积与体积比和高表面活性，因而显示出很好的室温气体传感层的可能。各种二维纳米材料，包括石墨烯、金属硫族化合物(如 MoS_2、WS_2 和 $MoSe_2$)和 h-BN，已经被用于制造室温气体传感器。而黑磷对周围大气也敏感，可用于检测不同的气体分子。

通常，在暴露于目标气体时，气体物质被吸附在传感材料的表面上，导致传感器电阻变化，当传感器暴露在空气或惰性环境中时，传感器电阻会恢复到原始状态。优良传感器的性能特点是高的灵敏度或响应度，响应时间短，恢复时间短，检测限低，选择性高，稳定性好。传感器灵敏度或响应度 S 定义为

$$S = \Delta R/R_0 = (R_g - R_0)/R_0 \text{ 或 } S = \Delta G/G_0 = (G_g - G_0)/G_0$$

其中，$R_0(G_0)$ 和 $R_g(G_g)$ 分别是在空气中和待测气体中的电阻(电导)值。响应时间和恢复时间定义为电阻变化达到稳态值的约 90% 所需的时间。气敏装置的常见配置可分为两种类型，即场效应晶体管(FET)类型和化学传感器类型。这两种类型的典型结构如图 7.16 所示[31,32]。对

于化学电阻器型器件，含有传感材料的分散悬浮液沉积在预先做好交叉电极的基板上，可以通过电阻计直接测量电阻变化。与基于 FET 的传感器相比，化学电阻器件制造工艺更简单，具有易于操作和低成本的特点。

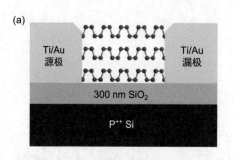

图 7.16　气体传感装置的两种典型配置
（a）场效应晶体管（FET）类型；（b）化学传感器类型

通过第一原理计算，理论研究了单层黑磷在吸附了 CO、CO_2、NH_3、NO 和 NO_2 后，其在结构、电子和导电传输性质上的变化[33]，发现单层黑磷对氮基气体分子如 NO 和 NO_2 更敏感。这种行为可归因在吸附气体分子后，引起电荷转移导致黑磷的能带结构的变化。在电荷传输计算中发现，吸收 NH_3 降低了电流，而吸收 NO 则具有相反的行为——增加了电流。受理论研究的启发，用通过机械剥离获得的黑磷烯制造了基于 FET 的黑磷气体传感器［图 7.16（a）］[31]。考虑到传感器的稳定性，使用相对较厚的黑磷烯来减少暴露于气体分子时的降解。黑磷传感器在氩气氛中显示出对 NO_2 浓度的高度灵敏，能探测出低至 $5×10^{-9}$ 的 NO_2 浓度［图 7.17（a）］，这超过了基于其他二维材料的传感器。对于不同的 NO_2 浓度，响应时间在 280 ～ 350s 范围内，与 MoS_2 气体传感器相当。当分子吸附在表面上时，传感性能与朗格缪尔等温曲线非常吻合［图 7.17（b）］，这证实了电荷转移是传感的主要机制，而 NO_2 分子吸收电子并对黑磷烯进行空穴掺杂，从而增加了传感器的空穴电导。另外的研究，也证明了 BP-FET 传感器对 10^{-9} 级 NO_2 敏感[34]。验证了传感器的灵敏度取决于纳米片的厚度，4.8nm 厚度的黑磷传感器具有最佳性能，在 NO_2 浓度为

20×10^{-9} 时灵敏度高达 190%。同时还发现黑磷传感器在 H_2、CO 和 H_2S 气体存在的情况下依然对 NO_2 气体具有高选择性。

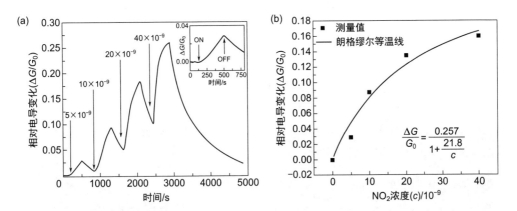

图 7.17　(a) 具有不同 NO_2 浓度 (5×10^{-9} ~ 40×10^{-9}) 的黑磷传感器的相对电导变化 $\Delta G/G_0$ 与时间的关系，插图显示了 NO_2 浓度为 5×10^{-9} 时，对于 NO_2 气体打开和关闭响应时间点；(b) $\Delta G/G_0$ 与施加到黑磷传感器的 NO_2 浓度的关系图，显示测量值和拟合的朗格缪尔等温曲线之间具有一致性。右下角的等式是拟合的朗格缪尔等温曲线方程

　　将液相制备的黑磷烯滴在涂有 Pt 梳形交叉电极的 Si_3N_4 基板上，设计了一种化学电阻器型气体传感器[35]。测试表明此黑磷传感器对 NO_2、NH_3 和 H_2 敏感，并且对 CO 和 CO_2 没有任何反应。这也是第一次实验证明剥离的黑磷烯对 10^{-6} 浓度的 NH_3 和 H_2 敏感。准确地比较通过这种类似工艺制备的黑磷、MoS_2 和石墨烯的化学传感性能[36]，动态传感响应、灵敏度、选择性和响应时间都显示黑磷是感应 NO_2 的优良气体传感材料，表明黑磷与 MoS_2 和石墨烯相比具有更好的传感性能。

　　为了提高黑磷传感器的性能，可以将黑磷和 $MoSe_2$ 纳米片的范德瓦尔斯异质结作为气体传感器[37] [图 7.18(a)]。与同一芯片上基于单独黑磷或 $MoSe_2$ 纳米片的传感器相比，这种异质结传感器的灵敏度显著提高了 5 ~ 6 倍。这种优异的灵敏度归因于 $MoSe_2$ 中势垒高度的调制，这种调制是由总的内置电势和两种材料的多数载流子浓度的比例控制引起的。改善气体传感器灵敏度的方式除了集中在传感材料上，还有通过改变传感器结构来改善性能的。通过悬浮结构修改来改善黑磷气体传感器灵敏度的新方法也在被研究[38] ［图7.18(b)］。对于典型的传感器，传感材料的一半表面被基底覆盖，基底会有很大的影响。悬浮型黑磷传感器具有出色的灵敏度（在 $200×10^{-6}$ NO_2 时气体响应增加了 23%），解吸速率比接触型支撑结构快两倍。

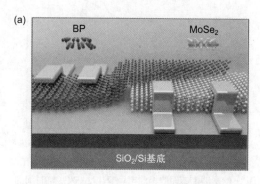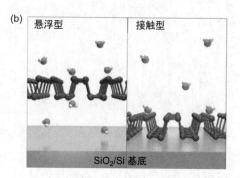

图7.18 （a）BP/$MoSe_2$ 异质结传感器的示意图；（b）黑磷气体传感器的悬浮型和一般接触型的气体传感示意图

　　还有一种与常见的传感测试不同的方法，即通过电化学阻抗谱转换法来探究黑磷的气敏性，验证了黑磷传感器是一种对甲醇蒸气高度敏感的传感器[32]。通过在连续添加甲苯、丙酮、氯仿、二氯甲烷、乙醇、异丙醇、水和甲醇之后记录阻抗证明了黑磷传感器对甲醇的高选择性，还发现黑磷传感器在 20d 内表现出良好的性能稳定性。

7.3.3　黑磷湿度传感器

　　与其他二维材料（石墨烯，MoS_2，h-BN 等）相比，黑磷在水和空气的存在下极不稳定。黑磷的环境不稳定性阻碍了其在大气条件下的应用。然而有意思的是，一些研究人员利用黑磷的亲水性来开发湿度传感器。通过液相方法用堆叠的黑磷薄片制备黑磷膜。将制备的黑磷膜切割成所需形状，使用镓-铟共熔合金作为两个电极接触，从而制备了黑磷湿度传感器[39]。如图7.19(a)展示出了传感器在 0.5V 的恒定偏压时，对水蒸气、乙醇、甲苯、二氯苯、氢气、氧气和二氧化碳的典型电流响应。虽然对其他分析物的反应很小，但当注入水蒸气时观察到源漏电流显著增强。当相对湿度(RH)从 10% 变化到 85% 时，黑磷传感器的电流增加约 4 个数量级。将黑磷传感器的水蒸气传感特性与通过 CVD 生长的单层石墨烯和 MoS₂ 以及通过液相剥离制备的石墨烯进行了比较。如图 7.19(b) 所示，与其他传感器相比，黑磷传感器显示出更高的灵敏度(2 个数量级)和更快的恢复速度(2 倍)。研究这种传感机制，发现黑磷湿度传感器的工作原理是离子导电的调制。更重要的是，在暴露于环境条件(25° 和 25%±12%RH)3 个月，黑磷传感器表现出良好的稳定性，其传感特性没有明显漂移。

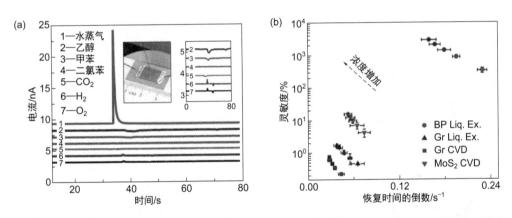

图 7.19 （a）堆积的黑磷烯对不同物质的响应，插图显示了一个典型的黑磷薄膜传感器，衬底是透明胶带上的聚四氟乙烯薄膜，镓－铟共熔合金作为两个电极接触；（b）在相同实验条件下暴露于不同浓度的水蒸气时，4 种不同传感器的恢复时间的倒数和灵敏度的曲线图

　　还可以通过电化学剥离法制备黑磷膜，从而通过堆叠的黑磷烯制备黑磷湿度传感器[40]。随着相对湿度从 11% 增加到 97%，黑磷传感器的电阻降低了约 85%。响应时间和恢复时间分别为 101s 和 26s。上述提到的两种湿度传感器都具有相当厚的黑磷膜(μm 级别)，具有良好的稳定性。而且与体相对应物相比，黑磷膜具有更大的沟道电阻，这可能是由于其是纳米片随机堆叠结构，这对于传感来说是一个很大的优势。为了研究不同厚度的黑磷烯的湿度传感性能，采用不同离心速度，即 3000r/min、

5000r/min 和 10000r/min 的液相法制备了三种黑磷膜。与其他两种样品相比，通过 10000r/min 获得的黑磷样品更薄并且表现出更好的湿度感测性能，具有更快的响应和恢复速度[41]。

众所周知，几层的黑磷烯的环境稳定性有限。通过原子层沉积（ALD）的 6nm 厚的 Al_2O_3 封装层封装制备了一种基于 BP-FET 的空气稳定湿度传感器[42]。图 7.20(a) 和 (b) 分别示出了没有和具有 Al_2O_3 钝化层的基于 BP-FET 的湿度传感器的示意图。在环境中储存 3d 后，没有封装的黑磷传感器降解并且对水蒸气没有反应。相比之下，带有封装的传感器即使在环境条件下存储超过 7d 也表现出良好的传感性能。尽管裸露的黑磷传感器敏感度稍微好一些 [见图 7.20(c)]，但封装层在灵敏度和长期稳定性之间有一个很好的平衡。

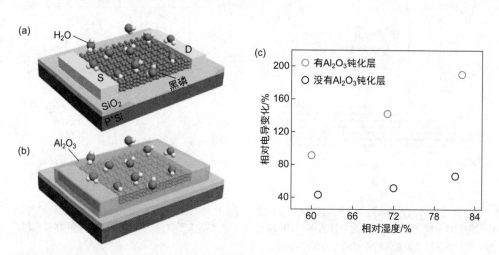

图 7.20　基于 BP-FET 的湿度传感器的示意图
（a）没有 Al_2O_3 钝化层；（b）具有 Al_2O_3 钝化层；（c）图（a）和（b）中黑磷传感器的相对电导变化与 RH 数值的函数关系

使用黑磷作为敏感层，制备了一种无源微波基板集成波导（SIW）谐振器湿度传感器，其可在微波频率下工作。通过矢量网络分析仪测量 SIW 传感器的反射系数 S_{11}。具有黑磷的传感器的湿度灵敏度为 197.67kHz/%RH，比没有黑磷作为敏感层的传感器的湿度灵敏度提高了约 40 倍[43]。除了 SIW 谐振器湿度传感器，采用叠层黑磷烯作为传感膜制备了一种新型石英晶体微量天平(QCM)湿度传感器[44]。QCM 是一种质量传感平台，可以根据 Sauerbrey 关系检测亚纳米级的质量变化。基于该关系，QCM 可以将吸附物质的分子量转换为频率依赖性信号。通过 LPE 方法制备的黑磷烯沉积在 QCM 的电极上以制造 QCM 湿度传感器。通过改变相对湿度水平并测量共振频率的变化来量化湿度感测特性。发现共振频率随着湿度的增加而降低，响应和恢复时间分别快达 14s 和 10s。QCM 湿度传感器的共振频率每 4d 在 97.3% 的高湿度水平下测量，持续 4 周，表现出长期稳定性。

7.3.4 黑磷离子传感器

重金属离子，如 Hg^{2+}、Pb^{2+}、Cd^{2+}、AsO_2^- 等，可能是人类的致癌物质，因此检测重金属离子极为重要。最可靠的测定重金属离子的方法包括能量色散 X 射线荧光(EDXRF)、原子吸收光谱(AAS)、电感耦合等离子体质谱(ICP-MS)，以及表面等离激元共振(SPR)。这些基于实验室的方法耗费时间，复杂且成本高，限制了它们的广泛应用。因此，开发一种简单、低成本的重金属离子检测方法非常重要。基于 BP-FET 的化学传感器可以克服基于实验室的方法的障碍，实现快速无标记检测，工艺简单、成本低。

有一种用离子载体封装的空气稳定的基于 BP-FET 的离子传感器被人们开发出来了[45]。离子载体膜可以减少来自周围环境的负面影响，并允许某些类型的分子选择性地渗透通过它。例如，理论上，黑磷顶部的铅离子载体膜仅允许 Pb^{2+} 穿过它并阻挡所有其他离子和分子。在测量中，采用乙酸钠(0.1mol/L，pH = 4.6)作为缓冲溶液。黑磷传感器能够在世界卫生组织(WHO)水质准则允许范围内检测饮用水，低至 $3×10^{-9}$ Cd^{2+}、$10×10^{-9}$ AsO_2^- 和 $1×10^{-9}$ Hg^{2+} [图 7.21 (a)～(c)]。对于 $100×10^{-9}$ Pb^{2+}，提取的时间常数仅为 5s，优于基于石墨烯的传感器。用铅离子载体封装的黑磷传感器分别去探测 AsO_2^-、Cd^{2+} 和 Hg^{2+}，可以证明黑磷离子传感器具

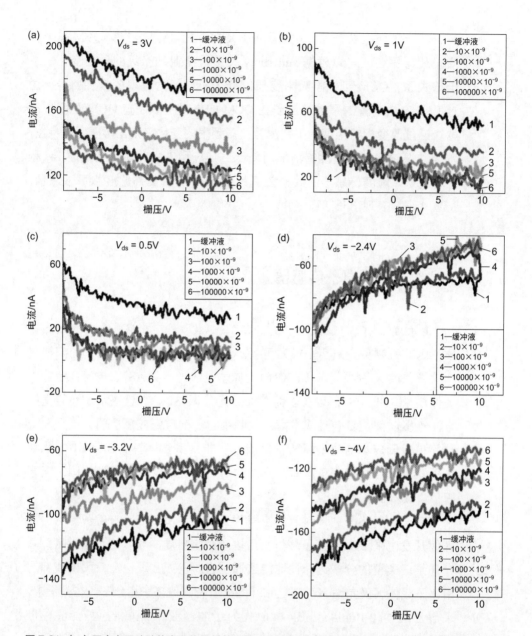

图 7.21 （a）用含有亚砷酸盐离子载体封装的黑磷传感器检测不同浓度的 AsO_2^-；（b）用镉离子载体封装的黑磷传感器检测到不同浓度的 Cd^{2+}；（c）用汞离子载体封顶的黑磷传感器检测到不同浓度的 Hg^{2+}；（d）用具有铅离子载体的黑磷传感器检测 AsO_2^-；（e）具有铅离子载体的黑磷传感器检测到的 Cd^{2+}；（f）具有铅离子载体的黑磷传感器检测 Hg^{2+}

有选择性。结果发现，与图 7.21(a)～(c)中的结果相比，用铅离子载体封装的黑磷传感器对三种离子的响应要小得多［图 7.21(d)～(e)］。对于用其他离子载体封端的黑磷离子传感器，可以发现类似的结果，表明黑磷离子传感器具有良好的选择性。

通过悬浮结构可以改进黑磷探测器的性能。制备一种基于悬浮的黑磷烯沟道的 BP-FET 的 Hg^{2+} 传感器[46]，悬浮结构具有最佳的门控效果、更大的感应区域和更小的低频噪声，从而提高了传感器的灵敏度和增大了检测范围。黑磷传感器对 Hg^{2+} 敏感，检测限降至 $0.01×10^{-9}$，响应时间仅为 3s。除了上述的探测方式，与生物分子的检测类似，可以通过使用金纳米团簇或半导体量子点进行荧光测定法来检测重金属离子。研究者们开发了一种无标记的比率荧光传感器，使用黑磷量子点作为荧光探针检测 Hg^{2+}[47]。

7.3.5　黑磷生物传感器

生物传感器装置由其生物或生物启发的受体单元定义，其对相应的分析物具有独特感应性，例如 DNA、蛋白质和葡萄糖[48]。近年来，纳米材料已被广泛用于提高生物传感器的灵敏度和降低检测极限[48,49]。由于黑磷具有低细胞毒性[50]和优异的细胞相容性[51]，故其适用于生物传感器的应用[52]。

对于生物传感器，基于纳米材料的场效应晶体管(FET)器件引起了越来越多的关注。FET 生物传感器的介电材料用的是功能化的受体分子。当 FET 器件暴露于靶分析物时，受体分子会结合生物分子然后调节沟道的电导。有研究者制作了一种用于人免疫球蛋白 G(IgG)检测的 BP-FET[53]。如图 7.22 所示，将制备好的器件用 Al_2O_3 涂覆于表面钝化，并将 Anti-IgG 结合的金纳米颗粒沉积在 Al_2O_3 介电层的表面上，作为用于人 IgG 检测的探针。结果表明 BP-FET 生物传感器可检测人 IgG，检测下限低至 10ng/mL，响应时间大约为几秒，同时还发现传感器对人 IgG 具有高选择性。关于更多的 BP-FET 生物传感器还有待于研究者们进一步去探究。

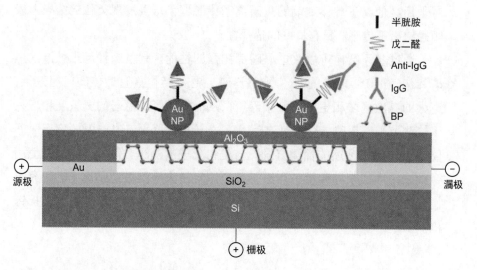

图 7.22　BP-FET 生物传感器的示意图
将黑磷烯机械剥离并转移到器件上，桥接漏极和源极电极。通过化学修饰将抗体探针与 Au 纳米颗粒接合。Al₂O₃ 介电层用于钝化黑磷烯的表面不被氧化

7.4

黑磷异质结器件

　　通过范德瓦耳斯接触，将二维材料构建垂直异质结结构可以将每个孤立组件的特性整合到一个系统中，不同的二维半导体具有各自独特的性能优点和缺点，制备二维半导体异质结可以充分利用其所需特性，取长补短，获得各种性能独特的异质结器件，这也是目前二维半导体研究的热点。当采用范德瓦耳斯异质集成的方法在一个垂直堆叠的结构中，

组合两个或者多个具有独特性能的二维半导体时，就会出现大量奇异的现象，可以依此创建各种功能新颖的异质结器件。诸如隧穿晶体管、光探测器、发光二极管、光存储器，等等。目前，基于二维半导体范德瓦耳斯异质结器件的研究与 10 年前的石墨烯研究很类似：出现了大量有趣的科学成果，但大规模生产和应用的前景尚不明朗。考虑到石墨烯技术在过去几年中的快速发展，可以预期二维半导体范德瓦耳斯异质结器件的研究也会有类似的快速发展过程，从而实现和满足未来柔性透明等新型电子器件的消费需求。

常见的制备二维半导体异质结的方法主要有三种：第一种方法是分子束外延(MBE)生长[54]。但是 MBE 生长技术需要昂贵的仪器和大量的资金维护，限制了二维半导体异质结的广泛研究。第二种方法是采用化学气相沉积(CVD)技术，首先在衬底生长出一种二维半导体，然后再改变生长条件，在这种二维半导体的边界或者正上方紧接着生长另外一种二维半导体[55]。但是这种 CVD 方法对二维半导体的生长条件要求十分苛刻，更重要的是由于晶格匹配的限制，目前只能生长少数几种二维半导体异质结，不能做到二维半导体的任意匹配。第三种方法是采用物理定点转移进行范德瓦耳斯异质集成，制备二维半导体异质结[56]。这种方法可以有效避免 CVD 对于二维半导体异质结晶格匹配的限制，能够简单方便地搭配不同二维半导体，来制备各种范德瓦耳斯异质结。而且二维半导体表面没有传统体材料中的大量悬挂键，采用这种方法可以获得高质量的范德瓦耳斯异质结界面。这种异质结器件由范德瓦耳斯力将不同的二维层状半导体结合在一起，可以比传统的 MBE 和 CVD 等方法更方便、更快捷地制备各种二维半导体范德瓦耳斯异质结器件。在二维半导体种类日益增多的今天，提供了通用的制备原子尺度厚度的各种复杂异质结的可靠方法。

作为新型二维材料的黑磷也可以用于各种异质结。黑磷的分层结构类似于其他 2D 分层结构材料而且范德瓦耳斯相互作用也很强，材料之间没有晶格失配，还是一个双极性特别明显的材料。因此，黑磷与其他 2D 分层半导体或绝缘体的组合形成异质结对于晶体管探究和应用也是很有意义的。

7.4.1 黑磷-TMDs

在前文黑磷的光电探测器中有讲到过，基于黑磷异质结的光伏型探测器也正在被人们所探究。p-n 结是现代光电器件的基石，新兴材料黑磷是一种空穴传输为主导的半导体，进一步提高黑磷光电探测器的效率和光响应性的一种策略是基于黑磷和其他 2D 材料制造异质结。而 MoS_2 是 TMDs 中一种典型的 n 型半导体，因此基于 BP-MoS_2 异质结的光电探测器自然而然被研究者们所探索发现。如图 7.23(a) 所示，制造了第一个 BP-MoS_2 异质结来形成 p-n 二极管[57]。如上所述，黑磷表现出空穴传输主导的行为，而 MoS_2 是 n 型半导体。因此，制造了预期电学性能可调的基于 BP-MoS_2 异质结构的 p-n 结。如图 7.23(b)，强的栅极可调电流整流特性表明，黑磷和 MoS_2 之间具有良好的欧姆接触的异质结构。它对 633nm 入射激光显示出强烈的光响应，并且随着入射激光功率增加光电流增加，基于此异质结光探测器的最大填充因子 $[FF = P_d/(I_{sc}V_{oc})]$ 和外量子效率(EQE)峰值分别为 0.5 和 0.3%，这也是黑磷有效光伏能量转换的首次报道。最大响应度 418mA/W 几乎是之前黑磷光电探测器的 100 倍，这些优异的性能使得黑磷 p-n 二极管成为宽带光电探测器有希望的候选者。

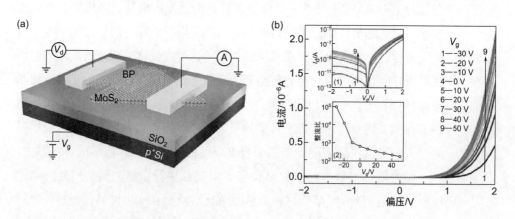

图 7.23　(a) 器件结构示意图；(b) 栅调节的二维 p-n 二极管的 I-V 特性(随着背栅电压增加，电流增加；插图显示了对数刻度下的 I-V 特性)

后续也有研究者使用范德瓦耳斯异质集成的方法，制备改进版 BP-

MoS$_2$异质结光二极管探测器［图7.24(a)］[58]。该范德瓦耳斯异质结光电二极管具有很高的中波段红外线吸收能力，其室温外量子效率为35%，比检测率达到了1.1×10^{11}cm·Hz$^{1/2}$/W，基于BP-MoS$_2$异质结的光二极管探测器能与传统的中红外光探测器相竞争［图7.24(b)］。值得一提的是，通过利用BP的各向异性光学特性，这是首例偏置可选择偏振分辨单片光电探测器，该光电探测器无需外部光学元件即可检测正交偏振光，这可以进一步集成不依赖附件光学组件的偏振焦平面阵列。除了想方法改进基于BP-MoS$_2$异质结的光电探测器，还可以更换材料与黑磷构成异质结，如制造的BP-WSe$_2$范德瓦耳斯异质结器件可以改善EQE[59]。

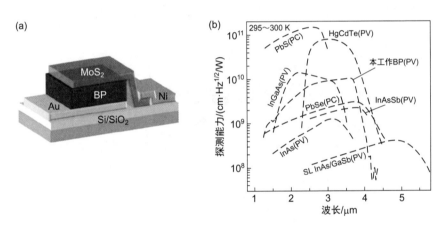

图7.24 （a）BP-MoS$_2$范德瓦耳斯异质结光二极管探测器的结构示意图（显示接触所用电极）；（b）BP-MoS$_2$范德瓦耳斯异质结光二极管探测器在中红外波段的光探测率性能与市售和已报道的光伏（PV）和光电导（PC）探测器比较

  关于黑磷和TMDs的异质结除了在光探测器上的潜力外，还可以用来制备遂穿场效应晶体管。遂穿场效应晶体管具有与传统金属氧化物半导体晶体管(MOSFET)相似的结构，但是具有不同的开关机理。传统MOSFET中，开关通过调制势垒上的热电子发射。由于载流子热激发受麦克斯韦-玻尔兹曼分布限制，其亚阈值摆幅SS，即电流变化一个数量级所需要的栅压，室温下理论极限值为60mV/dec。隧穿场效应晶体管通过调制穿过势垒的量子隧道进行开关，因此能够突破该限制。为解决MOSFET芯片中随着晶体管尺寸减小而带来的功率密度过大这一问题提供了思路。

2017 年，Liu Xiaochi 等人利用二维 BP-MoS$_2$ 的范德瓦耳斯异质结来制备遂穿场效应晶体管[60]。不同的是，通过采用包括固体聚合物电解质层为顶栅介电层的双栅极结构实现具有负差分电阻前体的隧道二极管。实现了常温下 55mV/dec 的陡峭亚阈值摆幅[60]。同年，Xu Jiao 等人独立报道了采用 BP-MoS$_2$ 异质结、离子凝胶为顶栅介电层的带间隧穿场效应晶体管，其亚阈值摆幅在常温下为 65mV/dec，160K 时为 51mV/dec[61]。

基于 BP-MoS$_2$ 的晶体管还可以用来制备 CMOS（互补金属氧化物半导体）逻辑器件。利用 BP-MoS$_2$ 异质结晶体管阈值电压以及导电率能被沟道长度调节的特性，通过将一系列场效应晶体管与长沟道黑磷场效应晶体管相结合，可以制备一种独特的三进制 [图 7.25（a）] CMOS 反相器。

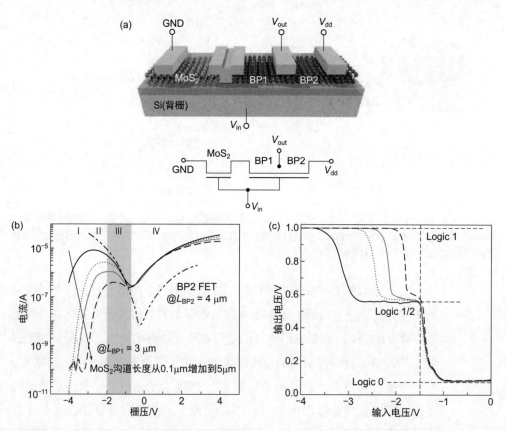

图 7.25 （a）基于 BP-MoS$_2$ 晶体管的三进制反相器示意图，该晶体管具有与 BP-FET 串联的不同沟道长度；（b）BP-FET 和串联 BP-MoS$_2$-FET 的转移特性曲线，其中 MoS$_2$-FET 的沟道长度从 0.1 ~ 5μm 变化，BP1 和 BP2 FET 的沟道长度分别固定在 3μm 和 4μm，偏压 V_d 为 1V；（c）输入电压和输出电压曲线图

图 7.25 (c) 中展示了该三进制 CMOS 反相器输入、输出电压关系曲线 [62]。利用窄带隙黑磷和大带隙二硫化钼的能带结构排列特性来制备垂直异质结构，达到了超高整流比接近 10^6、开关比高达 10^7。此外，设计了可调多值反相器，其中中间逻辑窗口和逻辑输出状态可以由特定的沟道长度来控制，最重要的是，通过电场控制改变异质结的能带结构排列。最后，在优化二维半导体材料及器件几何结构后，该高性能二进制逆变器实现了超过 150 的高增益。反相器中实现了超过 150 的高增益，显示出在逻辑器件应用中的巨大潜力。

7.4.2 黑磷 – 石墨烯

由于黑磷和石墨烯分别具有各向异性和各向同性结构，因此猜测当黑磷和石墨烯堆叠异质结时，黑磷的各向异性可能"渗漏"到相邻层中并且可能在石墨烯上引起新的特征和现象 [63]。通过密度泛函理论研究了堆叠在石墨烯顶部的单层和双层黑磷的结构和电子性质 [64]。在这种异质结构中，黑磷和石墨烯层的电子结构几乎都得到了保留，表明了各组分的性质可以保留。当费米能级之间的差异高于零时，电子从非接触的黑磷区域转移到黑磷和石墨烯接触区域，从而一个 p 型沟道建立了。同时，通过垂直于器件施加外部电场，也可以诱导电子转移，这可以调制肖特基势垒高度和黑磷的掺杂。此外，石墨烯 - 黑磷异质结构具有可调谐的肖特基势垒，其对变化的界面距离敏感 [65]。2015 年，Ahmet Avsar 等人实现了利用石墨烯作为源漏电极和氮化硼作为封装层制造完全封装双层黑磷场效应晶体管，石墨烯电极可以实现无势垒接触，解决了两端场效应晶体管几何结构中肖特基势垒限制传输的问题 [66]。在该石墨烯接触的晶体管 [如图 7.26 (a) 所示] 中，I_{sd} [图 7.26 (b)] 的几乎温度不敏感性表明电荷注入是欧姆的而不是热电子发射。然而，由于双层黑磷的大带隙，仅在 p 型区域中观察到线性关系，通过用 V_{bg} 调节石墨烯的费米能级不足以来实现完美的带匹配。

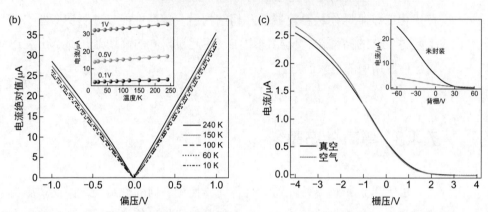

图7.26 （a）用h-BN封装石墨烯作电极的黑磷器件原子级结构界面示意图；（b）源－漏极偏压和石墨烯作电极器件的电流的温度依赖关系；（c）在真空和环境条件下转移特性曲线，插图显示了非封装器件的背栅转移特性曲线

　　通过堆叠黑磷，石墨烯和h-BN的二维层状设计还可以用来制造浮栅场效应肖特基势垒晶体管（FG-FESBT）［图7.27（a）］[67]。通过控制栅极电压脉冲，可以在石墨烯浮动栅极中存储和擦除电荷载流子。通过这种方式，成功实现了可编程非易失性双极石墨烯-黑磷肖特基结存储器，可以通过控制栅极电压脉冲调节使其作为石墨烯-p-黑磷或石墨烯-n-黑磷二极管，并显示出超过10年的特性保持。基于其双极特性和可编程的可存储性，石墨烯-黑磷/h-BN/石墨烯FG-FESBT被用于双模式非易失性肖特基结存储器，非易失性存储器反相器电路和逻辑整流器［图7.27（b）～（d）］。开发的可编程非易失性肖特基结存储器可以实现电子和光电领域的进一步创新，允许设计下一代柔性透明半导体电路并开辟一些新应用。这也证明基于二维晶体的范德瓦耳斯异质结构在用于设计具有惊人功能的新设备时很有前途。

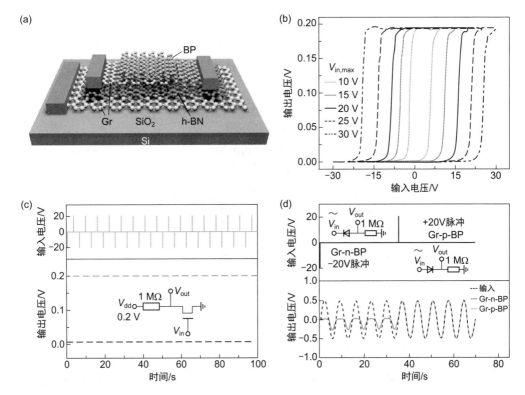

图 7.27 （a）器件结构的示意图，其基于具有 FG-FESBT 架构的石墨烯 – 黑磷 /h-BN/ 石墨烯异质结构；（b）在扫描控制栅极上的不同输入电压时非易失性存储器反相器电路的电压传输特性曲线；（c）在向控制栅极施加交流电压脉冲（±20V，300ms）时，存储反相器电路的转换行为（插图：内存逆变器电路原理图，带有 1MΩ 电阻作为负载，V_{dd} = 0.2V）；（d）逻辑整流器电路的 FG-FESBT 的特征图（插图：不同状态下逻辑整流器的示意图）

7.4.3 黑磷 – 氮化硼

氮化硼（h-BN）是一种宽带隙绝缘体，具有原子级平坦的表面，因为它与其他二维材料无紊乱的界面，它可以用作栅极介电材料。基于这些，几层黑磷烯用来制作的 PN 结可以通过使用 h-BN 作为栅极绝缘体制造，光生载流子通过 PN 结处的内部电场被分离，在零外部偏压下可以产生光电流[68]。通过使用 h-BN 纳米片作为栅介质，有效地减少了先前研究中栅极引起的应力。在施加相反的局部栅极偏压之后，产生光电流和光电压，这种机制是源自 PN 或 NP 结形成的光伏效应（图 7.28）。同时，最大电功率为 13pW 并且在 940nm 照射下光伏效应仍然可以被测量到，表明黑磷烯的带隙小于 1.31eV，在光谱的近红外部分也可以能量捕获。

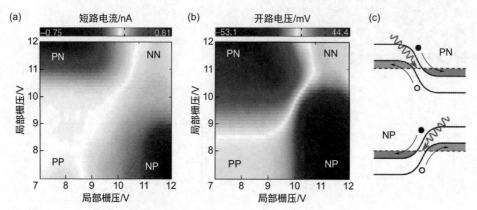

图 7.28　在多层黑磷 PN 结中的光伏效应

（a）随着两个局部栅电压独立变化时，短路电流（I_{sc}，$V_{ds}=0V$）的仿真彩图；（b）随着两个局部栅电压独立变化时，开路电压（V_{oc}，$I_{ds}=0A$）的假彩色图；（c）PN 和 NP 结装置中的光伏机制的能带图：撞击光子（〰〰）产生电子 - 空穴对，其通过内置电场从结区域扫除

黑磷器件在沉积 h-BN 封装层后观察到在环境和真空条件下几乎相同的输出特性 ［图 7.26（c）］，表明高质量的 h-BN 可以成功地保护黑磷表面免受与空气的相互作用 [66]。为了进一步改善性能，夹层 h-BN/ 黑磷 / h-BN 异质结构也被构造出来，其中 h-BN 不仅起栅极绝缘体的作用，而且起到封装层的作用，可防止表面退化 [69]。在环境条件下超过 300h 后，这种封装器件仍然保持相对稳定。室温下空穴迁移率为 400cm²/(V·s)，低温区域下空穴跃迁移率可以升至 4000cm²/(V·s)，然后就可以观察到金属 - 绝缘体转变。此外，在这一系列探究中，在磁场作用下相继观察到了 Shubnikov de Haas（SdH）的振荡。例如，通过磁场中的 SdH 振荡，证实了具有 g 因子约为 2 的塞曼分裂，这确定了电荷载流子的回旋加速器质量。黑磷与其他二维材料之间的这些异质结构为探索量子振荡打开了大门，这种振荡在单独的黑磷中是无法观察到的。由于带电杂质存在于黑磷 /h-BN 界面，低温迁移率受到杂质散射的限制，通过使用 h-BN 来筛选杂质电位 [70]，在这个装置中，空穴迁移率 ［3900cm²/(V·s)］ 和电子迁移率 ［1600cm²/(V·s)］ 在 1.5K 时实现超高值，这表明在极限量子尺寸中存在量子振荡。

以上展示了基于黑磷异质结的诸多方面的应用潜能，然后目前基于黑磷的范德瓦耳斯异质结构的开发尚处于初期阶段，需要广大的研究者们继续深入探索研究，以便未来将展示更多的应用。

参考文献

[1] Hill M D, Jouppi N P, Sohi G S, et al. Readings in computer architecture. Houston: Gulf Professional Publishing, 2000.

[2] Waldrop M M. More than moore. Nature, 2016, 530 (7589): 144-148.

[3] Hu C. Modern semiconductor devices for integrated circuits. NJ: Prentice Hall Upper Saddle River, 2010.

[4] Huang Y-L, Fan C-H, Perng T-H, et al. FinFETs and methods for forming the same: US09887274B2[P]. 2018-02-06.

[5] Liu Y, Duan X, Huang Y, et al. Two-dimensional transistors beyond graphene and TMDCs. Chemical Society Reviews, 2018, 47 (16): 6388-6409.

[6] Novoselov K S, Geim A K, Morozov S V, et al. Electric field effect in atomically thin carbon films. science, 2004, 306 (5696): 666-669.

[7] Geim A K, Grigorieva I V. Van der Waals heterostructures. Nature, 2013, 499 (7459): 419-425.

[8] Radisavljevic B, Radenovic A, Brivio J, et al. Single-layer MoS 2 transistors. Nature nanotechnology, 2011, 6 (3): 147-150.

[9] Li L, Yu Y, Ye G J, et al. Black phosphorus field-effect transistors. Nature nanotechnology, 2014, 9 (5): 372.

[10] Liu H, Neal A T, Zhu Z, et al. Phosphorene: An unexplored 2D semiconductor with a high hole mobility. ACS nano, 2014, 8 (4): 4033-4041.

[11] Tran V, Soklaski R, Liang Y, et al. Layer-controlled band gap and anisotropic excitons in few-layer black phosphorus. Physical Review B, 2014, 89 (23): 235319.

[12] Carvalho A, Wang M, Zhu X, et al. Phosphorene: From theory to applications. Nature Reviews Materials, 2016, 1 (11): 1-16.

[13] Ryder C R, Wood J D, Wells S A, et al. Covalent functionalization and passivation of exfoliated black phosphorus via aryl diazonium chemistry. Nature chemistry, 2016, 8 (6): 597-602.

[14] Xiang D, Han C, Wu J, et al. Surface transfer doping induced effective modulation on ambipolar characteristics of few-layer black phosphorus. Nature communications, 2015, 6 (1): 1-8.

[15] Gao T, Li X, Xiong X, et al. Optimized transport properties in lithium doped black phosphorus transistors. IEEE Electron Device Letters, 2018, 39 (5): 769-772.

[16] Han C, Hu Z, Gomes L C, et al. Surface functionalization of black phosphorus via potassium toward high-performance complementary devices. Nano letters, 2017, 17 (7): 4122-4129.

[17] Penumatcha A V, Salazar R B, Appenzeller J. Analysing black phosphorus transistors using an analytic Schottky barrier MOSFET model. Nature communications, 2015, 6 (1): 1-9.

[18] Gong K, Zhang L, Ji W, et al. Electrical contacts to monolayer black phosphorus: A first-principles investigation. Physical Review B, 2014, 90 (12): 125441.

[19] Wang C-H, Incorvia J A C, McClellan C J, et al. Unipolar n-type black phosphorus transistors with low work function contacts. Nano letters, 2018, 18 (5): 2822-2827.

[20] Ma Y, Shen C, Zhang A, et al. Black phosphorus field-effect transistors with work function tunable contacts. ACS nano, 2017, 11 (7): 7126-7133.

[21] Avsar A, Tan J Y, Luo X, et al. van der Waals bonded Co/h-BN contacts to ultrathin black phosphorus devices. Nano letters, 2017, 17 (9): 5361-5367.

[22] Xiong X, Li X, Huang M, et al. High performance black phosphorus electronic and photonic devices with HfLaO dielectric. IEEE Electron Device Letters, 2017, 39 (1): 127-130.

[23] Chen X, Wu Y, Wu Z, et al. High-quality sandwiched black phosphorus heterostructure and its quantum oscillations. Nature communications, 2015, 6 (1): 1-6.

[24] Long G, Maryenko D, Shen J, et al. Achieving ultrahigh carrier mobility in two-dimensional hole gas of black phosphorus. Nano letters, 2016, 16 (12): 7768-7773.

[25] Buscema M, Groenendijk D J, Blanter S I, et al. Fast and broadband photoresponse of few-layer black phosphorus field-effect transistors. Nano letters, 2014, 14 (6): 3347-3352.

[26] Wu J, Koon G K W, Xiang D, et al. Colossal ultraviolet photoresponsivity of few-layer black phosphorus. ACS nano, 2015, 9 (8): 8070-8077.

[27] Guo Q, Pospischil A, Bhuiyan M, et al. Black phosphorus mid-infrared photodetectors with high gain. Nano letters, 2016, 16 (7): 4648-4655.

[28] Viti L, Hu J, Coquillat D, et al. Efficient terahertz detection in black-phosphorus nano-transistors with selective and controllable plasma-wave, bolometric and thermoelectric response. Scientific Reports, 2016, 6 (1): 1-10.

[29] Youngblood N, Chen C, Koester S J, et al. Waveguide-integrated black phosphorus photodetector with high responsivity and low dark current. Nature Photonics, 2015, 9 (4): 247-252.

[30] Yuan H, Liu X, Afshinmanesh F, et al. Polarization-sensitive broadband photodetector using a black phosphorus vertical p-n junction. Nature nanotechnology, 2015, 10 (8): 707-713.

[31] Abbas A N, Liu B, Chen L, et al. Black phosphorus gas sensors. ACS nano, 2015, 9 (5): 5618-5624.

[32] Mayorga‐Martinez C C, Sofer Z, Pumera M. Layered black phosphorus as a selective vapor sensor. Angewandte Chemie International Edition, 2015, 54 (48): 14317-14320.

[33] Kou L, Frauenheim T, Chen C. Phosphorene as a superior gas sensor: selective adsorption and distinct I‐V response. The Journal of Physical Chemistry Letters, 2014, 5 (15): 2675-2681.

[34] Cui S, Pu H, Wells S A, et al. Ultrahigh sensitivity and layer-dependent sensing performance of phosphorene-based gas sensors. Nature communications, 2015, 6 (1): 1-9.

[35] Donarelli M, Ottaviano L, Giancaterini L, et al. Exfoliated black phosphorus gas sensing properties at room temperature. 2D Materials, 2016, 3 (2): 025002.

[36] Cho S Y, Lee Y, Koh H J, et al. Superior chemical sensing performance of black phosphorus: Comparison with MoS_2 and graphene. Advanced Materials, 2016, 28 (32): 7020-7028.

[37] Feng Z, Chen B, Qian S, et al. Chemical sensing by band modulation of a black phosphorus/ molybdenum diselenide van der Waals hetero-structure. 2D Materials, 2016, 3 (3): 035021.

[38] Lee G, Kim S, Jung S, et al. Suspended black phosphorus nanosheet gas sensors. Sensors and Actuators B: Chemical, 2017, 250: 569-573.

[39] Yasaei P, Behranginia A, Foroozan T, et al. Stable and selective humidity sensing using stacked black phosphorus flakes. ACS nano, 2015, 9 (10): 9898-9905.

[40] Erande M B, Pawar M S, Late D J. Humidity sensing and photodetection behavior of electrochemically exfoliated atomically thin-layered black phosphorus nanosheets. ACS applied materials & interfaces, 2016, 8 (18): 11548-11556.

[41] Late D J. Liquid exfoliation of black phosphorus nanosheets and its application as humidity sensor. Microporous and Mesoporous Materials, 2016, 225: 494-503.

[42] Miao J, Cai L, Zhang S, et al. Air-stable humidity sensor using few-layer black phosphorus. ACS Applied Materials & Interfaces, 2017, 9 (11): 10019-10026.

[43] Chen C-M, Xu J, Yao Y. SIW resonator humidity sensor based on layered black phosphorus. Electronics Letters, 2017, 53 (4): 249-251.

[44] Yao Y, Zhang H, Sun J, et al. Novel QCM humidity sensors using stacked black phosphorus nanosheets as sensing film. Sensors and Actuators B: Chemical, 2017, 244: 259-264.

[45] Li P, Zhang D, Liu J, et al. Air-stable black phosphorus devices for ion sensing. ACS applied materials & interfaces, 2015, 7 (44): 24396-24402.

[46] Li P, Zhang D, Jiang C, et al. Ultra-sensitive suspended atomically thin-layered black phosphorus mercury sensors. Biosensors and Bioelectronics, 2017, 98: 68-75.

[47] Gu W, Pei X, Cheng Y, et al. Black phosphorus quantum dots as the ratiometric fluorescence probe for trace mercury ion detection based on inner filter effect. ACS sensors, 2017, 2 (4): 576-582.

[48] Holzinger M, Le Goff A, Cosnier S. Nanomaterials for biosensing applications: A review. Frontiers in Chemistry, 2014, 2: 63.

[49] Noor M O, Krull U J. Silicon nanowires as field-effect transducers for biosensor development: A review. Analytica Chimica Acta, 2014, 825: 1-25.

[50] Latiff N M, Teo W Z, Sofer Z, et al. The cytotoxicity of layered black phosphorus. Chemistry-A European Journal, 2015, 21 (40): 13991-13995.

[51] Fu H, Li Z, Xie H, et al. Different-sized black phosphorus nanosheets with good cytocompatibility and high photothermal performance. RSC Advances, 2017, 7 (24): 14618-14624.

[52] Pumera M. Phosphorene and black phosphorus for sensing and biosensing. TrAC Trends in Analytical Chemistry, 2017, 93: 1-6.

[53] Chen Y, Ren R, Pu H, et al. Field-effect transistor biosensors with two-dimensional black phosphorus nanosheets. Biosensors and Bioelectronics, 2017, 89: 505-510.

[54] Wang P, Liu S, Luo W, et al. Arrayed van der Waals broadband detectors for dual-band Detection. Advanced Materials, 2017, 29 (16): 1604439.

[55] Wen Y, Yin L, He P, et al. Integrated high-performance infrared phototransistor arrays composed of nonlayered PbS-MoS$_2$ heterostructures with edge contacts. Nano letters, 2016, 16 (10): 6437-6444.

[56] Furchi M M, Pospischil A, Libisch F, et al. Photovoltaic effect in an electrically tunable van der Waals heterojunction. Nano letters, 2014, 14 (8): 4785-4791.

[57] Deng Y, Luo Z, Conrad N J, et al. Black phosphorus-monolayer MoS$_2$ van der Waals heterojunction p-n diode. ACS Nano, 2014, 8 (8): 8292-8299.

[58] Bullock J, Amani M, Cho J, et al. Polarization-resolved black phosphorus/molybdenum disulfide mid-wave infrared photodiodes with high detectivity at room temperature. Nature Photonics, 2018, 12 (10): 601-607.

[59] Chen P, Zhang T T, Xiang J, et al. Gate tunable WSe$_2$-BP van der Waals heterojunction devices. Nanoscale, 2016, 8 (6): 3254-3258.

[60] Liu X C, Qu D, Li H-M, et al. Modulation of quantum tunneling via a vertical two-dimensional black phosphorus and molybdenum disulfide p-n junction. Acs Nano, 2017, 11 (9): 9143-9150.

[61] Xu J, Jia J, Lai S, et al. Tunneling field effect transistor integrated with black phosphorus-MoS$_2$ junction and ion gel dielectric. Applied Physics Letters, 2017, 110 (3): 033103.

[62] Huang M, Li S, Zhang Z, et al. Multifunctional high-performance van der Waals heterostructures. Nature nanotechnology, 2017, 12 (12): 1148-1154.

[63] Churchill H O, Jarillo-Herrero P. Phosphorus joins the family. Nature nanotechnology, 2014, 9 (5): 330-331.

[64] Padilha J, Fazzio A, da Silva A J. van der Waals heterostructure of phosphorene and graphene: Tuning the Schottky barrier and doping by electrostatic gating. Physical Review Letters, 2015, 114 (6): 066803.

[65] Hu W, Yang J. First-principles study of two-dimensional van der Waals heterojunctions. Computational Materials Science, 2016, 112: 518-526.

[66] Avsar A, Vera-Marun I J, Tan J Y, et al. Air-stable transport in graphene-contacted, fully encapsulated ultrathin black phosphorus-based field-effect transistors. ACS Nano, 2015, 9 (4): 4138-4145.

[67] Li D, Chen M, Zong Q, et al. Floating-gate manipulated graphene-black phosphorus heterojunction for nonvolatile ambipolar schottky junction memories, memory inverter circuits, and logic rectifiers. Nano letters, 2017, 17 (10): 6353-6359.

[68] Buscema M, Groenendijk D J, Steele G A, et al. Photovoltaic effect in few-layer black phosphorus PN junctions defined by local electrostatic gating. Nature communications, 2014, 5 (1): 1-6.

[69] Gillgren N, Wickramaratne D, Shi Y, et al. Gate tunable quantum oscillations in air-stable and high mobility few-layer phosphorene heterostructures. 2D Materials, 2014, 2 (1): 011001.

[70] Li L, Yang F, Ye G J, et al. Quantum Hall effect in black phosphorus two-dimensional electron system. Nature nanotechnology, 2016, 11 (7): 593-597.

8

黑磷的应用 Ⅱ：
能源催化领域

Foundation and Applications of Black Phosphorus and White Phosphorus

8.1
引言

日益增长的能源需求和严峻的环境污染问题是人类面临的两个艰巨挑战。寻找绿色经济的可再生能源是目前全球共同关注和追求的目标，其中太阳能、氢能等是极具潜力的可再生能源。可再生能源具有来源广泛、储量大、无污染、可再生等优点，主要缺陷是能量供应的不连续性，以及受自然因素影响巨大，如太阳能的能量供应受昼夜影响，风能的能量供应受大气运动的影响，水能易受地形气候的影响。针对这一问题的常用解决办法是发展储能技术，即通过二次转化将能量存储起来。储能技术由于其经济性和便利性，得到广泛发展。化学储能相比物理储能，具有能量利用率高、成本较低、使用灵活等优势，但也存在一定问题，即容易造成一定的环境影响，即便如此，化学储能依然受到广泛关注。

氢作为一种含能物质，是最理想的二次能源载体，其能量密度高、可储运，燃烧产物为水，不污染环境。预计到 2050 年左右，世界经济将进入"氢能经济"时代。氢燃料电池、新能源电动车等领域近来发展迅猛，加速进入"氢能经济"计划的进程，核心工作是氢能的高效、低成本、大规模制备。目前发展的制氢技术主要有化石燃料制氢、高温热解水制氢、电解水制氢、光解水制氢等。由于化石燃料制氢存在严重的环境污染问题，高温热解水制氢能量转化效率较低、经济可行性差，难以可持续大规模发展。电、光驱动分解水技术具有高效、清洁等特点，可用海水等水资源作为媒介，直接取用太阳光，具有巨大的优势。然而目前电解水仍存在成本高、光解水存在太阳能利用率低，催化过程电子 - 空穴分离率低、迁移率低等缺点。

所有能量转换与储存装置若欲取得好的效果，必须依赖于材料的发展。其中催化剂在材料领域占有举足轻重的地位，催化剂的载体既要负载高效催化活性组分的贵金属（如 Pt、Pd、Rh、Ru、Au 等），又要作为与导电基体相连接的中间物。催化剂的载体对活性组分的分散、尺寸大小、形貌等有显著的影响。催化剂载体应该具有优异的导电性、良好的载流子迁移率、高的比表面积、稳定的结构和抗腐蚀性等特点，目前常用的催化剂载体是炭黑材料、介孔材料、碳纳米管材料、二维片层材料及过渡金属材料等，高效的催化剂能有效提高能量转换效率。

二维材料是一类面内电子作用较强而层间作用极小的超薄材料 [1,2]，其超薄的原子结构使得它在电催化领域有独特的优势。如极大的比表面积、高电荷迁移率、易调谐的电子性质、超轻的重量、易形成范德瓦耳斯异质结、高机械柔性等 [3,4]。在电催化中，二维材料可以作为表面导电衬底或者直接作为电催化剂使用 [5]。作为导电衬底，二维材料的超柔韧性和超薄结构可以优化接触、促进电荷转移、减少界面传输电阻，电子能够更加有效地参与外部电路循环。作为电催化剂，二维材料的边缘通常拥有丰富的高活性位点，与此同时，面内较高的电子迁移率也确保了电子能快速迁移到活性位点。材料的催化性能和其表面电子结构密切相关，材料表面原子与氢质子之间的吸附强弱会显著影响电催化中吸附 - 脱附的动力学势垒，而二维材料容易通过添加共催化剂、掺杂、表面修饰改性、缺陷工程等改变表面电子态密度、增加活性位点达到催化活性提高的目的。另外，电催化主要发生在材料表面，所以二维材料超大的表面积能够有效提高电解液的浸润性，改善电极与电解液的接触提高输运动力学效率，利于产物的逸出和迁移。

黑磷（BP）是一种新型的单元素层状二维半导体材料，具有很多其他二维材料所不具备的特性：如高迁移率、独特的各向异性、层数依赖的带隙、广谱吸收、高的理论比容量等 [6,7]。除了发掘黑磷本征的物理化学性质之外，围绕黑磷也开发了众多的应用，如在能量存储领域：锂离子电池、钠离子电池 [8]、锂 - 硫电池 [9]、钾离子电池、镁离子电池、超级电容器等；能量转换领域：氢析出反应、水分解反应、纳米发电机 [10]、太阳能电池、氧还原反应等；其他器件方面的应用，如场效应晶体管、光电探测器件、超快光学饱和吸收基质等，见图 8.1。

图 8.1　黑磷的性质及在能源存储和转化方面的应用[11]

8.2

黑磷在电催化领域的应用

目前应对能源短缺和环境危机的主要方法是大力开发清洁和可再生能源转化与储存系统。析氢反应（HER）、析氧反应（OER）、氧还原反应（ORR）是实现清洁能源的三个主要电化学反应。尽管铂和氧化铱／钌等贵金属基催化剂具有显著的催化活性，但贵金属的低储量和高价格严重阻碍了清洁电化学能源技术的规模化和商业化。亟须开发高效率、低成本、高稳定性的催化剂，为清洁电化学能源在将来得到大力推广打下坚实基础，解决人类面临的难题。

目前的研究发现，大块黑磷不具备或只有很低的催化活性，2014 年黑磷成功剥离得到片层结构使得黑磷的各种应用研究如雨后春笋般出现。然而，由于黑磷烯主要依赖超声或剪切等液相剥离技术得到，其表面难以避免会产生大量的不可控的缺陷，严重影响了二维材料的导电性、电化学活性和在水氧环境下的稳定性。构造异质结是提高电催化活性的经典手段[12]，特别对提高二维材料的综合电催化性能有重要的意义。①异质结可以通过不同材料的协同作用来达到反应的平衡，可在单一材料中同时实现 HER 和 OER 的高效催化，即所谓的"双功能催化剂"；②在电催化反应中材料要长期处于固 / 液 / 气三相界面，需要合适的衬底材料来保持材料的活性和稳定性，而异质结可以通过基底负载、表面修饰等方式来解决这一问题；③催化剂的失活和中毒是目前大多数商业催化剂面临的严峻问题，而异质结可以通过调节材料的表面能来调控活性位点的吸附、脱附速率，从而避免催化剂中毒。

不同于传统的平面二维材料，黑磷具有天然的非平面褶皱结构，三配位的磷原子上存在孤对电子，且磷表面亲水，所以二维黑磷的电子结构和表面性能比较适合用于电催化，比如 HER 与 OER 以及以黑磷为基质的电化学传感器等[13]。黑磷的特殊结构也使得其有比较丰富的低配位磷出现在台阶、阶梯、边缘、扭结和转角等位置，它们比较容易和反应中间体结合并参与催化过程。上述特点表明黑磷在电化学方面具有很好的应用潜力。

8.2.1 析氢反应

氢能由于具有单位质量能量高、燃烧焓高、无污染等特点，有望成为煤、石油等化石能源的替代品。黑磷独特的电子结构及表面性能使其在电化学领域有很好的应用潜力。2015 年初，Martin Pumera 等人研究了黑磷晶体单质的析氢性能[14]，通过气相传输法制备多层磷烯，着重研究了材料固有的电化学性质，发现黑磷在 0.6V (vs AgCl) 左右有明显的氧化峰，磷酸可能为最终氧化产物。张军等人于 2016 年采用乙酰丙酮镍作镍源和三辛基膦作磷源，通过一步热解法合成 Ni_2P-BP 异质结催化剂 [15]，层状黑磷表面上密集的分散着粒径约 7nm 的 Ni_2P 纳米颗粒，具有较低的起始电势 (70mV)、很小的塔菲尔斜率 (81mA/dec)、较大的双电层电容 (1.24mF/cm^2)、高电导率和稳定性，通过 1000 圈 CV 循环测试后，只有很小程度的阴极电流损失，表明 Ni_2P-BP 催化剂在酸性溶液中具有很好的长期稳定性。曾杰等人于 2017 年通过界面调控设计了一种高效稳定的二硫化钼 - 黑磷杂化的纳米片电解水产氢催化剂 [16]，在 HER 中表现出较优异的产氢活性和循环稳定性，相比贵金属析氢催化剂，能够大幅降低成本，推动黑磷在电解水产氢领域的商业化应用进程。这种新型 MoS_2-BP 催化剂在达到 10mA/cm^2 的电流密度下，所需要的过电位仅有 85mV，交换电流密度为 0.66mA/cm^2，是 MoS_2-C 的 22 倍。同时该催化剂在循环使用 10000 次或是连续使用 3 个多小时后，催化剂本身没有明显变化，催化活性也基本没有损失。

黑磷本身由于孤对电子的存在，性质活泼，容易与其他元素成键。在有氧环境中不稳定，容易氧化，导致性能快速衰减，这对黑磷的下游应用非常不利。目前黑磷烯主要通过自上而下的方法进行制备，常用的是液相剥离法，但合成过程容易再次引入表面缺陷，尤其是边缘部位，这会加剧黑磷烯的氧化，进而影响到其性能。如何改善和修复黑磷表面缺陷问题是亟须解决的一大难题。

2017 年，中科院喻学锋研究团队采用溶剂热法，将黑磷缺陷位点的高活性问题转变成合成优势，实现原位还原吸附其表面的钴离子，并发生磷和钴原子的重构，最终构建出高效稳定的黑磷 / 磷化钴 (BP/Co_2P) 面内异质结 [17]。该异质结材料较单一黑磷烯电催化性能更加优异，这归因于本身导电性显著提高以及 Co_2P 提供了更多的反应活性位点。在 0.5mol/L H_2SO_4 电解质溶液中，BP/Co_2P(105mV) 的 HER 起始过电位远低于黑磷 (389mV)，并且 BP/Co_2P 在加压到 340mV 时即可达到 100mA/cm^2 的电流密度，表现出良好的析氢、析氧活性，且首次将黑磷用于全电解水 (图 8.2)。这种黑磷缺陷修复技术为提高黑磷的稳定性提供了新思路，也将有效拓展黑磷在能源催化等领域的应用[17]。

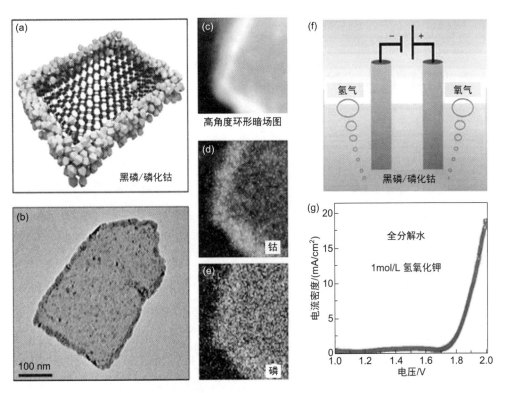

图 8.2 （a）BP/Co₂P 异质结结构示意图；（b）异质结纳米片 TEM 图；（c）～（e）高角度环形暗场（HAADF）图和 Co、P 元素分布图；（f）全分解水示意图；（g）在 1mol/L KOH 溶液中 BP/Co₂P 全分解水的极化曲线[17]

  铂(Pt)由于其高性能和稳定性被认为是一种最有效的析氢反应催化剂，而其低储量和高价格严重限制了其在实际生产中的应用。因此，提高铂的利用效率至关重要。2019 年喻学锋团队发现黑磷与铂纳米颗粒之间有独特的相互作用，能自发形成铂磷键，得到新型高效的 HER 催化剂(BPed-Pt/GR)[18]。研究表明，Pt—P 键的形成，使铂催化剂的 d 带中心下移，更接近费米能级，可有效调控铂催化剂表面电子结构(图 8.3)，从而优化了电催化反应中间体的吸附自由能，提高了催化活性。同时，通过改变黑磷的引入量，使 Pt—P 键的数量有效可控，在数分钟内即可实现 BPed-Pt/GR 电催化活性大幅提升，是商业用 Pt/C 催化剂的 3.5 倍。该工作对如何调控铂基催化剂电子结构及如何提高其催化活性提供了新思路，也为其他铂系贵金属催化剂的性能提升提供了一种全新的活化方法。

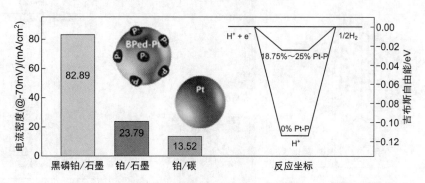

图 8.3　铂基电催化剂的性能及吉布斯自由能 [18]

8.2.2　析氧反应

电催化析氧反应（OER）是能源转换与存储领域的重要反应，可应用于水分解、燃料电池、金属 - 空气二次电池等领域。电解水反应速率主要受限于 OER 半反应，该反应的发生需要转移 4 个电子，反应速率十分缓慢，往往需要施加高的过电压才能驱动。反应过程为：$4OH^- \longrightarrow 2H_2O + 4e^- + O_2$。催化剂引入有助于降低过电位，从而提高能源的转化效率。电催化剂应该具有较高的电导率、高的比表面积、高催化活性及稳定性。目前广泛关注的催化剂仍是铱（Ir）、钌（Ru）基这一类贵金属催化剂，虽然其活性高，但昂贵的价格和低储量限制了大规模应用。而非贵金属类过渡金属氢氧化物、氧化物等在催化活性和稳定性上与贵金属相比仍有一定差距。因此，价廉、丰度高的新型电催化剂具有很高的需求量。

近期研究表明，黑磷作为一种很有潜力的电催化剂在电催化析氧反应中有很好的应用，起始电位接近 1.49V（vs RHE），塔菲尔斜率约 72.88mV/dec，OER 性能与商业 RuO_2 相近 [19]。虽然大块黑磷晶体的活性位点受到限制，使得 OER 电催化性能不够理想，但是可以通过减薄技术产生更多的活性位点、增加比表面积[20]，如通过液相剥离得到黑磷烯、用热转换法制备黑磷薄膜、以黑磷烯作为还原剂制备自支撑电催化剂等方法提高 OER 性能。

王双印和张晗等人采用新型的热蒸发转换(TVT)法在钛片和碳纳米管上直接生长黑磷。TVT 法可以制备不同形态的黑磷，比如使用钛片(Ti)作为支撑衬底制备黑磷薄膜、利用碳纳米管(CNT)优异的吸附性能制备黑磷颗粒[21]。其中 BP-CNT 比 BP-Ti 表现出更好的分散性和电导性。在电催化性能上，二者的 OER 活性能与商业 RuO$_2$ 相媲美，BP-CNT 和 BP-Ti 的塔菲尔斜率分别为 72.88mA/dec、91.52mA/dec，表明三维结构的碳纳米管与黑磷的结合能展现出更好的催化动力学特性。经过稳定性测试，发现经过 10000s 计时电流测试后，BP-CNT 的电流密度只下降了 3.4%，BP-Ti 下降了 9.48%，经过 XRD(X 射线衍射)形貌表征，发现 BP-CNT 的稳定性较好，形貌能够较好地保持。为进一步理解反应机理，使用旋转圆盘电极(RRDE)技术发现几乎未产生过氧化氢中间产物，证明 OER 过程是 4e$^-$ 转移路径。2017 年 Qi Xiang 和 Zhang Han 合作报道了少层黑磷烯能作为电催化剂高效催化氧析出反应[22]，通过离心转速的选择，研究了黑磷烯的厚度对电催化析氧性能的影响，发现厚度越薄，电催化性能越好。不同文献中材料的氧析出性能参数比较见表 8.1。

表8.1 不同文献中材料的氧析出性能参数比较

材料	测试条件	起始电位 /V	塔菲尔斜率 /（mV/dec）	参考文献
磷烯	1mol/L KOH	1.45（vs RHE）	88	[22]
大块黑磷 @ 钛箔	0.1mol/L KOH	1.48（vs RHE）	91.5	[23]
氧化铱	1.0mol/L KOH	1.5（vs RHE）	49	[24]
氧化钌	0.1mol/L KOH	1.42（vs RHE）	76	[25]
铂碳	6.0mol/L KOH	1.5（vs RHE）	317	[26]
四氧化三钴	0.1mol/L KOH	1.5（vs RHE）	234	[27]
四氧化三钴 /N- 石墨烯	1.0mol/L KOH	1.5（vs RHE）	67	[28]

冯守华课题组报道了一种简单的一步溶剂热还原路径在黑磷烯上原位生长 Co 纳米颗粒[29]，由于黑磷的费米能级比 Co 的更高[30]，导致黑

磷缺陷位上的孤对电子转移到 Co 上，保持黑磷的稳定性及高的空穴迁移率。Co/BP NS（黑磷纳米片）复合电催化剂表现出优良的 OER 性能，过电位为 310mV 时，电流密度能达到 $10mA/cm^2$，具有低的塔菲尔斜率（61mA/dec），在碱性介质中表现出较好的稳定性，循环 1000 圈后，在 $50mA/cm^2$ 电流密度下 LSV（线性扫描伏安法）极化曲线仅偏移 16mV，具有代替商业 IrO_2 的潜力。该研究通过调控黑磷电子结构、利用缺陷位，为设计复合电催化剂提供了一种新的思路。

进一步提高黑磷电催化活性的研究可能集中在黑磷烯的表面改性上，具体方法有以下几种：①与低成本、大比表面积的载体复合，如 TiO_2、沸石分子筛和多孔材料等；②开发黑磷烯分散体系利于与其他导电纳米片共混，如还原氧化石墨烯、液相剥离的氧化石墨烯分散液；③黑磷烯的层数及暴露的晶面[31]可能会影响 OER 的催化活性；④黑磷烯表面杂原子的掺杂也可以提高其电催化活性，如 B、C、N 和 S 等。掺磷能提高材料的 ORR 性能，对甲醇氧化有更好的耐受性，纯磷烯用于电化学氧还原反应具有很好的应用前景[32-34]。

8.2.3 乙醇氧化反应

与传统化石能源相比，燃料电池能直接将化学能高效地转化为电能，具有高的转换效率、无排放、无毒、高能量密度等优点，被广泛应用到绿色能源设备中。在各种小分子醇类燃料中，乙醇是一种能量密度高、储量丰富且低成本的液体燃料，直接乙醇燃料电池具有高的能量密度，在众多燃料电池中脱颖而出。催化剂能够显著提高其能量转换效率，大量研究表明，金属钯（Pd）的催化活性高，与金属铂（Pt）相比成本较低，并能抗 CO 中毒，因此钯成为碱性介质中催化乙醇氧化反应（EOR）的最佳选择之一。

2015 年 Qin 等人通过将钯纳米粒子锚定均匀分散在碳掺杂的二氧化钛上制备了催化剂 Pd/TiO_2-C，在碱性介质中，用于乙醇电氧化具有很好

的性能。但是碳在反应条件下不稳定，容易腐蚀[35]。2018年 Fan Jinchen
和 Min Yulin 等人合作，利用黑磷独特的电子性质、高比表面积及与锐
钛矿型二氧化钛(ATN)结合时产生强的金属载体相互作用(MSIs)，形成
P—O—Ti 键。由于 Pd 纳米粒子与复合载体(ATN-BP)之间强的协同效应，
不仅能提高电解质的渗透和电子的传输性质，还能增强反应中间体的溶
出性能[36]。

通过循环伏安法(CV)测试四种材料催化乙醇电氧化的电化学活性
面积和质量活性。图 8.4(a)峰电流(-0.7 ~ -0.1V)峰I、峰II分别对应的
是氢气脱附和氢气吸附，峰IV(约 -0.32V)对应的是钯氧化物的还原，

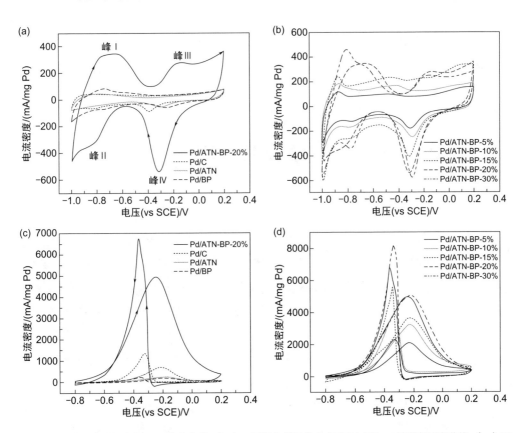

图8.4 （a）四种催化剂的循环伏安曲线；（b）不同钯负载量的 Pd/ATN-BP-x 的循环伏安曲线；（c）四
种催化剂在 1.0mol/L NaOH+1.0mol/L CH₃CH₂OH 溶液中；（d）不同钯负载量的 Pd / ATN-BP-x 的乙
醇氧化实验，扫描速度为 50mV/s [36]

Pd/ATN-BP-20% 出现了一个新的氧化峰Ⅲ(约 -0.15V)，可能与 ATN-BP 载体上羟基基团氧化有关。从图 8.4(b) 可明显看出，随着钯负载量的增加，氢气吸脱附峰积分面积和 PdO 还原峰面积均随之增加，说明复合载体 ATN-BP 能大幅度提高电化学活性面积，进而提高电化学活性。最优的 Pd 负载量的质量峰电流密度是商业 Pd/C 的 6.88 倍。ATN-BP 三维结构中形成的 P—O—Ti 键利于电解液渗透到夹层空间中，复合物表面形成磷氧化合物后，黑磷仍具有较高的载流子迁移率，加速了电子在金属 Pd 和复合载体 ATN-BP 间的传递，Pd 纳米颗粒附近电荷密度增大，增强了乙醇氧化性能。

8.3

黑磷在光催化领域的应用

太阳为万物的生存提供了重要保障，随着化石燃料的减少和废气减排的双重压力增大，人类迫切需要发展更高效的太阳能二次利用技术。半导体光催化反应可以将太阳能直接转化为化学能，如将水分解成氢气、将二氧化碳光还原成碳氢化合物燃料、将环境中的有机污染物光催化固氮转化为对环境无害的物质等，为制备可再生能源、缓解全球变暖、防治环境污染提供了一条理想的解决途径[37]。然而，较低的光催化效率严重限制了该技术的广泛应用，主要原因有两个：其一，传统光催化材料如二氧化钛、二氧化锌等带隙较宽，仅能吸收太阳光中只占 7% 左右的紫外光谱；其二，催化过程中电子 - 空穴分离率低、迁移率低等限制了反应量子效率的提升。基于此，开发新型半导体材料，调控其界面物理化学性质，获得高效广谱光催化剂是光催化研究领域的当务之急。

自 1972 年日本科学家 Fujishima 首次发现利用二氧化钛(TiO_2)光电极可以直接将水分解制取氢气[38]，光催化和光电催化反应的研究从此受到广泛关注。TiO_2 具有光催化效率高、无毒、成本低等优势，在部分领域已有商业化产品。但因其本身较宽的带隙，只有紫外线波段的能量能够激发，对太阳能利用率低，这一缺点也限制其大规模应用。因此科研工作者一直着力寻找更高效、更稳定的光催化剂。

常见的半导体光催化剂主要分为金属类光催化剂（如二氧化钛、硫化镉、磷酸银等）和非金属类光催化剂［如 g-C_3N_4(2.7eV)、黑磷(0.3～2.0eV)等］两大类。金属类光催化剂价格较昂贵，在使用过程中会因金属离子浸出导致环境二次污染。因此，开发具有高活性、高光谱吸收、廉价的非金属光催化剂用于太阳能与燃料之间的转换是一个很有潜力与挑战的课题。

黑磷是一种非金属单质直接带隙半导体，因其独特的依层数可调的能带结构(0.3～2.0eV)、高的电荷迁移率［1000cm^2/(V·s)］、广谱光吸收能力等，被应用到光催化领域，用于可见-近红外光解水产氢、光催化有机还原反应[39]及光催化降解有机污染物、光催化固氮[40]等方面。

8.3.1 光催化产氢

水分解产氢作为一种清洁的能源形式，受到广泛研究。全水分解反应具有较高的氧化还原电势，需要低波长的光子激发（紫外，<180nm），对应半导体催化剂要求较大的带隙(6.9eV)，没有办法有效利用可见-近红外光(>380nm)。因此采用半反应产氢，以空穴牺牲剂的氧化来补偿氧化反应，不进行产氧的步骤，表明窄带隙的半导体（导带底负于 -0.41V）即可促进产氢反应的发生。

$$H^+ + e^- \longrightarrow 1/2\ H_2 \qquad E^0_{redox}\ (vs\ NHE) = -0.41V$$

析氢过程可以发生在过渡金属（如 Pt、Pd、Ni 等）表面，但受其价格及储量限制而无法大规模应用。石墨化氮化碳开启了非金属产氢的"康庄大道"[41,42]，其他非金属元素光催化剂，如 B（铋）、Si（硅）、Se（锡）、S（硫）、RP（红磷）等却鲜少有成功产氢的报道。黑磷烯具有可调的带隙、广谱光吸收能力，能够作为可见光光催化剂用于水分解反应[43]，然而块状黑磷表现出很低甚至几乎没有光催化活性[44]。2017 年 Hengxing Ji 等人合作，研究少层黑磷烯及功能化的黑磷烯，发现其光催化活性是块状黑磷的 18 倍。与块状黑磷相比，磷烯具有更宽的带隙、价带正偏，提高了电子还原能力、抑制电子 - 空穴复合，催化性能的提高归因于磷烯边缘有羟基封端，为活性位点的暴露提供了空间[45]。

日本大阪大学 Tetsuro Majima、Mamoru Fujitsuka 等设计了基于黑磷（BP）/ 钒酸铋（BiVO$_4$）的二维（2D）异质结构的新型人工 Z 型光催化体系[46]，在不使用任何牺牲剂或外加偏压的条件下，使用 BP/BiVO$_4$ 异质结催化剂，利用其能带结构的交错排列利于光生载流子分离的特性，使得水的还原和氧化反应发生位置不同，分别作用于黑磷和 BiVO$_4$，避免光生空穴对黑磷的强氧化作用，在激发波长（$\lambda \geqslant 420\text{nm}$）时 BP/BiVO$_4$ 最优产氢、析氧速率分别为 160μmol/(g·h) 和 102μmol/(g·h)。在不加任何牺牲剂的情况下，纯黑磷和 BiVO$_4$ 不会发生水分解。通过时域反射仪（TDR）光谱测量技术分析光激发态动力学机制，揭示可见光或近红外光激发后，BiVO$_4$ 导带电子与黑磷上价带空穴快速结合，BiVO$_4$ 价带空穴和黑磷导带电子能够有效分离，分别进行氧化还原反应，利用 Z 型光催化体系，使全分解水变得更有应用的可能。

另外，在可见光和近红外（NIR）光照射下直接将水分解为 H$_2$ 的进程中，高活性的光催化剂仍是太阳能利用的最具挑战性的任务之一。2017 年日本大阪大学 Tetsuro Majima 课题组利用二维黑磷作广谱光催化剂[47]，吸收可见光和近红外光催化光解水产氢，在还原氧化石墨烯、Pt 纳米颗粒和牺牲剂（EDTA）存在下，分别以 >420nm 和 >780nm 的光激发，最佳的产氢活性分别是 5.13μmol、1.26μmol，速率分别是 3.4mmol/(g·h)、0.84mmol/(g·h)。高效光催化产氢体系通常是由牺牲剂、光敏剂、电子介质和助催化剂组成。当只有黑磷烯时，没有氢气产生。通过结合光电化学和瞬态吸收测试，发现电子在激发的黑磷和 Pt/rGO 之间能够高效转移。这些进步使二维黑磷成为太阳能转化的一种光功能材料，并为开发可见 - 近红外光驱动水分解光催化剂开辟了一条新途径。

黄宗宇和唐平华教授合作，利用简单的一步热解法成功在石墨烯表面负载二氧化钛（P25）和黑磷（BP）两种组分，得到的复合物在光电化学测试中表现出优异的性能[48]，在 1V 时光电流密度达到 $9.32\mu A/cm^2$，比单独的 P25 高 34 倍[49]，比 P25/ 石墨烯的性能高 4.8 倍。进一步的研究表明复合物光电催化性能的提升得益于高的载流子迁移率、活性位点和在可见 - 近红外光区广谱吸收的黑磷光催化剂，这项工作为石墨烯及黑磷基复合材料的实际应用提供了强有力的支撑，然而后期还需要进一步提升性能。

8.3.2　二氧化碳光还原

二氧化碳的大量排放导致严重的温室效应，将 CO_2 直接转化为有用的燃料是治理废气、环境污染，并缓解能源危机的终极目标。然而，二氧化碳本身的惰性导致其难以被还原，需要设计高效的催化剂及较复杂的反应路径[50]。CO_2 还原成 CO_2^- 是单电子反应，要求很负的还原电势（$-1.9V$，vs RHE）[51]，几乎没有半导体能提供如此低的电势，允许一个单电子转移到自由的 CO_2 分子上[52]。理论计算表明质子辅助的多电子转移能够支持 CO_2 还原[52, 53]。下面列出二氧化碳还原成甲醇、甲烷、一氧化碳对应的方程及电化学势：

$$CO_2 + e^- \longrightarrow CO_2^- \quad E^0_{redox}\,(vs\ NHE) = -1.90V$$

$$CO_2 + 6H^+ + 6e^- \longrightarrow CH_3OH + H_2O \quad E^0_{redox}\,(vs\ NHE) = -0.38V$$

$$CO_2 + 8H^+ + 8e^- \longrightarrow CH_4 + 2H_2O \quad E^0_{redox}\,(vs\ NHE) = -0.24V$$

$$CO_2 + 2H^+ + 2e^- \longrightarrow CO + H_2O \quad E^0_{redox}\,(vs\ NHE) = -0.53V$$

二维层状材料，如石墨烯、过渡金属硫化物（TMDs）和 MXenes 等可以作为二氧化碳还原的光催化剂。石墨化氮化碳（$g\text{-}C_3N_4$）[54]与过渡金属结合形成的复合物在二氧化碳还原中表现出巨大的潜力。红磷和 $g\text{-}C_3N_4$

复合物在太阳光激发下对二氧化碳转化成甲醇具有合适的能带结构（图8.5），红磷表面少量的 $g-C_3N_4$ 能够提高光催化产 CH_4 的活性，主要归因于红磷 $/g-C_3N_4$ 界面能够有效分离光生电子和空穴[55]。通过比较黑磷烯和 $g-C_3N_4$ 的导带底，表明黑磷烯/红磷杂化结构[44]能有效产生光生电子，并通过界面将电荷有效转移到红磷上，黑磷/红磷异质结的光催化活性能够与 CdS 相媲美。黑磷烯与红磷的杂化可能由于活性位点变多及可调的带隙，以致光催化产率提高。

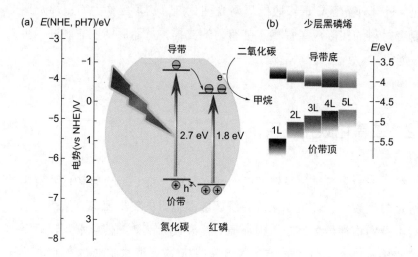

图8.5 黑磷和红磷用于二氧化碳转化为甲烷[56]

（a）磷 -g-C_3N_4 能带图和在太阳光激发下的电子和空穴分离示意图；（b）层数控制的磷烯能级图

8.3.3 加氢反应

加氢反应涉及将氢分子添加到不饱和键上，如烯烃、炔烃、醛、酮等，氢含量增加会提高产物的燃烧热值。早期均相加氢反应使用过渡金属 Pd、Pt、Rh、Ru 等作催化剂[57]，虽转化效率较高，但存在回收再利用困难、价格昂贵等缺点；与重金属相比，掺入磷能提高氢化效率[58]。

2018 年喻学锋课题组构建了一种新型 Pt/BP 的金属 / 半导体异质结，在模拟太阳光条件下实现高效的光催化有机反应。合成的超小尺寸 Pt 纳米颗粒能够与黑磷烯之间产生强相互作用，并在黑磷烯表面形成氧化层（PtP$_x$O$_y$），这大大提高了黑磷烯的稳定性[39]。由于黑磷烯是个窄带隙半导体，对太阳光有较宽的波段响应，能够从紫外延伸至红外区域，大大提高了对太阳能的利用率。在模拟太阳光驱动的有机加氢与有机氧化反应中，Pt/BP 异质结表现出比其他铂基催化剂（商业铂/碳、Pt/P25/Pt/SiO$_2$）高得多的催化效率，25min 内即可完全转化，见图 8.6，也远远优于传统的热驱动催化效率［黑磷铂异质结在模拟太阳光驱动、热驱动、常温不开光的条件下催化苯乙烯加氢的转化频率（TOF）值分别为 5900h^{-1}、1731h^{-1}、1350h^{-1}］。除了实现对太阳光的高效吸收，其优异的光催化活性还得益于超快的光生电子迁移速度以及光生电子能够在 Pt 纳米颗粒表面上有效富集。

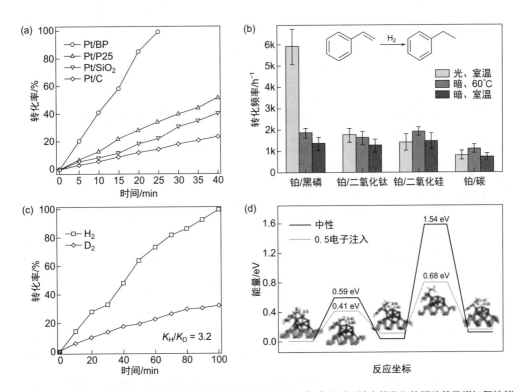

图 8.6 （a）不同催化剂光催化苯乙烯加氢性能转化率对比；（b）黑磷/铂光催化和热驱动苯乙烯加氢性能转化频率对比；（c）黑磷/铂在苯乙烯加氢中观察到的主要同位素效应；（d）光电子对苯乙烯加氢能垒变化的影响[39]

8.3.4 光催化有机染料降解

随着世界经济的快速发展，医药、化妆品、农药、表面活性剂等精细化学品的大量生产，对水体环境和公众健康造成严重危害，其中有机污染物具有生物累积性、持久性、复杂性和生物不可降解性。常用的有机染料废水的处理方法包括生物降解法、物理吸附法和化学处理法等，传统物理吸附法对有机染料的去除效率高，但吸附剂的后处理和再生过程烦琐；生物降解法效率较低、成本较高。由于自旋禁阻效应，大多数有机物不能通过分子氧在常温条件下氧化，光催化有机物降解因反应温和、成本低等优点被广泛应用。当 O_2 被半导体表面的光生电子还原时即可实现分子氧的光催化活化，有助于生成活性氧（ROS），如超氧化物自由基（$\cdot O^{2-}$）、羟基自由基（$\cdot OH$）、单线态氧（$^1O_2$）[59] 和过氧化氢（H_2O_2）。由于金属半导体的价格较昂贵且储量非常有限，构建非金属光催化剂已然成为未来发展的趋势。

2015 年 Xie 等人提出在光激发下，基态氧能够以少层黑磷烯作为介质产生单线态氧。少层黑磷烯作为光敏剂，在整个可见光谱范围内产生单线态氧的量子产率高达 91%，光催化反应能够有效降解废水中的有机物分子，如 1,3- 二苯基异苯并呋喃、甲基橙等[59]。Jimmy C. Yu 首次通过原位制备的方法构建黑磷 - 红磷单元素异质结，在可见光驱动下，光催化降解罗丹明的性能与 CdS 媲美，这种非金属光催化剂具有高效、低毒的优点[60]。通过紫外 - 可见漫反射谱发现黑磷 - 红磷异质结（BP-RP）与纯的红磷相比，在 600 ～ 800nm 区间内有更强的吸收，且在可见光区的光电流响应测试发现 BP-RP 有明显的开关电流曲线，表明 BP-RP 异质结内有电子 - 空穴产生。另外，通过在可见光下降解浓度为 10×10^{-6} 的罗丹明 B（RhB）来测试 BP-RP 的光催化性能。图 8.7(a) 经过 30min 的可见光激发，分别以 BP-RP、纯红磷、CdS 作光催化剂，RhB 的降解率分别为89%、57%、32%，而纯黑磷几乎不能降解 RhB。前 30min，BP-RP 异质结降解 RhB 的速率常数是纯红磷的 2.87 倍、CdS 的 6.57 倍。且 BP-RP异质结光催化剂经过三次循环使用，活性保持在 85% 以上。通过第一性原理计算纯红磷和 BP-RP 异质结的能带结构，发现红磷和黑磷的结合使得电子和空穴能有效分离和转移，机制示意图如图 8.7（d）。

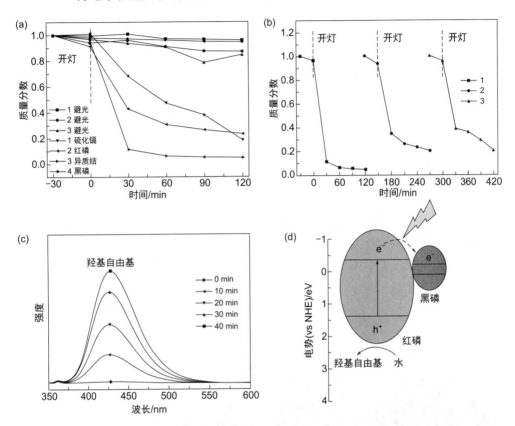

图 8.7 （a）CdS、红磷、BP-RP 异质结光催化剂在可见光驱动（VLD）下降解罗丹明 B（RhB），以及对应的暗处理对照曲线；（b）循环后的 BP-RP 异质结光催化剂在可见光激发条件下降解罗丹明 B；（c）BP-RP 异质结的依赖时间的荧光光谱；（d）BP-RP 异质结提高电荷分离和转移机制的示意图[60]

2017 年 Yong-Jun Yuan 和 Daqin Chen 在 N- 甲基吡咯烷酮（NMP）和油酸混合溶剂中制备带隙可调的黑磷量子点，首次报道单独的黑磷在可见光激发下具有降解有机污染物的能力[61]。零维黑磷量子点具有较好的光吸收能力、较长的激子寿命、较高的光致发光量子产率和可修饰的表面，可用作荧光探针[62]、光电阴极[63]、光热试剂[64]、活性层[65]、离子检测、燃料敏化太阳能电池、光热转换器件和柔性存储器件等。

在 NMP 和油酸混合溶剂中经过液相剥离的黑磷量子点的平均直径

和厚度分别为 2.6nm、1.9nm，表现出在高能紫外区到低能可见光区吸收强度的急剧下降，图 8.8(a)。黑能量子点 -1 与黑能量子点 -2 相比，吸收光谱有明显的红移，可能是由于油酸配体与黑磷量子点共轭导致界面轨道能改变导致的[66]。荧光谱表明两种黑磷量子点的最大发射峰分别为 462nm、516nm，二者的带隙分别约为 2.80eV、2.96eV[67]，与黑磷烯（2.0eV）相比，黑磷量子点由于量子尺寸效应具有更广的光谱吸收。经过 345nm 的紫外光激发，二者分别发出蓝光和绿光。通过光致发光衰减谱分析黑磷量子点的激发寿命，通过对光致发光衰减曲线拟合，二者的激发态寿命分别为 3.14ns、1.68ns。

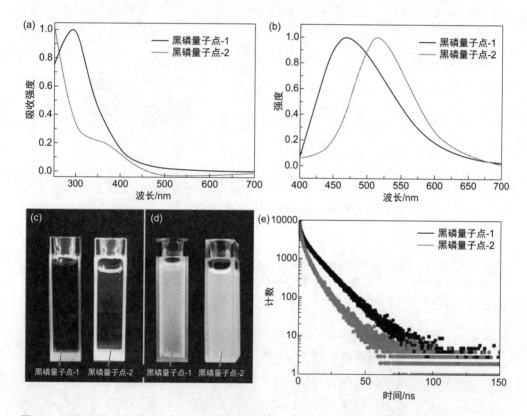

图 8.8　两种黑磷量子点（BPQDs）在乙醇溶液中的吸收光谱（a），光致发光光谱（b），制备的 BPQDs 的照片（c），经过紫外光激发（λ=345nm）的 BPQDs 照片（d），光致发光衰减光谱（e）[61]

构建异质结能提高光吸收能力和加快电荷转移，该方法受到很多研

究者的关注。构建的氮化碳和黑磷异质结能够用于可见 - 近红外光催化
产氢[68]，经过氮化碳修饰的黑磷烯能用于固氮和 Cr(IV) 的还原[40]。2018
年，王心晨等人通过超声辅助液相剥离的方法制备黑磷和氮化碳异质结，
并用于产生超氧化物自由基（·O_2^-）和过氧化氢（H_2O_2），并采用不同的猝
灭剂以验证不同自由基发挥的作用，催化剂 10%BP/CN 产生 · O_2^- 的含量
最多，15min 降解率即可达 98%[69]，表明 O_2^- 对光催化剂降解罗丹明 B 有
至关重要的影响。图 8.9 表明 10%BP/CN 光催化剂产生过氧化氢的效率
最高，且在 400nm 的波长激发时效率最高，随着向长波方向移动，即从
紫外到可见 - 近红外偏移，效率随之降低；随着光激发时间的累积，产
生 H_2O_2 的量也随之增加；相应的 BP/CN 能带结构和各种氧化还原电位
(vs RHE) 示意图。

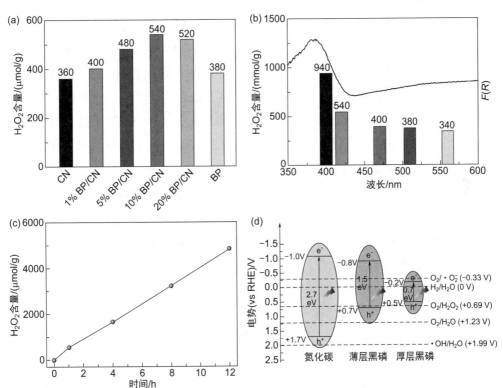

图 8.9 （a）BP/CN 产生 H_2O_2 的光催化活性（波长 λ>420nm）；（b）10% BP/CN 光催化剂产生 H_2O_2
的活性与波长的关系；（c）H_2O_2 量与时间的关系；（d）BP/CN 能带结构和各种氧化还原电位（vs RHE）
示意图[69]

8.4

黑磷在储能器件领域的应用

由于现在社会对石油等化石燃料的依赖程度日益加剧,大气中 30% ～ 50% 的 CO_2 是由汽车尾气排放造成的,大力发展新能源电动汽车有利于减缓全球温室效应,实现绿色能源可持续发展。续航里程短是当前制约新能源汽车大范围推广应用的最大瓶颈,其关键技术便是实现高性能动力电池的稳定运行。动力电池是新能源汽车技术的核心一环,也是新能源汽车产业链中利润最丰厚的一环,同时能够带动与产业配套的相关设备产业飞速发展,如充电站、充电适配器、大功率充电设备连接器等。

纵览全球,推广应用新能源汽车已成为不可逆转的趋势,很多国家已经陆续公布燃油车禁售倒计时,这势必带来动力电池产能需求旺盛和推动地区锂电池产业迅速发展。日本早在 20 世纪 90 年代就大力投入锂电池研究,韩国于 21 世纪初跟进,技术及理论知识储备有较大优势,国际大型车企主要电动车型的电芯供应几乎由日韩电池企业包办,包括日本的松下、AESC,韩国的 LG 化学、三星 SDI 和 SKI。虽然中国锂电池产业发展历程不长,但是在国家的大力支持和推动下,也取得巨大的成效,国内以宁德时代(CATL)、比亚迪发展最为强劲,两家企业占据国内超过 60% 的市场份额。

当代人们对于优美生态环境的需要日益强烈,"十一五"规划节能减排目标为单位 GDP 能耗减少 20%,主要污染物排放总量减少 10%。在这样的社会背景下,大力推广普及新能源电动汽车是必然选择。2009 年启动"十城千辆工程",给予一定额度财政补贴,电动车产销量保持增长,新能源汽车的市场份额增加,同时带动动力电池需求量进一步攀升。根据"十三五"规划,电动汽车销售达到 500 万辆,"十四五"期间突破 1000 万辆。工信部《中国制造 2025》要求:2020 年,动力电池单体的能量密度要达到 300W·h/kg，2025 年达到 400W·h/kg，2030 年达到 500W·h/kg。要求电池体积大幅缩小的情况下，续航里程将普遍增加至 400～500km。

然而，我国车用动力电池基本都处于研发、试验阶段，还未大规模应用于电动汽车。国家不断出台新能源汽车相关的法规政策和更高的动力电池产品的国家标准，促进行业技术升级、产能优化。补贴退坡敦促全产业链降低成本，动力电池环节首当其冲。各国政策要求电动汽车首先要实现和燃油车相近的性价比水平。

目前锂电池几大主流正极材料方向基本确立，主要是三元路线、磷酸铁锂、锰酸锂与钛酸锂，三元路线被市场认为是最佳选择，但也暴露出明显缺陷，主要是安全性相对不足以及材料成本较高。磷酸铁锂在安全性方面优势突出，但比能量较低。锰酸锂的优势在于成本低，缺点是比能量已达上限。钛酸锂优势在于能够进行快速充电，但成本高昂。电动汽车用锂离子电池负极材料采用石墨，能量密度仅为 180W·h/kg，当前国内动力电池领军企业(如国轩高科、宁德时代、比亚迪等)采用硅碳材料作负极，但由于硅加入的比例有限，单体能量密度仅达到 260～300W·h/kg，已达到技术天花板。黑磷是迄今为止最好的负极材料之一，理论比容量达 2596mA·h/g，用于锂离子电池的黑磷烯负极，比容量为 2000mA·h/g，放电电压为 3V 时，能量密度高达 6000W·h/kg，折合单体能量密度在 1000W·h/kg 以上，是目前商业锂电池的 4 倍以上，是 2020 年目标商业化产品的 3 倍以上。特斯拉汽车目前电池重 500～800kg，采用黑磷烯电极，电池重量仅为 125～200kg，对于电动汽车轻量化具有重要意义，同时续航能力提高 2 倍以上，能够超越汽油车的续航里程。

黑磷作为负极材料的潜在特性如下：

(1)结构特点

黑磷为正交晶系，表现为层状结构，每一个磷原子连接最近的三个原子形成共价键，每层形成波浪状。层间通过范德瓦耳斯力相连，层间距约为 0.54nm，比石墨烯的层间距(0.335nm)大。大的间隙可以存储更多的能量和带电离子，便于离子的嵌入和脱嵌。

(2)理论比容量

黑磷的理论比容量仅次于硅($2596mA \cdot h/g$)，能够在能源存储领域发挥优异作用，其理论比容量是石墨的 7 倍($372mA \cdot h/g$)。黑磷在锂离子电池的放电过程中，每一个磷原子可以捕获三个锂离子，涉及的反应如下：

$$BP \longrightarrow Li_xP \longrightarrow LiP \rightarrow Li_2P \rightarrow Li_3P$$

(3)电导性

虽然石墨具有良好的导电、导热性，但是其较低的理论比容量限制了它的应用。红磷与黑磷一样具有很高的理论比容量，但是导电率低，直接应用在能源存储领域时性能受限。黑磷或磷烯的电子导电性很好，迁移率达到 $1000cm^2/(V \cdot s)$。

(4)各向异性

锂离子在磷烯中的扩散展现出很强的各向异性，在磷烯表面沿着 zigzag 方向扩散的迁移能垒是 0.08eV，沿着 armchair 方向，迁移能垒高达 0.68eV。锂离子在黑磷中沿 zigzag 方向迁移率比在石墨中快 10000 倍，比在二硫化钼中快 100 倍[70]。锂离子或钠离子在黑磷中具有很低的迁移能垒，因此在电池中可以快速充放电。

8.4.1　锂离子电池

在种类丰富的二次电池行业内，锂离子电池因其能量密度高、安全性好、便携等优点在推出市场后广受欢迎。锂离子电池已被应用于当今社会的方方面面，大至航天航空、邮轮潜艇，小至衣食住行、休闲娱乐。锂离子电池商用技术发展时间只有短短的 30 余年，但却取得了不俗的成绩，这与全球诸多国家投入大量资金和人力研究与提升锂离子电池性能密不可分。下面对锂离子电池进行简单介绍：

(1)锂离子电池工作原理

锂离子电池主要由负极材料、正极材料、金属外壳、高分子隔膜、电解液等部分组成。充电过程中，锂离子从正极材料中脱出，在外加电压的作用下经由电解液向负极迁移，嵌入到负极材料中；为保持电荷平衡，等量的电子在外电路从正极流向负极。放电过程则与充电过程相反，图 8.10 为以磷烯作负极，钴酸锂作正极的锂离子电池工作示意图。

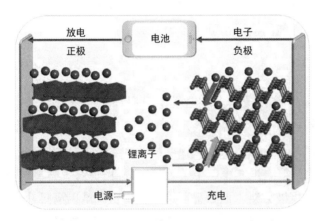

图 8.10　锂离子电池原理示意图（负极为磷烯，正极为 LiCoO₂） [56]

（2）正极材料

锂离子电池的性能主要依赖于正极材料、负极材料的物理化学性质。与负极材料相比，正极材料的发展相对滞后且种类相对较少，主要分为三类：层状、尖晶石型和聚阴离子橄榄石结构。层状材料有钴酸锂（$LiCoO_2$）[71,72]、镍酸锂（$LiNiO_2$）[73,74]、锰酸锂（$LiMnO_2$）[75]，电极材料受外部高、低温环境影响较大，在充放电过程中结构不稳定、容量不足，虽 $LiCoO_2$ 正极材料已经商业化，但是在价格和高温性能方面远低于动力电池的要求，特别是在过充情况下，大量的锂离子嵌入和脱出，$LiCoO_2$ 发生不可逆的结构变化和剧烈的价带光谱变化，从而导致材料性能的急剧下降。尖晶石型（$LiMn_2O_4$），具有稳定的立方体结构，表现出良好的稳定性和倍率性能，在充放电过程中存在 John-Teller 效应，晶体结构变形，电解液中的氢氟酸会导致锰逐渐溶解，金属锰离子溶出等会导致容量衰减，高温下容量会衰减更快。

聚阴离子型 $LiMPO_4$（M=Fe、Mn、Co、Ni、V 等）最常见的是磷酸

铁锂（LiFePO$_4$），材料成本较低，结构稳定。在充放电过程中，材料具有良好的稳定性。磷酸盐具有价格低廉、结构稳定、耐过充、安全性高等优点，成为新一代锂离子电池正极材料的研究热点之一。但是 Li$^+$ 在 LiFePO$_4$ 中的一维扩散特性，导致其电子电导率和离子扩散速率较低，严重制约其应用和发展，通常需要与导电性良好的材料如石墨烯复合，目前提高性能的应对措施主要是：离子掺杂、表面包覆、材料纳米化等。

(3) 负极材料

目前负极材料种类繁多，石墨、石墨烯、硅基材料[76,77]、锗基材料[78-80]、锡基材料[81,82]、含氮族元素化合物、金属氧化物和金属磷化物等可以用作锂离子电池的负极材料。目前石墨是最常用的插入型负极材料，具有稳定性好、成本低、电荷迁移率高等优势，这也使其成为应用最广泛的一种负极材料。但石墨理论比容量低，难以满足社会对高能量密度电池的需要。近年来，二维石墨烯的出现和发展极大提升了碳基负极材料的理论比容量（高达 744mA·h/g），但在实际应用中因为石墨烯容易团聚，很难达到理论比容量。

硅（Si）是典型的合金型负极材料，理论比容量高达 4200mA·h/g，且价格便宜，但是在锂离子嵌入脱出过程中，体积变化率高达 300%，导致结构破坏，电极材料粉化严重、容量急速下降。金属锗具有良好的电导性和快速充放电的能力，但是价格昂贵，电化学反应中间产物复杂。锡基材料的理论比容量较低（900mA·h/g），且价格便宜，工作电位低（<0.5V vs Li$^+$/Li），难以实际应用。

金属氧化物、金属硫化物、金属磷化物等材料作为转化型负极材料，在储锂过程中通常是发生一个电化学还原反应，得到相应的金属和氧化锂、硫化锂及磷化锂等，该类负极材料理论比容量相对较高，但是体积膨胀率大（100%～300%），电化学反应形成的固态电解质膜（SEI）不够稳定，循环性能差，容易发生粉化，导致与集流体脱离，影响电极的循环稳定性。金属磷化物负极材料由于其中的金属组分能有效提高导电性以及缓解 P 组分引起的体积膨胀问题，因此也是研究热点之一。

黑磷具有很高的理论比容量(2596mA·h/g)，密度为 2.69g/cm³，高于硅(约 2.33g/cm³)和石墨(约 2.27g/cm³)[83]。但作为锂离子电池的负极材料，黑磷的导电性差，在充放电循环过程中体积变化大(约为 300%)，容量损失快。黑磷烯因具有二维结构特性，层间距较大，能缓解体积膨胀。也可以提供额外的优势，比如低的开路电压，较小的体积变化，优异的导电性。Li⁺ 在黑磷烯中具有超快的扩散速度，方向为各向异性，沿 ZZ 方向的扩散速度是沿 AM 方向的 1.6×10^9 倍。

(4)纽扣电池的组装

选择商业 CR-2032 型正负极壳，在充满氩气(Ar)气氛的手套箱中组装，保证水、氧浓度均在 0.1×10^{-6} 以下，使用金属锂片作对电极/参比电极，1mol/L LiPF₆ 溶解在碳酸乙烯酯(EC)和碳酸二甲酯(DMC)混合电解质中作电解液，聚乙烯/聚丙烯多孔膜作隔膜，工作电极的浆料是按照活性物质：导电剂(Super P 或乙炔黑)、胶黏剂 PVDF(溶解在 NMP 中)或羧甲基纤维素按照一定质量比，进行研磨混合均匀，在铜集流体上进行手动涂布或拉膜，在 60～120℃真空烘箱中干燥，冷却至室温后取出，称量铜箔涂布材料前后的质量差，算出使用活性物质的质量，便于计算充放电质量比容量。

(5)纽扣电池的测试

电池电化学性能测试包括循环伏安法(CV)、电化学阻抗谱(EIS)、恒电流充放电测试和恒电流间歇滴定技术(GITT)。CV 测试可以了解电极材料在充放电过程中的具体电化学行为和可充放的最高电位，CV 曲线对应的面积为其容量，若较高电位下 CV 曲线重合，表明该电位下其对容量贡献较小。EIS 能测试电池的状态和离子扩散速率。恒流充放电循环性能及倍率性能是通过蓝电(或新威)系列电池测试系统测试，根据材料的理论比容量、实际所用活性材料的质量和选定的倍率计算电流密度，电流密度越大，倍率越高，充放电速率越快，锂离子来不及脱嵌，充放电比容量会随倍率的增加而降低，从低倍率到高倍率再回到低倍率，以评价材料的稳定性及可逆性。下面对于文献工作的介绍将不再赘述组装工艺部分。

8.4.1.1 黑磷-碳复合物用作锂离子电池负极材料

Park 和 Sohn[84] 于 2007 年首次将黑磷用作锂离子电池负极材料，图 8.11(a) 表示三种不同物质的充放电情况。红磷的放电、充电比容量分别为 1692mA·h/g、67mA·h/g，由于其充电比容量可以忽略，表示锂离子从红磷中脱出困难，故难以用作负极材料。黑磷的充电比容量 1279mA·h/g，首轮库仑效率只有 57%。作为对比，黑磷-碳复合材料在与 Li 放电/充电反应过程中的电化学行为较好，第一次放电、充电比容量分别为 2010mA·h/g 和 1814mA·h/g，首轮库仑效率约为 90%，是目前报道的最高库仑效率。图 8.11(b) 表示三种材料的循环性能，红磷的循环性能非常差，黑磷-碳复合材料虽初始比容量比黑磷低，但是经过 100 次充放电循环后，比容量仍能保持在 600mA·h/g 左右。黑磷经过 30 次充放电循环之后，比容量降至 200mA·h/g，损失达 85% 以上，说明黑磷不适合单独作为负极材料。

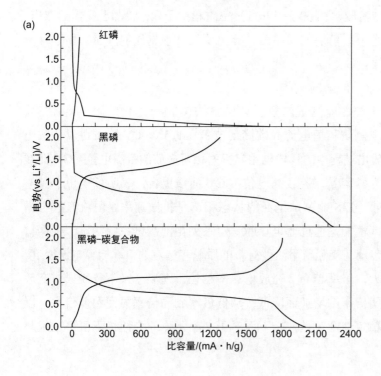

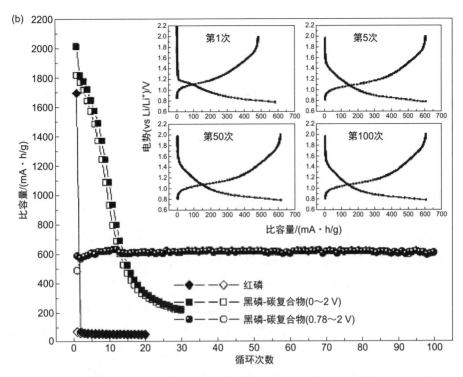

图 8.11 （a）红磷、黑磷、黑磷－碳复合物的比容量－电压曲线图；（b）循环性能图（插图表示黑磷－碳复合物经过不同循环次数之后的充放电行为）[84]

8.4.1.2 黑磷－过渡金属磷化物材料

Nazar 等人[85]于 2004 年发现磷化铜在锂离子充放电过程中具有很好的循环性能，第一圈的不可逆性只有 17%，可逆体积比容量为 2500mA·h/cm³，可作为锂离子电池的负极材料，在充放电过程中经过多步反应过程产生 Cu、Li_2CuP、Li_3P 等产物，三相的结构相似，能够经过可逆氧化、脱锂得到晶体 Cu_3P。2013 年，Marian Cristian Stan 和 Martin Winter 等合作[86]，按照 Tom Nilges 的矿化剂辅助法制备黑磷晶体，并在球磨黑磷上经过溶剂热法生长 Cu_3P，电化学性能测试发现球磨的黑磷和 Cu_3P 具有相似的氧化还原峰位置，Cu_3P 能够提高电化学性能，首次充电效率达到 43%。实验结果综合显示，可逆锂离子容量几乎完全来自

Cu_3P，另外还强调分析储能和转换材料中电化学活性起源的重要性。

2016 年南洋理工大学的 Qingyu Yan 课题组利用简单的超声辅助剥离和溶剂热过程成功合成零维(0D)过渡金属磷化物(TMP)纳米晶(NC)-2D磷烯异质结($Ni_2P@BP$)，与单独的黑磷相比，$Ni_2P@BP$ 异质结能够将电导率从 $2.12×10^2S/m$ 提高到 $6.25×10^4S/m$，载流子浓度从 $1.25×10^{17}cm^{-3}$ 提高到 $1.37×10^{20}cm^{-3}$，300K 时热导率从 $44.5W/(m \cdot K)$ 减小到 $7.69W/(m \cdot K)$，并且能够提高锂离子的扩散系数，具有高的可逆比容量($1196.3mA \cdot h/g$，以 $0.1A/g$ 的电流密度进行充放电)，是纯黑磷性能的 4 倍 [87]，且在 $1A/g$ 的电流密度进行充放电 1000 次循环，比容量能保持在 $743.7mA \cdot h/g$。零维过渡金属磷化物具有大的比表面积、大量的活性位点和边缘缺陷，由于高表面能，不可避免地会发生团聚，异质结的设计有以下优势：① TMP 可以将电子注入大片黑磷烯中并有效调控载流子浓度，黑磷烯可为载流子提供较长的扩散路径，界面散射较少，利于提高电导率；②附着在或嵌入在黑磷烯上的 TMP NC 可以显著增加声子的散射，从而降低热导率；③ TMP NC 沉积在黑磷烯上可以抑制黑磷烯基体的破碎和 NC 的团聚，有效地保持高表面积和大量的活性位点。

8.4.1.3 黑磷碳键合（P-C）材料

形成 P—C 键可以有效解决锂离子脱嵌过程中负极材料结构稳定性差的问题。2014 年，Jie Sun 和 Yi Cui 等人 [83] 将黑磷与石墨混合通过简单的高能机械球磨，得到 BP-G，物理混合 BP/G，通过恒电流充放电测试发现未成键的 BP/G 的初始比容量是 $2479mA \cdot h/g$，由于充放电过程中体积膨胀，活性物质与导电性较好的石墨接触减少，导致首次库仑效率仅为 58%。BP-G 在充放电过程中能形成更稳定的固态电解质膜，电荷转移速率和锂离子迁移速率均较快，具有优异的倍率性能，表明 P—C 键在锂离子脱嵌过程中起到很好的连接作用，进而提高库仑效率。

Alexey M. Glushenkov 等人 [88] 受前面工作的启发，将 P-C 复合物应用到锂离子和钠离子电池中，锂离子和钠离子半电池的初始比容量分别约为 1700mA·h/g 和 1300mA·h/g。黑磷晶体与石墨通过球磨形成的复合物与无定形的黑磷-石墨复合物相比具有更好的循环稳定性。锂离子电池的电位窗口在 0.67～2.0V 时，循环之后比容量保持在 700mA·h/g；钠离子电池的电位窗口在 0.33～2.0V，循环之后比容量保持在 300～400mA·h/g。该工作还进行了大量的文献对比，不同类型的 P-C 复合物及活性材料的负载量，初始充电、放电比容量范围分别在 840～2382mA·h/g、1200～32899mA·h/g。总的来说，P-C 复合物性能差距较大，且循环稳定性不好，均出现不同程度的衰减。

2017 年，王双印等人合作首次采用简易的真空抽滤的方法构建"三明治"结构的负极，两层石墨烯中间夹黑磷基复合物，不仅可以防止黑磷快速降解还可以替代铜箔作为集流器。通过简单的溶剂热法合成的黑磷复合物薄膜负极材料在锂离子电池中表现出很好的循环性能，G-BPGO 薄膜在 0.1A/g 电流密度下循环 200 次，可逆比容量保持在 1401mA·h/g。电流密度从 0.5A/g 增加到 1.0A/g，比容量衰减了 112mA·h/g，电流密度恢复到 0.1A/g，经过 50 次循环，比容量仍能达到 1275mA·h/g，表现出良好的可逆性能，主要是由于 P—C 键、P—O—C 键及"三明治"结构使负极材料的稳定性提高[89]。

2019 年，Wei Lu 课题组系统地研究了黑磷-石墨复合物中材料组成和配比对电化学性能及结构稳定性的影响：BP0.3G1（黑磷和石墨的质量占比分别为 42.6%、56.4%，理论比容量为 1352.24mA·h/g）表现出稳定的循环性能，而高比例的 BP0.9G1（黑磷和石墨的质量占比分别为 69.9%、30.1%，理论比容量为 1929.7mA·h/g）由于循环过程中结构粉化无法避免快速的容量衰减；另外，氧化后的黑磷具有极高的亲水性以及在铜集流体上容易形成 Cu_3P，虽然在一定程度上对电化学性能有贡献，但是对黑磷基电极的稳定性不利[90]。

2019 年，Yunfeng Lu 课题组以红磷和多孔炭黑——科琴黑（Ketjen black，KB）为原料，质量比为 7∶3，采用高能球磨的方法直接在炭黑上生长黑磷晶体，虽然 P-KB 复合物的比表面积（13.5m²/g）远小于 KB（1452.8m²/g），KB 原始的多孔结构不可避免地被球磨粉碎或被黑磷占据，但是 450℃煅烧（去除磷的影响）发现还有很多小孔（小于 10nm），TEM 表征发现结晶性良好的黑磷均匀分散在炭黑表面，见图 8.12；其复合物具有良好的导电性和稳定性，能够提高循环性能，小尺寸的黑磷能缩短锂离子扩散距离，提高反应动力学性能，多孔碳能够有效缓解脱嵌锂过程中体积膨胀的问题[91]。将这种 P-KB 复合物组装成半电池，经过 300 次循环之后仍能保持较高的比容量（1000mA·h/g）。考虑到实用性，以 P-KB、铜箔作负极集流体，商业 $LiNi_{1/3}Co_{1/3}Mn_{1/3}O_2$ 作正极材料、铝箔作正极集流体组装成全电池，初始充电比容量达到 1135mA·h/g，但是首轮库仑效率只有 65%，归因于正负极间不可逆的电化学反应。平均充电平台为 3.3V，放电平台为 2.65V。由于活化，比容量会有少量增加。在 0.5 C 的倍率下经过 200 次循环容量能够保持在 92%，300 次循环之后保持在 80%。

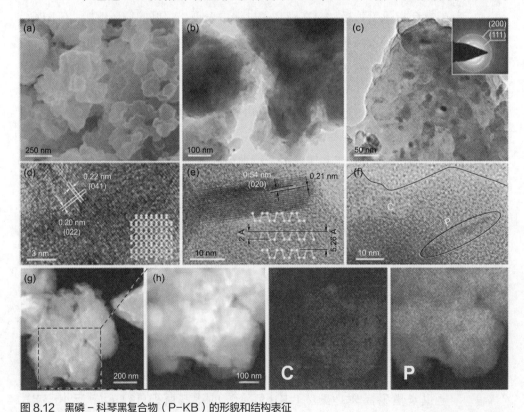

图 8.12　黑磷－科琴黑复合物（P-KB）的形貌和结构表征
（a）SEM 图；（b），（c）TEM 图；（d）～（f）HRTEM 图；（g），（h）HAADF-STEM 图和相应的 C、P 元素分布图[91]

虽然形成 P-C 复合物能够提高锂离子脱嵌过程中负极材料的稳定性，但是将 P 掺杂到碳基底中会破坏黑磷的结构、降低比容量[92]；在高的反应温度将黑磷与其他材料混合，会导致黑磷的热不稳定性而且库仑效率很低（约 8%）[93,83]；大多数都是通过高能球磨的方法得到稳定的 P—C 键，需要较高的能量。真空抽滤[89]或离心辅助沉淀[94]的方法能够在更温和的条件下得到 P-C 复合物。

8.4.1.4　黑磷组装成其他多维结构的设计

2019 年，Ziqi Sun 课题组[95]构建新型 2D-TiO$_2$-2D 范德瓦耳斯异质结（BP NS@TiO$_2$@G）水凝胶用作锂离子电池负极材料，这种独特的结构不仅能阻止二维纳米片的再堆积，缩短扩散路径、提高电导率、抑制体积膨胀和循环过程中锂枝晶的生长。BP NS@TiO$_2$@G 的初始放电比容量高达 1336.1mA·h/g（以 0.2A/g 的电流密度进行充放电），高倍率（5A/g）下比容量仍能保持在 271.1mA·h/g，宽电位窗口（约 3.0V）下循环 180 次比容量能保持在 502mA·h/g。这种异质结中的 TiO$_2$ 发挥着重要作用，可以分离、桥联石墨烯和黑磷，而且 TiO$_2$ 是一种典型的插层型化合物，理论储锂量为 336mA·h/g，与商业石墨相媲美；与其他金属氧化物相比，TiO$_2$ 的结构更稳定，在锂离子脱嵌过程中体积变化率低于 4%；由于 Ti^{4+}/Ti^{3+} 氧化还原电对的存在能避免金属锂的电化学沉积和锂枝晶的生长。

金属有机骨架（MOF）是一类由金属离子中心与有机连接体构建起来的 3D 多孔材料，以 MOF 作为前驱体经过煅烧，有机连接体能够提供碳源实现原位碳化过程，确保金属离子被碳隔离，能够均一分布以及不发生金属团聚，被认为能够有效解决锂离子电池中巨大的体积膨胀、电极材料粉化和较缓慢的离子传输动力学等问题。2019 年，南洋理工大学的 Kun Zhou 等人[96]通过简单的溶液反应直接将 2D NiCo MOF 锚定在磷烯上，利用对苯二甲酸中的羧酸官能团螯合金属离子、与磷烯键合，以三甲胺作沉淀剂，冰浴超声 8h 以形成稳定的 2D 杂化结构 BP/NiCo MOF，合成示意图见图 8.13；BP/NiCo MOF 表现出高的可逆容量（以 0.5A/g 的电流密度进行充放电 200 次循环后比容量保持在 853mA·h/g)、长的循环寿命和优异的高倍率性能(以 5A/g 的电流密度进行充放电 1000 次循环后比容量保持在 398mA·h/g)。

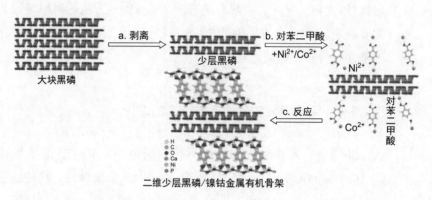

图 8.13　二维 BP/NiCo MOF 复合物合成过程示意图[96]

8.4.1.5　黑磷作为锂离子电池本征性能的研究

鉴于大多数关于黑磷储能的研究都是基于与其他材料复合,形成P—C键或者分子间的相互作用以提高材料在锂离子脱嵌过程中的稳定性,但是黑磷的本征性能却被忽略。2019 年韩国 Byoungnam Park 等[97]首次采用没有任何添加剂的黑磷作锂离子电池的负极,使用氢氧化钠辅助液相剥离大块黑磷,得到分散性很好的黑磷烯,通过高的电场,以电泳沉积的方式将黑磷烯沉积到铜集流体上。其中氢氧化钠的添加和简单的热处理可以引发黑磷烯和锂之间的多步反应,没有氢氧化钠仅加热时,初始放电比容量从 91mA·h/g 增加到 278mA·h/g;当加入氢氧化钠之后,比容量可以增加到 954mA·h/g。有效地探测电池电极材料的本征电化学性能,低的比容量是由于导电剂和胶黏剂的缺乏,限制了黑磷烯之间的电子传导和物理接触,导致不可逆容量的增加。

总的来说,黑磷作锂离子电池负极材料呈现蓬勃发展的态势,尽管黑磷本身存在导电性差及体积膨胀率高的缺点,但其理论比容量高达

2600mA·h/g 及独特的二维褶皱结构成功吸引了大量研究者的兴趣,对其复合改性、结构优化,以期提高其可逆容量、长期循环稳定性和高倍率性能,主要包括形成金属磷化物、P—C 键和多维结构的设计等。

8.4.2 锂硫电池

锂硫(Li-S)电池是从 2013 年兴起的一个研究分支,这类电池的特点是利用单质硫或者硫化物作为负极材料。它的基本工作原理是将硫电化学还原为各种链长的多硫化物,随后形成 Li_2S_2 或 Li_2S 的不溶性沉淀物。由于其较高的理论能量密度(2567W·h/kg)和理论比容量(1675mA·h/g),再加上材料环境友好、成本低等优点,锂硫电池备受关注。尽管在未来新能源车用动力电池中具有广阔的应用前景,但阻碍锂硫电池商业化最大的挑战是硫和固体还原产物 Li_2S_2 和 Li_2S 的低电导率,以及当硫逐渐锂化时形成的中间产物在常用液体电解质系统中具有高溶解度。

目前主要从硫正极、锂负极、隔膜及电解液四个方面展开相关研究。针对硫电极的循环稳定性,研究和发展硫的固定化策略、抑制中间产物的溶解和流失。主要有三种固定硫的方式:化学键合硫、物理吸附硫和导电聚合物修饰硫等。针对锂负极,通过表面修饰阻止电解液中多硫化物在锂表面的反应或在电解液中添加穿梭阻止剂,寻找替代锂负极的材料(石墨、硅、锡等),正极采用富锂态的 Li_2S 代替贫锂态的单质硫,来提高锂负极的可充性。针对隔膜,用极性基团或金属氧化物修饰隔膜[98],阻止多硫化物穿梭;针对电解液,主要是有机电解质和全固态电解质。

尽管多孔碳材料在"固硫"方面具有较好的效果,但是由于碳是非极性材料,与极性的多硫化物之间作用力弱,长期充放电循环之后性能依然会严重损失[99]。2016 年崔屹课题组介绍了一种新型锂硫电池功能隔膜,将黑磷烯沉积在商业聚丙烯隔膜上以达到"捕硫"的目的[9]。黑磷与多硫化物之间既有物理吸附作用又有化学键合作用,固硫效果好且循环稳定性好。P—S 键能(285 ～ 442kJ/mol)比 P—P 键能(485kJ/mol)略低[100]，表明不会破坏磷烯骨架结构，且黑磷在电化学窗口为 1.7 ～ 2.6V 范围内进行脱嵌锂反应，体积不会改变[101]。硫涂覆在铝箔上的正极，黑磷包覆隔膜，铜箔上的金属锂作负极，共同组装成透明电池。锂离子可以自由通过黑磷包覆隔膜，与正极硫形成多级 $Li_2S_x(x = 3 ～ 8)$，且多硫化物不能穿过隔膜，有效避免"穿梭效应"，锂硫电池的结构示意图(图 8.14)。

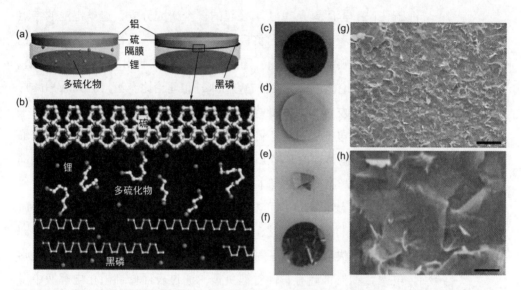

图 8.14 （a）Li-S 电池结构示意图；（b）包覆黑磷后 Li-S 电池材料结构图；包覆黑磷后的隔膜图片（c）正极面，（d）负极面，（e）折叠，（f）展开；（g）黑磷包覆隔膜的 SEM 图像（标尺为 10μm）；（h）黑磷包覆隔膜的高分辨 SEM 图像（标尺为 1μm）[9]

图 8.15 表示使用黑磷包覆隔膜的 Li-S 电池的电化学性能，使用石墨烯包覆的隔膜和传统的隔膜作为对比，三种电池均有两个放电平台，大约在 2.3V 和 2.0V，原因是 S_8 转变成可溶的 Li_2S_x，然后转变成固体 Li_2S。经过修饰的隔膜性能均比传统的隔膜强，表示修饰的隔膜能够更有效地阻止多硫化物向负极扩散，并使多硫化物再活化。由于黑磷与硫的相互作用较强，使用黑磷包覆隔膜的电池首次放电比容量达 930mA·h/g，比使用石墨烯修饰的隔膜电池高 80mA·h/g。使用黑磷包覆隔膜的电池循

环性能最好，经过 100 次循环，比容量保持在 800mA·h/g，而石墨烯修饰的隔膜电池容量保持率仅为 66%。使用黑磷包覆隔膜的电池的倍率性能，即使在大电流密度下充放电，性能仍能够保持[9]。

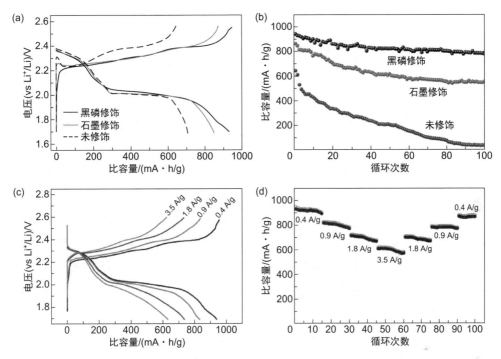

图 8.15（a）使用不同隔膜的锂硫电池首次恒电流充放电曲线，电流密度为 0.4A/g；放电电压范围 1.7 ~ 2.6V；（b）经过 100 次循环后三个电池的可逆嵌锂质量比容量和库仑效率；（c）黑磷包覆隔膜的锂硫电池恒电流充放电曲线的倍率性能，电流密度从 0.4 ~ 3.5A/g；（d）黑磷包覆隔膜的锂硫电池在不同充放电速率下循环的比容量[9]

8.4.3 钠离子电池

锂离子电池越来越广泛地应用到人类生活的方方面面，必须重视的一个问题是随着锂离子电池的大规模使用，锂资源的缺乏难以满足人们的大量需求。事实上，地球上锂的储量并不丰富，分布也不均匀。基于此，人们将目光转向价格低廉、储量丰富的钠，钠离子与锂离子化学性质相似，钠离子电池很有可能替代锂离子电池成为未来电池的发展方向。钠离子电池工作机理与锂离子电池工作机理相似，只是在选择材料上会有差异。目前钠离子电池的正极材料较多，如 $NaCrO_2$、$Na_{0.44}MnO_2$、NaV_6O_{15}、$NaNi_{1/3}Mn_{1/3}Fe_{1/3}O_2$ 等材料，负极材料是制约高性能钠离子电池的因素之一。由于钠的原子半径(0.190nm)大于锂的原子半径(0.167nm)，钠离子半径(0.102nm)比锂离子半径(0.076nm)大 0.026nm，使得钠离子在传输过程中需要克服更大的能量，且更难嵌入负极材料中，在一般材料结构中无法快速、可逆脱嵌，同种材料在钠离子电池中的理论比容量比在锂离子电池中小。且钠的原子量(22.98)远大于锂的原子量(6.94)，这也决定了钠离子电池的质量比容量较锂离子电池更低[102]。因此，寻找具有高比表面积、高活性位点、层间距较大的负极材料成了研究重点。

目前研究的钠离子电池负极材料主要有以下几类：碳材料、合金型、金属氧化物型、非金属单质型(除碳外)和有机材料型。碳材料种类繁多，由于石墨层间距(0.335nm)不适合半径更大的钠离子嵌入，不具备储钠活性，一般选择非石墨类碳材料，但存在比容量低(约 200mA•h/g)和循环性能差的问题。金属单质或合金负极具有较高的比容量(高达 500mA•h/g)，钠能与很多金属在室温下形成金属间化合物(如 Si、Ge、Sn 和 Pb 等)，钠离子脱嵌过程中，金属的晶胞体积会发生很大的变化，机械稳定性降低，剧烈的体积膨胀和粉化是容量衰减的主要原因。用作钠离子电池负极材料的过渡金属氧化物主要有 TiO_2、$\alpha\text{-}MoO_3$、SnO_2 等，主要发生可逆的氧化还原反应。单质磷是非金属单质型中的代表性负极材料，能够与金属钠形成 Na_3P，理论储钠比容量高达 2596mA•h/g，是目前嵌钠单质材料(Sb、Si、Sn 等)中容量最高的。红磷电导率低，电化学活性较差。正交结构的黑磷作为一种层状二维半导体材料，层间距为 0.53nm，具有良好的导电性，被认为是一种极具潜力的钠离子电池负极材料。

2012 年，武汉大学的 Hanxi Yang 首次将无定形的磷/碳复合物用作钠离子电池负极材料，被证实具有优异的比容量、高倍率性能和循环性能[103]。以红磷为前驱体，与无定形炭黑为原料按照一定的比例混合，经过高能球磨，黑磷高度分散在碳上。通过对比红磷、黑磷和α-P/C复合物的充放电性能，红磷的充电(钠离子嵌入负极过程)比容量较高(897mA·h/g)，由于红磷本身不导电，放电(钠离子脱嵌过程)比容量非常低(仅15mA·h/g)；黑磷具有最高的充电比容量(2035mA·h/g)，而放电比容量降至637mA·h/g，容量损失是由于巨大的体积改变，导致很差的循环性能。对比来看，α-P/C复合物的放电、充电比容量分别为2015mA·h/g、1764mA·h/g，表明无定形的复合物能够有效缓解在充放电循环过程中巨大的体积膨胀；如图8.16(a)通过倍率性能测试，在相同电流密度下充放电，随着电流密度增加，比容量快速衰减，在非常高的电流密度4000A/g下放电比容量只有640mA·h/g，仔细观察曲线发现在0.2V左右随电流密度增加容量下降明显，表明高速率下电荷不饱和，即钠离子嵌入反应速度比脱嵌反应速度慢。电化学阻抗谱也能佐证，嵌入过程的电荷转移阻抗约为300Ω，比脱出过程电荷转移阻抗(约20Ω)大10倍以上。即α-P/C复合物钠离子电池更易放电，当在相同的电流密度下充电，在较高速度下放电时，容量保持率在95%以上，见图8.16(b)。

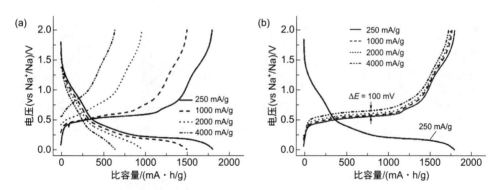

图8.16 （a）α-P/C复合物钠离子电池在相同电流密度下充放电倍率性能；（b）在相同电流密度下充电，在不同电流密度下放电的电压曲线[103]

　　随着计算化学的蓬勃发展，2015年Ping Wu课题组利用第一性原理，计算以磷烯作为钠离子负极材料时钠的吸附能、比容量和钠离子的扩散势垒。计算结果表明钠离子在磷烯表面扩散速度快且是各向异性的，能垒仅为 0.04eV。由于其高比容量、好的稳定性、优异的电导性和高的钠迁移率，单层磷烯是非常有潜力的钠离子电池负极材料[104]。

2015 年崔屹课题组为解决因钠离子嵌入/脱嵌造成黑磷体积膨胀问题，提出石墨烯-磷烯-石墨烯"三明治"结构及钠离子嵌入的钠化机制，并证实合金 Na_3P 的形成。这种结构的优势在于：石墨烯提供了弹性缓冲层以容纳钠离子嵌入过程的体积膨胀，薄的磷烯层缩短了钠离子的扩散距离，提高了迁移速率，石墨烯是一个良导体，可以将磷烯上发生氧化还原反应产生的电子经过石墨烯传导到集流体上，这种夹心结构具有良好的电化学活性[101]。图 8.17 表示钠离子嵌入黑磷之后沿着 x 轴方向扩散，因为只有沿着 x 轴方向通道足够宽(3.08Å)，y 轴方向通道太小只有 1.16Å，经过 170 s 的延迟后，y 轴方向黑磷膨胀率高达 92%。

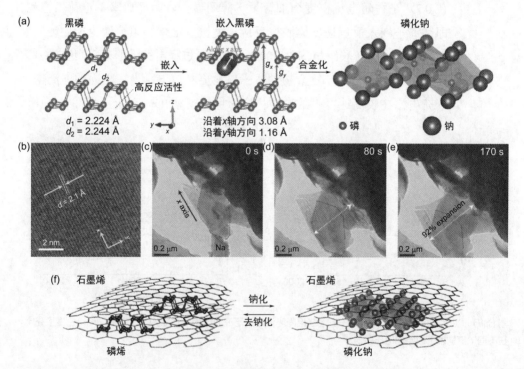

图 8.17 （a）黑磷的钠化机制，包括钠化前的黑磷、钠离子嵌入的黑磷、合金反应生成 Na_3P；（b）黑磷钠化前的高分辨和明场 TEM 图像；（c）~（e）钠离子嵌入黑磷的延时 TEM 图像，钠离子沿 x 轴通道传输，导致体积沿 y 轴方向膨胀；（f）夹心磷烯-石墨烯在钠化过程中的结构变化示意图[101]

经过对碳磷复合物(C/P)进行电化学性能测试，不同比例的碳磷复合物首次放电比容量均超过 2000mA·h/g，经过 100 次循环之后，C/P 摩尔比越小的负极材料容量衰减越严重，如图 8.18(a)。经过 50 次循环之后，C/P(质量分数 48.3% P)略有衰减，如图 8.18(b)。从倍率性能可以看出，在高电流密度(26A/g)下充放电，比容量急剧衰减至 700mA·h/g，如图 8.18(c)。且磷烯 - 石墨烯夹心结构表现出良好的长循环容量保持率，在 0.02 C(50mA/g)的电流密度下放电 100 次，比容量仍保持在 2080mA·h/g，相应的库仑效率保持在 85%，即每次循环容量衰减 0.16%，如图 8.18(d)。2016 年，Khalil Amine 课题组发表了同类型的工作，将石墨烯换成 Ketjenblack(多孔碳)和多壁碳纳米管，与高含量的黑磷(质量分数为 70%)经过高能球磨得到黑磷和碳的复合物，用作钠离子负极材料。首次库仑效率高达 90%，在 0.416A/g 的电流密度下充放电循环 50 次，比容量保持在 1826.9mA·h/g，循环稳定性较好[105]。

8.4.4 超级电容器

随着便携式电子产品的快速增长和对清洁能源的巨大需求，超级电容器相较于传统介电电容器能够实现类似二次电池的储能功能，同时具有功率密度高、短时间快速充放电、绿色环保、循环寿命长等优点，广受研究者关注和青睐。

超级电容器(亦称为电化学电容器)，常以电容的大小来衡量器件储存电荷的多少。活性物质表面的电荷转移和离子迁移的速度决定其最大充放电性能。超级电容器的组装结构与传统电容器完全不同，主要是由正极、负极、隔膜、电解液和集流体等组成，隔膜放在正负极之间被电解液充分浸润，以防正负极直接接触而短路，同时需要具备高离子电导率。在选择电解液时要充分考虑其分解电压，它决定超级电容器的工作电压范围。有机系电解液的分解电压(3V 左右)会远高于水系电解液(1V 左右)。水系电解液的离子电导率比有机系电解液高出几个数量级，且水系电容器的组装更加方便，费用更低廉。

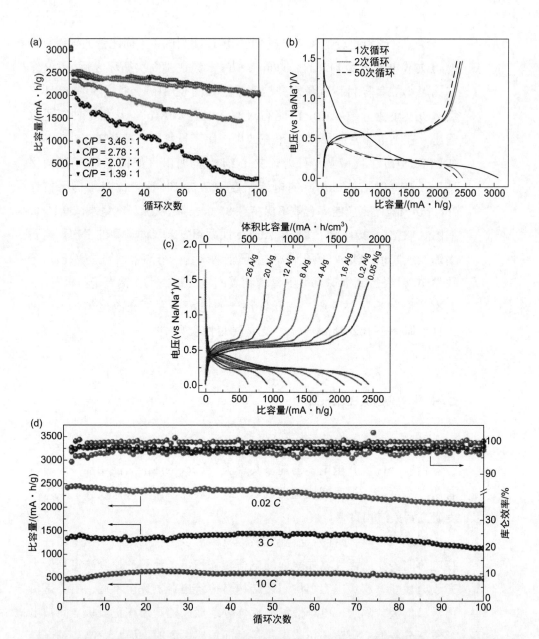

图 8.18 磷烯－石墨烯复合负极钠离子电池电化学性能测试（所有磷烯－石墨烯负极的比容量都是基于磷烯的质量计算得到，石墨烯对可逆容量的贡献几乎可忽略）[101]

（a）不同摩尔比的碳磷负极在 0.02～1.5V 电位窗口范围内，电流密度为 0.05A/g 可逆钠脱嵌比容量；
（b）C/P（质量分数为 48.3% 的磷烯）的恒电流充放电曲线；（c）不同电流密度下的体积和质量比容量；
（d）C/P（质量分数为 48.3% 的磷烯）经过 100 次循环后在不同电流下测得的可逆脱嵌钠离子比容量和库仑效率

根据电荷的储存与转化机理，通常将超级电容器分为双电层电容器（EDLC）和法拉第准电容器（又称赝电容器，pesudo-capacitors）。EDLC 主要是通过纯静电电荷（电解液中的阴、阳离子）物理吸附在电极表面形成双电层从而储存电荷；对于赝电容器，则通过在活性电极材料表面或体相空间内可逆的化学吸脱附过程或氧化还原反应，进而产生法拉第准电容。

双电层电容器需得到高的比表面积，这样离子能更多地吸附在电极材料表面。层状材料由于能够有效地容纳离子嵌入/脱嵌，在电化学储能器件中具有潜在的应用价值。由于二维纳米片剥离后可能再重叠，合成的柔性薄膜或纸的比表面积较低，但是作为电极材料，非常有利于离子插入层间，能极大地提高双电层电容器的插入容量。使用再堆积石墨烯作电极材料的"三明治"结构柔性全固态超级电容器，体积比电容可以达到 1.0F/cm^3 [106]。

受到上面再堆积纳米片工作的启发，2016 年 Fusheng Wen 和 Zhongyuan Liu 等人 [107] 通过再堆积液相剥离的黑磷烯作为柔性电极，由于离子能够有效插入黑磷烯层间，能有效提高电化学能量存储的性能。图 8.19 为黑磷全固态超级电容器的制造工艺示意图。图 8.20 为电化学剥离黑磷全固态超级电容器的电化学性能测试图，由于黑磷薄膜具有柔性，与黑磷粉末全固态超级电容器（G-BP-ASSP）器件相比，液相剥离黑磷全固态超级电容器（LE-BP-ASSP）的性能更好。图 8.20（a）和（b）为不同扫速下的循环伏安（CV）曲线，随着扫描速率增加，偏离方向就越明显，表示电极/电解质溶液之间发生电荷转移 [108,109]，推测其偏离可能是磷与水发生不可逆反应的结果，尽管对 PVA/H$_3$PO$_4$ 凝胶进行了干燥，但是不排除仍有少量水存在。图 8.20（c）计算叠加体积容量随扫速的变化，当扫速从 0.005V/s 增加到 0.09V/s，体积比电容从 17.18F/cm^3（59.3F/g）快速降至 4.25F/cm^3（14.2F/g），对应图 8.20（a）中的 CV 曲线，接近方形，表示具有良好的容量性能；当扫速在 0.1 ～ 1V/s，容量下降缓慢，形成肩峰；随着扫速继续增加，在 1 ～ 10V/s，出现了倾斜的形状，且容量再次出现了快速衰减，对应图 8.20（b）的 CV 曲线。即便如此，在 10V/s 的扫速情况下，体积比电容仍保持在 1.43F/cm³ (4.8F/g)，远高于石墨烯基超级电容器 [110,111] 和多壁碳纳米管电极的全固态超级电容器 [112]。图 8.20(d) 表示在不同电流密度下进行恒电流充放电测试，充放电曲线接近理想的三角形电容行为，说明黑磷烯的电化学双电层行为占主导。图 8.20(e) 表示 1.5μm 厚的液相剥离黑磷超级电容器器件在经过不同程度的弯曲后在 1V/s 的扫速下测试的循环伏安曲线，四条曲线高度重合，表示黑磷薄膜器件的柔性好、机械强度高，且结构完整。经过长程循环测试发现，经过 3000 次循环测试，容量保持在 72% 以上。

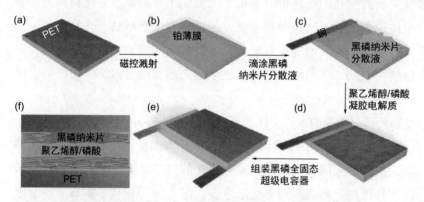

图 8.19　黑磷全固态超级电容器（BP-ASSP）器件制造工艺示意图 [107]
（a）矩形柔性聚对苯二甲酸乙二醇酯（PET）衬底；（b）用磁控溅射法在 PET 衬底上生长 Pt 薄膜；（c）将分散在丙酮中的黑磷烯或研磨的黑磷粉末滴涂在具有 Pt 涂层的 PET 衬底上；（d）用聚乙烯醇/磷酸（PVA/H₃PO₄）凝胶滴涂在 BP-Pt-PET 表面，进行固化；（e）将两片 PET 组装成"三明治"结构；（f）"三明治"结构的横断面

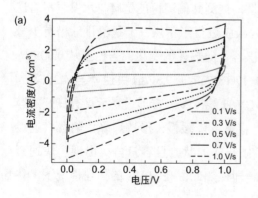

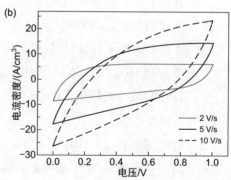

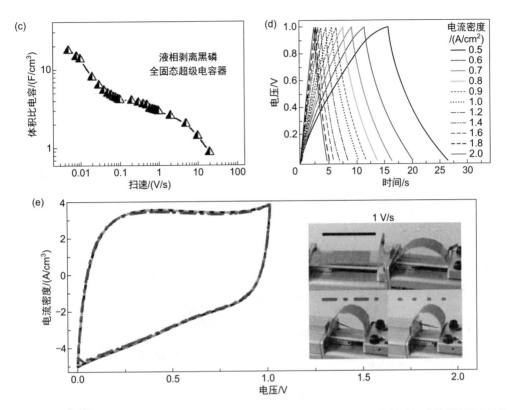

图 8.20　液相剥离的黑磷全固态超级电容器器（LE-BP-ASSP）的电化学性能（黑磷薄膜的厚度约为1.5μm）[107]

（a），（b）不同扫速下的循环伏安图；（c）根据循环伏安（CV）曲线计算不同扫速下的叠加电容；（d）不同电流密度下的恒电流充放电曲线；（e）扫描速率为1V/s时的循环伏安曲线（左）和不同的弯曲程度的图片（右）

2018 年，Huang Yang 和 Zhang Han 等人[113]合作通过一步电化学沉积法制备夹层聚吡咯 / 黑磷自支撑薄膜材料，这种薄膜表现出高的电容特性（497.5F/g，551.7F/cm³）和优异的循环稳定性，能耐受住 10000 次充放电循环，这要归因于黑磷烯诱导层间自组装，阻碍聚吡咯在电化学沉积过程中变得致密和无序堆叠，因此提供了用于离子扩散和电子传输的精确路径，同时缓解了充放电过程中的结构恶化。由夹层薄膜制备的柔性超级电容器除了具有高的电容（452.8F/g，7.7F/cm³，电流密度为 0.5A/g）、优异的机械柔性，能够折叠成纸飞机而本身不会破损，还具有稳定的循环性能。图 8.21 主要对自制的聚吡咯 / 黑磷柔性器件的性能进行测试，

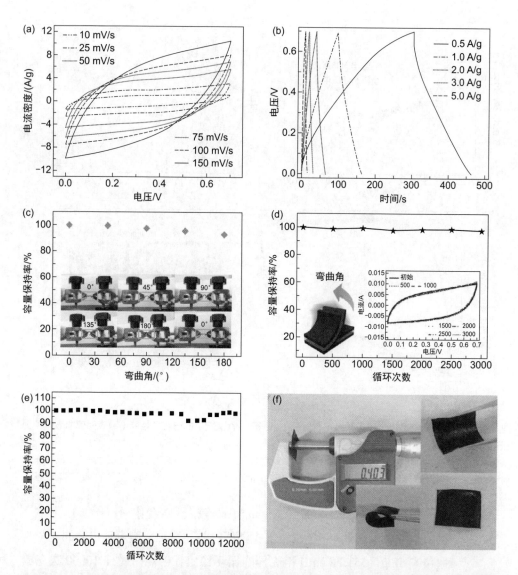

图 8.21 （a）制备的柔性固态器件在不同扫描速率下的循环伏安图（CV）；（b）不同电流密度下的充放电曲线（GCD）；（c）不同弯曲角度下的柔性超级电容器的稳定性能；（d）柔性超级电容器在弯曲测试下的容量稳定性；（e）柔性超级电容器在电流密度为 3A/g 的条件下经过 12000 次充放电循环的容量保持率；（f）柔性器件的电子照片，厚度约为 400μm [113]

使用 H_3PO_4-PVA 作凝胶电解质，图(a)为不同扫描速率下的循环伏安曲线，即使在非常高的扫速(150mV/s)，曲线倾向于伪矩形，表示该超级电容器具有很低的电阻和较好的电容行为；图(b)为不同电流密度下的恒电流充放电曲线，呈现出近三角形，说明在充放电过程中具有较好的可逆性，与 CV 曲线的结果一致；图(c)表示聚吡咯/黑磷柔性器件具有很好的柔性，经过 $0°\sim180°$ 的折叠，容量保持率在 92% 以上，而且经过 3000 次折叠循环($0°\sim13°$)，这个器件的 CV 曲线没有明显的衰减，并且相应的电容几乎不变，如图(d)所示；图(e)表明经过 12000 次充放电循环，性能几乎没有衰减。

2019 年，喻学锋课题组采用电化学的方法高效剥离黑磷得到高质量三维海绵状黑磷，并将其应用在全固态超级电容器[114]，这种以二维片层材料为基元构筑三维结构的方法被普遍认为是提升材料储能性能的有效途径。这种电化学的制备方法简单、快速，在常温常压的空气环境中即可完成，仅需 3min 就能成功制备出高质量、半交联的三维海绵黑磷。通过优化反应电解池结构，选择合适的电解液、插层剂以及抗衡离子，解决黑磷剥离过程中易氧化、片层结构易断裂、耗时长等问题。得到的三维海绵状黑磷由超大、超薄、未氧化的高质量磷烯基元组成，图 8.22 表示磷烯厚度仅为 $3\sim6nm$，且不乏单层磷烯存在。以这种三维黑磷海绵作电极材料制备了全固态超级电容器，在扫速为 10mV/s 下，电容器的

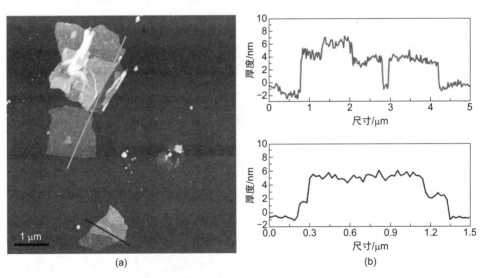

(a)　　　　　　　　　　(b)

图 8.22　海绵状黑磷烯的原子力显微镜照片（a）及高度曲线（b）[114]

比电容达到 80F/g, 远高于以黑磷烯和块状黑磷为电极材料的电容器, 即使扫速增加至 10mV/s, 比电容还可以维持在 28F/g, 不同扫速对应的 CV 曲线形状类似方形, 表明其具有双电层电容器的特征, 在不同扫速下的恒流充放电曲线, 其典型的三角形状表明在吸脱附过程中, 电荷在黑磷烯与磷酸界面间能够很好地扩散, BP-ASSP 在经过 15000 次充放电循环后, 容量仅衰减 20%。

8.5

黑磷在太阳能电池领域的应用

太阳能被认为是一种取之不尽用之不竭的可再生能源, 具有分布广、储量高、易于开发、环境友好等优势, 受到了广泛关注。太阳每年辐射到地球表面的能量高达 1.7×10^{17}W, 相当于人类每年所消耗能量的一万倍。相比化石燃料, 太阳释放的能量高且更环保; 相比核能, 太阳能是一种安全系数很高的能源, 在应用过程中不会造成任何污染; 相比风能、水能和潮汐能, 太阳能利用不受地理区域限制。但是目前太阳能的利用仍受地球公转的影响, 具有一定的间接性, 需要大力发展太阳能转换技术, 将太阳能转化为其他能源形式储存起来。典型的太阳能利用技术有: 光热转换和光电转换, 其中, 光电转换技术是利用太阳能器件收集太阳能, 并直接转换为电能。预计太阳能光伏发电技术将占据世界能源消费的重要席位, 21 世纪末, 光伏发电占比将达到 60% 以上。然而, 要使太阳能发电达到实用水平, 以低成本获取能源才是关键, 转换率需要提高但不是最重要的, 另外还要实现并网, 即与现在的电网联网。

光伏发电需要用到半导体，目前最好的材料是单晶硅，单晶硅电池转换效率最高可以达到25%，技术也最成熟，多晶硅的效率也可以达到20%左右，非晶硅薄膜太阳能电池的效率可达15%。但单晶硅存在成本高、生产工艺复杂、污染严重等问题，这些是制约太阳能发电的主要障碍。非晶硅薄膜太阳能电池的生产成本虽低，但是存在光致衰减效应，会大大缩减太阳能电池的使用寿命。寻找单晶硅替代材料已成为亟须解决的问题。尽管目前发展的无机化合物太阳能电池、新型薄膜太阳能电池具有生产工艺相对简单、原料成本低廉、来源广泛等优点，但其转换率很低。

近年来，包括过渡金属硫化物（TMDs）在内的许多二维材料由于优异的可调谐光电特性、双极性和高载流子迁移率，在电子和光电子学领域展现出巨大的潜力。然而大多数二维半导体是通过机械剥离（产率较低）或化学气相沉积（CVD）方法制备的，这是一类很费力且昂贵的技术。此外，还原的氧化石墨烯（rGO）和氧化石墨烯（GO）作为空穴传输材料时具有一些固有缺陷，例如绝缘性质和高的氧含量。

黑磷是一种二维层状材料，层间通过范德瓦耳斯力键合，室温载流子迁移率高达 $1000cm^2/(V \cdot s)$，且是带隙可调的半导体，其高光学透过性、高电荷迁移率、优异的电子性质和可在溶液相中制备等优点，使其有可能应用于太阳能电池。

8.5.1 光伏器件

利用半导体的光伏效应制备的器件称为光伏器件，光电池是其中的典型代表，是利用光生伏特效应制成的不需加偏压就能将光能转化成电能的光电器件。光电池的核心部分是一个 PN 结，根据位置分为两类，2DR 型（以 p 型硅作基底，n 型薄层作受光面）和 2CR 型（以 n 型硅作基底，p 型薄层作受光面），为接收更多的入射光，通常将 PN 结制成大面积的薄片状。光伏器件的分类见图 8.23。

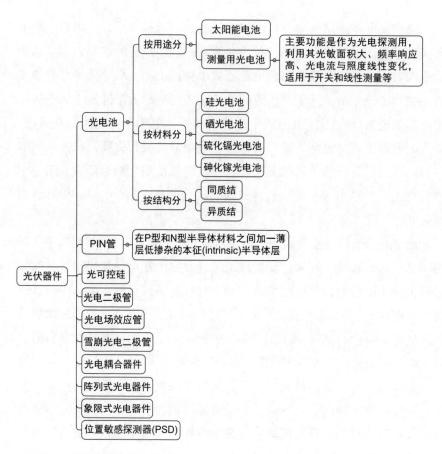

图 8.23　光伏器件分类

8.5.2　太阳能电池

8.5.2.1　太阳能电池研究进展及现状

　　太阳能电池是一种将太阳能转换为电能的光电器件，主要是利用了半导体的"光伏效应"，近年来成为最具有发展潜力的能源研究领域。太阳能电池的研究由来已久，最远可以追溯到 1839 年科学家首次发现光伏现象，直至 1954 年，美国贝尔实验室首次实现了 6% 的光电转换效率，成为里程碑的大事件，激励了广大研究者在太阳能电池领域的研究，如路灯、屋顶并网发电、光伏电站、航天领域、光伏高速公路等。此后，太阳能电池领域迅速发展，光敏材料多元化，器件结构多样化，能量转换效率不断提高。然而，到目前为止，商业化的太阳能电池发电成本依然高于常规的水力、火力或核能的发电成本。成本是制约太阳能电池发展的"拦路虎"，但从环境保护、能源的可持续发展和应用等因素考虑，太阳能光电技术和产业具有很强的竞争力，图8.24列出太阳能电池发展的重要事件。

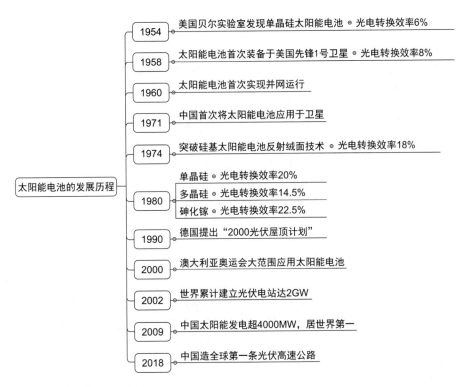

图8.24　太阳能电池的发展历程

太阳能电池领域发展迅速，成果颇丰。多结太阳能电池的能量转换效率目前最高可达到46.0%，第一代晶体硅基类太阳能电池工艺成熟、能量转换效率相对较高，效率已高达27.6%，成本约为3.5美元/W；第二代成本较低(1美元/W)的无机化合物薄膜太阳能电池经过不断优化性能和结构，转化效率已达到 23.3%，能够与硅基太阳能电池相媲美；第三代高效薄膜太阳能电池凭借接近 93% 的热力学极限和较低的成本 (0.2 美元/W)，成为未来极具潜力的一项光伏技术。图 8.25 阐述了三代太阳能电池成本与效率区间的关系[115]，对于第三代新型薄膜太阳能电池的复杂性，仍需对其器件结构、界面性质等进行优化，以提高器件能量转换效率与稳定性。

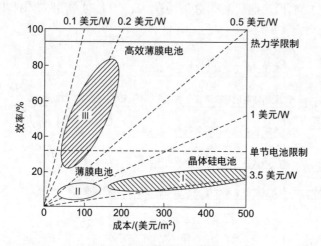

图 8.25　三代太阳能电池成本与效率区间[115]

8.5.2.2　太阳能电池分类

目前，太阳能电池种类丰富且结构多样，按照不同的原理和结构可进行不同分类。如按照电池材料可分为第一代硅基太阳能电池，主要是指单晶硅、多晶硅与非晶硅太阳能电池；第二代无机化合物薄膜太阳能电池，包括砷化镓、磷化铟、铜铟镓硒、碲化镉太阳能电池等，虽光电转换效率均能够达到 20%，但铟和碲的储量较低，不适合大规模开发，且镉和镓的毒性会加剧在太阳能电池制备及回收过程对环境的污染；第三代新型高效薄膜太阳能电池，包括染料敏化太阳能电池、量子点太阳能电池、有机太阳能电池与钙钛矿太阳能电池等，具有材料价格低廉、制备工艺简单、可实现柔性、轻便易携带等优点，不过稳定性有待提高，吸

　黑磷、白磷基础及应用

收太阳光波段及强度有限，光电转换效率还处在较低的水平，见图 8.26。

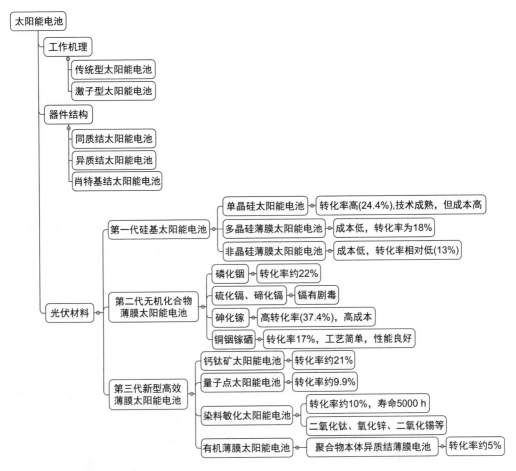

图 8.26　太阳能电池分类

8.5.2.3　染料敏化太阳能电池

染料敏化太阳能电池（DSSCs）是目前最有效、最经济的光伏器件之一[116]，具有组装工艺简单、成本低廉、耐久性优良等优点，应用前景广阔。

通常，光电转换效率在很大程度上依赖于半导体的带隙，带隙较窄的半导体可以吸收的波长范围广，对可见光有很好的吸收，但容易被光腐蚀。带隙较宽的半导体如二氧化钛、五氧化二铌等，吸收波长范围小，光照下稳定，对可见光的利用率低。因此，需要用染料对宽带隙半导体进行表面改性，即"敏化"策略[117]，以提高半导体的光吸收能力。染料分子即为敏化剂，可看作是一台分子电子泵。常用的染料包括金属络合物染料和有机染料[118]；电解质即氧化还原电对，可以实现器件内部染料分子的再生以及电荷转换。高效电解质应该具有氧化还原电势与染料分子的 HOMO 能级匹配、扩散系数高、在可见光区域吸收较小、对电极无腐蚀效应等特点，常用的液态电解质有 I_3^-/I^- 的乙腈溶液、Co^{3+}/Co^{2+} 的乙腈溶液；对电极由导电衬底和活性材料组成，可以收集外电路的电子，将电子转移给电解质并催化其还原反应，最常用的对电极为 Pt。

值得注意的是，太阳能电池是将光能成功转换成电能的装置，光吸收是实现光电转换非常关键的一步，光能吸收与激子的产生成正比，在设计器件时，在保证活性层材料自身对光具有强吸收能力的同时，还要保证电极有足够高的透明度，避免光的反射作用对器件性能造成负面效应。

ITO（透明电极）由于具有较高的稳定性、低的电阻率和高透过率等优点，使其在有机光伏电池（OPV）中占据重要地位。通常在 ITO 涂一层空穴传输层（HTL），电被阻止子通过，但可以传输空穴[119]。传统溶液法采用聚亚乙基二氧噻吩 - 聚（苯乙烯磺酸盐）（PEDOT：PSS）作空穴传输层材料，后被无机材料如 V_2O_5[120]、MoO_3[121]、NiO 取代[122]，避免 ITO 腐蚀并获得更高的能量转换效率，需要指出的是，无机氧化物的制备工艺成本高，难以在溶液中加工。其他可替代无机氧化物的二维材料有氧化石墨烯（GO）、WS_2[123]、WS_2/MoS_2[124] 和 TaS_2[125]。但是铟资源的短缺使得 ITO 的制备成本升高，且 ITO 玻璃易脆、对酸敏感，适用条件有限，功函数受加工条件影响大等不足限制了有机太阳能电池的发展。

大多数二维材料可以用作空穴传输层，然而在有机光伏电池中，很少有报道将二维材料用作电子传输层（ETL）。作为有效的 ETL，该材料应具有较低的功函数、高稳定性、高电子迁移率、高透光率，并且可以降低阴极的功函数，有效地将电子从活性层转移到阴极。2016 年，

Yan Feng 等人首次将液相法剥离的黑磷用作有机光伏电池的电子传输层，将能量转换效率从 7.37% 提高到 8.18%，平均增长 11%。光学厚度约为 10nm 的黑磷片 [高载流子迁移率约 $1000cm^2/(V \cdot s)$，空穴迁移率约 $50cm^2/(V \cdot s)$] 在有机光伏电池中可以形成级联的能带结构，助于电子传输并能提高器件的能量转换效率[126]。从图 8.27 可以看出，短路电流的增加是能量转换效率提升的主要因素，而开路电压和填充因子没有明显的改变。最好的器件经过三次涂覆黑磷后效率达到 8.25%，J_{sc} 为 $18.78mA/cm^2$，V_{oc} 为 0.72V，FF 为 61.0%。随着黑磷厚度的进一步增加（涂覆 4 次），能量转换效率下降了 7.94% ± 0.15%，通常电子传输层的厚度应该尽可能的薄，否则会导致高阻抗。黑磷基电子传输层的理想厚度约为 10nm，与其他二维材料类似。另外稳定性测试发现，具有黑磷倒置结构的 OPV 器件 PCE（能量转换效率）只有极少的减弱，经过 2 个月的存储 PCE 值从 8.25% 降到 7.77%，只损失了 5.82%。而没有黑磷作 ETL 的 OPV 能量转换效率从 7.64% 降到 6.93%，损失了 9.29%，表示溶液过程得到的黑磷片，将其封装在玻璃瓶中表现出相对较好的稳定性。

尽管基于 Si/PEDOT:PSS 的器件已经取得很大的发展，但在进一步提高能量转换效率以大批量生产方面仍然存在很大的挑战。类似于 WO_3 的高功涵过渡金属氧化物被用来诱导 Si 的反转层，虽能获得更高的内建电场和高的电荷分离和收集效率，但这种提高是以高成本为代价实现的，因为沉积金属氧化物需要高真空和高温。近年来，CdSe 量子点和黑磷量子点等因高载流子迁移率和双极性性质而受到广泛关注，前面已报道黑磷片可以作为有机太阳能电池的电子传输层材料，说明黑磷作为 p 型半导体，可以满足大多数电子器件的基本要求。

2018 年，深圳大学的 Jizhao Zou 课题组首次将溶液法制备的黑磷量子点（BPQDs）用作硅基混合型太阳能电池的空穴捕获剂，开路电压从 0.553V 提高到 0.602V，能量转换效率从 10.03% 提升到 13.60%，将 BPQDs 引入混合型太阳能电池中，可以得到合适的级联能带结构，利于空穴的提取并抑制载流子复合[127]。器件的制备过程大体为：首先在丙酮、乙醇、去离子水中超声浸泡清洗硅基底，在稀氢氟酸中浸泡

得到 H—Si 键，在稀硝酸中处理 3s 形成 SiO$_x$ 薄膜作为钝化层；再将
PEDOT:PSS 旋涂在处理过的硅基底上，将薄膜转移到手套箱中并在氮气
保护下退火 20min。BPQDs 也通过旋涂的方式沉积在 PEDOT:PSS 层上，
将 200nm 厚的银栅格蒸镀到前表面，200nm 厚的沉积在背面，由掩膜定
义器件的面积为 0.3cm^2。

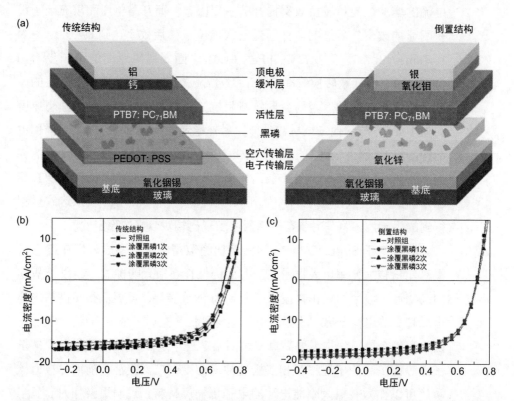

图8.27 （a）基于PTB7:PC$_{71}$BM的OPV的常规和倒置结构；（b）常规的和（c）倒置的OPV的J V特征，其中黑磷在不同条件下掺入 [126]

8.5.2.4 钙钛矿太阳能电池

钙钛矿太阳能电池近年来已取得重大突破性进展，成为最具有代表
性的第三代新型薄膜太阳能电池，但依然存在器件稳定性差与大面积器
件能量转换效率低等问题，解决的关键是改善钙钛矿成膜方法、调控薄

膜形貌、优化器件形貌、发展界面修饰工程等。

有机 - 无机金属卤化物钙钛矿太阳能电池(通式为 ABX$_3$,其中,A:有机阳离子;B:通常是 Pb^{2+};X:卤素离子,通过化学键的作用形成八面体结构)吸引了大量研究者的兴趣,其具有高吸收系数、可调带隙和长程电子 - 空穴扩散长度等优良的光电特性[128]。

通常在钙钛矿太阳能电池中,钙钛矿吸收层在电子传输材料(ETM)和空穴传输材料(HTM)中间,形成"三明治"夹层结构。ETM 可以是致密的金属氧化物或有机材料 [富勒烯(C$_{60}$),PCBM([6,6]- 苯基 -C$_{61}$- 丁酸甲酯)],HTM 可以是有机、无机和聚合物材料。Spiro-OMeTAD [2,2′,7,7′- 四(N,N- 二对甲氧基苯基胺)-9,9′ - 螺二芴]、PTAA{聚 [双(4- 苯基)(2,4,6- 三甲基苯基)胺]}、P3HT(聚 3- 己基噻吩)、PDPPDBTE{poly[2,5-bis(2-decyldodecyl)pyrrolo[3,4-c]pyrrole-1,4(2H,5H)-dione-(E)-1,2-di(2,2′-bithiophen-5-yl)ethene]} 是钙钛矿太阳能电池中常见的有机空穴传输层材料,Spiro-OMeTAD 是使用最普遍的有机空穴传输材料,能取得高性能,但是合成步骤烦琐、对纯度要求高、生产成本高、不稳定等缺点限制了其商业化应用。

2017 年,Nripan Mathews 等人首次将黑磷烯用作钙钛矿基太阳能电池的空穴传输材料,黑磷和 Spiro-OMeTAD 共同作为 HTM 材料能够将 PCE 值提高到 16.4%,而单独的 Spiro-OMeTAD 的 PCE 值仅为 13.1%,仅使用黑磷烯作为 HTM,能量转换效率也可达到 7.8%,而钙钛矿基太阳能电池中没有使用 HTM 时,PCE 值仅有 4.0%。结果表明液相剥离的无机黑磷烯作为一种空穴传输材料有望在钙钛矿基太阳能电池领域中取代传统的有机 HTM[129]。

如图 8.28(a)所示,空气中的光电子能谱(PESA)中直线交叉点被定义为电离势(5.2eV,即价带顶),表明黑磷烯价带位置与钙钛矿的价带(-5.4eV)相比处在更低的能级,即为从钙钛矿层向黑磷烯层注入空穴提供了驱动力。黑磷烯的价带能级与钙钛矿基器件中常用的有机空穴传输材料 Spiro-OMeTAD 相当匹配。该器件结构由 FTO/BL TiO$_2$/ 介孔二氧化钛 /MAPbI$_3$/BP 膜 /Au 组成。与传统的 Spiro-OMeTAD 的 HTM 材料

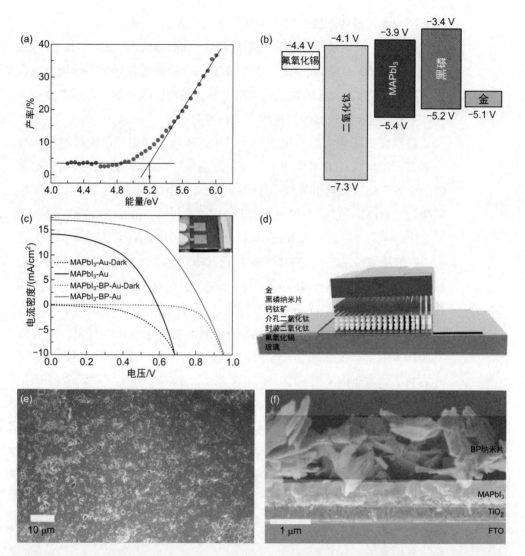

图 8.28 （a）空气中的光电子能谱（PESA）；（b）钙钛矿太阳能电池与黑磷烯作为 HTM 的能带排列；（c）钙钛矿太阳能电池的 J-V 曲线；（d）由黑磷烯作为 HTM 的钙钛矿太阳能电池的示意图；（e）在 MAPbI₃ 上的黑磷烯的 FE-SEM 图像；（f）黑磷烯作为 HTM 制备的钙钛矿太阳能电池的截面 FE-SEM 图像[129]

相比，以黑磷烯作 HTM 的钙钛矿基太阳能电池器件的性能较低，主要是开路电压和填充因子减少，可能是因为黑磷烯的表面覆盖度较差，厚约 2μm 且表面粗糙，对顶部 Au 的热沉积产生不利的影响。图 8.28（b）表示以黑磷烯作 HTM，分别在 0mV、225mV、450mV 施加直流偏压得到的能奎斯特图，在高频区和低频区观察到两个圆弧，归因于对电极上发生的电荷转移过程，分别对应于钙钛矿 /HTM 界面和 TiO_2/ 钙钛矿界面；随外加偏压的增大，圆弧变小，这是由于介观器件中内表面电荷载流子浓度增加所致[130]。稳定性问题是钙钛矿基太阳能电池亟待解决的一个重大问题，暴露在水、氧、紫外辐射、高温等环境中钙钛矿和 Spiro-OMeTAD 会发生降解。保存在潮湿环境中数周，与储存在氩气气氛的手套箱中相比，性能下降了 60%。

参考文献

[1] Butler S Z, Hollen S M, Cao L, et al. Progress, challenges, and opportunities in two-dimensional materials beyond graphene. ACS Nano, 2013, 7 (4): 2898-2926.

[2] Coleman J N, Al E, et al. ChemInform abstract: Two-dimensional nanosheets produced by liquid exfoliation of layered materials. Science, 2011, 331 (18): 568-571.

[3] Wang H, Yuan H, Sae H S, et al. Physical and chemical tuning of two-dimensional transition metal dichalcogenides. Chemical Society Reviews, 2015, 46 (27): 2664-2680.

[4] Wu J, Liu M, Chatterjee K, et al. Exfoliated 2D transition metal disulfides for enhanced electrocatalysis of oxygen evolution reaction in acidic medium. Advanced Materials Interfaces, 2016, 3 (9): 1500669.

[5] Jaramillo T F, Jørgensen K P, Bonde J, et al. Identification of active edge sites for electrochemical H_2 evolution from MoS_2 nanocatalysts. Science, 2007, 317 (5834): 100-102.

[6] Xia F, Wang H, Jia Y. Rediscovering black phosphorus as an anisotropic layered material for optoelectronics and electronics. Nature Communications, 2014, 5: 4458.

[7] Rui, G, Zdenek, S, Martin, P. Black phosphorus rediscovered: From bulk material to monolayers. Angewandte Chemie International Edition, 2017, 56 (28):8052-8072.

[8] Shuai H, Ge P, Hong W, et al. Electrochemically exfoliated phosphorene-graphene hybrid for sodium-ion batteries. Small Methods, 2019, 3 (2): 1800328.

[9] Sun J, Sun Y, Pasta M, et al. Entrapment of polysulfides by a black-phosphorus-modified separator for lithium-sulfur batteries. Advanced Materials, 2016, 28 (44): 9797-9803.

[10] Yu Z G, Zhang Y-W, Yakobson B I. Phosphorene-based nanogenerator powered by cyclic molecular doping. Nano Energy, 2016, 23: 34-39.

[11] Lin S, Li Y, Qian J, et al. Emerging opportunities for black phosphorus in energy applications. Materials Today Energy, 2019, 12: 1-25.

[12] Chen P, Xu K, Zhou T, et al. Strong-coupled cobalt borate nanosheets/graphene hybrid as electrocatalyst for water oxidation under both alkaline and neutral conditions. Angewandte Chemie International Edition, 2016, 55 (7): 2488-2492.

[13] Yi Y, Yu X-F, Zhou W, et al. Two-dimensional black phosphorus: Synthesis, modification, properties, and applications. Materials Science and Engineering: R: Reports, 2017, 120: 1-33.

[14] Wang L, Sofer Z, Pumera M. Voltammetry of layered black phosphorus: Electrochemistry of multilayer phosphorene. ChemElectroChem, 2015, 2 (3): 324-327.

[15] Lin Y, Pan Y, Zhang J. In-situ grown of Ni_2P nanoparticles on 2D black phosphorus as a novel hybrid catalyst for hydrogen evolution. International Journal of Hydrogen Energy, 2017, 42 (12): 7951-7956.

[16] He R, Hua J, Zhang A, et al. Molybdenum disulfide-black phosphorus hybrid nanosheets as a superior catalyst for electrochemical hydrogen evolution. Nano Letters, 2017, 17 (7):4311-4316.

[17] Wang J, Liu D, Huang H, et al. In-plane black phosphorus/dicobalt phosphide heterostructure for efficient electrocatalysis. Angewandte Chemie International Edition, 2018, 57 (10): 2600-2604.

[18] Wang X, Bai L, Lu J, et al. Rapid activation of platinum via black phosphorus for efficient hydrogen evolution. Angewandte Chemie International Edition, 2019, 131 (52): 19236-19242.

[19] Lee Y, Suntivich J, May K J, et al. Synthesis and activities of rutile IrO_2 and RuO_2 nanoparticles for oxygen evolution in acid and alkaline solutions. The journal of physical chemistry letters, 2012, 3 (3): 399-404.

[20] Deng D, Novoselov K S, Qiang F, et al. Catalysis with two-dimensional materials and their heterostructures. Nature Nanotechnology, 2016, 11 (3): 218.

[21] Jiang Q, Xu L, Chen N, et al. Facile synthesis of black phosphorus: An efficient electrocatalyst for the oxygen evolving reaction. Angewandte Chemie International Edition, 2016, 55 (44): 13849-13853.

[22] Ren X, Zhou J, Qi X, et al. Few-layer black phosphorus nanosheets as electrocatalysts for highly efficient oxygen evolution reaction. Advanced Energy Materials, 2017, 7 (19): 1700396.

[23] Jiang Q, Xu, L, Chen, N, et al. Facile synthesis of black phosphorus: an efficient electrocatalyst for the oxygen evolving reaction. Angewandte Chemie International Edition, 2016, 128 (44):14053-14057.

[24] Fang S, Hu X. Ultrathin cobalt-manganese layered double hydroxide is an efficient oxygen evolution catalyst. Journal of the American Chemical Society, 2014, 136 (47):16481-16484.

[25] Sun T, Xu L, Yan Y, et al. Ordered mesoporous nickel sphere arrays for highly efficient electrocatalytic water oxidation. ACS Catalysis, 2016, 6 (3): 1446-1450.

[26] Zhang J, Zhao Z, Xia Z, et al. A metal-free bifunctional electrocatalyst for oxygen reduction and oxygen evolution reactions. Nature Nanotechnology, 2015, 10 (5): 444-452.

[27] Xu L, Jiang Q, Xiao Z, et al. Plasma-engraved Co_3O_4 nanosheets with oxygen vacancies and high surface area for the oxygen evolution reaction. Angewandte Chemie International Edition, 2016, 55 (17): 5277-5281.

[28] Liang Y, Li Y, Wang H, et al. Co_3O_4 nanocrystals on graphene as a synergistic catalyst for oxygen reduction reaction. Nature Materials, 2011, 10 (10): 780-786.

[29] Shi F, Geng Z, Huang K, et al. Cobalt nanoparticles/black phosphorus nanosheets: An efficient catalyst for electrochemical oxygen evolution. Advanced Science, 2018, 5:1800575.

[30] Batmunkh M, Bat-Erdene M, Shapter J G. Phosphorene and phosphorene-based materials-prospects for future applications. Advanced Materials, 2016, 28 (39):8586-8617.

[31] Li H, Hu T, Du N, et al. Wavelength-dependent differences in photocatalytic performance between BiOBr nanosheets with dominant exposed (0 0 1) and (0 1 0) facets. Applied Catalysis B: Environmental, 2016, 187: 342-349.

[32] Deng D, Novoselov K, Fu Q, et al. Catalysis with two-dimensional materials and their heterostructures. Nature nanotechnology, 2016, 11 (3): 218.

[33] Wang D, Xin H L, Hovden R, et al. Structurally ordered intermetallic platinum-cobalt core-shell nanoparticles with enhanced activity and stability as oxygen reduction electrocatalysts. Nature materials, 2013, 12 (1): 81.

[34] Suntivich J, Gasteiger H A, Yabuuchi N, et al. Design principles for oxygen-reduction activity on perovskite oxide catalysts for fuel cells and metal-air batteries. Nature Communications, 2011, 3 (7): 546.

[35] Qin Y H, Zhuang Y, Lv R L, et al. Pd nanoparticles anchored on carbon-doped TiO_2 nanocoating support for ethanol electrooxidation in alkaline media. Electrochimica Acta, 2015, 154:77-82.

[36] Wu T, Fan J, Li Q, et al. Palladium nanoparticles anchored on anatase titanium dioxide-black phosphorus hybrids with heterointerfaces: Highly electroactive and durable catalysts for ethanol

electrooxidation. Advanced Energy Materials, 2018, 8 (1):1701799.

[37] Mohapatra L, Parida K. A review on the recent progress, challenges and perspective of layered double hydroxides as promising photocatalysts. Journal of Materials Chemistry A, 2016, 4 (28): 10744-10766.

[38] Fujishima A, Honda K. Electrochemical photolysis of water at a semiconductor electrode. Nature, 1972, 238 (5358): 37-38.

[39] Bai L, Wang X, Tang S, et al. Black phosphorus/platinum heterostructure: A highly efficient photocatalyst for solar-driven chemical reactions. Advanced Materials, 2018, 30 (40): 1803641.

[40] Qiu P, Xu C, Zhou N, et al. Metal-free black phosphorus nanosheets-decorated graphitic carbon nitride nanosheets with C—P bonds for excellent photocatalytic nitrogen fixation. Applied Catalysis B: Environmental, 2018, 221:27-35.

[41] Wang X, Maeda K, Thomas A, et al. A metal-free polymeric photocatalyst for hydrogen production from water under visible light. Nature materials, 2009, 8 (1): 76.

[42] Zheng Y, Jiao Y, Zhu Y, et al. Hydrogen evolution by a metal-free electrocatalyst. Nature Communications, 2014, 5 (4):3783.

[43] Sa B, Li YL, Qi J, et al. Strain engineering for phosphorene: The potential application as a photocatalyst. The Journal of Physical Chemistry, 2014, 118 (46):26560-26568.

[44] Shen Z, Sun S, Wang W, et al. A black-red phosphorus heterostructure for efficient visible-light-driven photocatalysis. Journal of Materials Chemistry A, 2015, 3 (7): 3285-3288.

[45] Zhu X, Zhang T, Sun Z, et al. Black phosphorus revisited: A missing metal-free elemental photocatalyst for visible light hydrogen evolution. Advanced Materials, 2017, 29 (17):1605776.

[46] Zhu M, Sun Z, Fujitsuka M, et al. Z-Scheme photocatalytic water splitting on a 2D heterostructure of black phosphorus/bismuth vanadate using visible light. Angewandte Chemie International Edition, 2018, 57 (8): 2160-2164.

[47] Zhu M S, Osakada Y, Kim S, et al. Black phosphorus: A promising two dimensional visible and near-infrared-activated photocatalyst for hydrogen evolution. Applied Catalysis B: Environmental, 2017, 217: 285-292.

[48] Liu S, Huang Z, Ren X, et al. P25/Black phosphorus/graphene hybrid for enhanced photocatalytic activity. Journal of Materials Science: Materials in Electronics, 2017, 29 (6): 4441-4448.

[49] Wang X, Lu Q, Wang X, et al. Photocatalytic surface-initiated polymerization on TiO_2 toward well-defined composite nanostructures. ACS Applied Materials & Interfaces, 2016, 8 (1): 538-546.

[50] Jian W, Ge Q, Yao R, et al. Directly converting CO_2 into a gasoline fuel. Nature Communications, 2017, 8 (1):15174.

[51] Koppenol W, Rush J. Reduction potential of the carbon dioxide/carbon dioxide radical anion: a comparison with other C1 radicals. The Journal of Physical Chemistry, 1987, 91 (16): 4429-4430.

[52] Tran P D, Wong L H, Barber J, et al. Recent advances in hybrid photocatalysts for solar fuel production. Energy & Environmental Science, 2012, 5 (3):5902-5918.

[53] Habisreutinger S N, Schmidt-mende L, Stolarczyk J K. Photocatalytic reduction of CO_2 on TiO_2 and other semiconductors. Angewandte Chemie International Edition, 2013, 52 (29): 7372-7408.

[54] Ye S, Wang R, Wu M-Z, et al. A review on g-C_3N_4 for photocatalytic water splitting and CO_2 reduction. Applied Surface Science, 2015, 358: 15-27.

[55] Yuan Y-P, Cao S-W, Liao Y-S, et al. Red phosphor/g-C_3N_4 heterojunction with enhanced photocatalytic activities for solar fuels production. Applied Catalysis B: Environmental, 2013, 140: 164-168.

[56] Pang J, Bachmatiuk A, Yin Y, et al. Applications of phosphorene and black phosphorus in energy conversion and storage devices. Advanced Energy Materials, 2018, 8 (8):1702093.

[57] Ikariya T, Blacker A J. Asymmetric transfer hydrogenation of ketones with bifunctional transition metal-based molecular catalysts. Accounts of Chemical Research, 2007, 40 (12):1300-1308.

[58] Skripov N I, Belykh L B, Sterenchuk T P, et al. Factors determining the chemoselectivity of

phosphorus-modified palladium catalysts in the hydrogenation of chloronitrobenzenes. Kinetics & Catalysis, 2017, 58 (1):34-45.

[59] Wang H, Yang X, Wei S, et al. Ultrathin black phosphorus nanosheets for efficient singlet oxygen generation. Journal of the American Chemical Society, 2015, 137 (35): 11376-11382.

[60] Shen Z, Sun S, Wang W, et al. A black-red phosphorus heterostructure for efficient visible-light-driven photocatalysis. Journal of Materials Chemistry A, 2015, 3 (7): 3285-3288.

[61] Yuan Y J, Yang S, Wang P, et al. Bandgap-tunable black phosphorus quantum dots: visible-light-active photocatalysts. Chemical communications, 2018, 54 (8): 960-963.

[62] Gu W, Pei X, Cheng Y, et al. Black phosphorus quantum dots as the ratiometric fluorescence probe for trace mercury ion detection based on inner filter effect. Acs Sensors, 2017, 2 (4): 576.

[63] Lin S, Liu S, Yang Z, et al. Solution-processable ultrathin black phosphorus as an effective electron transport layer in organic photovoltaics. Advanced Functional Materials, 2016, 26 (6): 864-871.

[64] Gui R, Jin H, Wang Z, et al. Black phosphorus quantum dots: Synthesis, properties, functionalized modification and applications.. Chemical Society reviews, 2018, 47: 6795-6823.

[65] Zhang X, Xie H, Liu Z, et al. Black phosphorus quantum dots. Angewandte Chemie International Edition, 2015, 54 (12): 3653-3657.

[66] Bernt C M, Burks P T, Demartino A W, et al. Photocatalytic carbon disulfide production via charge transfer quenching of quantum dots. Journal of the American Chemical Society, 2014, 136 (6): 2192.

[67] Jin X, Ye L, Wang H, et al. Bismuth-rich strategy induced photocatalytic molecular oxygen activation properties of bismuth oxyhalogen: The case of $Bi_{24}O_{31}Cl_{10}$. Applied Catalysis B: Environmental, 2015, 165:668-675.

[68] Zhu M, Kim S, Liang M, et al. Metal-free photocatalyst for H_2 evolution in visible to near-infrared region: Black phosphorus/graphitic carbon nitride. Journal of the American Chemical Society, 2017, 139 (37):13234-13242.

[69] Zheng Y, Yu Z, Ou H, et al. Black phosphorus and polymeric carbon nitride heterostructure for photoinduced molecular oxygen activation. Advanced Functional Materials, 2018, 28 (10):1705407.

[70] Li W, Yang Y, Zhang G, et al. Ultrafast and directional diffusion of lithium in phosphorene for high-performance lithium-ion battery. Nano Letters, 2015, 15 (3):1691-1697.

[71] Ketterer B, Vasilchina H, Ulrich S, et al. Magnetron sputtered thin film cathode materials for lithium-ion batteries in the system Li-Co-O: Nanostructured Materials for Advanced Technological Applications [M]. Berlin: Springer, 2009: 405-409.

[72] Li X, Liu J, Meng X, et al. Significant impact on cathode performance of lithium-ion batteries by precisely controlled metal oxide nanocoatings via atomic layer deposition. Journal of Power Sources, 2014, 247: 57-69.

[73] Yamada S, Fujiwara M, Kanda M. Synthesis and properties of $LiNiO_2$ as cathode material for secondary batteries. Journal of Power Sources, 1995, 54 (2):209-213.

[74] Nishida Y, Nakane K, Satoh T. Synthesis and properties of gallium-doped $LiNiO_2$ as the cathode material for lithium secondary batteries. Journal of Power Sources, 1997, 68 (2):561-564.

[75] Armstrong A R, Bruce P G. Synthesis of layered $LiMnO_2$ as an electrode for rechargeable lithium batteries. Cheminform, 1996, 27 (39):499-500.

[76] Chan C K, Peng H, Liu G, et al. High-performance lithium battery anodes using silicon nanowires. Nature nanotechnology, 2008, 3 (1): 31.

[77] He Y, Yu X, Li G, et al. Shape evolution of patterned amorphous and polycrystalline silicon microarray thin film electrodes caused by lithium insertion and extraction. J Power Sources, 2012, 216: 131-138.

[78] Park M H, Cho Y, Kim K, et al. Germanium nanotubes prepared by using the kirkendall effect as anodes for high-rate lithium batteries. Angewandte Chemie International Edition, 2011, 50 (41): 9647-9650.

[79] Park M H, Kim K, Kim J, et al. Flexible dimensional control of high-capacity Li-ion-battery anodes: from 0D hollow to 3D porous germanium nanoparticle assemblies. Advanced Materials, 2010, 22 (3):415-418.

[80] Seng K H, Park M H, Guo Z P, et al. Self-assembled germanium/carbon nanostructures as high-power anode material for the lithium-ion battery. Angewandte Chemie International Edition, 2012, 51 (23): 5657-5761.

[81] Idota Y, Kubota T, Matsufuji A, et al. Tin-based amorphous oxide: A high-capacity lithium-ion-storage material. Science, 1997, 276 (5317): 1395-1397.

[82] Zhang W M, Hu J S, Guo Y G, et al. Tin-nanoparticles encapsulated in elastic hollow carbon spheres for high-performance anode material in lithium-ion batteries. Advanced Materials, 2010, 20 (6):1160-1165.

[83] Sun J, Zheng G, Lee H W, et al. Formation of stable phosphorus-carbon bond for enhanced performance in black phosphorus nanoparticle-graphite composite battery anodes. Nano Letters, 2014, 14 (8):4573-4580.

[84] Park C M, Sohn H J. Black phosphorus and its composite for lithium rechargeable batteries. Advanced Materials, 2007, 19 (18): 2465-2468.

[85] Crosnier O, Nazar L F. Facile reversible displacement reaction of Cu_3P with lithium at low potential. Electrochem Solid-State Lett, 2004, 7 (7): A187-A189

[86] Stan M C, Klöpsch R, Bhaskar A, et al. Cu3P binary phosphide: Synthesis via a wet mechanochemical method and electrochemical behavior as negative electrode material for lithium-ion batteries. Advanced Energy Materials, 2013, 3 (2): 231-238.

[87] Luo Z Z, Zhang Y, Zhang C, et al. Multifunctional 0D-2D Ni_2P nanocrystals-black phosphorus heterostructure. Advanced Energy Materials, 2017, 7 (2): 1601285.

[88] Ramireddy T, Xing T, Rahman M M, et al. Phosphorus-carbon nanocomposite anodes for lithium-ion and sodium-ion batteries. Journal of Materials Chemistry A, 2015, 3 (10): 5572-5584.

[89] Liu H, Zou Y, Tao L, et al. Sandwiched thin-film anode of chemically bonded black phosphorus/graphene hybrid for lithium-ion battery. Small, 2017, 13 (33): 1700758.

[90] Shin H, Zhang J, Lu W. Material structure and chemical bond effect on the electrochemical performance of black phosphorus-graphite composite anodes. Electrochim Acta, 2019, 309: 264-273.

[91] Li X, Chen G, Le Z, et al. Well-dispersed phosphorus nanocrystals within carbon via high-energy mechanical milling for high performance lithium storage. Nano Energy, 2019, 59: 464-471.

[92] Zhang C, Mahmood N, Yin H, et al. Synthesis of phosphorus-doped graphene and its multifunctional applications for oxygen reduction reaction and lithium ion batteries. Advanced Materials, 2013, 25 (35): 4932-4937.

[93] Stan M C, Zamory J V, Passerini S, et al. Puzzling out the origin of the electrochemical activity of black P as a negative electrode material for lithium-ion batteries. Journal of Materials Chemistry A, 2013, 1 (17): 5293-5300.

[94] Zhang K, Jin B, Park C, et al. Black phosphorene as a hole extraction layer boosting solar water splitting of oxygen evolution catalysts. Nature communications, 2019, 10 (1): 2001.

[95] Mei J, Zhang Y, Liao T, et al. Black phosphorus nanosheets promoted 2D-TiO_2-2D heterostructured anode for high-performance lithium storage. Energy Storage Materials, 2019, 19: 424-431.

[96] Jin J, Zheng Y, Huang S-Z, et al. Directly anchoring 2D NiCo metal-organic frameworks on few-layer black phosphorus for advanced lithium-ion batteries. Journal of Materials Chemistry A, 2019, 7 (2): 783-790.

[97] Kim J, Park B. Fabricating and probing additive-free electrophoretic-deposited black phosphorus nanoflake anode for lithium-ion battery applications. Materials Letters, 2019, 254: 367-370.

[98] Tao X, Wang J, Ying Z, et al. Strong sulfur binding with conducting Magneli-phase Ti (n)O2 (n-1)

nanomaterials for improving lithium-sulfur batteries. Nano Letters, 2014, 14 (9): 5288-5294.

[99] Ji X, Lee K T, Nazar L F. A highly ordered nanostructured carbon-sulphur cathode for lithium-sulphur batteries. Nature Materials, 2009, 8 (6): 500-506.

[100] Luo Y R. Comprehensive handbook of chemical bond energies [M]. Los Angeles: CRC Press, 2007.

[101] Sun J, Lee H, Pasta M, et al. A phosphorenegraphene hybrid material as a high-capacity anode for sodium-ion batteries. Nature Nanotechnology, 2015, 10 (11): 980-985.

[102] Hui T, Hu G, Hu G. Synthesis research of lithium ion battery cathode material LiFePO₄/C. J Chin Inorg Chem, 2006, 12: 2159-2164.

[103] Qian J, Wu X, Cao Y, et al. High capacity and rate capability of amorphous phosphorus for sodium ion batteries. Angewandte Chemie International Edition, 2013, 52 (17): 4633-4636.

[104] Kulish V V, Malyi O I, Persson C, et al. Phosphorene as an anode material for Na-ion batteries: A first-principles study. Phys Chem Chem Phys, 2015, 17 (21): 13921-13928.

[105] Xu, G-L, Chen Z, Zhong G M, et al. Nanostructured black phosphorus/Ketjenblack-multiwalled carbon nanotubes composite as high performance anode material for sodium-ion batteries. Nano Letters, 2016, 16 (6):3955-3965.

[106] El-Kady M F, Kaner R B. Scalable fabrication of high-power graphene micro-supercapacitors for flexible and on-chip energy storage. Nature Communications, 2013, 4 (2):1475.

[107] Hao C, Yang B, Wen F, et al. Flexible all-solid-state supercapacitors based on liquid-exfoliated black-phosphorus nanoflakes. Advanced Materials, 2016, 28 (16):3194-3201.

[108] Acerce M,Voiry D, Chhowalla M. Metallic 1T phase MoS₂ nanosheets as supercapacitor electrode materials. Nature Nanotechnology, 2015, 10 (4):313-318.

[109] Meng C, Liu C, Chen L, et al. Highly flexible and all-solid-state paper like polymer supercapacitors. Nano Letters, 2010, 10 (10):4025-4031.

[110] El-kady M F, Veronica S, Sergey D, et al. Laser scribing of high-performance and flexible graphene-based electrochemical capacitors.Science, 2012, 335 (6074): 1326-1330.

[111] Wu Z, Parvez K, Feng X, et al. Graphene-based in-plane micro-supercapacitors with high power and energy densities. Nature Communications, 2013, 4 (9):2487.

[112] Kim S K, Koo H J, Lee A, et al. Selective wetting-induced micro-electrode patterning for flexible micro-supercapacitors. Advanced Materials, 2014, 26 (30): 5108-5112.

[113] Luo S, Zhao J, Zou J, et al. Self-standing polypyrrole/black phosphorus laminated film: Promising electrode for flexible supercapacitor with enhanced capacitance and cycling stability. ACS Appl Mater Interfaces, 2018, 10 (4): 3538-3548.

[114] Wen M, Liu D, Kang Y, et al. Synthesis of high-quality black phosphorus sponges for all-solid-state supercapacitors. Materials Horizons, 2019, 6 (1): 176-181.

[115] Green M A. Third generation photovoltaics: Ultra-high conversion efficiency at low cost. Progress in Photovoltaics: Research and Applications, 2001, 9: 123-135.

[116] O'regan B, Grätzel M. A low-cost, high-efficiency solar cell based on dye-sensitized colloidal TiO₂ films. Nature, 1991, 353 (6346): 737.

[117] Dresselhaus M, Thomas I. Alternative energy technologies. Nature, 2001, 414 (6861): 332.

[118] Ye M, Wen X, Wang M, et al. Recent advances in dye-sensitized solar cells: From photoanodes, sensitizers and electrolytes to counter electrodes. Materials Today, 2015, 18 (3): 155-162.

[119] Liu Z, Lau S P, Yan F. Functionalized graphene and other two-dimensional materials for photovoltaic devices: Device design and processing. Chemical Society Review, 2015, 44 (15): 5638-5679.

[120] Shrotriya V, Li G, Yao Y, et al. Transition metal oxides as the buffer layer for polymer photovoltaic cells. Applied Physics Letters, 2006, 88 (7): 073508.

[121] Hadipour A, Cheyns D, Heremans P, et al. Electrode considerations for the optical enhancement of organic bulk heterojunction solar cells. Advanced Energy Materials, 2011, 1 (5):930-935.

[122] Ayari A, Cobas E, Ogundadegbe O, et al. Realization and electrical characterization of ultrathin crystals of layered transition-metal dichalcogenides. Journal of Applied Physics, 2007, 101 (1): 014507.

[123] Yun J-M, Noh Y-J, Yeo J-S, et al. Efficient work-function engineering of solution-processed MoS$_2$ thin-films for novel hole and electron transport layers leading to high-performance polymer solar cells. Journal of Materials Chemistry C, 2013, 1 (24): 3777-3783.

[124] Ibrahem M A, Lan T-W, Huang J K, et al. High quantity and quality few-layers transition metal disulfide nanosheets from wet-milling exfoliation. RSC Advances, 2013, 3 (32): 13193-13202.

[125] Le Q V, Nguyen T P, Choi K S, et al. Dual use of tantalum disulfides as hole and electron extraction layers in organic photovoltaic cells. Physical Chemistry Chemical Physics, 2014, 16 (46):25468-25472.

[126] Lin S, Liu S, Yang Z, et al. Solution-processable ultrathin black phosphorus as an effective electron transport layer in organic photovoltaics. Advanced Functional Materials, 2016, 26 (6): 864-871.

[127] Li Q, Yang J, Huang C, et al. Solution processed black phosphorus quantum dots for high performance silicon/organic hybrid solar cells. Materials Letters, 2018, 217: 92-95.

[128] Xing G, Mathews N, Sun S, et al. Long-range balanced electron-and hole-transport lengths in organic-inorganic CH$_3$NH$_3$PbI$_3$. Science, 2013, 342 (6156): 344-347.

[129] Muduli S K, Varrla E, Kulkarni S A, et al. 2D black phosphorous nanosheets as a hole transporting material in perovskite solar cells. Journal of Power Sources, 2017, 371: 156-161.

[130] Yang Y, Xiao J, Wei H, et al. An all-carbon counter electrode for highly efficient hole-conductor-free organo-metal perovskite solar cells. RSC Advances, 2014, 4 (95):52825-52830.

9

黑磷的应用 Ⅲ：
生物医药领域

Foundation and Applications of Black Phosphorus and White Phosphorus

9.1
引言

2004年，石墨烯的成功制备在科研界掀起了一股低维材料的研究热潮，一系列新兴低维材料陆续得以制备和发展，其中包括过渡金属硫化物(TMDs)、二维层状金属碳氮化物(Mxene)、六方氮化硼(h-BN)、层状双金属氢氧化物(LDH)、二维黑磷(2D BP)以及黑磷量子点(BPQDs)等。上述材料在抗肿瘤、抗菌、组织工程、生物检测等生物医药领域均存在广泛的应用潜力。这与低维材料的纳米尺寸优势有着密不可分的联系：当制备得到的低维材料在纳米尺度范围内时，具有纳米材料的共性，从物理结构来看，低维材料同样具有巨大的比表面积、小尺寸效应和表面效应等特性，其巨大的比表面积有利于实现高效的药物运载以及催化功能，目前已被广泛应用于药物递送系统的设计和制备；从化学性质来看，较高的表面活性结合材料本身的官能团、电子云排布等特性，能够较为容易地实现材料的表面功能化修饰，例如：在黑磷烯表面修饰一层接枝叶酸(folic acid，FA)的聚乙二醇(polyethylene glycol，PEG)[1]，能够在显著提高黑磷稳定性的同时，显著提高材料对肿瘤细胞的靶向性；从抗肿瘤用途来看，由于纳米尺度范围内的低维材料与人体组织之间存在高通透性和滞留(enhanced permeability and retention，EPR)效应，即材料不易透过致密的正常组织血管壁，而趋于富集在血管丰富、淋巴回流缺失的实体瘤组织中[2]，能够实现材料对肿瘤组织的主动靶向，进而增加药效并减少系统副作用。部分低维纳米材料已实现抗肿瘤的商业化应用，如：2009年6月，氧化铁纳米颗粒被美国食品药品管理局(FDA)批准应用于白血病的治疗，表明低维纳米材料在抗肿瘤新药研发方面具有可行性和应用潜力。

不仅限于尺寸效应，不同的低维材料的应用范围还取决于材料本身的独特性能，例如：部分低维材料还具有优良的光热转换特性，能够应用于肿瘤的光热治疗(photothermal therapy，PTT)以及高温杀菌等。在组织工程方面，目前研究较多的低维材料石墨烯，具有强吸附性、高电导率、可调控的化学力学性能耦联以及浸润性等物理、化学性质，能够对组织活动进行调节，包括心血管、神经组织、骨组织再生以及干细胞分化等。在生物检测方面，低维材料本身或经修饰后可与生物小分子、生物酶、siRNA 等相结合，导致材料本身物理、化学性质发生改变，可用于生物反应动力学的探测等生物检测方面的应用。

在众多低维材料中，关于石墨烯的研究最为广泛。作为最早被发现的二维材料，石墨烯由于具有高载流子迁移率［高达 $2 \times 10^5 cm^2/(V \cdot s)$］和较好的生物相容性等特性，能够用于灵敏的电流扰动检测、药物运载和组织工程等，而其零带隙和低开关比等特性则不适用于实现场效应晶体管相关的生物检测。与之相反，MoS_2 是一种能带为 1.2 ～ 1.8eV 的半导体材料，具有高开关比(10^6 ～ 10^8)，但载流子迁移率较低，仅为 10 ～ $200cm^2/(V \cdot s)$，能够制备基于场效应晶体管的免疫传感器，但在电流扰动检测方面仍存在一定的缺陷。黑磷的发现和成功制备为上述两大难题提供了解决思路，它不仅具有较高的载流子迁移率［$1000cm^2/(V \cdot s)$］和高开关比(10^3 ～ 10^5)等特性，还具有生物降解性和良好的生物相容性。另外，其特殊的扶手椅状结构使得在相同尺寸下黑磷具有更大的作用面积，在载药等领域有着极大的应用潜力。近年来，黑磷自身的化学和生物活性开始受到科研人员的广泛关注，并于 2018 年报道了黑磷自身具有抗肿瘤化疗活性[3]，简称"活性磷疗"。研究结果显示，黑磷对肿瘤细胞具有选择性杀伤特性，具有巨大的抗肿瘤研究价值，其具体作用机制仍有待进一步研究和探索。

9.2

黑磷生物学应用前提

生物医用材料是用来对生物体进行诊断、治疗、修复或替换其病损组织、器官或增进其功能的材料。当材料在应用过程中需要与人体组织相接触时，保证其具有良好的生物相容性以及较低的体内长期细胞毒性是实现相应生物学应用的前提。目前黑磷在生物医药方面的应用主要包括抗肿瘤、抗菌、组织工程和生物检测等，除生物检测以外分别需要以静脉注射、皮下注射、敷料以及体内植入等方式与人体组织相接触，因而需要对其生物相容性以及体内长期生物安全性进行评估。另外，黑磷在光谱学、电学等方面的特性也是其生物检测应用的前提。从元素组成以及细胞毒性相关的研究来看，黑磷具有良好的生物相容性。黑磷是单质磷的同素异形体之一，由磷原子构成。磷元素为人体内的常量元素，约占自身重量的 1%，是磷脂、核酸、离子缓冲对以及生命活动来源——三磷酸腺苷(ATP)的重要组成元素体之一。因此，黑磷在生物学应用上具有良好的元素生物相容性。另外，科研人员对黑磷的细胞毒性进行了系统性的研究和评价，包括黑磷产生细胞毒性的机理、与其他相似材料的细胞毒性对比以及黑磷自身细胞毒性的影响因素等。黑磷引起细胞毒性的原因包括破坏细胞膜的完整性以及细胞内活性氧(reactive oxygen species，ROS)的产生等，具体的信号通路及其他分子机理仍有待研究。

目前研究发现，黑磷的细胞毒性主要取决于以下几个因素：①黑磷本身的化学组成和物理结构；②黑磷的浓度；③黑磷与细胞的相互作用时间；④黑磷本身的尺寸、厚度以及表面氧化程度。Latiff 等人 [4] 同时利用四甲基偶氮唑盐比色法和水溶性四唑盐比色法对黑磷在 24h 内的细胞毒性进行研究，发现：与其他种类的低维材料相比，在同等浓度条件下，黑磷处理后的人非小细胞肺癌细胞(A549)存活率低于 TMDs 材料(如：MoS_2、WS_2 和 WSe_2 等)，高于氧化石墨烯(graphene oxide，GO)，表明黑磷的细胞毒性介于 TMDs 和 GO 之间；与磷的其他同素异形体红磷、紫磷相比，黑磷的细胞毒性相对较高 [5]。Song 等人 [6] 利用 CCK-8 法研究黑磷对小鼠成纤维细胞 L-929 的细胞毒性，发现浓度低于 4μg/mL 时，黑磷基本不表现出细胞毒性；浓度高于 4μg/mL 时表现出浓度依赖性[如图 9.1(a)所示]，即黑磷引起的细胞毒性随自身浓度的增加而逐渐增大，与 Latiff 等人报道的黑磷对肺癌细胞株 A549 的细胞毒性趋势相吻合。同时，在 24h、48h 和 72h 作用时间下，L-929 细胞的存活率逐渐下降。Zhang 等人[7] 分别对尺寸大小为 1124.0nm ± 107.9nm、722.3nm ± 67.7nm 和 273.3nm ± 5.3nm 的黑磷的细胞毒性进行了系统性的研究，发现在多种细胞系中，大尺寸黑磷均表现出相对较强的细胞毒性 [如图 9.1(b)所示]，由尺寸差距导致的半抑制浓度值(IC_{50})的差距甚至高达 30 ～ 40 倍。该现象主要是由于大尺寸黑磷更容易引起细胞膜的不可修复性破坏造成的。除此以外，Latiff 等人[5] 发现气相沉积法制备得到的黑磷细胞毒性低于高压转化法所制黑磷，可能是由于前者制备得到的黑磷烯更薄所导致。且磷材料氧化程度越高，其细胞毒性越强。

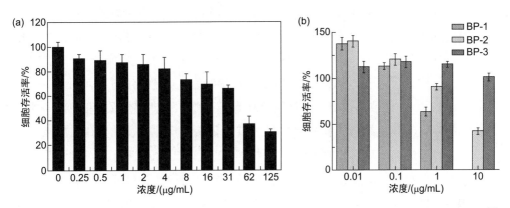

图 9.1 （a）CCK-8 法测得的不同浓度下黑磷的细胞毒性，作用时间为 24h，所用细胞株系为 L-929[6]；（b）HCoEpiC 细胞在不同尺寸黑磷作用下的细胞存活率，作用时间为 24h，BP-1、BP-2、BP-3 分别代表大、中、小尺寸的层状黑磷 [7]

然而，除具备良好的生物相容性以外，生物医用材料，尤其是需要进入血液循环起作用的纳米材料，必须保证对生物体不存在长期细胞毒性，例如：金纳米颗粒具有很高的化学稳定性，不易与体内物质反应得到有害产物，具有良好的生物相容性，但生物体是否能够实现体内金纳米颗粒的完全代谢仍然未知，若长期残留在体内器官中，同样存在引起炎症反应或遗传毒性的可能，这也是限制金纳米材料在生物医药方面实现产业化的因素之一。由于黑磷具有可降解性，尤其是在水和氧气的共同作用下降解周期短至数天，不存在体内的长期滞留问题。同时，黑磷的降解产物主要为磷酸根(PO_4^{3-})、亚磷酸根(PO_3^{3-})和次磷酸根(PO_2^{3-})离子[8]，其中PO_3^{3-}和PO_2^{3-}容易被氧气氧化得到PO_4^{3-}，因而PO_4^{3-}为黑磷在体内降解的最终产物。而磷酸盐在细胞内外均大量存在，且体内的甲状旁腺激素、骨化三醇、降钙素和磷酸蛋白通过调节肾、胃肠道吸收以及排泄来维持正常的磷酸盐稳态[9]，因而黑磷能够完全被生物体降解和代谢，不存在对人体的长期毒性隐患。

另外，当黑磷纳米材料作用于机体时，可能将引起相应的免疫反应，进而影响材料在体内的作用过程及作用效果，甚至引起免疫毒性反应，因而对黑磷纳米材料的免疫毒性大小及其影响因素进行相应的研究具有重要意义。Mo等人[10]研究了黑磷的血浆蛋白吸附情况以及随后巨噬细胞对其的免疫扰动效应，发现黑磷纳米材料能够被血浆蛋白吸附形成蛋白冠，该过程能够降低黑磷的细胞毒性、影响材料的靶向能力、增加血液循环时间、改变材料的器官分布，并具有免疫刺激/抑制效应。其中，吸附于黑磷量子点和黑磷烯的免疫相关蛋白分别占大约75.8%和69.9%，导致黑磷更容易被巨噬细胞所吞噬，引起促炎反应和免疫干扰效应。与其他纳米材料相类似[11]，二维黑磷的尺寸以及血浆蛋白的浓度均能够影响所吸附的血浆蛋白的种类和数量，如图9.2所示，为实现黑磷纳米材料更为有效的生物应用、控制蛋白冠的形成及后续影响提供了研究思路。

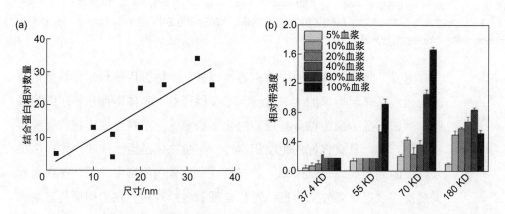

图9.2 （a）TiO_2纳米颗粒尺寸及表面血浆蛋白吸附量关系[11]；（b）不同血浆蛋白浓度下黑磷烯表面的蛋白质吸附情况[10]（KD为蛋白标记带）

黑磷自身的独特性质是其在生物医药领域应用的基础 [12,13]。作为一种半导体，黑磷的能带宽度为 0.3 ～ 2.0eV，介于石墨烯和 TMDs 之间，且带隙宽度随层数可调。这使得其在紫外、红外和可见光光谱区域具有广泛的光学吸收，进而用于选择性地检测各种类型的生物分析物，如：DNA、蛋白质和无机离子。这种独特的光学性质使黑磷能够有效地应用于生物传感、光声成像等。同时，黑磷的载流子迁移率较高，约为 $1000cm^2/(V \cdot s)$，因而对电扰动非常敏感，能够基于电导率测量灵敏地检测单个气体分子的吸附和解吸。另外，其电流开关比较高，大约为 $10^3 ～ 10^5$，导电型为双极性，可分别应用于基于场效应晶体管的生物传感器以及带正、负电的生物分子检测当中。

黑磷独特的元素组成、物理化学特性以及其良好的生物相容性使其具有巨大的生物医药应用潜力，包括应用于癌症等疾病治疗、抗菌、组织工程以及生物检测等。除自身所具有的优良性能以外，黑磷还能够通过表面修饰和形成异质结等方式对自身性能进行改善和优化，进一步实现黑磷应用潜能的扩展和发掘，从而使黑磷在生物医药领域实现更为广泛的应用价值。

9.3
黑磷在抗肿瘤领域的应用

癌症是由于机体细胞失去正常调控，导致发生不可控的过度增殖而引起的一类疾病，也称恶性肿瘤。除心血管疾病外，癌症是目前人类死亡率最高的疾病之一。临床上普遍使用的癌症治疗方法主要包括手术切除、化学疗法、放射疗法以及新兴的免疫疗法等，但均存在一定的缺陷。手术切除恶性肿瘤存在切除不彻底、大面积切除影响器官生理功能、影响血液循环等缺点；化疗药物作用于全身，肿瘤局部给药效率低下，损害人体正常细胞机能，产生较为严重的副作用，长期使用一种化疗药物存在产生耐药性的风险；放射治疗作为一种肿瘤局部治疗方法，其疗效取决于放射敏感性，不同组织器官的反应程度各不相同，对人体同样存在副作用，且照射的 X 射线本身易引起细胞突变，存在二次诱发肿瘤的风险；而近年来受到广泛关注的免疫疗法的疗效与肿瘤本身的浸润性有关，对晚期肿瘤的治疗效果仅为 25% ～ 30%，疗效的个体差异性较大。因而，一种能够靶向肿瘤部位的抗肿瘤药物亟待被研究，其中纳米材料由于其自身的 EPR 效应富集于肿瘤部位而被应用于抗肿瘤相关领域的研究。与在体内难以降解的金纳米颗粒、石墨烯、过渡金属硫化物以及金属氧化物纳米颗粒等纳米材料相比，黑磷由于其可降解性和良好的生物相容性而受到广泛关注。除此以外，黑磷在抗肿瘤治疗方面还存在以下优势：①具有良好的光热转换能力并可发生光动力学反应，能够实现肿瘤细胞的光热治疗(photothermal therapy，PTT) 和光动力治疗(photodynamic therapy，PDT)；②独特的褶皱型结构具有比石墨烯更为巨大的比表面积，可实现高效的药物运载；③黑磷自身具有抗肿瘤生物活性，能够作为抗肿瘤化疗药物选择性杀伤肿瘤细胞。与其他种类的纳米材料相类似，黑磷能够通过被动靶向或者主动靶向使得黑磷材料聚集于肿瘤组织，进而提高给药 / 治疗效率。被动靶向主要通过 EPR 效应实现；主动靶向方法较多，主要包括叶酸靶向、磁靶向、蛋白质配体靶向以及酶靶向等方式，利用肿瘤组织呈弱酸性的特性可实现 pH 靶向。另外，由于肿瘤细胞中谷胱甘肽(GSH)含量较高，因而能够通过设计 GSH 响应性分子来对肿瘤细胞进行靶向。除此以外，黑磷还能够通过进行表面功能化修饰以及形成异质结等方式对肿瘤细胞进行成像，与上述抗肿瘤途径相结合可实现黑磷的诊疗一体化应用。

9.3.1　光热治疗 / 光动力治疗

光热治疗(PTT)是一种利用具有较高光热转换效率的材料，将其注射入人体内部，通过靶向性识别技术聚集在肿瘤组织附近，并在外部光源的照射下将光能转化为热能，产生局部高温，导致肿瘤细胞内部蛋白质变性，从而杀死癌细胞的一种治疗方法。所用光源一般为穿透力较强且对人体无伤害作用的近红外光(near-infrared ray，NIR)。常见的光热材料，包括贵金属(Au、Ag、Pt)纳米颗粒、碳类材料(石墨烯、碳纳米管)、金属与非金属化合物(CuS、ZnS)以及有机染料物质(吲哚菁绿、普鲁士蓝)等。理想的 PTT 材料需要在保证光热转换效率和生物相容性的前提下，易于功能化并成本较低。贵金属光热转换效率高，但价格昂贵；碳类材料的光热转换面积大，但近红外吸收能力较差，光热转换效率较低，更为理想的 PTT 材料仍需科研人员的不断探索。

黑磷与石墨烯结构相类似，拥有巨大的光热转换面积，但黑磷具有优良的近红外吸收能力，其光吸收范围覆盖整个近红外区，因而在该波段光热转换效率较高。Sun 等人[14]测得液相剥离法制备得到的 BPQDs 光热转换效率约为 28.4%。但是由于裸露的黑磷在生理环境下降解过快，会导致其光学性能在体内循环的过程中下降，从而影响其光热治疗的效果。因此，Sun 等人在其表面修饰 PEG，提高 BPQDs 在生理环境下的稳定性，同时降低其细胞毒性。经改性后的 BPQDs 通过 EPR 效应聚集于肿瘤组织部位，在一定强度的红外光照下表现出良好的 PTT 抗肿瘤效果。

除利用高分子进行包裹以外，还能够通过纳米胶囊式包裹、细胞膜覆盖等方法来提高黑磷的血液相容性，在生理环境中的稳定性以及材料的血液循环时间。Shao 等人[15]设计了一种聚乳酸-羟基乙酸共聚物(PLGA)纳米保护壳，将 BPQDs 装入 PLGA 纳米微球当中，利用 EPR 效应聚集于肿瘤组织并进行光热控释。该方法降低了 BPQDs 在血液循环过程中被血浆蛋白包裹、代谢清除或者发生降解的可能性，保证了 BPQDs 具有更长的血液循环时间以及接受光照时在肿瘤组织部位的浓度，能够提高 BPQDs 的利用率以及光热杀肿瘤效果，如图 9.3(a)和(c)、(d)所示。其中，PLGA 为 FDA 认证的可降解药物辅料，经血液学、血液生物化学以及组织学分析表明，在两种不同免疫系统的动物中均具有低毒性

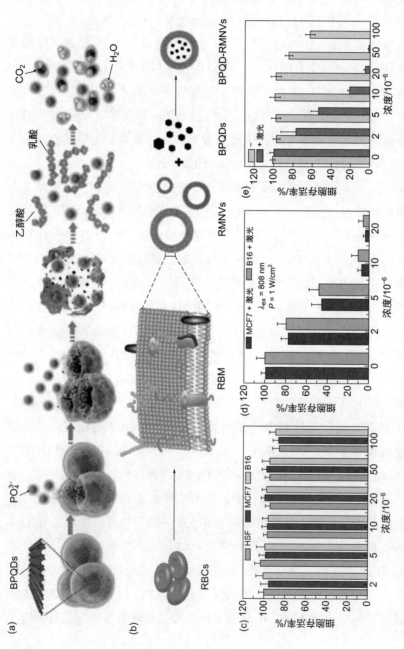

图 9.3 PLGA 包裹 BPQDs 得到纳米微球示意图（a），以及其在激光照射前（c）、后（d）对多种种细胞的细胞毒性变化对比图 [17]；红细胞膜包裹 BPQDs 示意图（b），以及其在激光照射前后 4T1 细胞的细胞毒性变化对比图（e）[16]

RBCs—红细胞；RBM—红细胞膜；RMNVs—红细胞膜纳米囊泡；BPQD-RMNVs—包裹黑磷量子点的红细胞膜纳米囊泡

以及良好的生物相容性。另外，Liang 等人[16]利用红细胞膜包覆 BPQDs 来隔绝水和氧气，提高其在血液循环中的稳定性以及血液循环时间，并降低黑磷的细胞毒性 [如图 9.3(b)和(e)]。由于红细胞膜具有流动性和疏水性，因而在细胞膜破损情况下能够修复破损部位，保证对 BPQDs 的持续性保护。

黑磷的 PTT 效应不仅能够通过光触发热用于直接杀灭肿瘤细胞，还能够通过产生的热量对黑磷所处环境进行二次触发，如：导致分子构象的改变，引起黑磷周围环境组成或者结构的变化。Shao 等人[18]利用光照产生的热量用于溶剂分子的自组装，从液态的溶液迅速转变成水凝胶膜。在保护术后组织的同时能够防止由于肿瘤细胞不完全清除引起的肿瘤复发。另外，通过在黑磷表面修饰其他具有光热效应的分子，如：聚多巴胺[19,20]，能够起到协同转换的作用进而提高黑磷的光热转换效率，聚多巴胺修饰后 BPQDs 的光热转换效率为 64.2%，是未经修饰的 BPQDs 光热转换效率的 2.84 倍。

光动力治疗(PDT)过程是指利用特定波长的光照射肿瘤部位，使得选择性聚集在肿瘤组织的光敏药物活化，并将能量传递给周围的氧，主要生成活性很强的单线态氧(singlet oxygen, $^1O_2$)，导致附近的生物大分子发生氧化反应，产生细胞毒性进而杀伤肿瘤细胞。20 世纪 90 年代，光卟啉首次作为光敏剂应用于肿瘤的 PDT 治疗，具有较高的光转换效率，量子产率约为 0.89[21]。随后，贵金属、石墨烯和硅等材料同样被发现能够产生单线态氧，但其分别具有水溶性较差、量子产率低且易发生光漂白以及缺乏长波长吸收带、活体组织不可降解等缺点。因此，一种新型的高效可降解 PDT 光敏剂亟待被发现和研究，该材料需要具备光吸收范围广、单线态氧产生效率高、生物相容性好等优点。2015 年，Wang 等人[22]首次提出黑磷(包括大块材料和超薄纳米薄片)是一种高效光敏剂，在整个可见光区域下黑磷均能够产生 $^1O_2$。实验结果表明，黑磷的量子产率高达 0.91，在光照条件下能够产生 $^1O_2$ 从而杀伤肿瘤细胞，且黑暗条件下无显著细胞毒性(如图 9.4 所示)，可应用于光动力催化以及肿瘤的 PDT 治疗。

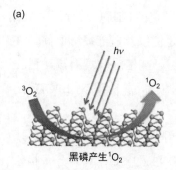 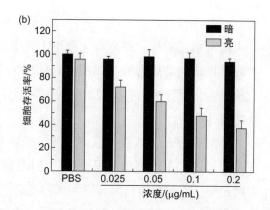

(a)

hv

$^3O_2$ $^1O_2$

黑磷产生$^1O_2$

(b)

■ 暗
▨ 亮

细胞存活率/%

浓度/(μg/mL)

图 9.4 （a）黑磷在光照条件下产生 $^1O_2$ 示意图；（b）在光照和黑暗条件下，不同浓度黑磷的细胞毒性[22]

　　然而，肿瘤微环境具有缺氧特性，这主要是由于肿瘤细胞失控性增殖，导致肿瘤组织内氧气的消耗量远远大于供应量造成的。同时，肿瘤组织内新生血管网络的形成严重滞后，微血管网结构极其不规则，血管通透性高导致血液流通不畅，引起肿瘤内部的微环境缺氧加剧。在 PDT 抗肿瘤过程中，分子氧被消耗，且产生的 $^1O_2$ 会破坏肿瘤血管，进一步加重组织的缺氧，从而显著降低 PDT 的抗肿瘤效果。增强 PDT 疗效的策略主要包括：①从人体自身生理环境来看，抑制异常血管生成或对结构异常血管进行修复，可缓解组织的缺氧情况，促进 $^1O_2$ 的产生；②从材料设计的角度来看，当所用材料能够通过催化等方式在肿瘤细胞内实现氧气的自供给，或者消耗癌细胞内还原性 GSH 时能够增强 PDT 效果。利用肿瘤细胞微环境本身 H_2O_2 含量较高的特性，研究人员设计了多种催化 H_2O_2 降解相关的氧气自供给策略，包括在黑磷烯表面运载二氧化锰[23]以及贵金属 Pt[24] 等，产生 PDT 的效率分别增加了 1.94 倍和 1.6 倍，其制备、反应过程如图 9.5 所示。

　　由于除肿瘤组织以外，正常细胞的其他生理过程中也存在 H_2O_2 的过量产生的情况，因此，单纯使用 H_2O_2 触发的氧气自供给可能导致脱靶效应，改变正常细胞的生化进程并引起其细胞毒性。Liu 等人[25] 基于黑磷烯构建了一种 H_2O_2 和 ATP 的 PDT 双重性智能触发平台，将亚铁血红素分别与长度不同但互相配对的寡核苷酸链相连，形成二聚体，此时亚

铁血红素催化 H_2O_2 效率较低；三磷酸腺苷（ATP）能够与寡核苷酸适配子结合，导致亚铁血红素从二聚体变为单体，表现出显著的 H_2O_2 催化作用。由于肿瘤细胞微环境中 ATP 的数量以及 H_2O_2 浓度均显著高于正常

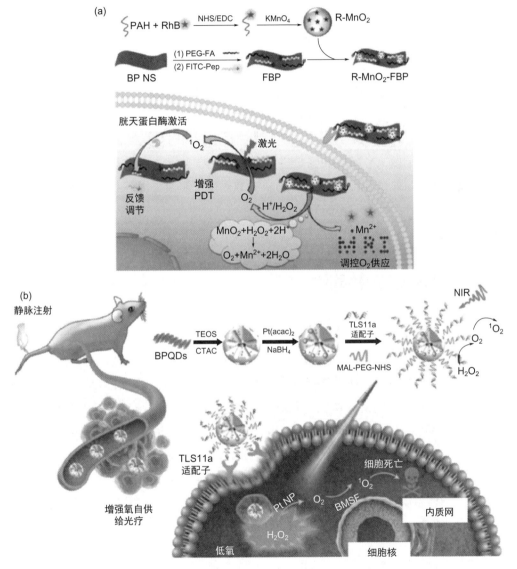

图 9.5 （a）罗丹明包裹 MnO_2 的制备过程及其通过黑磷运输至细胞内促进 PDT 反应过程示意图[23]；（b）在肿瘤细胞内，Pt 催化 H_2O_2 降解产生氧气促进 BPQDs 的 PDT 效应示意图[24]

细胞，因而该材料在 PDT 过程中对正常细胞具有级联保护的作用。另外，黑磷也能够在 X 射线照射下产生 PDT 治疗效果，经叶酸 / 蛋白质配体 / pH/GSH 主动靶向修饰可用于放疗增敏[26]。当黑磷与高原子序数金属元素（如：Au、Ag、Bi）单质及其化合物形成异质结时，在 X 射线照射下能够起到能量转移作用，自身产生活性氧同时还能够增强黑磷的 PDT 效率，起到更为明显的放疗增敏作用。

上述黑磷的 PTT/PDT 过程中主要使用近红外光，由于光照深度的限制，临床上 PTT/PDT 适用于浅表部位肿瘤（如：鳞状细胞癌、黑色素瘤），对肝癌、肺癌等深入体内的实体瘤疗效仍有待提高。通过 PTT、PDT 协同治疗可实现更为显著的肿瘤抑制作用；同时，黑磷也能够用于 X 射线放疗增敏，X 射线的强穿透力使得放疗结合 PDT 治疗体内实体瘤成为可能。随着黑磷基相关 PDT 效应研究的进一步深入，肿瘤低氧环境及脱靶效应等问题有望得到进一步解决。

9.3.2 药物载体

在癌症治疗过程中，为降低非特异性细胞毒性以及对正常组织的毒副作用，常选用具有 EPR 被动靶向特性的纳米药物载体，对药物进行运载和控释，包括纳米脂质体、聚合物纳米颗粒、胶束、介孔二氧化硅、磷酸钙、金属载体以及无机非金属二维材料等。与其他二维材料相比，黑磷由于其特殊的褶皱状结构，具备高于石墨烯等二维材料的比表面积，以用于吸附大量的抗肿瘤治疗药物；另外，黑磷在体内降解周期较短，降解产物为 PO_4^{3-}，在体内本身大量存在且易通过代谢排出，具有较好的生物相容性，因而适用于药物的递送。目前，黑磷基药物载体所载药物主要包括：化疗分子药物、基因治疗药物以及近年来受到广泛关注的免疫治疗药物等。

黑磷运载的化疗药物分子主要包括广谱抗癌药物阿霉素（doxorubicin，DOX）、顺铂和奥沙利铂等，结合黑磷本身的 PTT/PDT 特性可实现肿瘤的多方位协同治疗。同时，由于肿瘤具有多药耐药性的特点，因而在抗肿瘤化疗药物的运载过程中需要考虑到负载多种抗癌/抗耐药性药物的情况。部分抗癌药物(如：DOX，奥沙利铂等)能够与黑磷产生较强的相互作用，容易实现药物的运载。Chen 等人[27]报道的黑磷烯 DOX 负载率高达 950%(质量分数)，表面带负电的黑磷烯与带正电的 DOX 之间主要通过静电吸附相结合，负载后黑磷表面 Zeta 电位从 −21mV 增加至 +1.5mV。Pumera 等人[28]通过对奥沙利铂修饰的黑磷进行多方面的表征推测两者之间由 π 键相连接，该过程中 Pt(II)的 d 层电子作为共用电子对填充于磷 d 层空轨道。经化疗药物运载后，黑磷对肿瘤细胞的细胞毒性得到显著增强。而当药物本身与黑磷的相互作用较弱时，可通过对黑磷表面进行改性来实现药物分子的接枝。Wu 等人[29]利用经过聚多巴胺(PDA)改性后的黑磷烯来实现苯乙基异硫氰酸酯(PEITC)的运载(如图 9.6 所示)，其中 PEITC 能有效降低耐药癌细胞突变 p53 水平，实现多重耐药逆转。在弱碱性水溶液中，多巴胺能够被氧化并发生聚合，从而在广谱的材料表面迅速形成具有超强黏性的聚多巴胺薄膜，该薄膜表面丰富的邻苯二酚和氨基活性基团能够实现多种官能团的接枝。

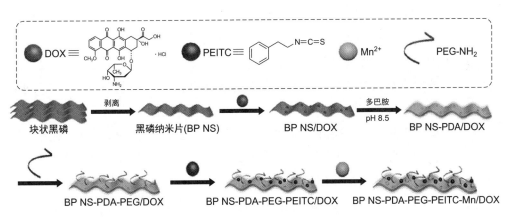

图 9.6 在黑磷表面修饰流程示意图 (所修饰的分子分别为 DOX、聚多巴胺、PEG、PEITC 以及 Mn^{2+})[29]

除运载化疗药物分子以外，黑磷还能够应用于基因治疗和免疫治疗相关药物的运载，基因治疗药物包括小干扰 RNA(siRNA)和基因编辑相关的 CRISPER/Cas9 等。理论上 siRNA 药物具有调控对应靶向蛋白表达的能力，能够进一步实现细胞行为的调控。但由于细胞与 siRNA 均带负电，导致细胞对 siRNA 摄取效率低且特异性较差，因此需要通过合适的药物载体的运载来提高其细胞摄取效率以及特异性。研究人员主要利用带正电的聚乙烯亚胺(PEI)对黑磷表面进行修饰，使其能够通过静电作用有效吸附 siRNA。Chen 等人[30]计算得到 PEG-PEI 修饰的黑磷 siRNA 运载率高达 96%，能够实现 hTERT 基因的沉默，与黑磷的 PTT/PDT 疗法起到协同抗癌的作用。Zhou 等人[31]将氨基修饰的三段重复核酸定位序列对 Cas9 蛋白进行改造，显著增强与黑磷之间的静电相互作用，使得 Cas9-sgRNA 的负载率高达 98.7%。该材料经膜渗透和胞吞作用进入细胞实现基因的定向改变，相关的基因插入以及绿色荧光蛋白沉默效率分别为 23.7% 和 25.5%。相比于其他药物运载方式，负载 Cas9-sgRNA 的黑磷烯能够实现有效的基于基因治疗的个性化肿瘤治疗。

另外，肿瘤的免疫治疗药物包括 PD-1 和 CTLA-4 等。在免疫治疗过程中，尽管单一 PD-1 检查点抗体治疗效果较好，但经突变后肿瘤细胞能够异常表达 PD-L1，与 PD-1 相互作用，导致 T 细胞衰竭，因此，对于乳腺癌等高侵袭性的癌症来说，肿瘤复发率仍然较高。目前，研究者利用 PD-1 和 CTLA-4 协同性免疫治疗在一定程度上降低了复发率，但仅通过检查点抗体治疗难以实现突变致复发问题的完全解决。同时，尽管全外显子组测序技术已经发展到可以识别突变的新抗原，但由于患者之间的突变具有随机性，在患者存在基因突变前提下难以在短时间内实现个性化免疫治疗。Liang 等人[32]利用 BPQDs 运载 PD-1 抗体，将 PTT 与免疫治疗相结合，经肿瘤细胞靶向以及光照辐射引起肿瘤细胞高温诱导的凋亡、坏死。在该过程中，肿瘤新抗原得以从凋亡和坏死的细胞中释放，进而招募体内多种抗原呈递细胞(APCs)，如树突状细胞，达到诱导 T 细胞清除残留和转移癌细胞的目的(如图 9.7 所示)。

除药物的运载以外，所载药物在体内的释放速率也需要进行调控。不同的纳米材料由于其自身结构以及物理化学性质存在差异，导致药物控释策略的不同。与纳米金材料不同，黑磷基药物运载系统在生理环境下能够发生降解，在降解过程中能够实现药物的释放。黑磷优良的光热转换性能使其具备光热控释能力，触发光源通常为 NIR。此外，结合肿瘤细胞微环境的特性，如高 GSH 浓度、较低的 pH 等，在黑磷表面修饰相应环境下的敏感性化合物分子实现响应性释放，减少对正常细胞的细胞毒性。其中，易被 GSH 还原而发生断裂的化合物分子通常存在二硫键，pH 响应性分子主要通过质子化而发生电离，包括羧酸、胺类、偶氮化合物、苯硼酸、咪唑、吡啶、磺胺、硫醇类化合物。根据癌细胞与正常细胞酶（如基质金属蛋白酶 MMP2）表达的差异能够设计对应多肽表面功能化的黑磷基载药系统，通过肽键的断裂引起药物的释放。在药物释放过程中，触发系统在某种情况下还能够起到协同治疗的作用，如：PTT。但与此同时，黑磷基药物载体的缓控释性释放仍有待进一步的研究与优化。

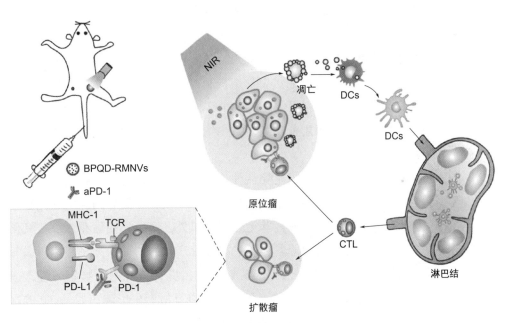

图 9.7　BPQDs 运载 PD-1 及其在小鼠肿瘤组织处作用机制示意图[16]

9.3.3　黑磷自身的抗肿瘤活性

尽管目前多种癌症化疗药物已被研发并得到商业化应用，包括阿霉素、顺铂、紫杉醇以及雄性激素阻断剂等，但由于化疗药物在正常细胞和肿瘤细胞之间的选择性不佳，导致化疗药物对正常细胞也存在一定的细胞毒性，产生副作用。近年来，纳米材料由于其被动靶向、表面改性实现主动靶向等优势被广泛应用于肿瘤的化疗，主要利用纳米材料作为药物载体提高给药效率来降低抗肿瘤化疗药物的毒副作用。除此以外，研究人员还基于纳米材料提出多种抗癌策略，包括光热/光动力疗法以及多模态联合诊疗法等。然而，这些治疗方法主要基于纳米材料的物理特性，如形状、大小、电学以及光学/磁性能，但其本身具有的癌症治疗生物活性仍未受到广泛的关注并进行系统性的研究。实际上，纳米材料在降解过程中能够通过与周围生物分子进行相互作用来改变细胞的胞质成分和细胞内环境，如导致氧化应激、DNA 损伤等，进而影响细胞状态，诱导细胞发生凋亡或者坏死，表现出相应的生物活性。通常情况下，上述生物活性被认为是引起细胞毒性的原因，但由于增殖抑制和凋亡诱导是许多常见化疗药物的主要作用机制，因此具有内在生物活性的纳米材料可能成为潜在的癌症化疗药物。目前，实现肿瘤细胞的选择性杀伤，降低对正常细胞的毒副作用为具有生物活性的纳米材料在抗癌应用方面所面临的巨大挑战。

在发现黑磷的抗肿瘤生物活性之前，研究人员已对黑磷的细胞毒性进行报道，并提出黑磷的细胞毒性产生原因，包括破坏细胞膜的完整性以及细胞内活性氧簇。然而除上述特性以外，黑磷还能够在水以及氧化压力存在等环境下自发降解，且主要降解产物为磷酸根离子。尽管磷酸根在细胞内以及人体血浆中均普遍存在，具有良好的生物相容性，但是胞内磷酸根离子的瞬时升高可能对细胞行为产生影响，如：ATP 的水解。2018 年，中国科学院深圳先进技术研究院喻学锋课题组首次报道了二维材料黑磷自身所具有的抗肿瘤生物活性，能够起到显著诱导癌细胞程序性死亡以及抑制癌细胞增殖的作用，首次提出肿瘤"活性磷疗"的概念。通过对比黑磷在癌细胞 A549、人乳腺癌细胞(MCF-7)以及人骨髓间充质干细胞(hBMSCs)、人正常肝细胞(QSG-7701)等正常细胞内的降解速率表明，黑磷在癌细胞内降解产生磷酸根离子的速率显著高于正常细胞；利用 CCK-8 法检测黑磷的细胞毒性，发现黑磷烯处理癌细胞 48h 后的 IC_{50} 值为 2μg/mL，而相应正常细胞毒性较小，48h 细胞存活率均高于 50%［如图 9.8(a)所示］。进一步对黑磷的选择性抗癌机理进行研究发现，在相同条件下，癌细胞相比于正常细胞而言存在明显的乳酸脱氢酶(LDH)漏出现象，且细胞周期中 G2/M 期发生阻滞，细胞凋亡相关蛋白 Caspase 3 表达增强［如图 9.8(b)、(c)所示］，凋亡/坏死细胞所占比例显著增加。活体实验结果显示，黑磷确实能够起到抑制原位肿瘤的效果，且在相同浓度下，黑磷对原位瘤的抑制效果与化疗药物 DOX 相近［如图 9.8(d)］，与之不同的是，黑磷独特的生物活性赋予其更好的选择性杀伤能力。

除皮下原位瘤以外，Geng 等人[33]通过构建肝癌实体瘤模型，对黑磷的肝癌治疗效果进行研究。实验结果表明，黑磷能够显著抑制小鼠体内肿瘤的生长(如图 9.9 所示)，其肿瘤抑制效果优于目前广泛使用的抗肿瘤药物阿霉素，且经活性磷疗后，小鼠 120d 内的存活率高达 100%，是对照组(注射磷酸盐缓冲液 PBS)存活时间的 2 倍以上。

尽管黑磷自身具有抗肿瘤活性，但由于黑磷表面缺乏官能团，功能化或者靶向性修饰仍是限制黑磷肿瘤诊疗应用的一大难题。相应地，喻学锋课题组[34]进一步在黑磷表面实现生物矿化，在协同增强抗肿瘤化疗杀伤效果的同时，能够靶向肿瘤组织，并实现肿瘤部位荧光示踪效果，对于黑磷的肿瘤诊疗一体化应用具有重要意义。在该研究中，研究人员首次以黑磷为磷源，将黑磷分散在 NMP- 水混合溶液中，利用溶液中少量水对黑磷进行活化，导致黑磷表面产生 OH^- 和 PO_4^{3-}，能够在与钙离子实现原位沉积矿化的同时，通过氢键增强黑磷与矿化层之间的结合稳定性，具体过程如图 9.10 所示。在矿化过程中加入功能小分子，可实现功能小分子在黑磷表面的修饰，且该修饰方法主要通过物理沉积实现，相比于官能团修饰具有更高的普适性，可实现多种功能性小分子的运载，包括抗肿瘤小分子药物阿霉素，以及荧光小分子 Ce6、FITC 等。另外，在黑磷表面沉积的钙离子可在肿瘤部位偏酸性条件下溶解并释放 Ca^{2+}，导致肿瘤细胞内钙过载，影响肿瘤细胞的正常代谢进程。实验结果表明，

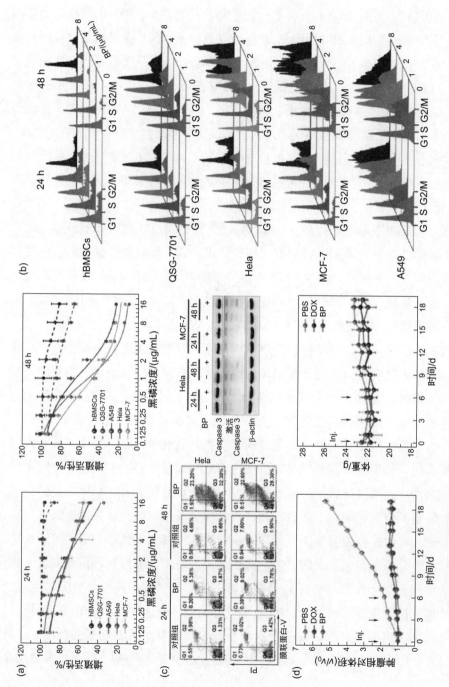

图9.8 （a）黑磷烯的体外细胞毒性测定，检测方法为CCK-8；（b）不同黑磷浓度作用下多种细胞的细胞周期变化情况；（c）在4μg/mL黑磷处理下的细胞凋亡情况以及细胞内多种蛋白的表达情况，前者所用染料为碘化吡啶；（d）不同环境条件下小鼠肿瘤生长曲线和体重变化情况

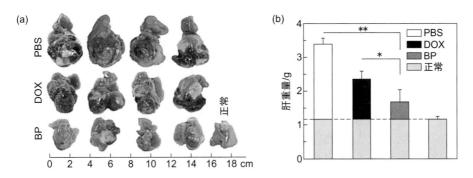

图9.9　在分别注射 PBS、DOX 和 BP 等治疗 49d 后（n=4），肝癌模型小鼠体内肿瘤尺寸及照片（a）；与正常小鼠（n=10）肝重量对比（b），其中 *$p < 0.05$，**$p < 0.01$[33]

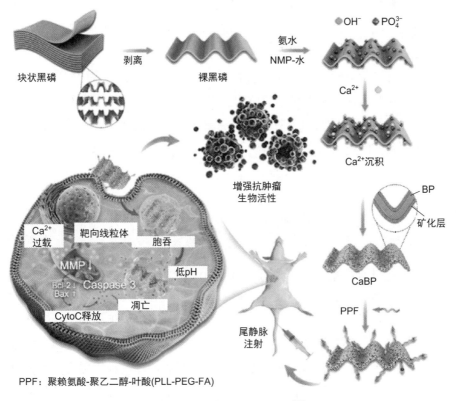

PPF：聚赖氨酸-聚乙二醇-叶酸(PLL-PEG-FA)

图9.10　黑磷表面原位矿化、修饰以及抗肿瘤治疗原理示意图[34]

经钙原位矿化后，黑磷的抗肿瘤生物活性得到增强，且能够靶向线粒体，导致线粒体膜电位发生变化及线粒体损伤；另外，荧光分子功能化后可实现癌症诊疗，体内外实验均表现出良好的抗肿瘤效果，具有良好的抗肿瘤化疗应用前景。该研究首次以黑磷作为磷源，实现黑磷的表面生物矿化及功能化应用，是黑磷基材料制备、修饰方法的一次突破，该类材料除抗肿瘤应用以外，还具有骨组织修复等其他生物应用潜力，具体介绍见本章 9.5 节内容。

尽管黑磷在抗肿瘤活性磷疗方面具有巨大潜力和先天优势，但目前该领域的研究仅处于起步阶段，许多问题还没有完全解答。在生物活性机理方面，更为具体、完整的分子机制和相应信号通路仍有待进一步的研究；在抗肿瘤生物活性方面，黑磷对肿瘤细胞选择性杀伤的特异性是否还能够得到提高，治疗效果如何优化，如何降低治疗过程中的急性细胞毒性、减少毒副作用；在应用范围方面，"活性磷疗"所适用的肿瘤类型包括哪些，其生物活性是否能够进一步用于其他疾病的治疗或辅助治疗等。除此以外，其他低维材料是否也存在相应的生物活性来实现某种生物用途？毋庸置疑的是，黑磷的生物活性具有极大的应用潜力和价值，且极具启发意义。同时，对上述问题的深入研究仍需要对此感兴趣的科研工作者们的不懈努力。

9.3.4 诊疗一体化趋势

尽管目前科研人员在肿瘤的基因治疗、免疫治疗、光热治疗等药物治疗方面的研究已取得一定的进展，但由于其分别存在药物价格、肿瘤耐药性以及适用癌症种类等限制，手术切除肿瘤组织仍然是治疗实体瘤的一种普遍方式。为了判断肿瘤组织的大小和边界情况，以及尽可能地减少手术过程中对正常组织的伤害，在肿瘤的治疗过程中需要对肿瘤细胞和正常细胞进行诊断区分。除此以外，由于癌细胞具有很强的转移和侵袭特性，在手术切除前后也需要通过一定的诊断方法来判断肿瘤细胞是否发生转移或复发。在临床治疗过程中，外科手术结合辅助放化疗为目前恶性肿瘤的主要治疗模式，因而一种具有优良诊疗一体化效果的抗肿瘤药物亟待被研发并实现商业化应用。近年来，随着肿瘤靶向技术的日趋成熟以及纳米材料 EPR 效应的发现，基于多种低维纳米材料的非侵入性肿瘤成像方面的研究已得到迅猛的发展，如：在还原性氧化石墨烯的表面修饰金纳米簇实现近红外光致发光[35]，在氧化石墨烯表面修饰氧化铁纳米颗粒用于高分辨核磁共振成像[36]，碳纳米管运载荧光染料实现荧光成像等[37]。理想的生物成像材料在成像过程中需要具备较高的图像对比度、灵敏度、空间分辨率以及成像深度等特点。利用上述方法与抗肿瘤策略的结合，能够在保证减少不必要的活组织检查以及增强成像导向性等的前提下实现肿瘤组织的诊断和治疗。但部分肿瘤活体成像材料（如四氧化三铁纳米颗粒、金纳米簇、碳纳米管等）在人体内降解速率较为缓慢或难以发生降解，对活体组织可能存在长期细胞毒性或免疫毒性。作为一种兼具良好的生物相容性以及生物降解性等特性的材料，黑磷在生物医学成像领域具有极大的应用潜力。目前，基于黑磷的生物成像方式包括：光声成像、近红外成像、核磁共振成像、荧光光谱和拉曼散射等。黑磷在生物诊疗领域的应用主要通过生物成像结合光热、光动力、药物运载等方式来实现。

　　光声成像（photoacoustic imaging, PAI）是一种新兴的生物成像方式，它能够克服超声成像和光成像的缺点（如：散斑伪影、穿透深度有限等），并综合两者的优点，即能够在生物组织 5 ~ 6cm 深的区域内产生高空间分辨率的光学对比度图像，并提供固有的无背景检测。肿瘤部位能够产生光声信号，但其信号强度相对较低，尤其是在肿瘤形成早期，导致仅通过光声成像检测肿瘤的分辨率及灵敏度较低。为增强光声信号，PAI 的成像过程中需要加入有效的外源性造影剂，黑磷由于其具有较高的光热转换效率而被应用于光声成像剂的研究和制备，经表面修饰提高稳定性后，黑磷能够实现活体内肿瘤组织的光声成像。Sun 等人[38] 通过在黑磷表面修饰 PEG，制备得到适用于体内外并具有良好成像效果的 PAI 造影剂 PEG-BP。随着 PEG-BP 浓度的增加，一定时间内肿瘤组织的光声成像信号强度得到显著增强（如图 9.11 所示）。经静脉注射进入小鼠体内后，该材料能够用来实现深度达几厘米、高分辨率的三维成像，同时监测黑磷在体内随时间分布情况。注射 PEG-BP 后，在多个时间点内肿瘤的光声信号强度均高于肝脏和肾脏，且 24h 后仍存在较强的光声信号，能够证明黑磷更易于分布在肿瘤组织中，且在肿瘤部位具有较长滞留时间[40]。除此以外，生物相容性良好的可降解高分子(如聚赖氨酸)修饰的黑磷同样具有类似 PEG-BP 的体内光声成像效果。随后，中国科学院深圳先进技术研究院喻学锋课题组制备了侧边尺寸为 2.8nm 且经钛配体修饰的超细黑磷量子点(TiL_4@BPQDs)作为光声成像剂[41]。当激发光波长为 680nm 时，相同浓度及光密度条件下 TiL_4@BPQDs 的光声信号强度约为金纳米棒的 7.29 倍。在 680 ~ 808nm 的激光波长范围内，TiL_4@BPQDs 的光声信号强度呈下降趋势。注射 TiL_4@BPQDs 后 4h，小鼠肿瘤部位的光声信号达到峰值，此时组织穿透最深，具有优良的灵敏度和空间分辨率。同时，经稳定性修饰后，黑磷在体内能够持续产生较强的光声信号(6h 内信号强度不发生显著性变化)，能够实现对生物活体的实时监测。进一步提高黑磷基材料光声成像分辨率的策略包括：①提高黑磷基材料对肿瘤细胞的靶向性，减少其在正常器官中的分布，降低背景信号；②在保证黑磷体内循环稳定性的前提下对黑磷表面进行修饰，相同条件下所修饰分子能够产生比黑磷更强的光声信号时，可达到增强光声信号的目的，例如利用聚多巴胺修饰黑磷得到 BP@PDA[39][如图 9.9(b)所示]。黑磷良好的光声成像特性能够与其光热、光动力以及载药等抗肿瘤特性相结合，实现肿瘤的诊疗一体化应用。

黑磷本身具有良好的光热转换效果，可在近红外激发光的照射下使得局部温度快速升高，结合纳米材料的 EPR 效应，能够实现肿瘤的近红外光热成像。为提高黑磷的光热成像分辨率，多种光热材料被修饰于黑磷表面，包括：聚多巴胺[42]以及金纳米颗粒[43]等。另外，黑磷还能够通过修饰荧光染料，如：花菁染料 Cy7[44]、荧光染料尼罗蓝 690[45]等，实现一定波长光照下的近红外发光，经叶酸靶向后，黑磷的肿瘤光热成像特异性得到显著增强 [如图 9.12(a)和(b)所示]。随后，Xu 等人[46]利用脂质体-PEG 包裹胆固醇和黑磷，制备得到优良的 NIR-Ⅱ区成像材料。与可 NIR-Ⅰ区荧光成像相比，NIR-Ⅱ区荧光成像具有较高的空间分辨率、穿透深度及较低的生物组织光吸收和散射以及较低的自荧光。长波长NIR-Ⅱ成像由于其具有穿透性深、对比度强等特点，可以提高肿瘤的诊断水平，达到更好的肿瘤诊断效果。

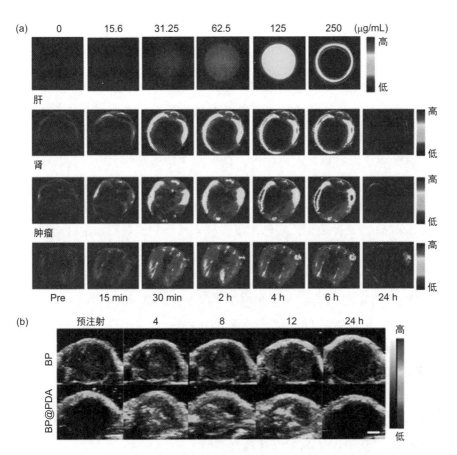

图9.11 （a）从上到下依次为PEG-BP纳米颗粒的体外光声图像，以及不同时间间隔下肝脏、肾脏和肿瘤的体内光声图像，纳米颗粒通过静脉注射进入体内，Pre为注射造影剂之前的光声成像效果图[38]；（b）注射BP和BP@PDA前后光声成像效果对比图，所记录的时间点分别为4h、8h、12h、24h[39]

然而，由于光的穿透深度较差，NIR等光学成像纳米平台在体内的应用，特别是在组织深部生物成像方面仍有很大的局限性。磁共振成像（magnetic resonance imaging，MRI）是目前临床上最强大的诊断成像技术之一，其具有无创、深入的组织渗透，并能够提供良好的图像解剖细节的特点。黑磷本身无磁性，不能用作核磁共振造影剂，同时由于其表面缺乏丰富的官能团，导致直接在 BP 纳米材料表面运载 MRI 造影剂，用于改善 MRI 成像效果存在一定难度。目前研究人员主要通过对黑磷材料进行表面改性后接枝 MRI 造影剂，或利用具有 MRI 特性的分子与黑磷进行配位结合来实现 MRI。其中，所用的 MRI 造影剂包括四氧化三铁纳米颗粒(Fe_3O_4 NP)、二价锰(Mn^{2+})以及三价钆(Gd^{3+})等阳性增强型造影剂。由于 Fe_3O_4 NP 表面无官能团，因此需要对其进行表面修饰进而与黑磷相结合，例如：利用聚醚酰亚胺(PEI)修饰 Fe_3O_4 NP 使其表面带正电，进而能够与带负电的黑磷表面发生静电结合[43]。另外，金属离子 Mn^{2+} 和 Gd^{3+} 能够通过螯合以及配位作用，直接或间接地修饰于黑磷表面。Guo 等人[47]选择具有优良螯合能力的多酚作为连接分子，分别通过螯合作用连接 Mn^{2+} 和黑磷，制备得到 BP NS@TA-Mn，该材料兼具良好的光热转换效率和 MRI 成像效果，能够用于多模态成像和光热疗法的联合诊疗。Wu 等人[48]利用镧系离子(Ln^{3+})中 Gd^{3+} 和 Dy^{3+} 能够产生 MRI 信号的特性，将 Ln^{3+} 的三氟苯磺酸盐修饰于黑磷表面。由于三氟甲烷磺酸盐的亲电作用，降低了 Ln^{3+} 的电子密度，增强了 Ln^{3+} 的配位能力，使得 Ln^{3+} 的空轨道与磷的孤对电子实现配位结合。如图 9.12(c)和(d)所示，经 Gd^{3+} 修饰后黑磷的 MRI 成像效果得到显著提高，且在$(40\sim240)\times10^{-6}$浓度范围内，材料的纵向弛豫时间的倒数($1/T_1$)与材料浓度呈线性相关，可在提高成像效果的同时，根据信号的强弱判断黑磷的分布情况。若在黑磷表面修饰 MRI 造影剂的同时修饰光热材料(如金纳米颗粒)等，可提高材料的光热转换效率，用于 NIR、MRI 等多模态成像。

除活体成像外，黑磷还能够通过荧光光谱和拉曼散射实现体外细胞成像，进一步用于制备荧光生物探针。由于块状黑磷存在一些缺陷相关的非辐射中心，将光子能量转化为热能，因此不存在光致发光(photoluminescence，PL)现象。利用量子混杂和边缘效应，通过减小带隙的厚度和尺寸，可以增大带隙。因此，从理论上来说 BPQDs 具有较宽的带隙和较好的荧光特性。Lee 等人[49]发现当黑磷的尺寸减小到 10nm 时，具有荧光特性。结果表明，粒径为 10nm 左右的黑磷量子点具有激发波长依赖的 PL 现象。在紫外光激发下，BPQDs 处理过的 HeLa 细胞发出蓝色荧光，在可见光激发下发出绿色荧光，而未经 BPQDs 处理的 HeLa 细胞没有荧光。相类似的，Long 等人[50]利用乙醇对黑磷进行剥离和钝化处理，测得在水中 BPQDs 的荧光产率高达 70%，而块状黑磷荧光强度明显低于 BPQDs［如图 9.13（a）所示］。由于上述 BPQDs 具有良好的生物相容性和较弱的细胞毒性，以及水溶液中的稳定性（约为 10d），可用于制备蓝／绿色荧光探针。

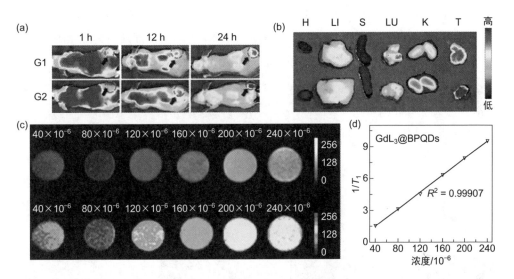

图 9.12 （a）在不同时间下材料的体内光热成像效果图，G1 为 BP-PEG/Cy7 NS，G2 为 BP-PEG-FA/Cy7 NS；（b）G1、G2 在体内 24 h 后各组织、器官的光热成像图，从左到右依次为心（H）、肝（LI）、脾（S）、肺（Lu）、肾（K）、肿瘤（T）[44]；（c）不同浓度下黑磷表面配位修饰 Ln^{3+} 后的 MRI 成像效果；（d）Gd@BP 的纵向弛豫时间的例数（$1/T_1$）与浓度之间的关系[48]

　　拉曼光谱作为一种分子振动光谱，不仅可以提供分子组成和结构的指纹信息，还可以结合扫描技术实现样品的无标记光谱成像，是一种强大的非侵入性分析工具，在物理、化学、生物医学等领域存在广泛的应用。在神经科学领域，拉曼光谱已成功地应用于脑组织成分分析、疾病检测和生物成像[51]。然而，由于在拉曼信号测量过程中存在捕捉剖面较弱、正常拉曼散射信号极低等缺点，因此，往往需要较长的采集时间或较高的激光功率才能够获得有效的拉曼散射信号。测量过程中，通常需要几个小时或更长的时间才能得到一个可分辨的拉曼图像，极大地限制了拉曼散射在长期生物分析和生物医学成像等方面的应用。目前主要通过表面增强拉曼散射(surface-enhanced Raman scattering，SERS)的方式提高拉曼信号强度，减少检测所需时间。Yang 等人[52] 将金纳米颗粒修饰于黑磷表面，制备得到效果良好的 SERS 底物 BP-Au NS，用于提高拉曼生物检测分辨率，实现活体内的细胞成像。活体组织内，近红外激光照射后 620 ~ 1720cm⁻¹ 的 SERS 信号估计比激光照射前提高 1.6 倍。随后，Guo 等人[53] 通过增加 BP：Au 的投料比制备得到 BP-Au NS，实现了对小鼠脑组织的快速、全尺寸、无标记 SERS 成像，扫描速度为 56ms/ 像素。相比之下，BP-Au NS 能够显著增强脑组织的 SERS 信号，如图 9.13(b) 所示，在 620 ~ 1720cm⁻¹ 波长范围内的整体强度约为正常拉曼信号的 25 倍。结合黑磷与金纳米颗粒的良好光热转换能力，可实现肿瘤的近红外光热治疗，具有优异的生物诊疗效果。

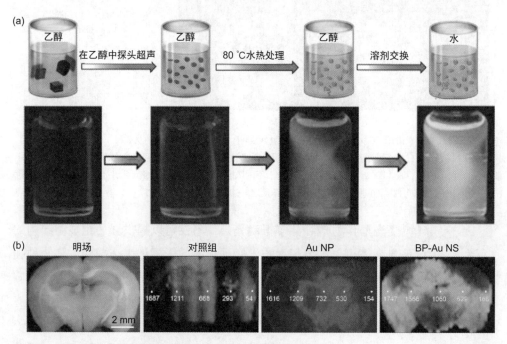

图 9.13 （a）BPQDs 的乙醇钝化过程示意图以及相应的荧光发光情况[50]；（b）不同材料处理下的小鼠大脑切片全尺寸无标记 SERS 成像效果[53]

总体而言，黑磷能够用于多种形式的诊断成像，包括体内实时成像以及体外细胞成像等。通过不同的表面改性方式能够提高黑磷在相应成像方式下的效果，进一步实现多模态、高分辨率的快速诊断成像。在进行生物成像的同时，还能够通过对黑磷进行表面功能化修饰，如：运载抗肿瘤药物、肿瘤靶向修饰、光热/光动力材料的修饰等，以及结合黑磷自身的抗肿瘤效应，达到良好的抗肿瘤效果，黑磷是一种极具潜力的抗肿瘤诊疗一体化材料。

9.4

黑磷在抗菌方面的应用

目前，由于抗生素的滥用，导致细菌的耐药性存在不同程度的提升，甚至能够产生"超级细菌"，这使得仅依赖传统抗生素不能实现细菌良好的、长期的抑制。近年来，利用光热作用产生局部高温、光动力作用产生单线态氧等的杀菌策略被广泛研究。二维半导体材料(如氧化石墨烯、MXene、C_3N_4、BN 以及过渡金属二硫化物等)由于本身具有独特的二维片层结构，能够通过"纳米穿刺效应"破坏细菌的细胞膜，从而产生抗菌效果；巨大的比表面积可用于抗菌药物的运载，能够实现材料抗菌性能的协同性提高；另外，部分二维半导体材料还具有良好的光热转换能力并能够在光照条件下催化释放活性氧(ROS)，具有极大的抗菌应用潜力。然而，目前二维半导体材料的抗菌活性来源于紫外光或可见光的照射，具有组织渗透性差以及具有光毒性风险等缺点。作为一种新兴的二维半导体材料，黑磷的能带宽度约为 0.3 ~ 2.0eV，在穿透能力较强的近红外光照射下具有良好的光催化活性，可利用近红外光照射产生光热效应，引起局部高温，导致细菌蛋白质变性；且在近红外光照条件下，黑磷具有催化活性，能够催化产生 ROS，经表面修饰后，黑磷的 ROS 催化活性能够进一步增强；另外，黑磷独特的褶皱状结构使其具有高于平面结构二维材料的比表面积，可作为一种高效的载体运载抗菌药物及抗菌纳米颗粒，实现协同治疗的效果，其中，基于黑磷的抗菌药物治疗方式主要包括皮下注射和敷料。

基于黑磷的光热杀菌材料主要分为裸黑磷和经修饰后的黑磷。Sun 等人[54] 报道了一种在新溶剂 (N,N-二甲基丙烯脲，DMPU) 中剥离的黑磷，在提高黑磷稳定性的同时保证了黑磷的抗菌特性。实验表明，在功率为 $1W/cm^2$ 的 808nm 激光照射 3min 之后，黑磷与石墨烯、MoS_2 等结构类似的二维材料相比具有更好的抗菌效果。与此同时，黑磷的厚度差异对其光热杀菌效果也存在一定的影响，随着黑磷烯厚度的逐渐减小，其光热杀菌效果呈逐步提高的趋势。在上述条件下，块状黑磷的细菌杀灭率低于 60%，而 3000r/min 转速下得到的黑磷烯对大肠杆菌 ($E.\ coli$) 和金黄色葡萄球菌 ($S.\ aureus$) 的杀灭率高达 99.2% [如图 9.14(a) 所示]。产生上述现象的主要原因为黑磷烯在近红外区域具有相对较强的光吸收能力，且与块状黑磷、石墨烯和二维 MoS_2 相比，亲水性黑磷烯可以有效地附着在细菌上，促进细菌光热失活。另外，黑磷烯还能够通过表面修饰提高自身稳定性且能够与修饰材料的物理化学特性相结合，实现材料的加工成型性以及光热特性的增强等。Huang 等人[55] 将蚕丝蛋白修饰于黑磷表面，能够在保证黑磷优良光热转换性能的基础上提高黑磷的生物相容性、材料稳定性以及成型加工特性，以黑磷基创面敷料作为优良的光热剂，能有效预防细菌感染，促进创面修复。Zhang 等人[56] 在 BPQDs 表面修饰脂质体 (liposome) 来提高黑磷的稳定性，同时利用 BPQDs 负载抗菌药物万古霉素得到 BPQDs-vanco@liposome。在近红外光照射下，BPQDs-vanco @Liposome 不仅能够通过光热升温破坏细菌的细胞膜以及使蛋白质变性，还能够实现抗菌药物的光热控释，达到光热 - 药物协同抗菌的目的，体外实验结果如图 9.14(b) 所示，黑磷的表面修饰以及有无光照对材料的抗菌能力存在显著影响。在体内实验中，该材料在近红外光下的菌落计数降能够低至 9.4%。相类似的，黑磷表面还能够修饰金[57]、银[58] 等贵金属纳米颗粒，提高其在溶液以及体内环境中的分散稳定性，减少纳米颗粒的聚集，同时利用所修饰颗粒自身与细菌之间相互作用的特性，如：生物催化、与细菌之间的相互作用、提供活性位点、抗菌性能等，具有提高黑磷稳定性和协同抗菌的效果。实验结果表明，12d 内近红外光照下 Ag@BP 的抗菌率高达 93%，显著高于相同条件下黑磷的光热抗菌效果。

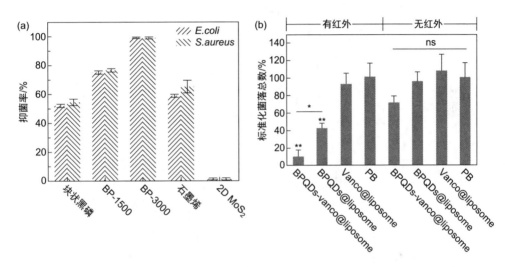

图 9.14 （a）相同的实验条件下，块状黑磷、1500r/min 和 3000r/min 离心转速下得到的黑磷烯、石墨烯和二维 MoS$_2$ 等材料的抑菌率比较[54]；（b）不同材料处理下的体内细菌菌落总数，平行样本数量 $n = 3$[56]（*表示存在显著性差异，此时 $p < 0.05$；ns 表示无显著性差异）

除光热抗菌以外，黑磷还能够通过材料对细胞膜的物理伤害以及产生 ROS 等，触发细胞内物质的泄漏并产生氧化应激达到杀灭细菌的目的。其中，氧化应激的产生是由于 ROS 在胞内的释放能够破坏细菌的氧化还原平衡[59]，且能够在细菌膜之间发生电荷转移，干扰细胞代谢进而扰乱细胞功能的正常进行[60]。Xiong 等人[61] 报道了裸黑磷的抗菌生物活性。在浓度大于 50μg/mL 的黑磷处理下，革兰氏阴性大肠杆菌和革兰氏阳性枯草杆菌在 6h 内即表现出良好的杀菌效果，其杀菌效率最高分别可达 91.65% 和 99.69%。经检测发现，该材料能够在细菌内产生 ROS 并影响乳酸脱氢酶(LDH)的活性〔如图9.15(a)所示〕，干扰细菌内的氧化还原反应以及影响细菌内糖代谢，导致黑磷产生抗菌效果。进一步地，Tan等人[62]通过在黑磷表面修饰一层聚4-吡啶酮甲基苯乙烯得到PPMS/BP，能够在660nm可见光照射下产生并存贮ROS，在黑暗条件下逐步发生ROS的热释放，进而达到抗菌的目的。其与ROS的相互作用原因主要包括4-吡啶酮甲基苯乙烯能够捕获单线态氧并产生内过氧化物，且能够发生热分解释放ROS等，反应过程如图9.15(b)所示。同时，由于PPMS具有疏水性，能够防止黑磷与水、氧气相接触而被氧化，提高了黑磷的稳定性，可用于现场快速消毒和预防感染。

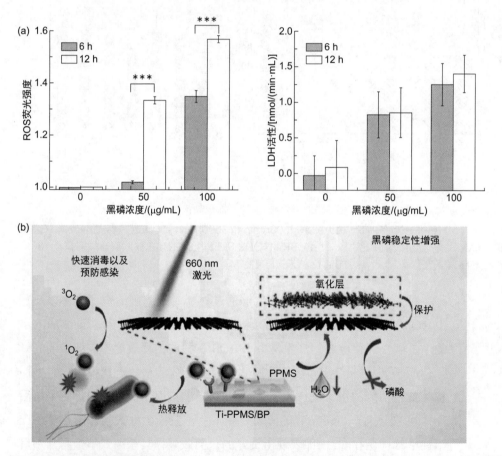

图9.15 （a）经不同浓度黑磷处理6h、12h后，细菌内的ROS数量以及LDH活性，*** 表示 $p < 0.001$[61]；（b）PPMS/BP在有光和无光条件下通过产生 $^1O_2$ 灭活细菌以及提高黑磷稳定性示意图[62]

9.5

黑磷在组织工程方面的应用

　　黑磷不仅能够通过光热、光动力学、自身生物活性以及易实现表面改性等特性来达到抗肿瘤诊断治疗以及杀菌的目的，还能够通过自身的降解以及对细胞信号通路的影响来加快人体的组织再生，主要包括伤口愈合以及骨组织工程再生等。由于黑磷本身同时具备抗肿瘤和抗菌特性，可通过联合三者特性实现协同作用，将其应用于肿瘤物理切除的术后恢复以及骨肉瘤的抑制、成骨再生并防止细菌的滋生，且同时具备可降解性及良好的生物相容性。相比于目前单一功能性药物，黑磷在生物组织工程领域具有广阔的应用前景。

　　黑磷本身具有促进伤口愈合的优良特性，主要通过促进纤维蛋白原的形成、加快早期组织重建过程中的加速结痂以及引起多种细胞增殖分化相关激酶的磷酸化等过程来实现。在人体内，伤口愈合是一个复杂的、动态的、有序的过程，与凝血、炎症、血管生成、组织形成和组织重塑有关。为了加速伤口愈合，人体需要激发内源性细胞促进皮肤细胞积极参与皮肤再生。在该过程中凝血酶能够将纤维蛋白原转化为纤维蛋白，而纤维蛋白是血小板聚集的辅助因子，能够在伤口部位聚集形成血凝块，加速结痂和伤口愈合。与此同时，伤口部位成纤维细胞的增殖和分化在皮肤再生过程中起着关键性作用，在该过程中，成纤维细胞能够合成和分泌大量的胶原纤维和细胞外基质，能够填补伤口组织缺损，为表皮细胞的覆盖创造条件。Mao 等人[63]利用黑磷与壳聚糖水凝胶之间的静电相互作用，制备得到 CS-BP 复合水凝胶。实验证明，该水凝胶能够产生单线态氧，在光照下具有良好的抗菌性能，可加快细菌感染创面的愈合；促进纤维蛋白原形成，触发磷酸肌醇激酶(PI3K)、蛋白激酶 B (Akt)磷酸化、细胞外信号调节激酶(ERK1/2)信号通路，参与刺激细胞的增殖、分化等行为［如图 9.16(a)所示］。体内实验中，与对照组相比，CS-BP 能够显著加快体内伤口愈合进程，且在治疗 14d 后，身体内主要的器官均无明显损伤，具有巨大的临床快速消毒和损伤组织重建应用潜力。

另外，临床上，由于创伤、感染、肿瘤或与年龄有关的骨骼疾病导致的骨缺损的治疗仍然存在较大的挑战。虽然自体骨移植被认为是目前骨再生的基准，但其临床应用受到限制，主要存在供体位置发病率和大小不匹配等问题；同种异体骨移植和异种骨移植也能够用于骨组织再生修复，但存在着骨诱导电位受限、免疫反应、感染和疾病传播潜在风险等问题。由于黑磷的降解产物能够原位转化为增强骨再生的磷酸根离子，提供生物矿化所需的重要组分，可用于骨组织再生、修复等方面的研究。Huang 等人[64] 证明了黑磷烯具有降解成磷酸根离子、捕获钙离子、加速骨缺损的生物矿化的特性，且光照下降解速率加快，可实现磷酸根离子的光控释放。在黑磷烯的处理下，人牙髓干细胞(hDPSCs)中 BMP4、RUNX2 基因在 mRNA 水平和蛋白质水平上的表达均存在显著上调，其中 BMP4 和 RUNX2 分别为骨形态发生蛋白 -4 和成骨分化中必需的转录因子，能够调节骨基质蛋白表达，促进骨骼发育以及调控关键成骨基因的表达，因而 hDPSCs 的成骨分化能力能够通过对 BMP-RUNX2 信号通路的调节得以增强。Yang 等人[65] 将黑磷浸涂于生物玻璃表面，其中黑磷主要通过降解产生磷酸根离子加快原位生物矿化，产生骨传导和骨诱导效应［如图 9.16(b)所示］，能够促进新生大鼠颅骨上哈弗氏管的形成，结合黑磷的光热特性达到杀伤骨肉瘤细胞的目的。除此以外，Raucci 等人[66] 经实验证明，未经处理的二维黑磷存在一定的生物活性，它能够在抑制骨肉瘤细胞(SAOS-2)的同时诱导人成骨前细胞(Hob)和间充质干细胞的增殖和成骨分化。在 SAOS-2 和 Hob 共培养模型中，二维黑磷能够增加抗炎细胞因子(即白细胞介素 -10)的产生及抑制促炎介质(即白细胞介素 -6)的合成，进而预防癌症相关的炎症。将黑磷的上述特性与降解性能及独特的理化性质(如光热作用)相结合，能够在加快骨组织矿化的同时实现骨肉瘤的治疗。目前黑磷应用于骨组织矿化以及骨肉瘤治疗的主要形式包括：3D 打印支架、水凝胶、载药微球等。

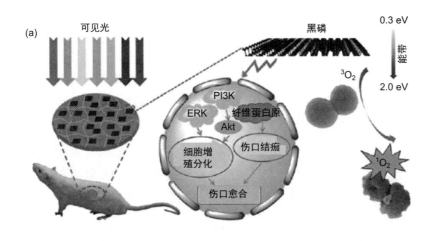

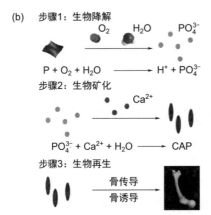

图 9.16 （a）黑磷促进细胞增殖分化示意图，光照下黑磷产生 ROS，并影响 PI3K、ERK 和 Akt 等信号通路，同时还能加快纤维蛋白原的合成，进而加快创伤组织的修复[63]；（b）黑磷诱导发生原位生物矿化过程示意图[65]

为增强黑磷基材料的骨组织修复能力，可将其他材料或者药物与黑磷相复合，达到协同性治疗的效果。Wang 等人[67] 利用微乳化法制备得到包裹黑磷和 Sr^{2+} 的 PLGA 微球。其中 Sr 是一种微量元素，可促进成骨细胞分化和骨形成，抑制破骨细胞活性和骨吸收的作用，目前，欧洲已经批准雷尼酸锶（Protelos®）用于预防和治疗严重的绝经后骨质疏松症，能够降低椎体和非椎体骨折的风险。该材料经成型加工后可用于骨组织的修复和骨肉瘤的预防/治疗。

除包裹黑磷外，对黑磷表面进行修饰同样能够实现更为优良的骨组织修复效果。Liu 等人[68]利用静电吸附能够在材料表面同时修饰黑磷和氧化石墨烯(GO)，GO 能够促进细胞黏附和蛋白质的吸附，黑磷通过磷酸盐的释放增加了成骨细胞行为的结构复杂性，如细胞增殖、铺展、形态、微管蛋白的形成和成骨分化，达到协同性加快骨诱导、骨组织再生进程的效果。Shao 等人[69]利用光化学法，以黑磷为磷源，通过光照活化产生 PO_4^{3-} 与 Ca^{2+} 相结合，在黑磷上实现光化学生物矿化，并固定于水凝胶中。该反应可由近红外光触发，通过改变光强及光照时长实现矿化程度的调控，具备 3D 打印骨支架的制备及肌腱修复等组织工程应用潜力。

9.6

黑磷在生物检测方面的应用

目前，黑磷在重金属离子检测、气体传感和 DNA 链杂交、核酸、蛋白酶和蛋白标记物的探测以及癌症早期诊断等生物传感方面具有广泛的作用，其检测方式主要包括比色传感、荧光传感、电化学传感、场效应晶体管传感、等离激元共振传感等。由于黑磷是一种直接带隙材料，且其带隙宽度随黑磷层数可调，带隙的宽调谐范围允许可见光、红外和紫外区域的广泛吸收。因此，与其他二维材料相比，黑磷具有优异的光学性能，能够对各种类型的生物分析物(如 DNA、蛋白质和无机离子)进行荧光和比色检测。另外，黑磷还具有较高的载流子迁移率 [约为 $1000cm^2/(V \cdot s)$]，10 nm 厚的黑磷纳米薄片，其性能优于 TMDs [如 MoS_2，载流子迁移率为 $100cm^2/(V \cdot s)$]。黑磷的上述特性能够保证其电扰动的高灵敏度，从而能够基于电导率测量实现气体的检测。与此同时，黑磷具有较高的电流开关比，能够实现其在场效应晶体管传感中的应用。且黑磷的双极性特性也使它能够同时检测带正电荷和负电荷的生物分析物。与其他二维材料相比，黑磷材料具有独特的平面内各向异性，如光热以及电子传导速率、电子质量等物理性质，在沿 zigzag 方向存在高度各向异性，在生物传感方面具有极大的应用潜力。

9.6.1　气体检测

　　二维材料，如石墨烯和过渡金属硫化物等，由于其具有巨大的比表面积，及其独特的导电特性等多重性能，因而在化学传感器件的研究中具有极大的应用价值。在气体传感方面，巨大的比表面积使得二维材料拥有密集的表面吸附位点，通过改变二维材料中的层数，可以很容易地调节得到具有合适带隙的自定义传感通道。与此同时，二维材料具有多种选择性分子吸附活性位点，包括空位、边缘、基面和缺陷等。在与气体分子结合过程中，二维材料发生 n 型或 p 型响应，引起电学性能的变化，进而实现气体的快速、高灵敏度传感。

　　不同的二维材料对目标气体分子的吸附能力存在一定的差异，这主要取决于它们的带隙开放状态、分子吸附能以及物理性质等。例如，石墨烯和还原氧化石墨烯(rGO)由于具有半金属通道特性的高导电性而表现出低信噪比和对目标分析物稳定的响应特性。然而，与其他二维材料相比，基于黑磷的气体传感器具有更高的灵敏度，主要原因包括：①黑磷具有优良的气体分子吸附能力，与其他二维材料相比，黑磷与气体之间的吸附能更大，使得基于黑磷材料的场效应晶体管中 I-V 关系随吸附分子类型的不同沿扶手椅方向或之字形方向发生显著变化；②与其他二维材料相比，二维黑磷的平面外电导率较低，该特性可能导致对磷表面附近的目标分析物产生更敏感的响应；③与石墨烯等其他二维材料相比，黑磷具有折叠的非平面结构，因而比表面积相对更高，能够提供更多的气体结合位点。Cho 等人[70] 精确地比较了黑磷、MoS_2 和石墨烯的化学传感性能，包括响应／恢复时间、选择性、摩尔响应因子和吸附行为等。结果表明，与其他具有十亿分率(ppb)水平检测能力的二维材料相比，黑磷的响应时间大约快 40 倍，能够在几秒钟内完全响应浓度为 $1×10^{-6}$ 以上的 NO_2(如图 9.17 所示)。此外，只有黑磷表现出对 NO_2 的高度选择性反应，对氧功能化分子(如丙酮、乙醛、乙醇、甲苯、己烷等)以及 H_2 等无明显吸附反应，而 MoS_2 和石墨烯对所有化合物的反应均相似。当 NO_2 浓度为 $1×10^{-6}$ 时，黑磷传感器的响应约为 80%，而石墨烯和 MoS_2 传感器电阻变化仅分别为 10% 和 15%。通过对单层黑磷结构进行 DFT 理论模拟，表明上述选择性反应可能是由于黑磷的分子吸附能高于 MoS_2 和石墨烯引起的。

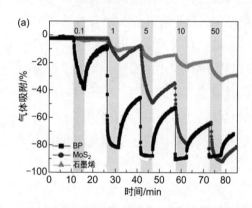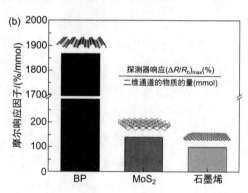

图 9.17　不同二维材料的动态气体响应特性对比[70]

(a)黑磷、MoS_2 和石墨烯传感器在大范围稀释的 NO_2($0.1×10^{-6}$ ~ $100×10^{-6}$)气体分子上的电阻变化情况；
(b)计算得到的黑磷、二硫化钼和石墨烯的摩尔响应因子[70]

黑磷对不同类型的气体所具有的吸附能力存在一定的差异，Donarelli 等人[71] 对黑磷与多种气体进行系统性的研究，包括氧化性的 NO_2、CO_2 和还原性的 NH_3、H_2 和 CO。结果表明，黑磷的气体吸附能力顺序为 NH_3> NO_2>H_2，且对 CO_2 和 CO 无显著性吸附。当所吸附气体具有的氧化还原特性不同时，黑磷传感器的相对灵敏度值随气体浓度增加而呈现相反趋势的变化［如图 9.18(a)所示］。Abbas 等人[72] 根据黑磷器件对吸附在表面的分子的传感性能与朗缪尔等温线进行良好的拟合，证实电荷转移是气体传感的主导机制，其中气体分子对黑磷电荷方面的影响可能与 NO_2 分子具有吸电子特性以及气体分子对黑磷烯的空穴掺杂相关。所报道的黑磷基场效应晶体管能够探测到的 NO_2 气体浓度低至 $5×10^{-9}$，且随气体浓度的增加，对应场效应晶体管的漏电流 - 门电压呈线性变化，如图 9.18(b) 所示，具有极大的气体、化学传感应用潜力。

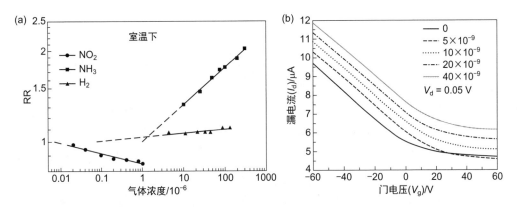

图 9.18 （a）RR（R_g / R_a）[氧化（NO_2）和还原（NH_3 和 H_2）气体相对于空气的电阻值比] 室温下与浓度关系图，虚线为理论外推曲线 [71]；（b）不同 NO_2 气体浓度下多层黑磷场效应管的 I_d-V_g 曲线 [72]

为改善黑磷的化学传感性能，并调节其对靶标分子的响应分析，可通过改变材料的物理结构或进行表面功能化、缺陷工程等物理、化学方式来实现，如：配体共轭、化学掺杂和分子物理吸附等。Lee 等人 [73] 设计具有悬挂结构的黑磷基场效应晶体管，在增加黑磷与靶标分子的接触面积的同时能够减少界面散射效应。与传统的支撑式黑磷气体传感器相比，在 NO_2 浓度为 $200×10^{-6}$ 时，气体响应增加了约 23%。与此同时，悬浮型黑磷化学传感器具有响应速度快、回收率高、重现性好等特点。另外，还能够通过在黑磷表面修饰 ZnO、Co_3O_4 等其他种类的纳米粒子，形成异质结构来改善黑磷的传感性能。经 ZnO 纳米颗粒修饰后的多层黑磷复合材料对 NO_2 气体分子的吸附能为裸黑磷的 1.29 倍，电荷转移值为裸黑磷的 1.81 倍，具有高响应、快速响应、优异的选择性等特点，能够达到浓度为 $1×10^{-9}$ 的超低检测限 [74]。在少层黑磷烯表面修饰约 4～6nm 的 Co_3O_4 纳米颗粒能够增加黑磷与 NO_x 气体间的结合能，同时加快电荷转移[75]，反应过程如式(9.1)～式(9.4)所示。在室温、空气环境下，该材料对 NO_x 的反应灵敏度与黑磷相比提高 8.38 倍，对 100×10^{-6} NO_x 的响应时间缩短为 0.67s，是裸黑磷传感器响应速度的 4 倍，检测限低至 10×10^{-9}。

$$O_2 + e^- \longrightarrow O_2^- \tag{9.1}$$

$$NO(NO_2) + O_2^- + 2e^- \longrightarrow NO^-(NO_2^-) + 2O^- \tag{9.2}$$

$$Co_3O_4 + NO \longrightarrow Co_3O_3 + NO_2 \tag{9.3}$$

$$NO(NO_2) + Co^{3+} + O_2^- + 3e^- \longrightarrow Co^{2+} + NO^-(NO_2^-) + 2O^- \tag{9.4}$$

除此以外，黑磷还能够与过渡金属二硫化物以及六方氮化硼等其他二维材料通过范德瓦耳斯力作用形成异质结来提高气体传感性能。Feng 等人[76]报道了一种基于黑磷和 $MoSe_2$ 的气体传感器，其结构如图 9.19(a)所示。该材料能够结合黑磷对 NO_2 气体较强的特异性吸附作用以及 $MoSe_2$ 可调的势垒高度，进一步实现低浓度下气体分子的捕获以及传感灵敏度的提高，与单一型材料相比，气体探测灵敏度增强了 5～6 倍。相类似的，Shi 等人[77]制备得到基于 BP/BN/MoS_2 异质结的场效应晶体管，其制备过程如图 9.19(b)所示，其中黑磷、BN 和 MoS_2 分别起到气体捕获、介电层和电荷传导的作用。上述传感器能够在达到 3.3×10^{-9} 的 NO_2 气体检测限的同时区分氧化还原气体。

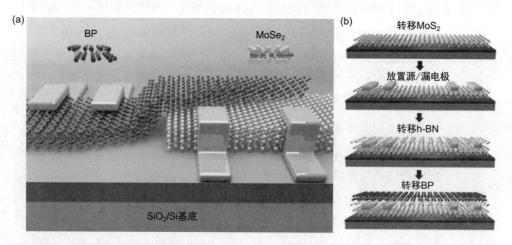

图 9.19 （a）黑磷和 $MoSe_2$ 晶体结构以及 BP/$MoSe_2$ 异质结器件示意图[76]；（b）基于 BP/BN/MoS_2 异质结的场效应晶体管制备过程示意图[77]

目前也有研究者通过制备二维黑磷的衍生物来实现 NO_2 气体传感，如：单层 α 相碳化黑磷、单层磷化砷等。与黑磷烯相比，上述材料具有更高的分子吸附特异性，分别能够特异性吸附 NO_2 和 SO_2。虽然已有多项研究表明黑磷可应用于一种高灵敏度的气体传感平台的构建，但其在医学诊断中的应用尚未得到探索。因此，未来的研究还可以包括使用黑磷进行呼吸气体分析(如测量呼吸氨和一氧化氮水平)，从而检测各种疾病，如肾病和哮喘。这种简单的诊断方法有可能取代传统的挥发性有机化合物测定方法。

9.6.2 生物大分子检测

区别于石墨烯、过渡金属二硫化物等二维材料，黑磷具有在空气中易于降解的特性，因而表现出较强的还原性和良好的供电子能力。且黑磷的氧化还原电位较低，能够作为良好的电子供体提供电子，并在氧化还原反应中提高催化剂的还原性，进而提高生物传感器的灵敏度。同时，黑磷具有优良的电子转移性能，载流子迁移率高达 $1000cm^2/(V \cdot s)$。上述特性使得黑磷能够用于多种蛋白质的检测，检测酶活性，以及核酸检测等多重生物检测。

目前基于黑磷的蛋白质浓度检测传感器，主要利用荧光的产生和猝灭以及电化学发光原理来实现蛋白质的定量检测。在酶联反应过程中，抗原抗体的特异性结合能够影响黑磷本身的物理化学性质，如：催化显色反应的能力以及导电性等。黑磷本身带负电，表面能够吸附带正电的蛋白质，当检测相关的蛋白质为中性或带负电时，黑磷与其结合能力相对较差，通常需要对黑磷表面进行修饰来增大其吸附相应蛋白质的能力，所用修饰材料包括金纳米颗粒、多聚赖氨酸(PLL)等，分别可用于增强带巯基和负电的蛋白质的吸附。Peng 等人[78]制备得到经金纳米颗粒修饰后的多层黑磷(Au-BP)，该材料能够高效地供给电子，从而催化还原 4-硝基苯酚(4-NP)，如图 9.20(a)所示。在上述氧化还原反应过程中，将黄色 4-NP 到无色 4- 氨基酚(4-AP)的颜色反应转换为比色信号进行输出。当 Au-BP 表面吸附癌胚抗原(CEA)抗体后,黑磷的催化反应位点被遮盖,无显著性催化活性,溶液呈黄色;当样本中存在 CEA 蛋白时,能够与黑磷表面相应抗体相结合从而在黑磷表面脱吸附,可用于临床血清样本中癌症生物标志物中 CEA 的定性定量检测。为提高检测灵敏度,可利用黑磷与其他导电性良好的材料复合,同时增强黑磷与蛋白质之间的作用力等来实现。Cai 等人[79] 报道了一种基于多孔石墨烯功能化黑磷(PG-BP)复合材料的环境友好、无标记的瘦素检测酶联免疫传感器。其中,PG 与黑磷之间主要通过二者表面等离子体激元之间的强相干耦合相结合,两种材料的电化学性能具有协同作用,能够在提高了黑磷稳定性的同时增强其导电性能。随后依次用金纳米粒子、半胱胺、戊二醛修饰 PG-BP。利用戊二醛的交联作用增强抗瘦素与黑磷的结合能力,从多方面对材料的检测灵敏度进行提高。实验表明,在最佳条件下,该免疫传感器的线性范围为 0.150 ~ 2500pg/mL,检出限为 0.036pg/mL [如图 9.20(b)所示],具有良好的选择性和抗干扰能力,可用于临床上非酒精性脂肪性肝病(NALFD)的早期筛查和诊断。同样的,修饰 PLL 后黑磷表面带正电,可用于吸附带负电的蛋白质进行相关检测。

另外,由于黑磷量子点具有与 $Ru(bpy)_3^{2+}$ 反应产生强阳极电致发光(electrogenerated chemiluminescence, ECL)的特性,同样可用于蛋白质含量的测定。例如,Liu 等人[80] 利用基于黑磷量子点(BPQDs)的金电极产生的 ECL 强度来对溶解酵素蛋白的浓度进行测量。该电极主要由 BPQDs- 苯乙烯 - 丙烯酰胺(St-AAm)纳米球、具有巯基末端的溶解酵素适配体探针、DNA 以及金电极组成 [如图 9.20(c)所示],适配体通过 Au—S 键固定,包裹 BPQDs 的聚合物能够通过带正电的氨基连接带负电的 DNA,然后通过探针与 DNA 的杂交将 BPQDs 固定于电极表面,产生电致发光。而当溶解酵素存在时,适配体优先结合溶解酵素而与 DNA 脱吸附,导致 ECL 信号的降低。该适配体传感器对 0.1 ~ 100pg/mL 范围内溶解酵素的检测具有较高的灵敏度,检测限低至 0.029pg/mL,同时具有良好的重现性、选择特异性和长期稳定性。黑磷还能够通过掺杂的方式来提高 ECL 发光强度，与目标分子结合后 ECL 发光强度变化更为显著，进而实现黑磷基 ECL 传感器的优化。例如，利用水热法制备得到掺杂氧化锌的黑磷量子点（BPQDs@ZnO）[81]，该材料在 $K_2S_2O_8$ 溶液中具有较强的 ECL 发光信号。相类似的，在黑磷烯表面修饰金纳米颗粒后能够用于 ECL 电极的制备，可用于检测棒曲霉素[82]。上述方法可应用于除溶解酵素、棒曲霉素以外其他多种蛋白质等生物大分子的检测。

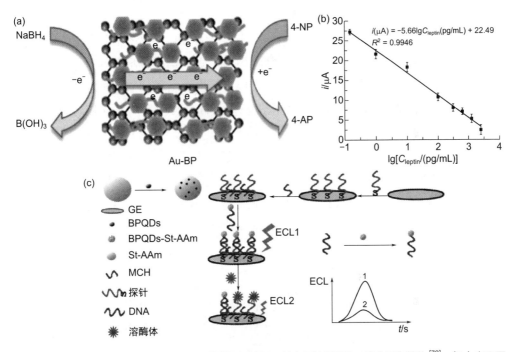

图 9.20 （a）Au 对 4-NP 还原的催化活性增强示意图，其中层状黑磷为二维电子存储体[78]；（b）在不同瘦素（leptin）浓度下，利用 PG-BP 检测到的电流衰减情况[79]；（c）基于 BPQDs 的 ECL 传感器制备以及蛋白检测过程示意图[80]

除此以外，基于所运载底物和相应酶之间的反应对荧光强度产生的影响，即荧光猝灭特性，黑磷基生物传感器还能够用于酶浓度的测定，进一步观察荧光强度随时间的变化情况可判断酶活性的变化。Gu 等人[83]利用乙酰胆碱酶催化产物与本身具有荧光特性的黑磷量子点（量子产率高达 8.4%）之间的相互作用来测定该酶活性。其反应过程如图 9.21（a）所示，乙酰硫代胆碱（ATCh）经乙酰胆碱酸酯酶解后的产物硫基胆碱（Tch）

与 5,5′-二硫代双(2-邻硝基苯甲酸)(DTNB)发生反应，生成的 5-硫代苯甲酸阴离子(TNB)可使 BPQDs 的荧光发生猝灭。该方法的线性检测范围为 0.2～5U/L，检测限为 0.04U/L。Hu 等人[84] 则是利用二维黑磷对荧光的猝灭作用以及蛋白质对黑磷荧光猝灭的干扰等特性来测定相应蛋白酶的活性。如图 9.21(b)所示，所选用的荧光探针为二萘嵌苯，能够通过静电吸附修饰于黑磷表面，当带正电荷更多的组蛋白修饰于黑磷表面时能够占据荧光吸附位点并产生荧光，而当蛋白酶将组蛋白降解为肽碎片时，荧光探针仍然吸附于黑磷表面且不表现出荧光特性。根据荧光的强度可判断相应蛋白酶的浓度，同时还能够通过检测荧光强度变化来判断一定浓度下的酶反应活性，可用于反应的动力学监测。该方法可检测浓度低至 1ng/mL 的胰蛋白酶，且具有无标记、灵敏、选择性好等优点。另外，还有研究人员同时利用 FAM 和 Cy3 标记的核酸适配体同时修饰于黑磷烯表面[85]，结合黑磷烯的高效猝灭特性以及 ssDNA(或RNA)适配体的高特异性，实现肿瘤细胞的简单、高灵敏性、高特异性检测。当荧光物质 FAM、Cy3 标记的 ssDNA 或 RNA 核酸适配体通过范

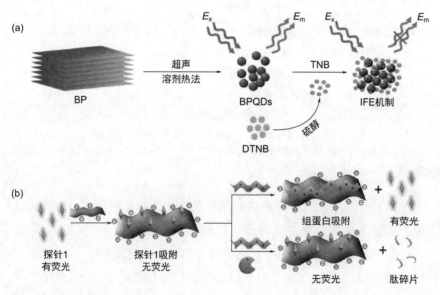

图 9.21 （a）利用黑磷量子点的荧光猝灭特性检测乙酰胆碱酯酶活性机制示意图[83]；（b）基于二维黑磷的蛋白酶检测系统原理示意图[84]

德瓦耳斯力与黑磷烯相结合时，标记适配体的荧光均被猝灭。由于不同亚型乳腺癌细胞所表达的肿瘤标记物存在一定的差异，因而分别能够与相应的核酸适配体相结合，导致所标记的 FAM 和 Cy3 荧光得以恢复。根据是否有荧光产生能够判断有无乳腺癌细胞，同时还能够根据荧光的颜色来判断所检测细胞表面包括哪些标记物，属于乳腺癌细胞中的哪一类细胞株，在保证灵敏性和特异性的前提下具有分析程序简单、检测量大、检测成本低等特点。

目前，黑磷烯能够通过表面等离激元共振(SPR)以及荧光等方法来进行核酸的检测。当利用 SPR 方法进行检测时，核酸链主要通过 DNA/RNA 杂交过程中等离激元共振角度的变化来实现定性、定量检测，其中黑磷主要起到增敏的作用。Wu 等人[86] 报道了一种由少层黑磷、石墨烯层和 TMDCs 层组成的新结构 SPR 传感器，该结构用于增强基于 Ag 的 SPR 传感器的灵敏度。结果表明，与传统 SPR 传感器相比，该传感器的灵敏度提高了约 2.4 倍。Meshginqalam 等人[87] 在基于 Au 的 SPR 传感器表面覆盖黑磷及其他二维材料，其结构如图 9.22(a) 所示。当黑磷和 WS_2 的层数分别为 10 和 1 时，该传感器的灵敏度最高，约为 187° /RIU，为常规 SPR 传感器灵敏度的 2 倍以上。Pal 等人[88] 在黑磷的表面覆盖了石墨烯层，石墨烯表面类似苯环的电子云结构使其能够通过 π 键结合游离的 DNA 分子，从而在进一步提高灵敏度的同时避免黑磷发生氧化。当不同浓度的 DNA 单链与基底的互补链相结合时，该材料的等离激元共振角度发生偏移，且具有较高的浓度敏感性 [如图 9.22(b) 所示]。该传感器的灵敏度为 125° / RIU，检测精度高达 95%，在医学诊断和生化检测方面具有极大的应用潜力。

黑磷与荧光物质之间的荧光产生 / 猝灭情况同样能够用于核酸的检测，所测核酸包括 ssDNA 和 microRNA 等能够实现碱基互补配对的短链核酸分子。Yew 等人[89] 通过分散力和疏水性相互作用将 Dabcyl 酸(4- 二甲胺偶氮苯 -4′- 羧酸)吸附于黑磷表面形成荧光分子团，当同时加入单链 DNA 时，黑磷优先与 DNA 吸附，导致荧光发生猝灭。然而，当溶液中存在靶标 cDNA 时，单链的寡核苷酸能够与其互补配对形成双链，进而重新产生荧光信号［如图 9.23（a）所示］。利用该方式在黑磷烯表面构建的纳米传感器具有较宽的线性检测范围和良好的线性$(r = 0.91)$，其线性浓度范围为 4～4000pmol/L。同时还具有区分三核苷酸多态性的能力以及高灵敏度，其检测限(limit of detection，LOD) 较低，约为 5.9pmol/L；定量限(limit of quantification，LOQ) 低，约为 19.7pmol/L。该荧光检测平台在蛋白质、酶和无机离子等浓度检测方面同样具有良好的应用前景。Zhou 等人[90] 设计的 miRNA 检测传感平台的示意图如图 9.23（b）所示。首先，利用核酸基与黑磷烯中的 P 原子之间存在的范德瓦耳斯力相互作用使得 6- 羧基荧光素(6-FAM) 标记的 ssDNA 探针(pDNA) 吸附在黑磷烯表面。pDNA 与黑磷烯的接近导致了荧光共振能量从 FAM 发生转移，从而引起 FAM 荧光猝灭。加入靶 miRNA 后，由于 pDNA 能够通过杂交与互补 miRNA 链形成双链，使得黑磷烯与 pDNA 的亲和力降低，导致 pDNA 释放以及标记 pDNA 的 FAM 荧光的恢复。结果表明，在该过程中荧光信号强度的改变量与浓度 1000nmol/L 内目标 miRNA 的浓度具有良好的线性相关性，可用于对核酸进行较为精确的定量检测。

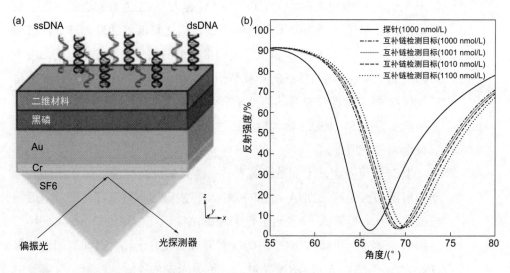

图 9.22 （a）表面覆盖黑磷、石墨烯和 TMDCs 层等二维材料的 Au 基 SPR 生物传感器结构示意图[87]；
（b）不同浓度的互补 DNA 引起 Au 基 SPR 生物传感器曲线变化情况[88]

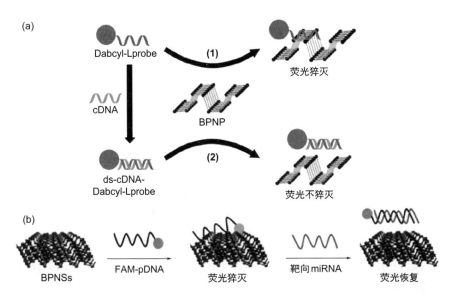

(a)

Dabcyl-Lprobe

cDNA

BPNP

(1)

荧光猝灭

ds-cDNA-
Dabcyl-Lprobe

(2)

荧光不猝灭

(b)

BPNSs

FAM-pDNA

荧光猝灭

靶向 miRNA

荧光恢复

图 9.23 （a）以黑磷烯作为荧光团的 DNA 检测策略示意图[89]；（b）基于黑磷烯的荧光 miRNA 传感平台示意图[90]

9.6.3 液/固相无机物检测

在临床检测过程中，由于靶向生物标志物通常存在于临床血液样本，浓度极低，因而对生物医学传感器的灵敏度和特异性具有较高的要求。黑磷由于其自身所具有的独特能带结构、导电特性、开关比、易进行表面功能化修饰以及良好的生物相容性等特点，而被用于高灵敏度生物传感器的研究。目前，黑磷不仅能够用于气体小分子、生物大分子的检测，还能够实现大量的固/液相无机物分子的鉴定或定量检测，主要包括多种离子、生化小分子、过氧化氢、$PM_{2.5}$、双酚以及空气湿度，等等。

本征黑磷主要通过在所检测离子溶液中，材料的电学性能、荧光比色强度等的变化情况来实现离子浓度的检测。在电学性能测定方面，黑磷基器件主要通过与离子结合过程中，表面电荷效应引起载流子密度变化情况来实现对离子浓度的测定。为提高黑磷基场效应晶体管对所测离子的检测灵敏度，可通过增加黑磷烯与所测离子溶液的接触面积来实现，包括悬空、集成于倾斜光栅等方法。当黑磷在传感器中处于悬空结构并处于亚阈值状态下运行时，具有最佳的门控效果、更大的传感面积、更小的低频噪声，能够提高黑磷基传感器的灵敏度和异常检测限。Li 等人[91] 所设计的悬架型黑磷基传感器［如图 9.24(a) 所示］对 Hg^{2+} 的检测限能够低至 0.01×10^{-9}，响应时间仅为 3s，具有良好的稳定性、重复性和选择性。在没有衬底散射的情况下，悬浮黑磷器件的 $1/f$ 噪声降低至 1/10，信噪比得到显著提高。当黑磷集成于光栅结构时，高质量的黑磷覆盖及厚度控制可实现独特的光学特性。Liu 等人[92] 利用黑磷沉积技术［如图 9.24(b) 所示］，通过相应的共振波长位移和强度变化，对光纤光栅的相位条件和光耦合系数进行了调制，用于增强光物质界面和化学传感。制备得到的黑磷集成光栅 (BP-TFG) 对 Pb^{2+} 表现出极高的灵敏度，最高可达 $0.5\times10^{-3}dB/10^{-9}$，检测限低至 0.25×10^{-9}，浓度范围从 0.1×10^{-9} 扩大至 1.5%。在荧光比色方面，Gu 等人[93] 基于四苯基卟啉四磺酸 (TPPS) 对 BPQDs 的内滤波效应 (IFE)，构建了一种新型的黑磷基比色荧光传感器，可用于 Hg^{2+} 的高选择性、高灵敏度检测。在 Hg^{2+} 存在条件下，由于 BPQDs 的激发与 TPPS 的吸收光谱重叠而产生的 IFE 受到抑制，BPQDs 的荧光得到恢复。同时，TPPS 与 Mn^{2+} 配位后，其红色荧光被猝灭。这些现象是由于 Mn^{2+} 与 TPPS 在 Hg^{2+} 存在下快速配位，导致 TPPS 的吸收

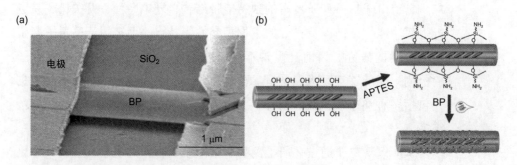

图 9.24 （a）拥有悬浮黑磷结构的场效应晶体管扫描电镜图[91]；(b) 黑磷集成光栅制备过程示意图（APTES—3- 氨基丙基三乙氧基硅烷）[92]

急剧下降。在此基础上设计的黑磷基荧光比色传感器对Hg^{2+}的线性响应范围为 1 ~ 60nm，检测限为 0.39nmol/L。

然而，所测离子并不总是单一地存在于溶液中，当其与其他多种离子相混合时，可通过在黑磷基场效应晶体管表面涂覆一层相应的离子载体[94,95]或进行表面功能化修饰[96]来提高该传感器对目标离子检测的选择性和灵敏度。Li 等人[95]利用离子膜包封的黑磷基传感器实现选择性极强的多路离子检测，如图 9.25(a)所示，该传感器在实现痕量离子检测的同时还能够显著地改善黑磷在空气中的稳定性。实验结果表明，该传感器对Pb^{2+}的灵敏度可达1×10^{-9}，提取离子的吸附时间常数仅为 5s。此外，在较宽的浓度范围内，该传感器都能够有效地检测到重金属离子，主要通过黑磷表面对离子的吸附所引起的朗缪尔等温线以及电导的变化得以实现。这种简单的离子膜再封装方法为实现具有空气稳定性的黑磷传感器提供了新的研究思路，具有良好的基础研究和潜在应用价值。另外，黑磷可通过表面功能化修饰来对不易吸附于其表面的离子进行捕获，进而根据黑磷基场效应晶体管的源 - 漏电流的变化情况来确定离子浓度。Zhou 等人[96]通过在黑磷表面修饰金纳米颗粒使其具备巯基吸附功能，从而能够有效结合具有As^{3+}捕获特异性的二硫苏糖醇（DTT），实现As^{3+}的有效检测，如图 9.25(b)所示。该传感器性能优良，检测限较低，约为 1nmol/L，远低于美国环境保护局建议的饮用水As^{3+}的最大污染物浓度 130nmol/L，响应时间低至 1 ~ 2s。同时，该传感器对As^{3+}的检测具有良好的选择性，对其他金属离子(如Hg^{2+}、Ca^{2+}、Cd^{2+}等)的浓度变化不敏感。总体来说，该传感器具有快速、选择性好、灵敏、检测稳定的特性，在水中砷的原位检测方面具有极大的应用潜力。还有研究者进一步制备得到黑磷激光解吸电离质谱(BP/ALDI-MS)，用来测定复杂生物样品中的低分子量化合物，包括醛类、硫醇类和羧酸类等[97]。

由于过氧化氢在工业、医药、环境等领域具有重要的应用价值，因而研究一种快速、准确的方法对其进行灵敏、选择性检测具有重要意义。目前H_2O_2的检测方法包括：色谱法、荧光法、化学发光以及电化学法

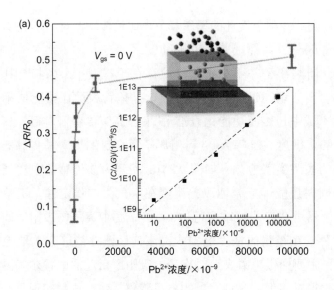

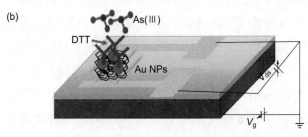

图 9.25 （a）基于黑磷的离子选择性透过场效应晶体管示意图及其相对电阻变化值（$\Delta R/R_0$）随 Pb^{2+} 浓度变化情况，插图中，较高浓度下黑磷的浓度与电导率比值（$C/\Delta G$）和 Pb^{2+} 浓度具有良好的线性相关关系[95]；（b）金纳米颗粒以及二硫苏糖醇修饰的黑磷烯（BP/Au NP/DTT）及其所制备得到的场效应晶体管示意图，该传感平台可用于高灵敏度、快速 As^{3+} 检测

等，其中贵金属纳米粒子以及合金纳米离子已被广泛应用于 H_2O_2 传感器的非酶法制备，但由于贵金属纳米颗粒成本较高，在实际应用中无显著优势，因而，一种廉价的、具有良好生物相容性、高表面活性以及快速电子转移特性的材料亟待被发现并应用于 H_2O_2 的浓度检测。黑磷由于其自身良好的生物相容性、较高的电子迁移率以及巨大的比表面积（可提供分子吸附位点）等优良特性而受到研究人员的广泛关注，它能够通过多种表面修饰方式及测量前后材料的电化学特性，包括电化学发光、电

流响应等，来对溶液中 H_2O_2 的浓度进行检测。Ding 等人[98]利用黑磷量子点掺杂氧化锌纳米粒子，并将其修饰于玻碳电极制备得到 BPQDs@ZnO/GCE，其中 BPQDs 在调控 ZnO 生长形貌的同时还能够提高材料的电导率。由于 BPQDs@ZnO 纳米复合材料被 H_2O_2 氧化从而产生一定程度的电流响应，过氧化氢浓度的差异可通过电流的响应变化幅度来反映，在 $0.05 \sim 5$mmol/L 浓度范围内存在电流的线性响应，灵敏度为 $195.4\mu A \cdot L/(mmol \cdot cm^2)$；另一线性范围为 $0.5 \sim 10$mmol/L，灵敏度为 $401.7\mu A \cdot L/(mmol \cdot cm^2)$，检测极限约为 $2.5\mu mol/L$，信噪比为 3。该电极具有良好的重现性和长期稳定性，适用于实际样品的检测。进一步地，该研究人员将黑磷烯修饰于玻碳电极，制备得到一种强阳极电致化学发光信号传感器 BP NS/GCE[99]，其中黑磷烯能够在 380nm 激发波长下发射荧光，而 H_2O_2 能够与处于激发态的黑磷烯发生反应，显著抑制其电化学发光。在 $1.0 \times 10^{-9} \sim 1.0 \times 10^{-6}$mol/L 的 H_2O_2 浓度范围内，该传感器的电流强度与所测 H_2O_2 浓度具有良好的线性关系，检测限为 0.96nmol/L。除此以外，还能够通过在黑磷表面修饰 H_2O_2 分解催化分子来实现 H_2O_2 的精确检测。Zhao 等人[100]提出了一种合成聚赖氨酸 - 黑磷(PLL-BP)杂化物的简单非共价改性策略，能够通过静电吸附在黑磷表面固定带负电的血红蛋白得到 Hb@PLL-BP [如图 9.26(a)所示]，其具有良好的 H_2O_2 催化分解能力。黑磷良好的导电性和生物相容性使其在维持血红蛋白的天然结构和生物活性的同时，能够实现快速的电子传递。当 H_2O_2 的浓度范围为 $10 \sim 700\mu mol/L$ 时，浓度与所测电流具有良好的线性关系。Hb@PLL-BP 不仅可用于 H_2O_2 的浓度检测，还具有构建新型生物燃料电池、生物电子学和生物传感器的生物相容构件等应用潜力。

黑磷对目标物质的检测不仅能够通过其电学、光学特性的变化得以实现，还能够通过检测质量的变化来达到检测的目的。Yao 等人[101]将黑磷烯沉积于石英晶体微天平电极表面，制备得到基于黑磷的石英晶体微天平传感器，传感原理如图 9.26(b)所示。该传感器具有良好的环境湿度感知能力，对湿度的谐振频率响应呈现出良好的对数曲线，其灵敏度与黑磷烯的沉积量成正比。此外，基于黑磷的石英晶体微天平湿度传感器在 11.3% ～ 84.3% 相对湿度范围内具有较高的频率稳定性，除湿度敏感性和稳定性外，具有湿度滞后小、动态响应快、恢复速度快的特点。经不同方式进行功能化的黑磷基材料还能够用于有机双酚 $A^{[102]}$、$PM_{2.5}^{[103]}$ 等多种物质的检测。

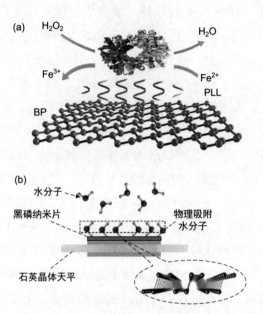

图 9.26 （a）在黑磷表面修饰聚赖氨酸（PLL）和血红蛋白，以及催化分解 H_2O_2 示意图[100]；（b）基于黑磷的石英晶体微天平传感器结构及工作原理示意图[101]

　　黑磷烯和黑磷量子点具有良好的电化学性质、荧光性质和电子转移能力，可通过比色检测、荧光传感、电化学传感、场效应晶体管传感等方式来实现目标物的检测。目前，黑磷已被用于高敏感度疾病生物传感平台的构建，通过与疾病相关的基因序列或表达蛋白发生相互作用来实现多种疾病的诊断，如心血管疾病、乳腺癌等。黑磷对多种离子的高灵敏度、高选择性检测可用于离子相关的生物体疾病的筛查，如水俣病等。除此以外，黑磷对更多种分子的检测策略相继被提出，包括 H_2O_2、H_2O、双酚 A 和 $PM_{2.5}$ 等，表明黑磷在检测以及生物传感方面具有巨大研究潜力。当所测分子在黑磷基传感器表面能够实现快速脱吸附时可实现检测物浓度的实时监控，这使得黑磷在检测方面的应用有望得到进一步拓展。

9.7
黑磷在其他生物方面的应用

除抗肿瘤、抗菌、组织工程和生物检测以外，黑磷在慢阻肺、神经退行性疾病、阿尔茨海默病的治疗，疫苗的制备以及基因编辑等多重生物医学方面也存在相关的应用。Li 等人[104]针对慢阻肺治疗中普遍存在的给药效率低、存在黏液屏障、异常炎症反应等缺点，设计了一种基于黑磷量子点的纳米药物控释载体，可用于提升慢阻肺给药效率并实现协同治疗、抗菌等效果。该载体主要采用离子交联法将黑磷量子点 (BPQDs) 和慢阻肺治疗药物阿卡米星 (AM) 包裹于壳聚糖纳米微球当中，进一步经亲水性 PEG 表面改性后，可快速穿透肺部黏液层并作用于肺上皮细胞。由于黑磷量子点在氧化降解过程中产生磷酸根离子，导致壳聚糖纳米微球内部环境转变为微酸性，引起微球的降解及壳聚糖氨基基团的质子化，在增强壳聚糖的抗菌能力的同时，还能够加快慢阻肺治疗药物的释放。实验结果显示，该药物载体能够显著抑制铜绿假单胞菌的生长，且能够在低毒副作用的前提下明显改善小鼠慢阻肺气道阻塞症状，为解决因呼吸系统疾病黏液屏障所导致的药物治疗效果不佳问题提供了新的治疗策略。

近年来，研究人员发现铜稳态失衡与氧化应激以及蛋白质聚集有关，产生的氧化压力不仅会触发细胞成分 (如：DNA，脂质和蛋白质) 被活性氧 (ROS) 氧化而引起损伤，还会影响细胞信号通路和细胞过程，导致神经退行性疾病的发生。Chen 等人[105]发现黑磷烯具有良好的 Cu^{2+} 捕获能力，结合黑磷烯的光热效应和良好的生物相容性，可在增加血脑屏障通透性并保证生物安全性的同时有效吸附 Cu^{2+}，从而减少过渡金属代偿性肌张力障碍的发生，实现神经退行性疾病的预防和治疗。实验结果表明，在人体内的多种过渡金属离子中，黑磷对 Cu^{2+} 存在特异性的吸附。同时，在生理条件下，黑磷烯还可以作为抗氧化剂，减少 Cu^{2+} 代偿功能失调相关细胞毒性 ROS 的形成，能够实现神经退行性疾病的有效治疗。进一步研究黑磷对细胞功能特性（如：活力、增殖和分化）的影响，以及黑磷-细胞之间的相互作用，对于黑磷进一步的再生医学应用将具有指导性意义。与其他二维材料（如：石墨烯、过渡金属硫化物）相比，黑磷兼具有良好的生物相容性、电子迁移率和可降解性，将黑磷与神经元或心肌细胞连接可以潜在地探索和刺激其电行为，从而促进神经或心肌细胞的再生。

除癌症以外，黑磷对多种疾病同样存在一定的预防和治疗效果，如：个性化癌症疫苗、阿尔茨海默病治疗等。传统研究中，黑磷的光热效应主要是用于肿瘤细胞的高温杀伤和药物控释，而 Ye 等人 [106] 将该特性用于招募抗原呈递细胞，实现抗肿瘤疫苗的制备。他们利用患者手术切除的肿瘤细胞膜包覆于黑磷量子点形成纳米囊泡（BPQDs-CCNVs），并将其装入含有粒细胞-巨噬细胞集落刺激因子（GM-CSF）、PD-1 检查点阻断抗体和脂多糖（LPS）的热敏水凝胶中，能够诱导有效和持久的抗肿瘤反应，实现个性化癌症疫苗的制备。与传统单抗原疫苗受个体化表位鉴定的限制相比，基于肿瘤细胞膜的疫苗可提供丰富的自体肿瘤抗原。与全细胞疫苗相比，该疫苗不包括许多可能干扰免疫反应的管家蛋白或其他非肿瘤相关抗原。此外，癌细胞膜还可以保护 BPQDs 在体外降解。传统的给药方式是反复皮下或静脉注射疫苗，以达到最佳的给药效果，并通过循环系统被动地被 APCs 捕获。相比之下，基于黑磷的免疫制剂将可生物降解、生物相容性的水凝胶放置于皮肤下作为持续给药平台，避免重复注射，近红外和免疫原性佐剂对树突状细胞（DCs）的局部招募和刺激也可以提高疫苗的吸收率，降低全身暴露引起的自身免疫性毒性。

阿尔兹海默病是一种中枢神经系统退行性疾病，发生于老年和老年前期，其特征是进行性认知功能障碍和行为损害，临床上难以实现有效的治疗。从神经病理学角度上来看，该病主要由于正常可溶性 Aβ 蛋白错误折叠为高度有序的聚集体，并导致细胞外淀粉样斑块和细胞内神经元纤维缠结所引起。因此，抑制 Aβ 蛋白聚集是阿尔兹海默症的潜在治疗方法之一。部分具有光敏特性的纳米材料，如碳量子点、氧化石墨烯修饰的 g-C$_3$N$_4$ 等可通过光照下产生活性氧，将 Aβ 蛋白转变成氧化态进而达到防止聚集的目的。但由于上述光敏纳米材料在光照下产生半衰期及传播距离较短的单线态氧，氧化效果较差。黑磷由于其自身良好的生物相容性，以及近红外光照射下高效的活性氧产率等优良性能而受到科研人员的关注。Li 等人[107] 将 TiL$_4$ 修饰于 BPQDs 表面，结果表明，黑磷基纳米材料可通过吸收 Aβ40 单体来抑制 Aβ40 聚集，从而防止其附着于原纤维末端，可用于神经退行性疾病的预防或治疗；进一步地，Li 等人[108] 制备的黑磷基材料不仅能吸附淀粉样蛋白，还能够通过光动力作用产生单线态氧，使 Aβ40 的肽链发生氧化，从而抑制淀粉样蛋白的聚集并减弱 Aβ 诱导产生的细胞毒性。黑磷对淀粉样蛋白吸附能力的提高主要通过在其表面修饰苯并三氮唑(BTA)实现，该分子与 β 结合肽存在较高的结合力。不仅限于光热、光动力效应，在生物医学应用方面，基于黑磷的其它多种特性的应用均有待研究人员的进一步探索和拓展。

另外，黑磷在基因调控方面也存在巨大的应用潜力。Zhou 等人成功建立了一种黑磷烯运载 C 端(Cas9N3)三个核定位信号工程的 Cas9 核糖核酸蛋白(NLSs)的二维递送平台。Cas9N3-BP 通过膜穿透和内吞途径有效进入细胞，随后，黑磷烯的生物降解能够使得材料从内体逃逸，同时实现 Cas9N3 复合物的胞质释放。因此，与其他基于纳米颗粒的传递平台相比，Cas9N3-BP 在体内和体外能够以相对较低的剂量实现高效的基因组编辑和基因沉默，这种简单、多用途的胞质传递方法可推广到其他生物活性大分子的生物医学应用中，其优越的生物相容性和生物降解性可为基因治疗和个体化医疗开辟新的途径。

尽管目前基于黑磷的生物医学应用尚处于起步阶段，许多技术挑战仍有待解决，如：黑磷的易降解性、较高的制备成本等，但其依然具备为未来的医学诊断和治疗带来新机遇的可能。与此同时，目前黑磷的生物学应用还面临着材料聚集以及作用机理未知等一系列有待解决和研究的问题，但通过制备得到异质结等方式能够使得不同材料之间性能上进

行互补和调节，实现材料或者器件的定向优化也是黑磷在生物医药方面
的进一步的发展趋势。

参考文献

[1] Gao N S, Nie J P, Wang H F, et al. A versatile platform based on black phosphorus nanosheets with enhanced stability for cancer synergistic therapy. J Biomed Nanotechnol, 2018, 14 (11): 1883-1897.

[2] Bertrand N, Wu J, Xu X, et al. Cancer nanotechnology: The impact of passive and active targeting in the era of modern cancer biology. Advanced Drug Delivery Reviews, 2014, 66: 2-25.

[3] Zhou W, Pan T, Cui H, et al. Black phosphorus: Bioactive nanomaterials with inherent and selective chemotherapeutic effects. Angewandte Chemie-International Edition, 2019, 58 (3): 769-774.

[4] Latiff N M, Teo W Z, Sofer Z, et al. The cytotoxicity of layered black phosphorus. Chemistry-a European Journal, 2015, 21 (40): 13991-13995.

[5] Latiff N M, Mayorga-Martinez C C, Sofer Z, et al. Cytotoxicity of phosphorus allotropes (black, violet, red). Applied Materials Today, 2018, 13: 310-319.

[6] Song S-J, Shin Y C, Lee H U, et al. Dose- and time-dependent cytotoxicity of layered black phosphorus in fibroblastic cells. Nanomaterials, 2018, 8 (6).

[7] Zhang X, Zhang Z, Zhang S, et al. Size effect on the cytotoxicity of layered black phosphorus and underlying mechanisms. Small, 2017, 13 (32).

[8] Zhang T, Wan Y, Xie H, et al. Degradation chemistry and stabilization of exfoliated few-layer black phosphorus in water. Journal of the American Chemical Society, 2018, 140 (24): 7561-7567.

[9] Allen-Durrance A E. A quick reference on phosphorus. Vet Clin N Am-Small Anim Pract, 2017, 47 (2): 257.

[10] Mo J, Xie Q, Wei W, et al. Revealing the immune perturbation of black phosphorus nanomaterials to macrophages by understanding the protein corona. Nature Communications, 2018, 9: 2480.

[11] Sund J, Alenius H, Vippola M, et al. Proteomic characterization of engineered nanomaterial-protein interactions in relation to surface reactivity. ACS Nano, 2011, 5 (6): 4300-4309.

[12] Xiang S L, Zeng J, Ruan F K, et al. Advances in application and biotoxicity of black phosphorus nanosheet. Asian Journal of Ecotoxicology, 2021 (3): 115-127.

[13] Choi J R, Yong K W, Choi J Y, et al. Black phosphorus and its biomedical applications. Theranostics, 2018, 8 (4): 1005-1026.

[14] Sun Z B, Xie H H, Tang S Y, et al. Ultrasmall black phosphorus quantum dots: Synthesis and use as photothermal agents. Angewandte Chemie-International Edition, 2015, 54 (39): 11526-11530.

[15] Shao J, Xie H, Huang H, et al. Biodegradable black phosphorus-based nanospheres for *in vivo* photothermal cancer therapy. Nature Communications, 2016, 7.

[16] Liang X, Ye X, Wang C, et al. Photothermal cancer immunotherapy by erythrocyte membrane-coated black phosphorus formulation. Journal of Controlled Release, 2019, 296: 150-161.

[17] Wang S, Shao J, Li Z, et al. Black phosphorus-based multimodal nanoagent: Showing targeted combinatory terapeutics against cancer metastasis. Nano Letters, 2019, 19: 5587-5594.

[18] Shao J, Ruan C, Xie H, et al. Black-phosphorus-incorporated hydrogel as a sprayable and biodegradable photothermal platform for postsurgical treatment of cancer. Advanced Science, 2018, 5 (5).

[19] Zeng X W, Luo M M, Liu G, et al. Polydopamine-modified black phosphorous nanocapsule with enhanced stability and photothermal performance for tumor multimodal treatments. Advanced Science, 2018, 5 (10): 8.

[20] Li Z J, Xu H, Shao J D, et al. Polydopamine-functionalized black phosphorus quantum dots for cancer theranostics. Applied Materials Today, 2019, 15: 297-304.

[21] Ormond A B, Freeman H S. Dye sensitizers for photodynamic therapy. Materials (Basel), 2013, 6 (3): 817-840.

[22] Wang H, Yang X, Shao W, et al. Ultrathin black phosphorus nanosheets for efficient singlet oxygen generation. Journal of the American Chemical Society, 2015, 137 (35): 11376-11382.

[23] Liu J, Du P, Liu T, et al. A black phosphorus/manganese dioxide nanoplatform: Oxygen self-supply monitoring, photodynamic therapy enhancement and feedback. Biomaterials, 2019, 192: 179-188.

[24] Lan S, Lin Z, Zhang D, et al. Photocatalysis enhancement for programmable killing of hepatocellular carcinoma through self-compensation mechanisms based on black phosphorus quantum-dot-hybridized nanocatalysts. Acs Applied Materials & Interfaces, 2019, 11 (10): 9804-9813.

[25] Liu J, Du P, Mao H, et al. Dual-triggered oxygen self-supply black phosphorus nanosystem for enhanced photodynamic therapy. Biomaterials, 2018, 172: 83-91.

[26] Chan L, Gao P, Zhou W, et al. Sequentially triggered delivery system of black phosphorus quantum dots with surface charge-switching ability for precise tumor radiosensitization. ACS Nano, 2018, 12 (12): 12401-12415.

[27] Chen W, Ouyang J, Liu H, et al. Black phosphorus nanosheet-based drug delivery system for synergistic photodynamic/photothermal/chemotherapy of cancer. Advanced Materials, 2017, 29 (5).

[28] Fojtu M, Chia X, Sofer Z, et al. Black phosphorus nanoparticles potentiate the anticancer effect of oxaliplatin in ovarian cancer cell line. Advanced Functional Materials, 2017, 27 (36).

[29] Wu F, Zhang M, Chu X, et al. Black phosphorus nanosheets-based nanocarriers for enhancing chemotherapy drug sensitiveness via depleting mutant p53 and resistant cancer multimodal therapy. Chemical Engineering Journal, 2019, 370: 387-399.

[30] Chen L, Chen C, Chen W, et al. Biodegradable black phosphorus nanosheets mediate specific delivery of hTERT siRNA for synergistic cancer therapy. Acs Applied Materials & Interfaces, 2018, 10 (25): 21137-21148.

[31] Zhou W, Cui H, Ying L, et al. Enhanced cytosolic delivery and release of CRISPR/Cas9 by black phosphorus nanosheets for genome editing. Angewandte Chemie-International Edition, 2018, 57 (32): 10268-10272.

[32] Liang X, Ye X, Wang C, et al. Photothermal cancer immunotherapy by erythrocyte membrane-coated black phosphorus formulation. Journal of Controlled Release, 2019, 296: 150-161.

[33] Geng S, Pan T, Zhou W, et al. Bioactive phospho-therapy with black phosphorus for *in vivo* tumor suppression. Theranostics, 2020, 10 (11): 4720-4736.

[34] Pan T, Fu W, Xin H, et al. Calcium phosphate mineralized black phosphorous with enhanced functionality and anticancer bioactivity. Advanced Functional Materials, 2020, 30: 38.

[35] Wang C, Li J, Amatore C, et al. Gold nanoclusters and graphene nanocomposites for drug delivery and imaging of cancer cells. Angewandte Chemie-International Edition, 2011, 50 (49): 11644-11648.

[36] Chen W, Yi P, Zhang Y, et al. Composites of aminodextran-coated Fe_3O_4 nanoparticles and graphene oxide for cellular magnetic resonance imaging. Acs Applied Materials & Interfaces, 2011, 3 (10): 4085-4091.

[37] Pei Y L, Li J, Sui J H, et al. Synthesis and characterization of one-dimensional bifunctional carbon nanotubes/Fe_3O_4@SiO_2 (FITC) nanohybrids. J Nanosci Nanotechnol, 2013, 13 (6): 3928-3935.

[38] Sun C, Wen L, Zeng J, et al. One-pot solventless preparation of PEGylated black phosphorus nanoparticles for photoacoustic imaging and photothermal therapy of cancer. Biomaterials, 2016, 91: 81-89.

[39] Li Z J, Xu H, Shao J D, et al. Polydopamine-functionalized black phosphorus quantum dots for cancer theranostics. Applied Materials Today, 2019, 15: 297-304.

[40] Zhao Y, Zhang Y-H, Zhuge Z, et al. Synthesis of a poly-L-lysine/black phosphorus hybrid for biosensors. Analytical Chemistry, 2018, 90 (5): 3149-3155.

[41] Sun Z, Zhao Y, Li Z, et al. TiL4-Coordinated black phosphorus quantum dots as an efficient contrast agent for *in vivo* photoacoustic imaging of cancer. Small, 2017, 13 (11).

[42] Zeng X, Luo M, Liu G, et al. Polydopamine-modified black phosphorous nanocapsule with enhanced stability and photothermal performance for tumor multimodal treatments. Advanced Science, 2018, 5 (10).

[43] Yang D, Yang G, Yang P, et al. Assembly of Au plasmonic photothermal agent and iron oxide nanoparticles on ultrathin black phosphorus for targeted photothermal and photodynamic cancer therapy. Advanced Functional Materials, 2017, 27 (18).

[44] Tao W, Zhu X, Yu X, et al. Black phosphorus nanosheets as a robust delivery platform for cancer theranostics. Advanced Materials, 2017, 29 (1).

[45] Zhao Y, Tong L, Li Z, et al. Stable and multifunctional dye-modified black phosphorus nanosheets for near-infrared imaging-guided photothermal therapy. Chemistry of Materials, 2017, 29 (17): 7131-7139.

[46] Xu Y, Ren F, Liu H, et al. Cholesterol-modified black phosphorus nanospheres for the first NIR-II fluorescence bioimaging. ACS applied materials & interfaces, 2019, 11 (24): 21399-21407.

[47] Guo T, Lin Y, Jin G, et al. Manganese-phenolic network-coated black phosphorus nanosheets for theranostics combining magnetic resonance/photoacoustic dual-modal imaging and photothermal therapy. Chemical Communications, 2019, 55 (6): 850-853.

[48] Wu L, Wang J H, Lu J, et al. Lanthanide-coordinated black phosphorus. Small, 2018, 14 (29): 7.

[49] Lee H U, Park S Y, Lee S C, et al. Black Phosphorus (BP) nanodots for potential biomedical applications. Small, 2016, 12 (2): 214-219.

[50] Long L, Niu X, Yan K, et al. Highly fluorescent and stable black phosphorus quantum dots in water. Small, 2018, 14 (48).

[51] Kalkanis S N, Kast R E, Rosenblum M L, et al. Raman spectroscopy to distinguish grey matter, necrosis, and glioblastoma multiforme in frozen tissue sections. Journal of Neuro-Oncology, 2014, 116 (3): 477-485.

[52] Yang G, Liu Z, Li Y, et al. Facile synthesis of black phosphorus-Au nanocomposites for enhanced photothermal cancer therapy and surface-enhanced Raman scattering analysis. Biomaterials Science, 2017, 5 (10): 2048-2055.

[53] Guo T, Ding F, Li D, et al. Full-scale label-free surface-enhanced Raman scattering analysis of mouse brain using a black phosphorus-based two-dimensional nanoprobe. Applied Sciences-Basel, 2019, 9 (3).

[54] Sun Z, Zhang Y, Yu H, et al. New solvent-stabilized few-layer black phosphorus for antibacterial applications. Nanoscale, 2018, 10 (26): 12543-12553.

[55] Huang X-W, Wei J-J, Zhang M-Y, et al. Water-based black phosphorus hybrid nanosheets as a moldable platform for wound healing applications. Acs Applied Materials & Interfaces, 2018, 10 (41): 35495-35502.

[56] Zhang L, Wang Y, Wang J, et al. Photon-responsive antibacterial nanoplatform for synergistic photothermal-/pharmaco-therapy of skin infection. Acs Applied Materials & Interfaces, 2019, 11 (1): 300-310.

[57] Wu Q, Liang M, Zhang S, et al. Development of functional black phosphorus nanosheets with remarkable catalytic and antibacterial performance. Nanoscale, 2018, 10 (22): 10428-10435.

[58] Ouyang J, Liu R-Y, Chen W, et al. A black phosphorus based synergistic antibacterial platform against drug resistant bacteria. Journal of Materials Chemistry B, 2018, 6 (39): 6302-6310.

[59] Zhang X, Zhang Z, Zhang S, et al. Size effect on the cytotoxicity of layered black phosphorus and underlying mechanisms. Small, 2017, 13 (32): 1701210.

[60] Li J, Wang G, Zhu H, et al. Antibacterial activity of large-area monolayer graphene film manipulated by charge transfer. Scientific Reports, 2014, 4: 4359.

[61] Xiong Z, Zhang X, Zhang S, et al. Bacterial toxicity of exfoliated black phosphorus nanosheets.

Ecotoxicology and Environmental Safety, 2018, 161: 507-514.

[62] Tan L, Li J, Liu X, et al. In situ disinfection through photoinspired radical oxygen species storage and thermal-triggered release from black phosphorous with strengthened chemical stability. Small, 2018, 14 (9).

[63] Mao C, Xiang Y, Liu X, et al. Repeatable photodynamic therapy with triggered signaling pathways of fibroblast cell proliferation and differentiation to promote bacteria-accompanied wound healing. ACS Nano, 2018, 12 (2): 1747-1759.

[64] Huang K, Wu J, Gu Z. Black phosphorus hydrogel scaffolds enhance bone regeneration via a sustained supply of calcium-free phosphorus. Acs Applied Materials & Interfaces, 2019, 11 (3): 2908-2916.

[65] Yang B, Yin J, Chen Y, et al. 2D-black-phosphorus-reinforced 3D-printed scaffolds:A stepwise countermeasure for osteosarcoma. Advanced Materials, 2018, 30 (10).

[66] Raucci M G, Fasolino I, Caporali M, et al. Exfoliated black phosphorus promotes *in vitro* bone regeneration and suppresses osteosarcoma progression through cancer-related inflammation inhibition. Acs Applied Materials & Interfaces, 2019, 11 (9): 9333-9342.

[67] Wang X, Shao J, Abd El Raouf M, et al. Near-infrared light-triggered drug delivery system based on black phosphorus for *in vivo* bone regeneration. Biomaterials, 2018, 179: 164-174.

[68] Liu X, Miller A L, Park S, et al. Two-dimensional black phosphorus and graphene oxide nanosheets synergistically enhance cell proliferation and osteogenesis on 3D printed scaffolds. Acs Applied Materials & Interfaces, 2019, 11 (26): 23558-23572.

[69] Shao J, Ruan C, Xie H, et al. Photochemical activity of black phosphorus for near-infrared light controlled in situ biomineralization. Advanced Science, 2020, 7: 2000439.

[70] Cho S-Y, Lee Y, Koh H-J, et al. Superior chemical sensing performance of black phosphorus: comparison with MoS2 and graphene. Advanced Materials, 2016, 28 (32): 7020.

[71] Donarelli M, Ottaviano L, Giancaterini L, et al. Exfoliated black phosphorus gas sensing properties at room temperature. 2D Materials, 2016, 3 (2).

[72] Abbas A N, Liu B, Chen L, et al. Black phosphorus gas sensors. ACS Nano, 2015, 9 (5): 5618-5624.

[73] Lee G, Kim S, Jung S, et al. Suspended black phosphorus nanosheet gas sensors. Sensors and Actuators B: Chemical, 2017, 250: 569-573.

[74] Li Q, Cen Y, Huang J, et al. Zinc oxide-black phosphorus composites for ultrasensitive nitrogen dioxide sensing. Nanoscale Horizons, 2018, 3 (5): 525-531.

[75] Liu Y, Wang Y, Ikram M, et al. Facile synthesis of highly dispersed Co3O4 nanoparticles on expanded, thin black phosphorus for a ppb-level NOx gas sensor. Acs Sensors, 2018, 3 (8): 1576-1583.

[76] Feng Z, Chen B, Qian S, et al. Chemical sensing by band modulation of a black phosphorus/molybdenum diselenide van der Waals hetero-structure. 2D Materials, 2016, 3 (3).

[77] Shi S, Hu R, Wu E, et al. Highly-sensitive gas sensor based on two-dimensional material field effect transistor. Nanotechnology, 2018, 29 (43).

[78] Peng J, Lai Y Q, Chen Y Y, et al. Sensitive detection of carcinoembryonic antigen using stability-limited few-layer black phosphorus as an electron donor and a reservoir. Small, 2017, 13 (15): 11.

[79] Cai J, Gou X, Sun B, et al. Porous graphene-black phosphorus nanocomposite modified electrode for detection of leptin. Biosensors & Bioelectronics, 2019, 137: 88-95.

[80] Liu H, Zhang Y, Dong Y, et al. Electrogenerated chemiluminescence aptasensor for lysozyme based on copolymer nanospheres encapsulated black phosphorus quantum dots. Talanta, 2019, 199: 507-512.

[81] Ding H C, Tang Z R, Dong Y P. Synthesis of black phosphorus quantum dots doped ZnO nanoparticles and its electrogenerated chemiluminescent sensing application. ECS J Solid State Sci Technol, 2018, 7 (9): R135-R141.

[82] Xu J, Qiao X, Wang Y, et al. Electrostatic assembly of gold nanoparticles on black phosphorus nanosheets for electrochemical aptasensing of patulin. Microchimica Acta, 2019, 186 (4).

[83] Gu W, Yan Y, Pei X, et al. Fluorescent black phosphorus quantum dots as label-free sensing probes for evaluation of acetylcholinesterase activity. Sensors and Actuators B-Chemical, 2017, 250: 601-607.

[84] Hu Z, Li Y, Hussain E, et al. Black phosphorus nanosheets based sensitive protease detection and inhibitor screening. Talanta, 2019, 197: 270-276.

[85] Yan W, Wang X-H, Yu J, et al. Precise and label-free tumour cell recognition based on a black phosphorus nanoquenching platform. Journal of Materials Chemistry B, 2018, 6 (35): 5613-5620.

[86] Wu L, Guo J, Wang Q, et al. Sensitivity enhancement by using few-layer black phosphorus-graphene/ TMDCs heterostructure in surface plasmon resonance biochemical sensor. Sensors and Actuators B: Chemical, 2017, 249: 542-548.

[87] Meshginqalam B, Barvestani J. Performance enhancement of SPR biosensor based on phosphorene and transition metal dichalcogenides for sensing DNA hybridization. Ieee Sensors Journal, 2018, 18 (18): 7537-7543.

[88] Pal S, Verma A, Raikwar S, et al. Detection of DNA hybridization using graphene-coated black phosphorus surface plasmon resonance sensor. Applied Physics A: Materials Science & Processing, 2018, 124 (5).

[89] Yew Y T, Sofer Z, Mayorga-Martinez C C, et al. Black phosphorus nanoparticles as a novel fluorescent sensing platform for nucleic acid detection. Materials Chemistry Frontiers, 2017, 1 (6): 1130-1136.

[90] Zhou J, Li Z, Ying M, et al. Black phosphorus nanosheets for rapid microRNA detection. Nanoscale, 2018, 10 (11): 5060-5064.

[91] Li P, Zhang D, Jiang C, et al. Ultra-sensitive suspended atomically thin-layered black phosphorus mercury sensors. Biosensors & Bioelectronics, 2017, 98: 68-75.

[92] Liu C, Sun Z, Zhang L, et al. Black phosphorus integrated tilted fiber grating for ultrasensitive heavy metal sensing. Sensors and Actuators B: Chemical, 2018, 257: 1093-1098.

[93] Gu W, Pei X, Cheng Y, et al. Black phosphorus quantum dots as the ratiometric fluorescence probe for trace mercury ion detection based on inner filter effect. Acs Sensors, 2017, 2 (4): 576-582.

[94] Li P, Zhang D, Wu J, et al. Flexible integrated black phosphorus sensor arrays for high performance ion sensing. Sensors and Actuators B-Chemical, 2018, 273: 358-364.

[95] Li P, Zhang D, Liu J, et al. Air-stable black phosphorus devices for ion sensing. Acs Applied Materials & Interfaces, 2015, 7 (44): 24396-24402.

[96] Zhou G, Pu H, Chang J, et al. Real-time electronic sensor based on black phosphorus/Au NPs/DTT hybrid structure: Application in arsenic detection. Sensors and Actuators B: Chemical, 2018, 257: 214-219.

[97] He X-M, Ding J, Yu L, et al. Black phosphorus-assisted laser desorption ionization mass spectrometry for the determination of low-molecular-weight compounds in biofluids. Analytical and Bioanalytical Chemistry, 2016, 408 (22): 6223-6233.

[98] Ding H, Zhang L, Tang Z, et al. Black phosphorus quantum dots doped ZnO nanoparticles as efficient electrode materials for sensitive hydrogen peroxide detection. Journal of Electroanalytical Chemistry, 2018, 824: 161-168.

[99] Ding H, Tang Z, Zhang L, et al. Electrogenerated chemiluminescence of black phosphorus nanosheets and its application in the detection of H_2O_2. Analyst, 2019, 144 (4): 1326-1333.

[100] Zhao Y, Zhang Y-H, Zhuge Z, et al. Synthesis of a poly-L-lysine/black phosphorus hybrid for biosensors. Analytical Chemistry, 2018, 90 (5): 3149-3155.

[101] Yao Y, Zhang H, Sun J, et al. Novel QCM humidity sensors using stacked black phosphorus nanosheets as sensing film. Sensors and Actuators B: Chemical, 2017, 244: 259-264.

[102] Cai J, Sun B, Li W, et al. Novel nanomaterial of porous graphene functionalized black phosphorus as electrochemical sensor platform for bisphenol A detection. Journal of Electroanalytical Chemistry, 2019, 835: 1-9.

[103] Liu H, Su Y, Deng D, et al. Chemiluminescence of oleic acid capped black phosphorus quantum dots for highly selective detection of sulfite in $PM_{2.5}$. Analytical Chemistry, 2019, 91 (14): 9174-9180.

[104] Li Z, Luo G, Hu W-P, et al. Mediated drug release from nano-vehicles by black phosphorus quantum dots for efficient therapy of chronic obstructive pulmonary disease. Angewandte Chemie (International ed in English), 2020.

[105] Chen W, Ouyang J, Yi X, et al. Black phosphorus nanosheets as a neuroprotective nanomedicine for neurodegenerative disorder therapy. Advanced Materials, 2018, 30 (3).

[106] Ye X, Liang X, Chen Q, et al. Surgical tumor-derived personalized photothermal vaccine formulation for cancer immunotherapy. ACS Nano, 2019, 13 (3): 2956-2968.

[107] Lim Y J, Zhou W H, Li G, et al. Black phosphorus nanomaterials regulate the aggregation of amyloid. ChemNanoMat, 2019, 5 (5): 606-611.

[108] Li Y, Du Z, Liu X, et al. Near-infrared activated black phosphorus as a nontoxic photo-oxidant for alzheimer's amyloid-β peptide. small, 2019, 15 (24): 1901116.

10

磷单质研究展望

Foundation and Applications of Black Phosphorus and White Phosphorus

10.1

引言

从 1669 年白磷的发现到现在，关于磷单质同素异形体的研究发展迅猛，多种不同形态结构的磷单质逐渐被发现，其中白磷、红磷和黑磷为目前磷单质主要的同素异形体，且在军事、化工、微电子、能源、生物医药等众多领域均有所应用。例如，白磷由于燃点较低，约为 40℃，且对人体存在一定毒性，因而被用于燃烧弹、烟罐和烟幕弹等以及示踪剂弹药等军事武器的制备；红磷燃点约为 240℃，能够取代白磷用于制备安全系数较高的火柴，还能作为阻燃剂添加于无机物以及高分子材料当中；黑磷的燃点高达 490℃，是磷单质最为稳定的一种形式，同时剥离得到的黑磷纳米片、量子点具有独特的结构和光电、化学特性，能够应用于半导体晶体管、光电器件、光探测器、电催化、光催化、储能器件、太阳能电池、抗肿瘤、抗菌、组织工程和生物检测等诸多领域，极大地提高了磷单质的应用价值。同时，基于磷单质制备得到的磷化工材料在农药制备、有机合成、金属冶炼等化工领域起到举足轻重的作用。黑磷的出现和发展不仅对无机磷功能材料相关研究具有启发性意义，还能够促使磷科学研究的兴起和系统化发展。进入 21 世纪以来，磷材料相关的研究论文数量逐年增长且增幅明显（如图 10.1 所示），所涉领域主要集中于化学、农业、工程、材料科学、环境科学和生物化学。近几年，研究人员又相继制备得到蓝磷、黑磷纳米带、纤维磷等多种磷单质及其衍生物，磷单质更多的优良性能和存在形态逐渐被发现。随着磷科学相关研究的进一步系统化、完整化，磷材料对于人类社会的发展和进步将产生更为重要的影响。

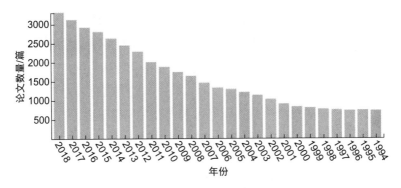

图 10.1　不同年份下磷单质及其化合物相关的论文数量（1994 ~ 2018 年）

10.2

单质磷同素异形体的再发现

自从 2014 年黑磷纳米片的首次成功制备以来，纳米级黑磷的众多特性相继被发现，包括尺寸效应、直接带隙、高载流子迁移率、高开关比、负泊松比等，迄今为止基于黑磷的理论和应用方面的研究发展十分迅猛，除白磷、红磷和黑磷以外，磷单质的其他存在形式也相继制备得到，新型单质磷独特的结构和性能使得磷单质的应用领域得到进一步的拓展和完善；另外，磷基复合材料在光电器件、光电催化等领域也已经取得了初步的进展。

10.2.1　其他构型的磷单质

早在 1948 年，Potter 等科学家通过调节反应温度发现磷晶体的物相能够多达 11 种[1]，目前已知的白磷构象为 α 型和 β 型；红磷的构象包括 I 型无定形红磷，Ⅱ、Ⅲ型五连通环红磷，Ⅳ型纤维状红磷以及Ⅴ型希托夫磷；黑磷的晶型包括无定形、正交、简单立方和菱形，由于层间堆垛的方式不同可分为 AA、AB、AC 型。在磷单质的制备过程中，棕色磷、灰磷、褐磷等多种磷单质的同素异形体相继被发现和研究，其中包括已知白磷、红磷、黑磷的其他构型，以及除上述三种磷单质以外全新的同素异形体。

10.2.1.1 希托夫磷（紫磷）

在基于白磷、红磷、黑磷的其他构型的同素异形体中，希托夫磷也称"紫磷""α-金属磷"，是一种单斜晶体结构的红磷，其形成过程以及空间结构示意图如图 10.2(a) 和 (b) 所示。目前最新研究表明，紫磷的空间群为 $P2/n(13)$，晶胞常数 $a = 921pm$，$b = 913pm$，$c = 2189pm$，$\beta = 97.776°$ [2]。从热稳定性来说，块状紫磷的热降解温度约为 512℃，热稳定性高于黑磷（热降解温度约为 460℃）。从能带结构上来说，紫磷是一种间接带隙半导体，漫反射光谱测量得到的光学带隙宽度约为 1.7eV，显著高于黑磷带隙，与理论计算得到的能带宽度 1.42eV 相接近。同时，Schusteritsch 等人[3] 计算发现，紫磷的层间结合能较低，约为 0.3 ～ 0.4J/m²，可通过实验进行剥离，主要的剥离方式包括：机械剥离、液相剥离和等离子体剥离[4] 等；且紫磷具有高空穴迁移率的特点，最高可达 3000 ～ 7000cm²/(V·s)，显著高于单层黑磷 [286cm²/(V·s)] 和多层黑磷 [1000cm²/(V·s)] 的空穴迁移率。上述光电、热稳定性等优良特性使得紫磷在多个领域具有优良的应用前景，包括在高频电子以及低波长范围内工作的光电器件等。

目前紫磷应用相关研究仍处于初期阶段，且主要集中于光电催化领域。Lu 等人[5] 采用第一性原理计算方法，研究了紫磷单分子层掺杂和应变对提高其光催化活性的影响。他们发现在双掺杂的紫磷单分子层中施加层内压缩双轴应变时，会引起周围的高色散性，使能带隙大大减小，从而大大提高可见光的吸收效率。相比之下，双掺杂紫磷单分子膜在施加拉伸应变时表现出平铺性和分散性，从而抑制了载流子的迁移率，不利于吸收可见光。另外，通过引入双轴应变(0 ～ 3%)和单轴应变(0 ～ 7%)，双掺杂的紫磷单分子层可以跨越水氧化还原电位，在很大程度上提高可见光的吸收，因此该材料在光催化分解水方面具有十分广阔的应用前景。另外，韩国成均馆大学的 Jeong 等人 [6] 将部分氧化的紫磷用于制备还原催化剂，其氧化还原官能团为氧化过程中产生的 P═O 键。实验结果表明，部分氧化的紫磷纳米颗粒对 4- 硝基酚、亚甲基蓝、罗丹明 B 等多种染料均具有高效的还原性 ［反应过程及现象变化如图 10.2(c) 所示］，其还原速率与多种重金属纳米还原酶相近，且不需 NaBH₄ 进行协同催化，有望成为一种高效、廉价且环境友好的无机纳米还原催化剂。

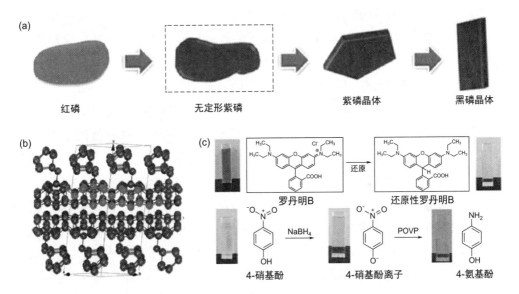

图 10.2 （a）紫磷的形成过程及其与黑磷之间关系示意图 [6]；（b）紫磷的层状结构示意图，粉浅灰色区域为其非对称单元 [2]；（c）紫磷催化还原染料罗丹明 B 以及 4- 硝基酚过程及现象变化 [6]

10.2.1.2　蓝磷

蓝磷的结构类似于硅烯，是一种具有褶皱蜂窝状结构的层状磷单质 [7]，如图 10.3 所示，其具有与黑磷相类似的层状结构，但原子排列方式存在一定差异，即与黑磷扶手椅形的折叠方向相反。蓝磷可通过以 GaN 为基底，经半层 - 半层外延生长的方法制备得到[8]。蓝磷的发现主要归功于理论计算预测，Zhu 和 Guan 等人[9,10]根据密度泛函理论(DFT)计算提出具有矩形单胞折叠结构的黑磷可以转化为一种更对称的屈曲结构的六角形单元格单胞。与黑磷的性质相类似，蓝磷同样具有较高的稳定性和载流子迁移率，在一定条件下，蓝磷的稳定性甚至高于黑磷。例如，Aierken 等人[11]发现蓝磷所具有的有限温度效应使其在高于 135K 的温度下，热力学稳定性强于黑磷。因此，以蓝磷为基础电子设备能够提供更大的耐受性温度。在电学方面，在布里渊区 $\varGamma$ 点处蓝磷存在两处间接带隙能带结构，是一种间接带隙的半导体，计算得到单层和块状蓝磷的能带宽度分别约为 2eV、1.2eV，且其能带宽度能够被横向电场调节[12]。通过一定方式可将间接带隙的蓝磷调整为直接带隙，如：分子、基团吸附等。Xu 等人[13]研究发现在蓝磷表面吸附氧气、羟基、羧基、氰基后导带及价带边缘发生显著性改变，导致材料本身由间接带隙转变为直接带隙。随分子 / 基团吸附率的变化，可对蓝磷的直接带隙进行调节。进一步研究发现，该现象主要对吸附激子结合能有重要的影响，吸附剂的覆盖在激子结合能与准粒子带隙之间的线性尺度行为中起到至关重要的作用。上述特性表明，单分子层蓝磷在光电器件中具有潜在的应用前景。Xiao 等人[14]通过基于密度泛函理论的第一性原理计算预测，与黑磷相类似，蓝磷是一种 p 型半导体，且同样具有较高的载流子迁移率，其中室温下蓝磷沿扶手椅形方向的空穴迁移率约为 $1000cm^2/(V \cdot s)$，显著高于电子迁移率 $30cm^2/(V \cdot s)$；而沿锯齿形方向的空穴、电子传输率相近，分别约为 $150 \sim 200cm^2/(V \cdot s)$、$250 \sim 350cm^2/(V \cdot s)$。经计算预测，在一定拉力及受力方向情况下，蓝磷的载流子迁移率能够高达 $10^7cm^2/(V \cdot s)$。

除上述特性以外，蓝磷还能够与其他材料相复合得到异质结结构，从而对材料的光电等性能进行调节或者优化，制备得到所需性能的材料。目前所研究的蓝磷相关异质结，主要包括：石墨烯 - 蓝磷[16-19]、蓝磷 - 砷烯[20]、蓝磷 - 类石墨烯氧化锌[21]、蓝磷 - 类石墨烯碳化锗(g-GeC)[22]等。当蓝磷与石墨烯形成异质结时，能够实现对材料肖特基势垒高度、能带宽度等的调节，进而拓展材料的应用范围及使用性能。Zhu 等人[23]利用

DFT 理论计算得到，石墨烯 - 蓝磷范德瓦耳斯异质结(如图 10.4 所示)中蓝磷和石墨烯的固有电子结构保存完好，二者处于平衡态时能够形成 n型肖特基势垒。随着压缩应变的增加，石墨烯的狄拉克锥逐渐从导带底转变至价带顶，蓝磷的禁带由最小转变为最大，导致肖特基势垒由 n 型向 p 型转变，能够实现异质结电子结构的有效调整。同样的，石墨烯 - 蓝磷异质结的能带值大小也受到拉力的影响[17]，随着形变程度的增加，该异质结的能带宽度相应增大。近年来，Pontes 等人[16]发现，除应变外，还能够通过对石墨烯 - 蓝磷异质结施加垂直电场来调节该异质结的能带结构，基于该特性可设计相应的电控纳米器件，如气体传感器[24]等。另外，Fan 等人[19]通过 DFT 第一性原理计算发现石墨烯 - 蓝磷异质结(G/BP)是一种潜在的钠离子电池阳极材料，G/BP 异质结构能够吸附 Na，Na 的掺入使其具有金属性质，可形成导电性能良好的阳极材料。且外加电场可以有效地调节 Na 的吸附，当外加电场为 $E > 0.10V/Å$ 时，Na 的吸附行为对外加电场更为敏感。

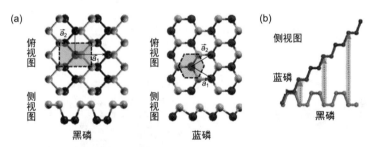

图 10.3　黑磷和蓝磷结构对比图[15]
（a）黑磷和蓝磷分子结构的俯视图和侧视图；（b）黑磷与蓝磷的侧视图结构对比

　　蓝磷不仅能够通过气体吸附，还能够通过将二维材料与蓝磷形成异质结结构，从而实现材料从间接带隙到直接带隙的转变。Li 等人[20]将蓝磷和砷烯复合形成Ⅱ类横向异质结，与具有较宽间接带隙的单层蓝磷、砷烯相比，该异质结具有更窄的直接带隙。与此同时，该异质结的载流子迁移率高达 $6.937×10^3 cm^2/(V·s)$。当组分比和拉伸应变发生变化时，该异质结仍为直接带隙，但能带宽度将发生相应改变，上述特性使得蓝磷 - 砷烯Ⅱ类横向异质结在光电子学和光催化等领域具有潜在的应用价值。Zhang 等人[21]发现，蓝磷与类石墨烯氧化锌［如图10.5(a)］能够通过I型能带排列形成异质结，且在垂直电场作用下发生Ⅰ型到Ⅱ型的转变，同时材料在狄拉克点(Γ点)位置处为直接带隙。与单层蓝磷相比，该异质结的稳定性以及在紫外-可见光区的吸收能力均有所增强，可实现蓝磷光电性能的调节。类似的，蓝磷-类石墨烯碳化锗异质结［如图10.5(b)］同样能够将蓝磷的间接带隙调控为直接带隙，可见光吸收能力增强。通过改变pH值能够实现该材料光催化性能的调节，可用于太阳能光伏和光催化材料的制备。

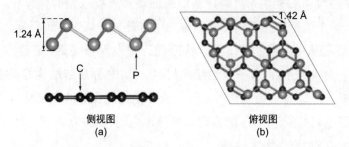

图10.4　石墨烯－蓝磷范德瓦耳斯异质结的侧视（a）、俯视（b）示意图[23]

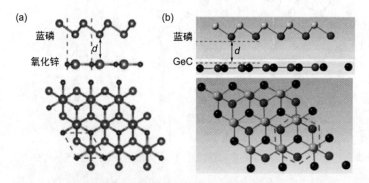

图10.5　（a）蓝磷－类石墨烯氧化锌异质结[21]；（b）蓝磷－类石墨烯碳化锗异质结[25]示意图（从上到下分别为侧视图和俯视图）

10.2.1.3　灰磷、褐磷等

　　灰磷和褐磷主要通过白磷在一定的条件下反应得到，可作为制备红磷、黑磷等其他磷单质的中间产物。上述磷单质的相互转化过程如

图 10.6 所示，大部分磷单质之间均能够通过一定条件进行相互转化。

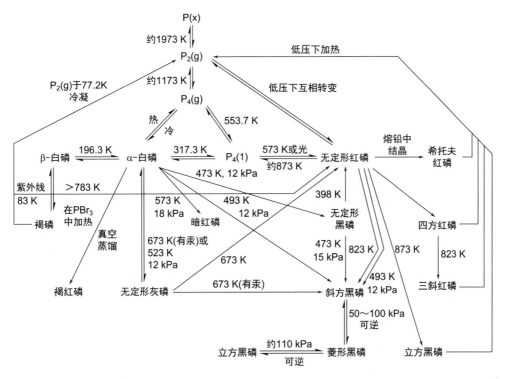

图 10.6　不同单质磷之间相互转化过程示意图[26]

　　尽管目前研究人员对白磷、红磷、黑磷以外的其他功能性磷单质的研究仍处于起步阶段，新的磷单质，如紫磷和蓝磷等，在性能、特性以及应用等诸多方面均有待进一步的探索。例如：关于紫磷性能方面的研究主要包括其良好的稳定性和较高的载流子迁移率；关于蓝磷性能的研究主要集中于光电特性，用于光催化、电池阳极材料制备以及气体传感器等材料的制备。材料新性能的发现能够大大影响材料的应用价值，甚至能够开启材料应用的新纪元。例如，2018 年石墨烯"魔角"的高温超导现象[27,28]的发现开拓了石墨烯在超导领域的应用，该特性的发现对于其他二维材料的性能研究具有极大的启发性意义。从更广的层面来说，磷的同素异形体的进一步深入研究能够不断扩充和完善磷科学知识体系，使得单质磷或者磷化物的使用价值实现最大化。

10.2.2 其他形状的磷单质

在传统材料,尤其是块体材料的研究中,材料性能的影响因素主要包括组成原子种类及其空间排布等。当材料厚度降低至单原子层时,由于存在电子约束和边缘效应,因此,材料形状能够对性能,尤其是电学性能存在较大影响。例如,零带隙的二维石墨烯经剪切得到一维石墨烯纳米带时能够产生能带,从而扩展了石墨烯在场效应晶体管制备和等离激元探测等方面的应用[29,30]。相类似的,研究人员将黑磷切割成纳米带,并对其性能进行研究。2019 年,英国伦敦大学的研究人员首次利用锂离子剪切法制备得到大量的、高品质的黑磷纳米带[31],如图 10.7(a)所示。与片状二维黑磷相比,一维黑磷纳米带兼具灵活性和单向性,可实现电子能带结构的调节。实验结果表明,黑磷纳米带的空穴迁移率高达 $862 cm^2/(V \cdot s)$,如加氢退火等调节材料制备方法,能够在一定程度上改善材料的接触阻力,并提高空穴迁移率[32]。结合理论计算结果,研究人员预测黑磷纳米带在热电装置、大容量快速充电电池以及高速集成电路等诸多领域均存在良好的应用前景。另外,纳米管形态黑磷的制备也是磷科学工作者的研究方向之一。Cai 等人[33]对黑磷纳米管的制备提出理论预测,他认为以无缺陷的碳纳米管为模板,可使得一定长度范围内的黑磷纳米带与碳纳米管通过范德瓦耳斯力相结合,进而制备得到黑磷纳米管[如图 10.7(b)所示]。然而,目前黑磷纳米管的相关研究主要局限于理论计算,真正实现其高质量成功制备仍存在巨大挑战。

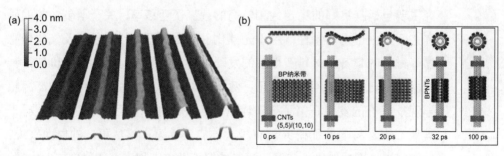

图 10.7 (a)黑磷纳米带形貌示意图[31];(b)黑磷纳米管的形成过程示意图[33]

10.2.3　发展迅猛的磷复合材料

尽管磷单质本身具有众多优异性能，但同时在应用过程中也存在不同程度的缺陷和不足，例如在水、氧气环境条件下易发生降解，导致电学性能下降等。目前，可通过多种表面改性方法来改善材料性能，并实现材料的功能化目的，具体内容在第 5 ～ 8 章中已进行详细阐述。然而，除表面改性以外，还有研究人员将单质磷与其他材料(包括高分子、碳纤维等)进行复合，从而对材料功能、特性进行优化，材料复合方式主要包括静电纺丝和高温烧结等。

磷单质能够以掺杂物的形式掺入高分子当中，在提高自身稳定性的同时能够赋予高分子一定的光电性能。例如，Xu 等人[34] 利用静电纺丝技术将黑磷量子点(BPQDs)与聚丙烯酸甲酯(PMMA)进行复合，得到 BPQDs/PMMA 复合纳米光纤。该材料具有宽频带的非线性光学响应以及超短脉冲时间(约为 1.07ps)，且其非线性光学特性能够保持 3 个月不发生显著变化，在光子学领域存在良好的应用前景。除此以外，由于磷元素的理论电池能量密度高达 2596mA·h/g，是一种较为理想的电池阳极材料，因而有研究者利用静电纺丝法或真空蒸发法将磷掺杂于碳纤维材料当中[35,36]。Ruan 等人[36] 利用真空蒸发法将红磷与氮掺杂的碳纤维相复合得到 P/NCF，材料制备过程如图 10.8(a)所示，测得能量密度约为 731mA·h/g，在 55 次循环周期内，该复合材料的能量密度能够保持在初始能量密度的 57.3%。进一步地，Ma 等人[35] 基于蒸发 - 再分布以

(a)

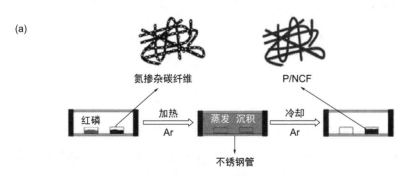

图 10.8

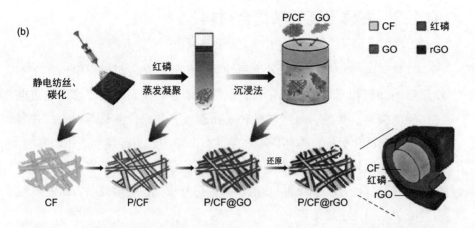

图 10.8 （a）P/NCF 复合材料制备过程示意图 [36]；（b）P/CF@rGO 复合材料制备过程示意图 [35]

及静电纺丝等方法将红磷、碳纤维以及还原氧化石墨烯（rGO）进行复合得到 P/CF@rGO 材料［如图 10.8（b）所示］，它所具有的以碳纤维为核心的网络结构能够保证材料的电子传输特性，且 rGO 涂层不仅能够增大电子传输速率，还能够有效控制红磷层发生较大的体积变化并防止基质中磷的缺失。实验结果表明，该电极材料在 50mA/g 电流密度下循环 55 次后的能量密度仍可达 725.9mA·h/g。

10.3

磷科学与磷化工

磷工业的发展起始于 1969 年白磷的发现，最早被用于制作火柴，随后，多种磷的同素异形体相继被发现，其单质及通过不同反应得到的磷化物在人类的生产生活过程中起到日益重要的作用，大到钢铁冶炼，小到肥料、农药、洗涤剂等均离不开磷单质以及磷化物的相关研究。

白磷和红磷本身可作为还原剂或者磷化物原料参与到有机合成及无机盐的制备过程当中,例如:白磷/红磷可将单质碘还原为氢碘酸,可将麻黄碱或者是伪麻黄碱有效地还原为甲基苯丙胺,属于毒品前体化学物质;磷能够还原金属铜冶炼过程中的杂质氧,生成含磷铜合金,使得所制备得到的铜的抗氢脆性高于普通铜;白磷能够被氯气和氧气分别氧化得到氯化磷和氧化磷,是含磷无机盐制备的基本原料;电热法制备磷酸钠盐,等等。近年来,黑磷同样被发现能够用于磷化物,尤其是有机磷化物的简易合成。其中,Wu 等人[37] 以黑磷为绿色原料,实现了有机磷化合物有效且简易的合成。黑磷纳米材料出色的反应性和选择性使得其能够将有机底物(烯烃和有机卤化物)直接转化为难于接触的伯、仲或叔膦/膦氧化物,从而实现含 P—C 键化合物的制备。如图 10.9 所示,其他含有 P═S 或 P—F 键的化合物也可以使用相同的方法合成。与传统的基于 P_4 的方法相比,基于黑磷的有机磷化物的直接合成所需条件温和,可实现多种有机磷化物的合成,如烷基膦、烷基膦氧化物、硫化膦、六氟膦酸等,并且不涉及有毒底物,具有高效、环保的特点。因而,这一有机磷化物合成的新思路在工业生产中具有巨大的潜力,是磷单质在磷化工产业的一大新突破。

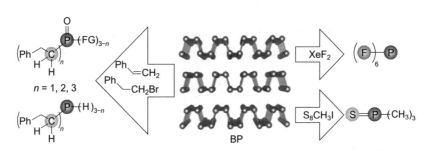

图 10.9　基于黑磷制备 P—C,P—F 和 P═S 三种有机磷化物示意图[37]

由于我国磷工业发展起步相对较晚,众多磷基功能材料的核心技术主要掌握在国外研究院所及企业当中,国外磷化工企业能够通过进口磷矿石并出口磷基功能材料从中获利,例如,白磷价格仅约一万人民币每吨,而其加工得到的黑磷(俗称"黑金")大约五千人民币每克,其附加产品，如：黑磷纳米片、黑磷量子点、黑磷基场效应晶体管等价格更高。在目前国际科技竞争和限制日趋激烈的形式下，我国需要在磷相关材料的底层技术方面进行技术创新和技术储备。近年来，我国在黑磷基材料领域处于领先水平，所持专利数以及所发表文章数量均居于领先地位，是我国磷工业不断追赶和实现崛起的新标志。另外，磷矿资源成因年代久远、成矿条件极其复杂，难以实现再生和循环利用，因此磷资源的开发和储备对于整个国家来说具有一定的战略意义。然而，目前我国磷矿日益稀缺，数据调查表明，我国磷矿产储量位居世界第二，目前探明的储量约为 167.9 亿吨，但却是磷矿第一生产大国，仅 2010 年，磷矿产量便高达 6800 万吨，存在开发强度大、后继资源不足的问题。按照目前的消耗速度，2050 年后磷矿将成为短缺资源，对国家的粮食安全和工业生产造成较大威胁 [38]。与中国磷资源开采现状相反的是，早在 20 世纪 80 年代，美国便已经开始限制磷矿石的出口，并对其进行大量进口来实现磷资源的战略性储备。除磷矿资源的过度开采以外，影响我国磷工业发展的主要问题还包括：①磷矿资源丰富，但总体质量相对较差，以中贫矿为主；②磷矿分布范围集中于我国西南以及中南的滇、黔、湘、鄂、川五省，磷资源辐射范围受到一定的限制等。作为磷单质最为稳定的一种存在形式，黑磷晶体可用于长期的、高质量的磷资源战略性储备，同时，其高稳定性可减少运输过程损耗，并降低运输风险，扩大磷资源的辐射范围，具有重要的战略性意义。

10.4

结语

从白磷到红磷，再到黑磷、蓝磷、磷基功能材料，从简单的火柴头到现在磷单质的广泛应用和复杂完整的磷工业体系，从三维尺度到二维、零维纳米尺度，磷科学的发展见证了人类化学史上从无到有、从 0 到 1 的过程。近年来，黑磷的成功制备和应用为磷科学发展提供了新起点，其众多的优良特性可用于传感器、电池器件以及抗肿瘤、抗菌和骨修复等多种功能材料的制备，突破了传统磷单质应用范围，极大地提高了磷单质的应用价值；同时，基于黑磷的磷单质相关研究也为今后包括蓝磷、紫磷、黑磷纳米带以及纤维磷等无机磷功能材料的开发打下坚实基础，为磷工业的发展提供了新思路。然而，就科研领域而言，目前人们对磷单质、磷科学的认识还不够全面，现阶段仍不能确定所有结构形式的磷单质均被发现，理论预测的黑磷纳米管也还没有实现高质量成功制备，磷掺杂复合纳米材料的研究也仅处于起步阶段。除此以外，就化工领域而言，磷科学仍有部分研究方向有待进一步探索，例如：如何去优化和克服磷单质目前在应用上的缺陷和不足之处；磷科学研究的进一步深入是否能够将磷工业化学和磷相关生物化学联系起来，揭示生物进化之谜，等等。这些谜底的揭开仍需要通过众多磷科学工作者的共同努力来实现。

参考文献

[1] Potter R L. The heat capacities of two crystalline modifications of red phosphorus [D]. Massachusetts Institute of Technology, Department of Chemistry, 1948.

[2] Zhang L, Huang H, Zhang B, et al. Structure and properties of violet phosphorus and its phosphorene exfoliation. Angewandte Chemie (International ed in English), 2019 (12): 761.

[3] Schusteritsch G, Uhrin M, Pickard C J. Single-layered Hittorf's Phosphorus: A wide-bandgap high mobility 2D material. Nano Lett, 2016, 16 (5): 2975-2980.

[4] Tsai H-S, Lai C-C, Hsiao C-H, et al. Plasma-assisted synthesis of high-mobility atomically layered violet phosphorus. Acs Applied Materials & Interfaces, 2015, 7 (25): 13723-13727.

[5] Lu Y L, Dong S J, He H Y, et al. Enhanced photocatalytic activity of single-layered Hittorf's violet phosphorene by isoelectronic doping and mechanical strain: A first-principles research. Comput Mater Sci, 2019, 163: 209-217.

[6] Jeong R H, Kim D I, Lee J W, et al. Ultra fast metal-free reduction catalyst of partial oxidized violet phosphorus synthesized via controlled mechanical energy. 2D Materials, 2019, 6 (4): 15.

[7] 孙豆豆，苏文勇 . 单层黑磷和蓝磷扩展分子结的电子输运特性 . 材料导报，2018, 32 (12): 2105-2111.

[8] Zeng J, Cui P, Zhang Z. Half layer by half layer growth of a blue phosphorene monolayer on a GaN (001) substrate. Physical Review Letters, 2017, 118 (4).

[9] Zhu Z, Tomanek D. Semiconducting layered blue phosphorus: A computational study. Physical Review Letters, 2014, 112 (17).

[10] Guan J, Zhu Z, Tomanek D. Phase coexistence and metal-insulator transition in few-layer phosphorene: A computational study. Physical Review Letters, 2014, 113 (4).

[11] Aierken Y, Cakir D, Sevik C, et al. Thermal properties of black and blue phosphorenes from a first-principles quasiharmonic approach. Physical Review B, 2015, 92 (8).

[12] Ghosh B, Nahas S, Bhowmick S, et al. Electric field induced gap modification in ultrathin blue phosphorus. Physical Review B, 2015, 91 (11): 6.

[13] Xu W, Zhao J, Xu H. Adsorption induced indirect-to-direct band gap transition in monolayer blue phosphorus. J Phys Chem C, 2018, 122 (27): 15792-15798.

[14] Xiao J, Long M Q, Deng C S, et al. Electronic structures and carrier mobilities of blue phosphorus nanoribbons and nanotubes: A first-principles study. J Phys Chem C, 2016, 120 (8): 4638-4646.

[15] Zhu Z, Tomanek D. Semiconducting layered blue phosphorus: A computational study. Physical Review Letters, 2014, 112 (17): 5.

[16] Pontes R B, Miwa R H, da Silva A J R, et al. Layer-dependent band alignment of few layers of blue phosphorus and their van der Waals heterostructures with graphene. Physical Review B, 2018, 97 (23): 8.

[17] Wang X X, Yang X D, Wang B L, et al. Significant band gap induced by uniaxial strain in graphene/blue phosphorene bilayer. Carbon, 2018, 130: 120-126.

[18] Zhu J, Zhang J, Hao Y. Tunable schottky barrier in blue phosphorus-graphene heterojunction with normal strain. Japanese Journal of Applied Physics, 2016, 55 (8).

[19] Fan K M, Tang T, Wu S Y, et al. Graphene/blue-phosphorus heterostructure as potential anode materials for sodium-ion batteries. Int J Mod Phys B, 2018, 32 (1): 12.

[20] Li Q F, Ma X F, Zhang L, et al. Theoretical design of blue phosphorene/arsenene lateral heterostructures with superior electronic properties. J Phys D-Appl Phys, 2018, 51 (25): 10.

[21] Zhang W, Zhang L F. Electric field tunable band-gap crossover in black (blue) phosphorus/g-ZnO van der Waals heterostructures. RSC Adv, 2017, 7 (55): 34584-34590.

[22] Gao X, Shen Y Q, Ma Y Y, et al. A water splitting photocatalysis: Blue phosphorus/g-GeC van der Waals heterostructure. Applied Physics Letters, 2019, 114 (9): 5.

[23] Zhu J D, Zhang J C, Hao Y. Tunable schottky barrier in blue phosphorus-graphene heterojunction with normal strain. Japanese Journal of Applied Physics, 2016, 55 (8): 4.

[24] Montes E, Schwingenschlogl U. Superior selectivity and sensitivity of blue phosphorus nanotubes in gas sensing applications. Journal of Materials Chemistry C, 2017, 5 (22): 5365-5371.

[25] Gao X, Shen Y, Ma Y, et al. A water splitting photocatalysis: Blue phosphorus/g-GeC van der Waals heterostructure. Applied Physics Letters, 2019, 114 (9).

[26] 曹宝月, 崔孝炜, 乔成芳, 等. 再谈磷的同素异形体 (1)——块体磷的同素异形体. 化学教育 (中英文). 2019, 40 (16): 19-30.

[27] Cao Y, Fatemi V, Demir A, et al. Correlated insulator behaviour at half-filling in magic-angle graphene superlattices. Nature, 2018, 556 (7699): 80.

[28] Cao Y, Fatemi V, Fang S, et al. Unconventional superconductivity in magic-angle graphene superlattices. Nature, 2018, 556 (7699): 43.

[29] Jiao L Y, Wang X R, Diankov G, et al. Facile synthesis of high-quality graphene nanoribbons. Nat Nanotechnol, 2010, 5 (5): 321-325.

[30] Wang X, Ouyang Y, Li X, et al. Room-temperature all-semiconducting sub-10-nm graphene nanoribbon field-effect transistors. Physical Review Letters, 2008, 100 (20).

[31] Watts M C, Picco L, Russell-Pavier F S, et al. Production of phosphorene nanoribbons. Nature, 2019, 568 (7751): 216.

[32] Feng X, Huang X, Chen L, et al. High mobility anisotropic black phosphorus nanoribbon field-effect transistor. Advanced Functional Materials, 2018, 28 (28).

[33] Cai K, Liu L, Shi J, et al. Winding a nanotube from black phosphorus nanoribbon onto a CNT at low temperature: A molecular dynamics study. Materials & Design, 2017, 121: 406-413.

[34] Xu Y, Wang W, Ge Y, et al. Stabilization of black phosphorous quantum dots in PMMA nanofiber film

黑磷、白磷基础及应用

and broadband nonlinear optics and ultrafast photonics application. Advanced Functional Materials, 2017, 27 (32).

[35] Ma X, Chen L, Ren X, et al. High-performance red phosphorus/carbon nanofibers/graphene free-standing paper anode for sodium ion batteries. Journal of Materials Chemistry A, 2018, 6 (4): 1574-1581.

[36] Ruan B, Wang J, Shi D, et al. A phosphorus/N-doped carbon nanofiber composite as an anode material for sodium-ion batteries. Journal of Materials Chemistry A, 2015, 3 (37): 19011-19017.

[37] Wu L, Bian S, Huang H, et al. Black phosphorus: An effective feedstock for the synthesis of phosphorus-based chemicals. CCS Chemistry, 2019, 19-25.

[38] 崔荣国, 张艳飞, 郭娟, 等. 资源全球配置下的中国磷矿发展策略. 中国工程科学, 2019, 21 (1): 128-132.

缩写说明

18-C-6	18-crown-6	18- 冠醚 -6
$[M_xP_y]_n$	metal polyphosphide	金属磷簇化合物
Ad	adamantyl	金刚烷基
AIM theory	atoms in molecules theory	分子内原子理论
BCP	bond critical point	键鞍点
*c*AAC	*cyclic* alkyl amino carbenes	环 (烷基)(氨基) 卡宾
Cp	cyclopentadienyl	环戊二烯基
Cp′	1-trimethylsilyl-2,3,4,5-tetramethylcyclopentadienyl	1- 三甲基硅基 -2,3,4,5- 四甲基环戊二烯基
Cp*	pentamethylcyclopentadienyl	五甲基环戊二烯基
Cp^{BIG}	penta(*p*-butylphenyl)cyclopentadienyl	五 (对丁基苯基) 环戊二烯基
Dep	2,6-diethylphenyl	2,6- 二乙基苯基
Dipp	2,6-diisopropylphenyl	2,6- 二异丙基苯基
Dmp	2,6-dimethylphenyl	2,6- 二甲基苯基
DMSO	dimethyl sulfoxide	二甲亚砜
FLP	frustrated Lewis pair	受阻路易斯酸碱对
^{c}Hex	cyclohexyl	环己基
HMPA	hexamethylphosphoric triamide	六甲基磷酰胺
HOMO	highest occupied molecular orbital	最高占据分子轨道
INT	intermediate	中间体
LUMO	lowest unoccupied molecular orbital	最低未占据分子轨道
Mes	2,4,6-trimethylphenyl	2,4,6- 三甲基苯基
Mes*	2,4,6-tritertbutylphenyl	2,4,6- 三叔丁基苯基
nacnac	*β*-diketiminato	*β*- 二亚胺
NICS	nuclear independent chemical shift	核独立化学位移
NHC	*N*-heterocyclic carbene	氮杂环卡宾
P_4	white phosphorus	白磷
P_{red}	red phosphorus	红磷
PFTB	perfluoro-*tert*-butoxy	全氟叔丁氧基
PTC	phase-transfer catalyst	相转移催化剂
TBME	*tert*-butyl methyl ether	叔丁基甲基醚

TMS	trimethylsilyl	三甲基硅基
TON	turn over number	催化剂转化数
TS	transition state	过渡态
WBI	Wiberg bond index	Wiberg 键级

索引